高等学校“十二五”计算机规划教材·实用教程系列

新编中文 3DS MAX 8.0 实用教程

第2版

姜 峰 郄海风 编

西北工业大学出版社

【内容简介】本书为高等学校“十二五”计算机规划教材，主要内容包括3DS MAX基础知识、3DS MAX基础操作、创建三维物体、三维修改命令、二维图形的创建和修改、高级建模、材质和贴图、灯光和摄影机、粒子系统、环境控制和渲染、基础实例、综合应用实例以及上机实验，各章后附有本章小结及操作练习，读者在学习时更加得心应手，做到学以致用。

本书结构合理，内容系统全面，讲解由浅入深，实例丰富实用，既可作为各高等学校3DS MAX基础课程的首选教材，也可作为各成人高校、民办高校及社会培训班的3DS MAX基础课程教材，同时还可供广大三维设计爱好者自学参考。

图书在版编目（CIP）数据

新编中文3DS MAX 8.0实用教程/姜峰，郄海风编．—2版．—西安：西北工业大学出版社，2011.10（2020.8重印）

高等学校“十二五”计算机规划教材·实用教程系列

ISBN 978-7-5612-2164-8

Ⅰ．①新…　Ⅱ．①姜…②郄…　Ⅲ．①三维—动画—图形软件，3DS MAX 8.0—高等学校—教材　Ⅳ．①TP391.41

中国版本图书馆CIP数据核字（2006）第131463号

出版发行：西北工业大学出版社
通信地址：西安市友谊西路127号　　邮编：710072
电　　话：（029）88493844　88491757
网　　址：www.nwpup.com
电子邮箱：computer@nwpup.com
印 刷 者：兴平市博闻印务有限公司
开　　本：787 mm×1 092 mm　1/16
印　　张：18.5
字　　数：492千字
版　　次：2011年10月第2版　　2020年8月第6次印刷
定　　价：48.00元

序　言

2010 年召开的全国教育工作会议是新世纪以来第一次、改革开放以来第四次全国教育工作会议。在全面建设小康社会、教育开始从大国向强国迈进的关键时期，召开全国教育工作会议，颁布《国家中长期教育改革和发展规划纲要（2010—2020 年）》，是党中央、国务院作出的又一重大战略决策，是我国教育事业改革发展一个新的里程碑，意义重大，影响深远。

在《国家中长期教育改革和发展规划纲要（2010—2020 年）》中，明确了我国高等教育事业改革和发展的指导思想，牢固确立了人才培养在高校工作中的中心地位，着力培养信念执著、品德优良、知识丰富、本领过硬的高素质专门人才和拔尖创新人才，创立高校与高校、科研院所、行业、企业、地方联合培养人才的新机制，走产、学、研、用相结合之路。

在我国国民经济和社会发展的第十二个五年规划纲要中，对教育改革也提出了新的要求，按照优先发展、育人为本、改革创新、促进公平、提高质量的要求，深化教育教学改革，推动教育事业科学发展，全面提高高等教育质量。

近年来，我国高等教育呈现出快速发展的趋势，形成了适应国民经济建设和社会发展需要的多种层次、多种形式、学科门类基本齐全的高等教育体系，为社会主义现代化建设培养了大批高级专门人才，在国家经济建设、科技进步和社会发展中发挥了重要作用。

但是，高等教育质量还需要进一步提高，以适应经济社会发展的需要。不少高校的专业设置和结构不尽合理，教师队伍整体素质有待提高，人才培养模式、教学内容和方法需进一步转变，学生的实践能力和创新精神需进一步加强。

为了配合当前高等教育的现状和中国经济生活的发展状况，依据教育部的有关精神，紧密配合教育部已经启动的高等学校教学质量与教学改革工程精品课程建设工作，通过全面的调研和认真研究，我们组织出版了“高等学校‘十二五’计算机规划教材·实用教程系列”教材。本系列教材旨在“以培养高质量的人才为目标，以学生的就业为导向”，在教材的编写中结合工作实际应用，切合教学改革需要，提高人才培养的能力和水平，更好地满足经济社会发展对高素质人才的需要。

主要特色

⊙ 中文版本、易教易学

本系列教材选取在工作中最普遍、最易掌握的应用软件的中文版本，突出“易教学、易操作”，结构合理、循序渐进、讲解清晰。

◉ 内容全面、图文并茂

本系列教材合理安排基础知识和实践知识的比例，基础知识以“必需、够用”为度，内容系统全面，图文并茂。

◉ 结构合理、实例典型

本系列教材以培养实用型和创新型人才为目标，在全面讲解实用知识的基础上拓展学生的思维空间，以实例带动知识点，诠释实际项目的设计理念，实例典型，切合实际应用，并配有上机实验。

◉ 体现教与学的互动性

本系列教材从“教”与“学”的角度出发，重点体现教师和学生的互动交流。将精练的理论和实用的行业范例相结合，使学生在课堂上就能掌握行业技术应用，做到理论和实践并重。

◉ 与实际工作相结合

开辟培养技术应用型人才的第二课堂，注重学生素质培养，与企业一线人才要求对接，充实实际操作经验，将教育、训练、应用三者有机结合，使学生一毕业就能胜任工作，增强学生的就业竞争力。

读者对象

本系列教材的读者对象为高等学校师生和需要进行计算机相关知识培训的专业人士，同时也可供从事其他行业的计算机爱好者自学参考。

结束语

希望广大师生在使用过程中提出宝贵意见，以便我们在今后的工作中不断地改进和完善，使本系列教材成为高等学校教育的精品教材。

西北工业大学出版社

2011 年 3 月

前　言

3DS MAX 是全球流行的三维动画制作软件，该软件自问世以来，便以其功能强大、应用范围广泛受到了电脑设计者和广大电脑爱好者的青睐。3DS MAX 8.0 是 Autodesk 公司于 2005 年 10 月发布的，它新增了许多功能，能够满足动画设计师处理更为复杂的特效项目、下一代游戏机游戏和照片质量可视化设计的需求。

本书以“基础知识+课堂实战+综合实例+上机实验”为主线，对 3DS MAX 8.0 软件循序渐进地进行讲解，通过学习读者能快速直观地了解和掌握 3DS MAX 8.0 的基本使用方法、操作技巧和行业实际应用，为步入职业生涯打下良好的基础。

本书内容

全书共分 13 章，其中前 10 章主要介绍 3DS MAX 8.0 的基础知识和基本操作，使读者初步掌握使用计算机绘制图像的有关知识；第 11 章和第 12 章分别列举了基础实例和综合应用实例；第 13 章是上机实验，通过理论联系实际，帮助读者举一反三，学以致用，进一步巩固所学的知识。

读者定位

本书结构合理，内容系统全面，讲解由浅入深，实例丰富实用，既可作为高等学校 3DS MAX 基础课程的首选教材，也可作为成人高校、民办高校及社会培训班的 3DS MAX 基础课程教材，同时还可供广大三维设计爱好者自学参考。

本书力求严谨细致，但由于水平有限，书中难免出现疏漏与不妥之处，敬请广大读者批评指正。

编　者

目 录

第 1 章　3DS MAX 基础知识

3DS MAX 是 3D studio MAX 的简称，它是一款应用于 PC 平台上的优秀的三维动画设计软件。本章主要介绍 3DS MAX 的基本工作流程、3DS MAX 8.0 的操作界面以及 3DS MAX 8.0 的新增功能、安装、启动、退出，通过本章的学习，用户对 3DS MAX 有一个大致的了解。

知识要点

- 初识 3DS MAX
- 3DS MAX 8.0 新增功能
- 3DS MAX 8.0 的安装、启动和退出
- 3DS MAX 8.0 快速入门
- 自定义工作环境

1.1　初识 3DS MAX

3DS MAX 是全球流行的三维动画制作软件，该软件自问世以来，便以其强大的功能、广泛的应用范围受到了电脑设计者和广大电脑爱好者的青睐。

1.1.1　3DS MAX 概述

3DS MAX 最早是由 Kinetix 公司开发的，其运行环境是 DOS 系统，直到 1996 年 Kinetix 公司才开发了针对 Windows 的 3DS MAX 软件。它是一款优秀的三维动画制作软件，也是当前世界上使用最广泛、销售量最大的三维建模、渲染以及动画解决方案。随着版本的不断升级，该软件在内部算法和功能上都有了显著的提高，3DS MAX 的强大功能使其应用领域非常广泛，包括静态的三维物体表现、动画制作、建筑效果图制作、建筑漫游、人物角色建模、工业造型、机械仿真、影视制作、广告设计等。

1999 年，3DS MAX 产权发生了变更，由原来的 Kinetix 公司变成了现在的 Discreet 公司。该公司于 2005 年 10 月发布了 3DS MAX 软件的最新版本——3DS MAX 8.0，与以前的版本相比，3DS MAX 8.0 又新增了许多功能。

1.1.2　3DS MAX 8.0 运行硬件配置推荐

3DS MAX 软件运行时对计算机的硬件配置要求比较严格，在不符合要求的系统中运行时，会出现运行速度缓慢、程序界面紊乱等现象，针对这一情况，现向用户推荐如下的系统硬件配置。

1．内存

3DS MAX 软件运行要求系统至少有 256 MB 的物理内存和 500 MB 的缓存空间。在不同操作系

统中运行时所需内存及缓存的大小稍有不同。

2．CPU

使用 Pentium Ⅲ或 P4 以上或同等性能的 AMD 系列。在 3DS MAX 中支持多个 CPU 进行渲染，配置了多个 CPU 的计算机的渲染速度明显快于一般的计算机，因此，如果经济允许可配置多个 CPU。

3．硬盘

40 GB 或者更大的可用磁盘空间。

4．显示适配器

17 英寸且支持 Windows 的 1 024×768 分辨率的显示器。

5．显卡

配置 1 024×768×16 位色，64 MB 显存的图形卡。对于 3DS MAX 专业用户，可配置一款图形加速卡，一般要求支持 Direct3D 和 OpenGL1.1 或更高版本的驱动程序。

6．其他设备

键盘、鼠标（最好为三键鼠标）、声卡和音箱、视频输入/输出设备等。

1.1.3　3DS MAX 的运作流程

在使用 3DS MAX 时可遵循一定的原则，每一个成功的 3DS MAX 作品的设计过程基本上都是一个规划设计、建模、添加材质、添加灯光和摄影机、设置背景、环境和效果、渲染输出的过程。

（1）规划设计：规划设计是创作一个作品的第一步，在制作每一个作品前应先设想要达到一个什么样的目的和效果，然后在制作时围绕最终的目的进行操作。

（2）建模：建模就是建立模型，就像是工业生产中制作的一个毛坯，它的灵魂在于创意，核心在于构思，制作源泉在于美术素养。建模是三维模型设计的基本过程，构思好以后，用户应根据设计的物体形状选择一种最为简单和快捷的方法进行建模。因为在 3DS MAX 中，建立同一个模型可以使用多种不同的方法，在选择方法时有一个大的原则就是用尽量少的顶点数和面数建立模型，这样可以节省很多渲染花费的时间。

（3）添加材质：材质可充分地表现出物体的色彩、质感、光感等属性，它就如一个人的衣服，衣服的颜色是否搭配得当，大小是否合适，都直接影响着一个人的个人形象。同样，什么样的物体添加什么样的材质是一件值得考究的事情。

（4）添加灯光和摄影机：在每一个场景中，灯光都是不可或缺的，它起着一个照明场景、投射阴影以及增添氛围的作用，特别是在室内装饰设计中灯光显得尤为重要；摄影机可以提供不同的视角，可以从多角度观察场景。

（5）设置背景、环境和效果：为了给场景创建更加真实的气氛，用户可在场景中添加背景、环境以及大气效果等。

（6）渲染输出：造型的目的是为了得到静态图像或动画，通过渲染可达到这一目的。

1.2　3DS MAX 8.0 新增功能

3DS MAX 8.0 的所有新增特性和性能，能够满足动画设计师处理更为复杂的特效项目、下一代游戏机游戏和照片质量可视化设计的需求。具体可分为以下几个方面：

（1）新的角色开发功能：包括先进的角色设定工具、运动混合功能和运动重定目标功能（非线性动画）。

（2）建模和贴图的扩展功能：包括新的 UV 贴图展开以及对 DirectX 和.fx 文件格式的支持。

（3）全方位开发构架的新增功能：包括增强的 SDK（软件开发工具包）工具和文档，提供了有效交换场景和动画数据的 XML 格式支持，以及互动的 MAXScript 调试器和用于方便查阅 3D 数据的 Autodesk DWF 浏览器。

（4）复杂数据和资源管理的新增性能继续支持与第三方资源管理系统的互联，同时集成了 Autodesk Vault 全功能数据管理和资源跟踪解决方案。

总的来说，在 3DS MAX 8.0 版本中，较大的变化体现在 MAXScript Debugger，Vault、角色和 UV 贴图展开工具等几个方面。

3DS MAX 8.0 软件的发布极大地提高了用户的制作效率，它为用户提供了更灵活的 mental ray 网络渲染构架，使用户能够自由配置其渲染服务器，从而获得更大的成本优势。如图 1.2.1 所示为使用 3DS MAX 8.0 制作的人物效果。

图 1.2.1　使用 3DS MAX 8.0 制作的人物效果

1.3　3DS MAX 8.0 的安装、启动和退出

对于初学者来说，软件的安装、启动和退出是一项非常重要的工作。本节详细介绍 3DS MAX 8.0 的安装、启动和退出。

1.3.1　3DS MAX 8.0 的安装

3DS MAX 8.0 提供了一个安装向导，用户可以根据该向导的操作提示方便地进行安装。具体安装步骤如下：

（1）将 3DS MAX 8.0 安装光盘放入光驱。

（2）在桌面上双击 我的电脑 图标，打开 我的电脑 窗口。

（3）双击光盘驱动器图标，打开 3DS MAX 8.0 安装程序所在文件夹。

（4）安装程序会自动启动，也可以双击图标运行该程序，弹出 3ds max 8 安装程序 对话框（一），如图 1.3.1 所示。

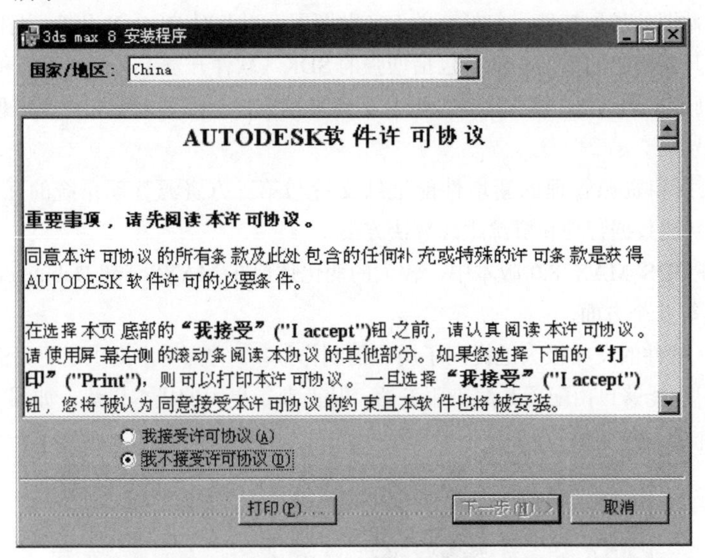

图 1.3.1 "3DS MAX 8 安装程序"对话框（一）

（5）选中 我接受许可协议(A) 单选按钮，然后单击 下一步(N) > 按钮，弹出 3ds max 8 安装程序 对话框（二），如图 1.3.2 所示，在此对话框中用户可以根据自己的需要填写用户信息和改变安装的路径。

3ds max 8 安装程序
输入下列信息以个性化您的安装。
用户信息
姓氏：
名字：
单位：
安装路径
K:\3dsmax8\
浏览(R)
配置信息
序列号：000 - 00000000
创建桌面快捷键(D)
许可证信息
许可证类型：
单机(S)
网络(E)
网络许可服务器：
下一步(N) >
取消

图 1.3.2 "3DS MAX 8 安装程序"对话框（二）

（6）完成后单击 下一步(N) > 按钮，弹出 3ds max 8 安装程序 对话框（三），如图 1.3.3 所示。

（7）单击 下一步(N) > 按钮，弹出 3ds max 8 安装程序 对话框（四），在该对话框中显示安装进度，如图 1.3.4 所示，稍等片刻，3DS MAX 8.0 会自动完成安装。

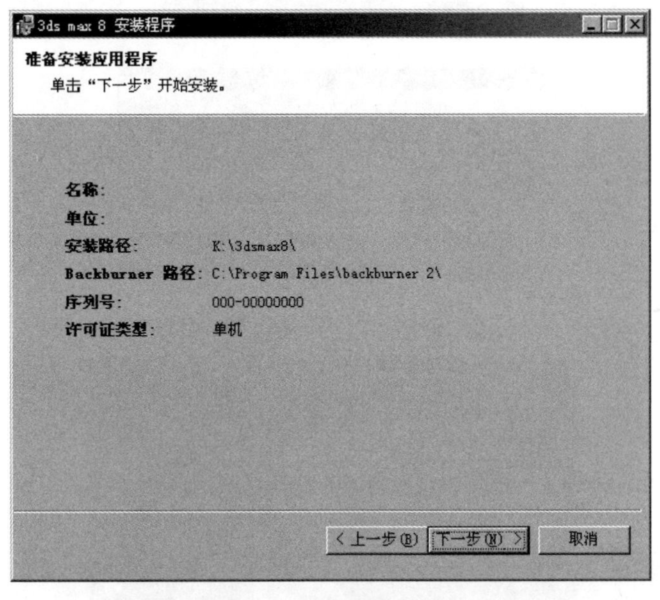

图 1.3.3　“3DS MAX 8 安装程序”对话框（三）

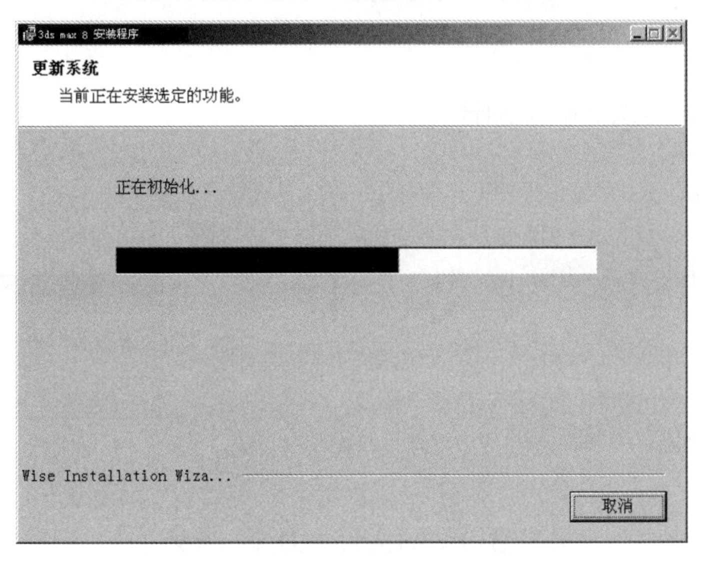

图 1.3.4　“3DS MAX 8 安装程序”对话框（四）

（8）用户根据安装提示完成 3DS MAX 8.0 的激活和注册。稍后重新启动计算机，可以打开 3DS MAX 8.0 应用程序进行操作。

1.3.2　3DS MAX 8.0 的启动

3DS MAX 8.0 的启动方法有很多种，常用的有以下两种：

（1）直接双击桌面上的 3DS MAX 8.0 快捷方式图标 Autodesk 3ds Max 8。

（2）单击开始按钮，选择运行(R)...选项，在弹出的如图 1.3.5 所示的运行对话框中输入 3DS MAX 8.0 的启动路径，然后单击确定按钮即可启动，3DS MAX 8.0 的启动画面如图 1.3.6 所示。

图 1.3.5 “运行”对话框

图 1.3.6 3DS MAX 8.0 的启动画面

1.3.3 3DS MAX 8.0 的退出

同样，3DS MAX 8.0 的退出方法也有很多种，常用的几种方法如下：

（1）单击 3DS MAX 8.0 界面标题栏右端的“关闭”按钮，弹出如图 1.3.7 所示的3ds max提示框，如果需要保存单击是(Y)按钮，不需要保存单击否(N)按钮即可。

（2）用鼠标直接双击 3DS MAX 8.0 界面标题栏最左端的控制按钮，同样会弹出如图 1.3.7 所示的提示框。

（3）选择文件(F)→退出(X)命令或直接按“Alt+F4”键。

图 1.3.7 “3ds max”提示框

1.4 3DS MAX 8.0 快速入门

3DS MAX 8.0 是一个功能强大、面向对象的三维建模、渲染和动画制作软件，其操作界面中菜单项和工具按钮也非常多，利用这些菜单项和工具按钮可以创建和修改物体。与以前的版本相比，3DS MAX 8.0 的操作界面更加便于操作，而且操作简单。双击桌面上的 3DS MAX 8.0 快捷方式图标，即可进入 3DS MAX 8.0 的操作界面，如图 1.4.1 所示。

3DS MAX 8.0 的操作界面主要由标题栏、菜单栏、工具栏、视图区、视图控制区、命令面板、动画播放控制区和状态栏等组成。其中工具栏只有在显示器的分辨率为 1 024×1 280 时才能完全显示出来，小于该分辨率时只有通过鼠标拖动才能显示隐藏的工具按钮。

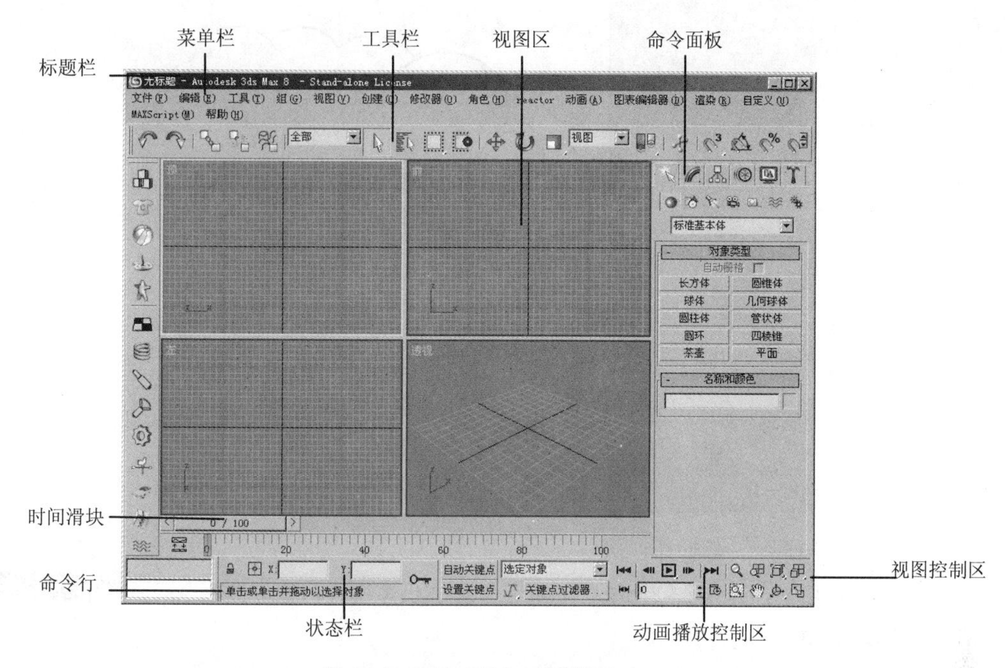

图 1.4.1　3DS MAX 8.0 操作界面

下面将对 3DS MAX 8.0 操作界面的各部分分别进行介绍。

1.4.1　标题栏

标题栏位于 3DS MAX 界面的最上方，用于显示 3DS MAX 的版本和当前所编辑文件的文件名，默认文件名为“无标题”。

1.4.2　菜单栏

菜单栏位于标题栏的下方，包含文件、工具、组、视图等 15 个常用菜单，如图 1.4.2 所示。单击任何一个菜单选项都会弹出其相应的下拉菜单，在每个下拉菜单中又包含了多个二级，或者三级子菜单，下面将对各菜单分别进行介绍。

文件(F)　编辑(E)　工具(T)　组(G)　视图(V)　创建(C)　修改器(O)　角色(H)　reactor　动画(A)
图表编辑器(D)　渲染(R)　自定义(U)　MAXScript(M)　帮助(H)

图 1.4.2　菜单栏

1. 文件菜单

单击菜单栏中的文件(F)菜单项，弹出“文件”下拉菜单，如图 1.4.3 所示。在文件菜单中主要包括 3DS MAX 8.0 常用的一些文件操作命令，如新建、打开、保存、合并等，下面分别进行介绍。

（1）新建：用来清除当前场景，但会保留当前系统的设置。执行该命令后系统将提示是否保存当前场景。

（2）重置：用来清除所有数据并重新设置系统，执行该命令的结果相当于退出 3DS MAX 后重新进入。

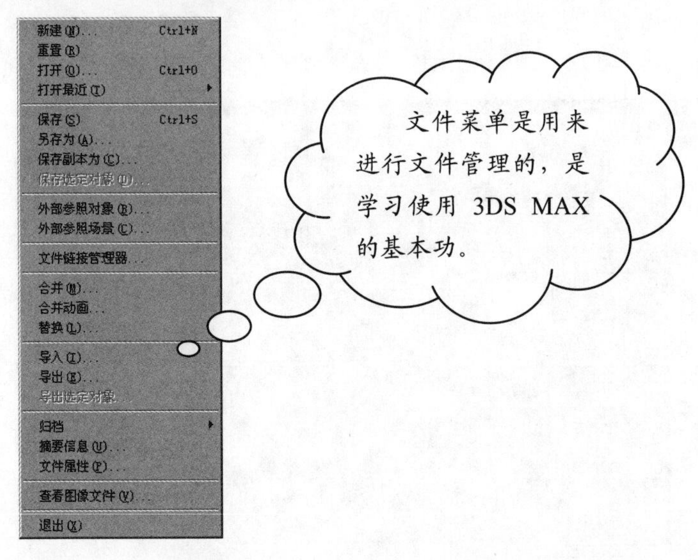

图 1.4.3 “文件”下拉菜单

（3）打开：用来打开一个包含场景全部信息的*.MAX 文件，执行该命令后，弹出**打开文件**对话框，如图 1.4.4 所示。

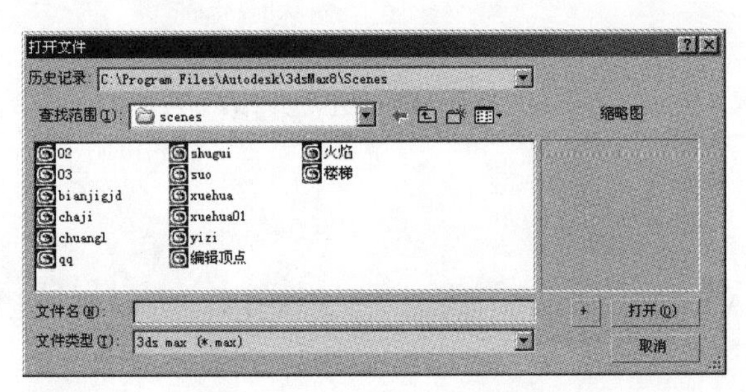

图 1.4.4 “打开文件”对话框

（4）保存：用来保存当前场景的所有信息，包括系统的参数设置。

（5）另存为：用来将当前场景复制并以另一名称保存。

（6）合并：用来将几个不同的场景或场景中的特定对象合并成一个场景，执行该命令后，弹出**合并**对话框，如图 1.4.5 所示。

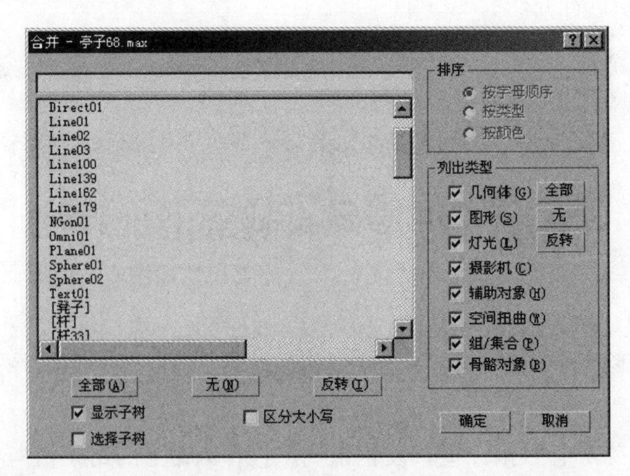

图 1.4.5 “合并”对话框

（7）导入：用来将非 3DS MAX 格式的文件在 3DS MAX 中打开，这些文件格式包括.DXF，.PRJ，.3DS，.SHP 等。

（8）导出：用来将 3DS MAX 文件输出成其他格式的文件。

2．编辑菜单

单击菜单栏中的编辑(E)菜单项，弹出“编辑”下拉菜单，如图 1.4.6 所示。在“编辑”下拉菜单中主要包括一些对场景中对象进行编辑的命令，如撤销、删除、克隆等。

（1）撤销：用来撤销上一次操作，可连续使用该命令撤销多步操作，具体撤销的次数用户可以自定义。

（2）删除：用来删除当前场景中选定的对象，其快捷键为“Delete”。

（3）克隆：用来使当前选定的对象产生副本，执行该命令后，弹出克隆选项对话框，如图 1.4.7 所示。

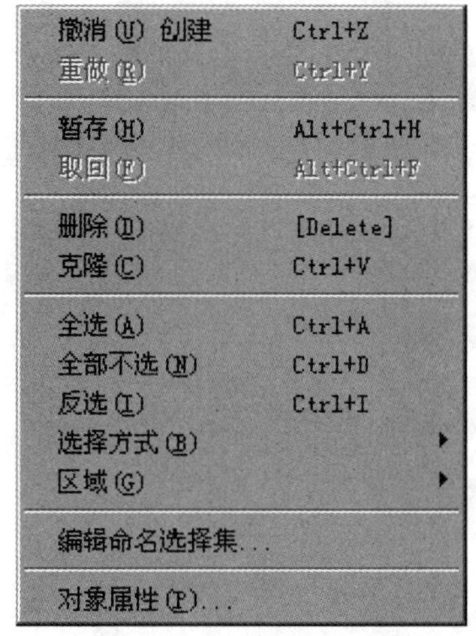
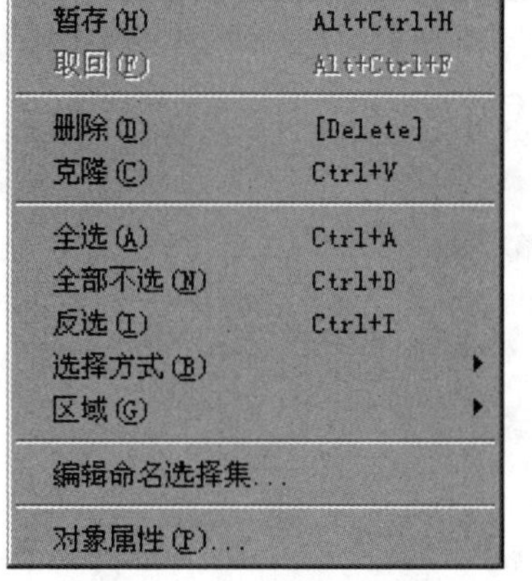

图 1.4.6　“编辑”下拉菜单

图 1.4.7　“克隆选项”对话框

（4）全选：执行该命令将选中当前场景中的所有对象，其快捷键为“Ctrl＋A”。

（5）全部不选：用来取消当前场景中被选中的所有对象，其快捷键为“Ctrl＋D”。

（6）反选：执行该命令将取消当前场景中被选中的对象，同时，选中所有没有被选中的对象，其快捷键为“Ctrl＋I”。

（7）选择方式：用来设置选择对象的方式，包括“颜色”“名称”和“矩形区域”“圆形区域”等 6 种方式。

（8）编辑命名选择集：用来编辑已经命名的选择集。

3．工具菜单

单击菜单栏中的工具(T)菜单项，弹出“工具”下拉菜单，如图 1.4.8 所示。在该下拉菜单中主要包括一些常用的操作工具命令，如镜像、阵列、对齐等。

（1）镜像：用来将当前选定的对象进行镜像操作，执行该命令相当于单击工具栏中的“镜像”按钮，弹出的镜像对话框如图 1.4.9 所示。

（2）阵列：用来将选定对象进行阵列复制。

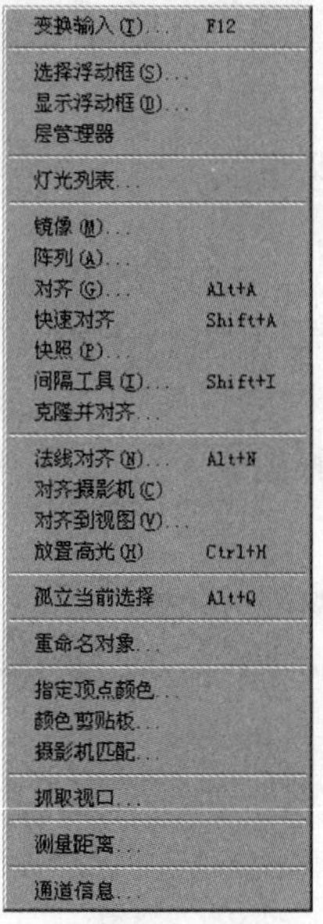

图 1.4.8 "工具"下拉菜单

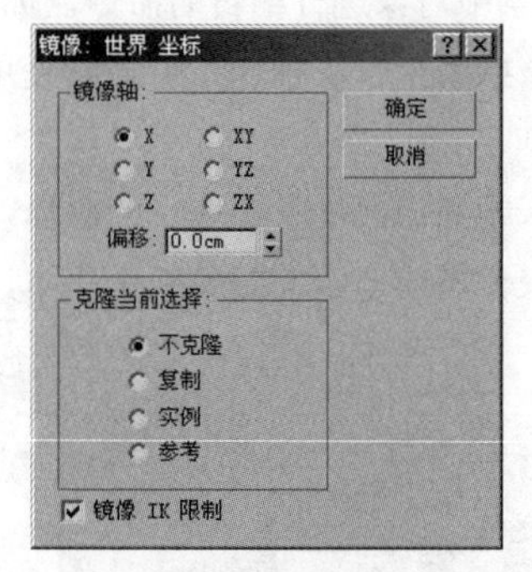

图 1.4.9 "镜像"对话框

（3）对齐：用来将选定对象与目标对象对齐，执行该命令相当于单击工具栏中的"对齐"按钮，弹出的对齐当前选择对话框如图 1.4.10 所示。

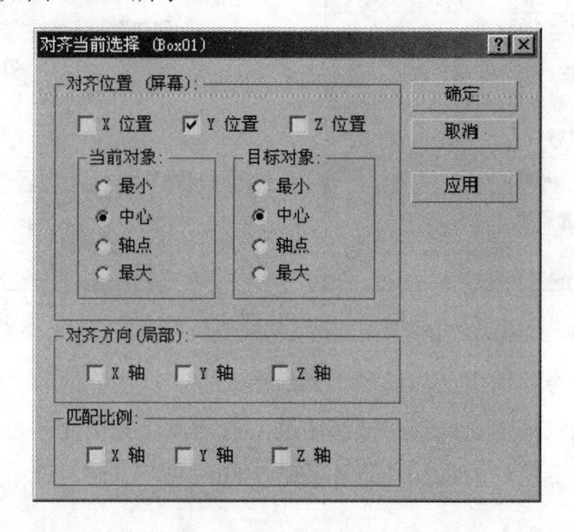

图 1.4.10 "对齐当前选择"对话框

（4）法线对齐：用来将两个物体按照法线进行对齐。

（5）显示浮动框：用来显示、隐藏和冻结浮动框。

（6）放置高光：用来将选择的灯光或对象与其他的对象对正，便于精确地定位高光点。

4．组菜单

单击菜单栏中的组(G)菜单项，弹出"组"下拉菜单，如图 1.4.11 所示。在该下拉菜单中主要包括一些对对象进行成组和解组操作的命令。

（1）成组：用来为当前选中的对象设置一个组，执行该命令后弹出组对话框，如图 1.4.12 所示，在其中用户可以根据需要对组进行命名。

（2）解组：用来解开成组，使组中的对象成为可进行单独编辑的个体。

图 1.4.11　“组”下拉菜单

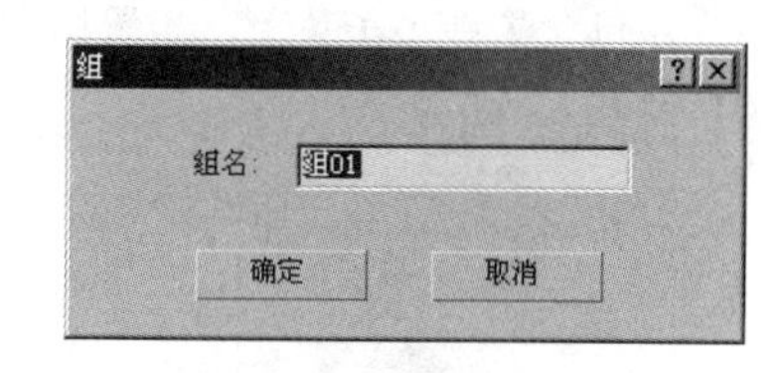

图 1.4.12　“组”对话框

（3）炸开：执行该命令后将取消组的设置，并打开所有级别的组。

（4）打开：执行该命令后将使组内的对象暂时处于独立状态，以便对它们进行单独的编辑操作。

（5）关闭：用来将暂时打开的组关闭。

5．视图菜单

单击菜单栏中的视图(V)菜单项，弹出“视图”下拉菜单，如图 1.4.13 所示。在“视图”下拉菜单中主要包括一些有关视图的设置和切换的命令，如撤销视图更改、重做视图更改、视口背景等。

（1）撤销视图更改：用来撤销对当前视图进行的缩放、平移等操作，其快捷键为“Shift＋Z”。

（2）重做视图更改：用来将当前视图恢复到执行“撤销视图更改”命令前的状态，其快捷键为“Shift＋Y”。

（3）保存活动前视图：用来将当前视图的显示状态存入缓存区中。

（4）视口背景：执行该命令后，弹出视口背景对话框，如图 1.4.14 所示，在该对话框中可以设置视口的背景以及背景的匹配、显示、隐藏等。

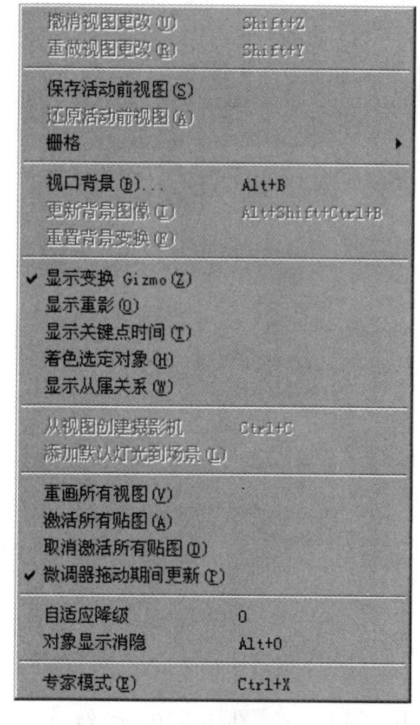

图 1.4.13　“视图”下拉菜单

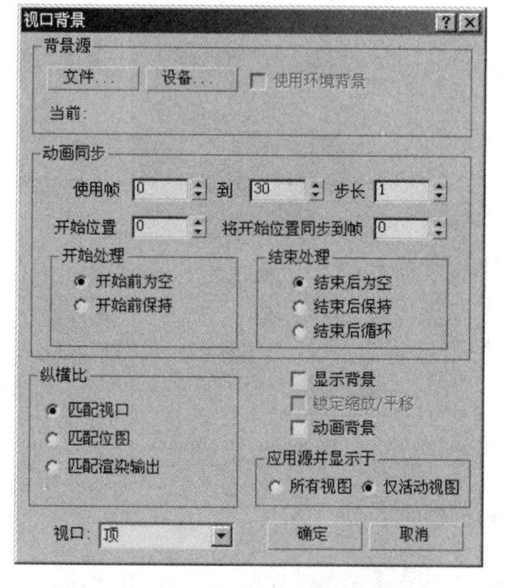

图 1.4.14　“视口背景”对话框

6. 创建菜单

单击菜单栏中的创建(C)菜单项，弹出“创建”下拉菜单，如图 1.4.15 所示。在该下拉菜单中主要包括一些创建标准基本体、扩展基本体、灯光以及粒子系统等命令，利用这些命令可以创建各种物体。在该下拉菜单中还包含了许多子菜单，当鼠标指针移动至相应的命令上时，将弹出一个子菜单。如图 1.4.16 所示为扩展基本体子菜单。

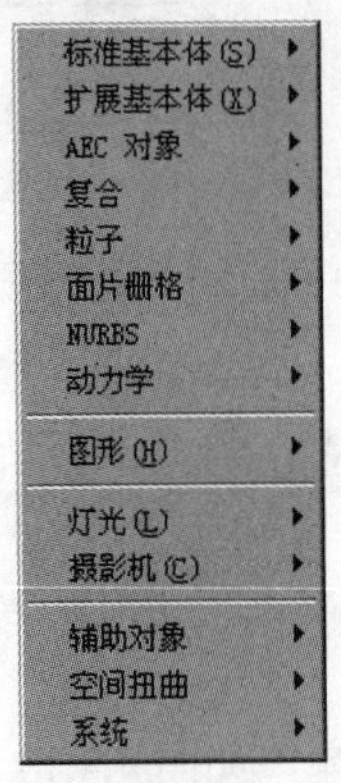

图 1.4.15 “创建”下拉菜单

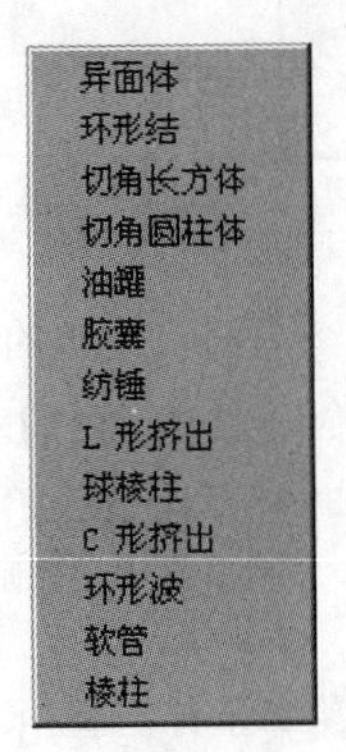

图 1.4.16 “扩展基本体”子菜单

7. 修改器菜单

单击菜单栏中的修改器(O)菜单项，弹出“修改器”下拉菜单，如图 1.4.17 所示。在该下拉菜单中包含了修改命令面板中所有的修改命令，而且在其中将修改命令进行了分类。当鼠标指针移动至相应的命令上时，将弹出一个子菜单。如图 1.4.18 所示即为动画子菜单。

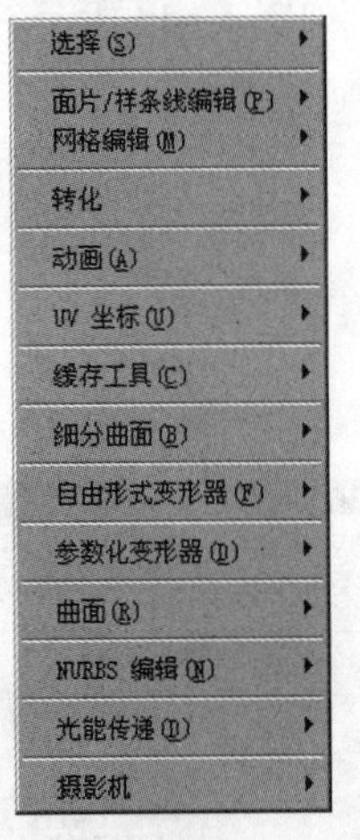

图 1.4.17 “修改器”下拉菜单

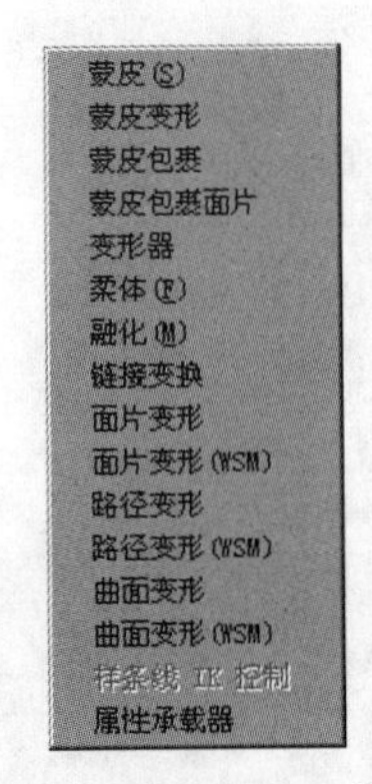

图 1.4.18 “动画”子菜单

8. 角色菜单

单击菜单栏中的角色(H)菜单项，弹出“角色”下拉菜单，如图 1.4.19 所示。在该下拉菜单中主要包括一些用于角色动画创建及设置的命令。

9. reactor 菜单

单击菜单栏中的reactor菜单项，弹出“reactor”下拉菜单，如图 1.4.20 所示。该下拉菜单提供与 3DS MAX 中内置的 reactor 动力学相关的一些命令。

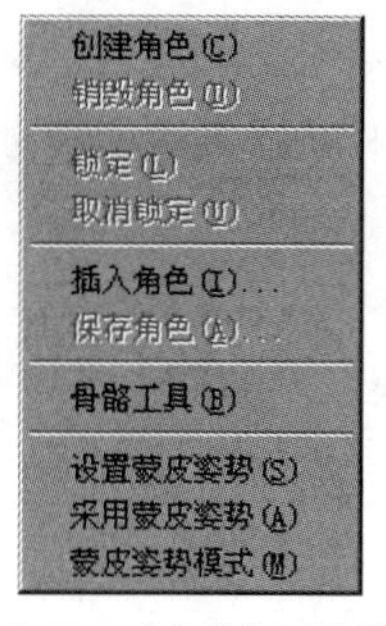

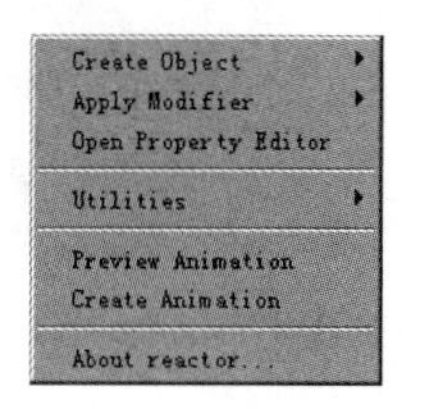

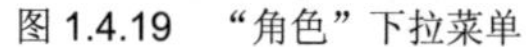

图 1.4.19　“角色”下拉菜单　　　图 1.4.20　“reactor”下拉菜单

10．动画菜单

单击菜单栏中的 动画(A) 菜单项，弹出“动画”下拉菜单，如图 1.4.21 所示。在该下拉菜单中主要包括一些有关动画、约束和控制器以及反向运动学解算器等命令，而且对其中的命令进行了分类，每一个二级子菜单即为一类命令。

11．图表编辑器菜单

单击菜单栏中的 图表编辑器(D) 菜单项，弹出“图表编辑器”下拉菜单，如图 1.4.22 所示。使用该菜单可以访问用于管理场景及其层次和动画的图表窗口，如图 1.4.23 所示即为选择 轨迹视图 - 曲线编辑器(C)... 命令后打开的轨迹视图窗口。

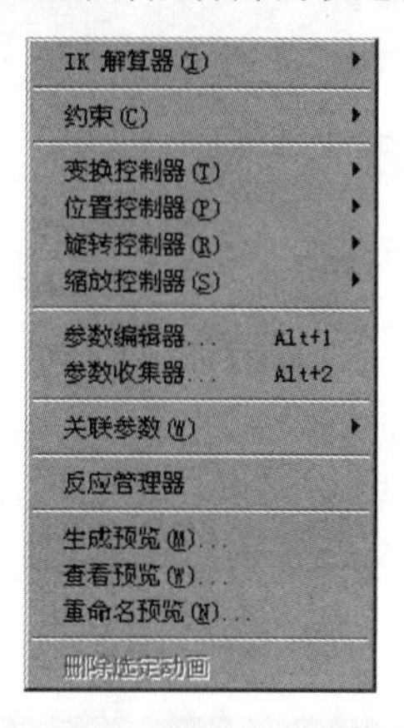

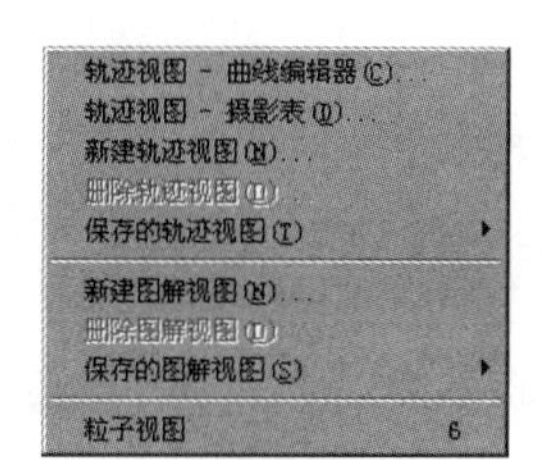

图 1.4.21　“动画”下拉菜单　　　图 1.4.22　“图表编辑器”下拉菜单

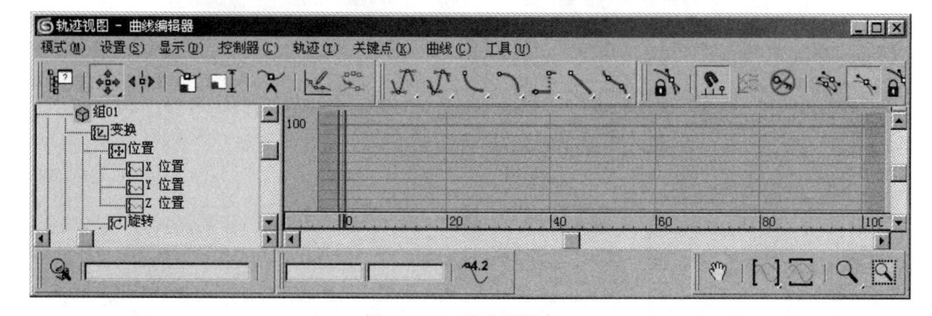

图 1.4.23　轨迹视图窗口

12．渲染菜单

单击菜单栏中的 渲染(R) 菜单项，弹出“渲染”下拉菜单，如图 1.4.24 所示。在该下拉菜单中主要包括用于渲染场景、设置环境和渲染效果、使用 Video Post 合成场景以及访问 RAM 播放器的命令。

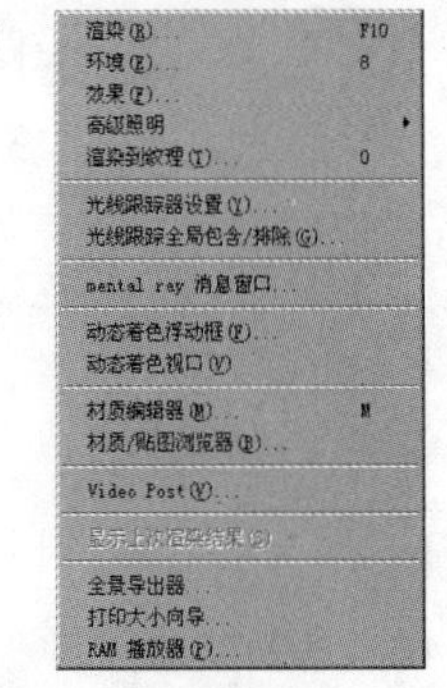

图 1.4.24 “渲染”下拉菜单

（1）渲染：执行该命令后将打开渲染控制器，在其中可对有关渲染的一些参数进行设置。

（2）环境：执行该命令后将打开环境编辑器，进行环境设定和编辑。

（3）效果：用来为场景添加如镜头效果、模糊、景深、色彩平衡等特殊的渲染效果。

（4）材质编辑器：用来打开“材质编辑器”对话框，在该对话框中可进行材质设置。

（5）Video Post：用来打开 Video Post 对话框，在该对话框中可进行视频的后期合成，如图 1.4.25 所示。

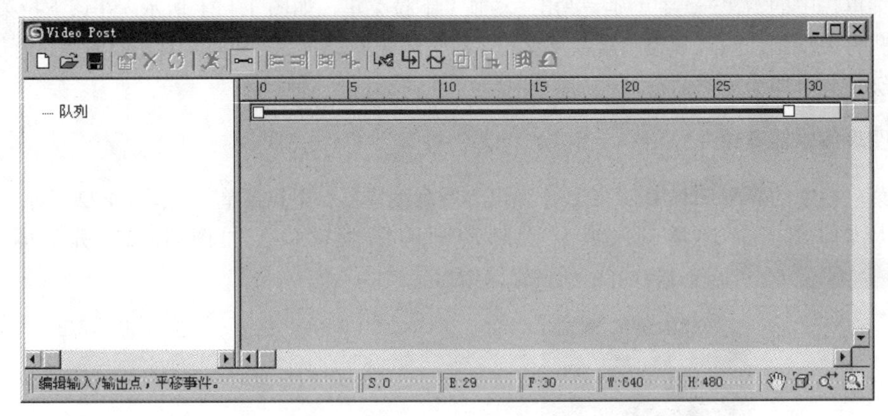

图 1.4.25 “Video Post”对话框

13. 自定义菜单

单击菜单栏中的 自定义(U) 菜单项，弹出“自定义”下拉菜单，如图 1.4.26 所示。在该下拉菜单中主要包括一些用于自定义 3DS MAX 用户界面的命令。

（1）配置路径：用来配置 3DS MAX 整体默认路径，以便在进行某些操作时 3DS MAX 自动打开默认路径的文件。执行该命令后，弹出 配置路径 对话框，如图 1.4.27 所示。

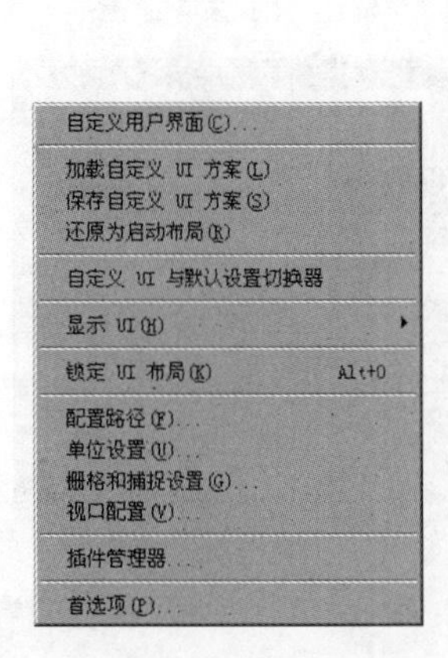

图 1.4.26 “自定义”下拉菜单

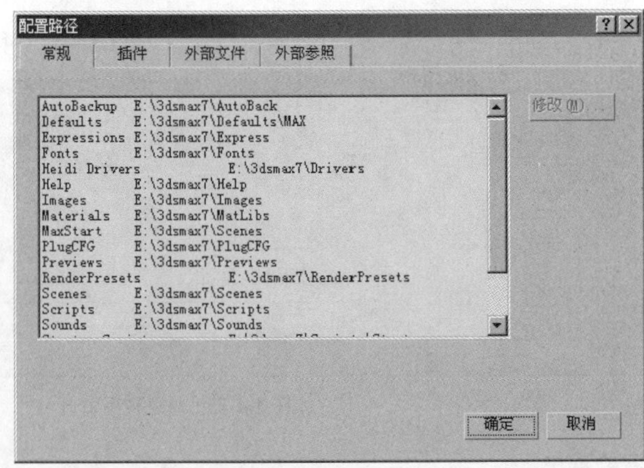

图 1.4.27 “配置路径”对话框

（2）显示：用来设置显示或隐藏命令面板、主工具栏、轨迹栏和浮动工具等。

14. MAXScript 菜单

单击菜单栏中的MAXScript(M)菜单项，弹出“MAXScript”下拉菜单，如图 1.4.28 所示。在该下拉菜单中主要包括一些关于脚本操作的命令。

（1）新建脚本：用来打开一个新的脚本输入框，在其中可输入新的脚本程序。

（2）打开脚本：用来打开.ms，.txt，.dat 等格式的文件，打开后可在脚本程序输入框中进行修改编辑。

（3）运行脚本：用来运行.ms，.txt，.dat，.mse 等格式的文件。

（4）MAXScript 侦听器：用来打开MAXScript 侦听器对话框，如图 1.4.29 所示。

（5）宏录制器：用来打开宏录制器。

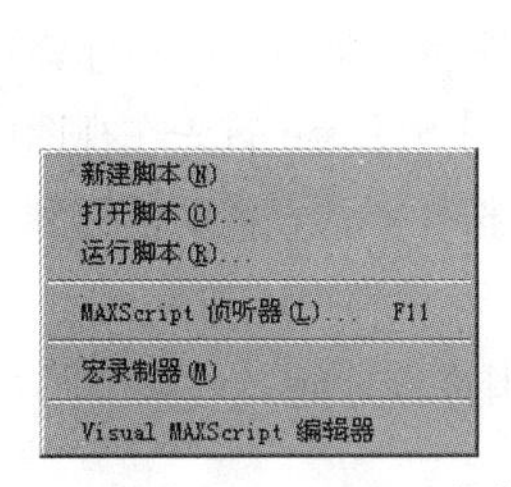

图 1.4.28　“MAXScript”下拉菜单

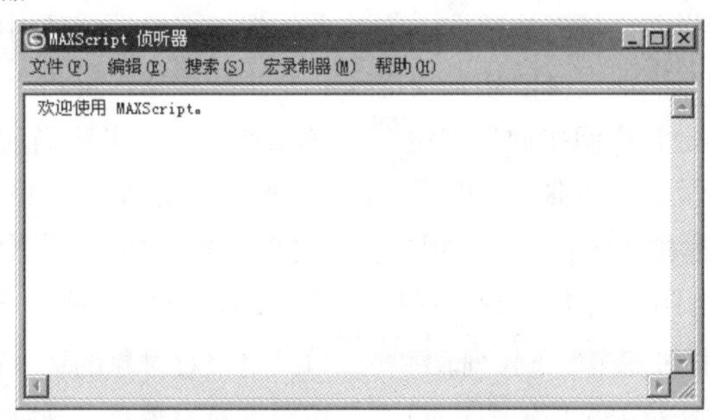

图 1.4.29　“MAXScript 侦听器”对话框

15. 帮助菜单

单击菜单栏中的帮助(H)菜单项，弹出“帮助”下拉菜单，如图 1.4.30 所示。通过该下拉菜单可以访问 3DS MAX 联机参考系统。

（1）新功能指南：帮助用户了解 3DS MAX 8.0 的新增功能。

（2）用户参考：用来打开 3DS MAX 8.0 的参考文献，其中包括 3DS MAX 8.0 的简介以及各种功能的使用方法等。

（3）MAXScript 参考：执行该命令可以显示 3DS MAX 的在线参考，该独立联机参考系统提供浏览和搜索的方法来帮助用户查找所需的 MAXScript 信息。

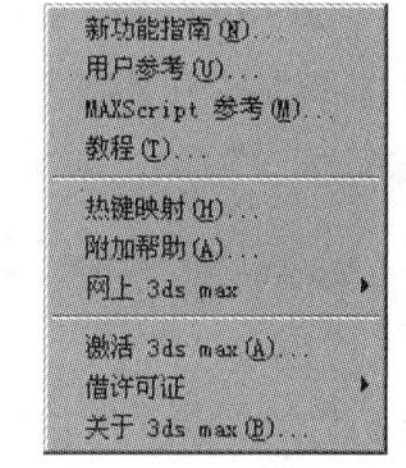

图 1.4.30　“帮助”下拉菜单

1.4.3　工具栏

工具栏位于菜单栏的下方，如图 1.4.31 所示，其中包括一些使用频率较高的常用工具的快捷按钮，如移动工具、选择工具、渲染工具等。当鼠标指针停放在工具栏中的某个工具按钮上时，其下方将显示该工具按钮的名称，可以帮助用户理解各个工具的功能和含义。

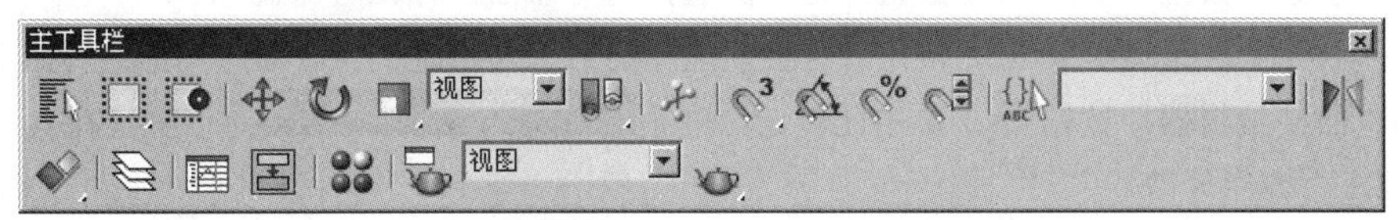

图 1.4.31　工具栏

下面对工具栏中各工具按钮的功能和含义进行说明。

（1）“撤销”按钮：单击此按钮，可撤销上一步的操作。在此按钮上单击鼠标右键将弹出一个如图 1.4.32 所示的撤销命令下拉列表，在其中可选择撤销的位置。

（2）“重做”按钮：单击此按钮，可恢复到上一步撤销操作前的状态。在此按钮上单击鼠标右键将弹出一个如图 1.4.33 所示的重做命令下拉列表，在其中可选择重做的位置。

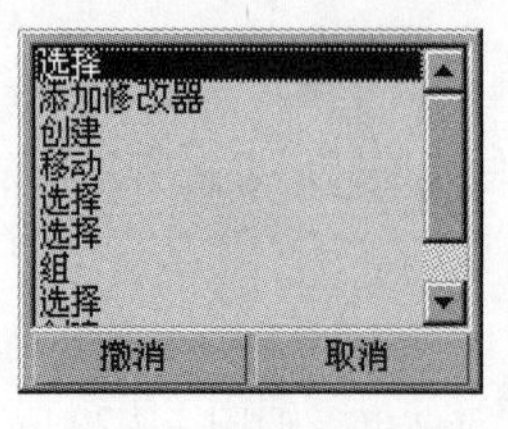

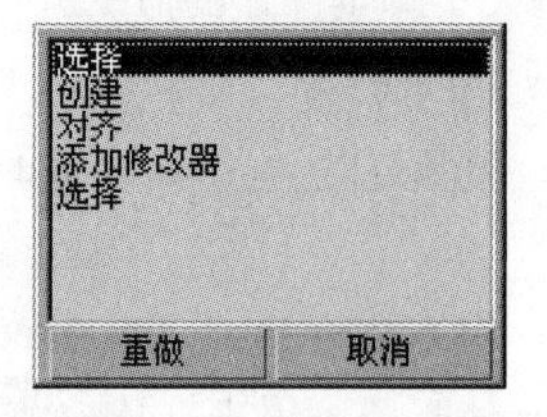

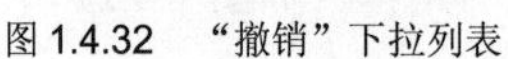
图 1.4.32 “撤销”下拉列表　　图 1.4.33 “重做”下拉列表

（3）“选择并链接”按钮：单击此按钮，可将选择的对象进行链接。

（4）“断开当前选择链接”按钮：单击此按钮，可将当前选择对象的链接断开。

（5）“绑定到空间扭曲”按钮：单击此按钮，可将当前选择的对象与空间扭曲物进行绑定，使绑定的对象受空间扭曲效果的影响，从而产生形变效果。具体使用方法为：首先在视图中创建一个空间物体，然后单击该按钮，并用鼠标左键单击需要绑定的物体且按住不放，拖动鼠标到空间扭曲物体上，此时会引出一条线。松开鼠标，绑定物体外框将闪烁一下，表示绑定成功。

（6）“选择过滤器”下拉列表全部：用来对对象的选择范围进行过滤。

（7）“选择对象”按钮：单击此按钮可对对象进行选择。

（8）“按名称选择”按钮：单击此按钮，弹出选择对象对话框，可按对象的名称选择对象。

（9）“矩形选择区域”按钮：单击此按钮，在视图中拖动鼠标可创建矩形选择区域。

（10）“窗口/交叉”按钮：单击此按钮，可与“窗口选择”按钮进行切换，决定是否只有完全包含在虚线选择框之内的对象才会被选中。

（11）“选择并移动”按钮：单击此按钮可将选中的对象在当前场景中沿不同的坐标轴方向进行移动。

（12）“选择并旋转”按钮：单击此按钮可将选中的对象在当前场景中沿不同的坐标轴方向进行旋转。

（13）“选择并均匀缩放”按钮：单击此按钮可将选中的对象在当前场景中沿不同的坐标轴方向进行缩放，也可在坐标轴组成的平面方向上进行缩放。

（14）“使用轴点中心”按钮：单击此按钮则缩放对象的中心是其自身的轴心点。

（15）“捕捉开关”按钮：单击此按钮可在视图中对三维物体进行三维捕捉。在按钮上单击鼠标右键将弹出栅格和捕捉设置对话框，在其中可以设置捕捉的类型。

（16）“编辑命名选择集”按钮：单击此按钮，弹出命名选择集对话框，在其中可对定义的选择集进行编辑。

（17）“镜像”按钮：单击此按钮，将当前选择的对象沿坐标轴进行镜像。

（18）“对齐”按钮：单击此按钮，将当前选择的对象与指定的坐标参考对象进行对齐。

（19）“曲线编辑器”按钮：单击此按钮，弹出轨迹视图 - 曲线编辑器对话框，在其中可对动画轨迹曲线进行编辑修改。

（20）“材质编辑器”按钮：单击此按钮，弹出材质编辑器对话框，在其中可设置材质。

（21）“渲染场景对话框”按钮：单击此按钮，弹出渲染场景对话框，在其中可对渲染参数

进行设置。

（22）“快速渲染”按钮：单击此按钮可对当前视图中的场景快速渲染。

1.4.4　视图区

视图区是用来从不同角度观察所创建的物体的，它是 3DS MAX 中的主要工作区域，系统在缺省情况下显示 4 个视图，分别为顶视图、前视图、左视图和透视图，如图 1.4.34 所示。

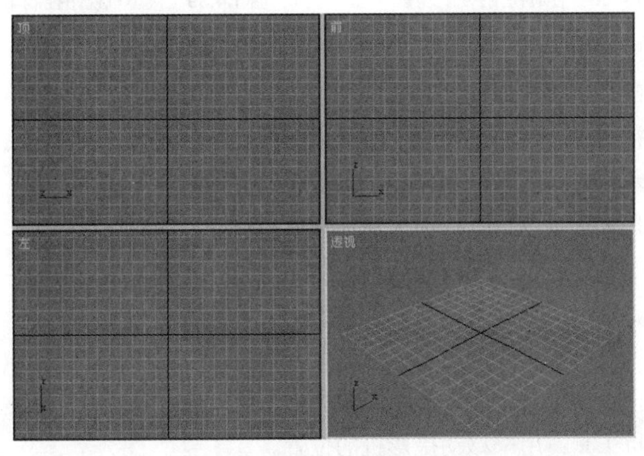

图 1.4.34　视图区

视图区中显示的视图并不是固定不变的，在操作中有时需要转换视图，其具体方法为：在需要转换的视图左上角单击鼠标右键，在弹出的如图 1.4.35 所示的快捷菜单中选择视图命令，弹出如图 1.4.36 所示的视图控制子菜单，在该子菜单中用户可以根据需要选择不同的视图方式。

另外，用户还可以先激活需要转换的视图，然后按键盘上的“V”键，弹出“视口”菜单，如图 1.4.37 所示，在其中用户可以选择不同的视图方式。

图 1.4.35　视图控制快捷菜单

图 1.4.36　视图控制子菜单

图 1.4.37　“视口”菜单

1.4.5　视图控制区

视图控制区位于 3DS MAX 8.0 操作界面的右下角，它主要用来对视图进行调整，如缩放、平移、弧形旋转等。在不同的视源模式下视图控制区也有所不同，如图 1.4.38 和图 1.4.39 所示即为在普通视图和摄影机视图两种不同的视源模式下的视图控制工具。在建模过程中经常需要对视图进行调整，因此熟练掌握这些工具的使用方法可以节省很多的时间。

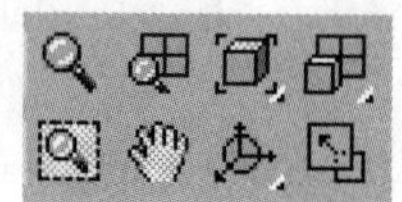

图 1.4.38　普通视图控制工具

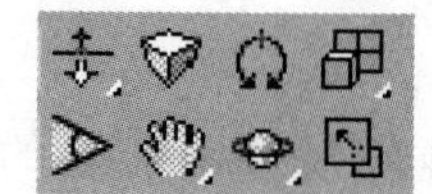

图 1.4.39　摄影机视图控制工具

下面对视图控制区中各视图控制工具的含义进行说明。

（1）缩放工具：用来缩小或放大当前视图。

（2）缩放所有视图工具：用来同时缩小或放大所有视图。

（3）最大化显示工具：用来最大化显示当前视图的场景。

（4）所有视图最大化显示工具：用来最大化显示所有视图的场景。

（5）缩放区域工具：用来对视图的局部进行缩放。

（6）平移视图工具：用来沿各方向平移视图。

（7）弧形旋转工具：用来控制用户视图角度。

（8）最大化视口切换工具：用来最小或最大化单个视图。

（9）推拉摄影机工具：用来移动摄影机的位置。

（10）透视工具：用来改变摄影机与焦点的位置。

（11）侧滚摄影机工具：用来旋转摄影机。

（12）视野工具：用来改变摄影机视野大小。

（13）穿行工具：该工具为 3DS MAX 8.0 新增的一种场景观察模式。

（14）环游摄影机工具：用来使摄影机绕其焦点进行旋转。

（15）最大化显示选定对象工具：用来最大化显示当前选定对象。

1.4.6　命令面板

命令面板是 3DS MAX 8.0 操作界面的重要组成部分，在这里包括了所有的创建物体、造型物体、修改物体等命令，在 3DS MAX 8.0 中，又将命令面板细分为 6 个分项面板，分别为创建命令面板、修改命令面板、层次命令面板、运动命令面板、显示命令面板和工具命令面板，6 个分项面板按照图标的形式并排在一起，如图 1.4.40 所示。

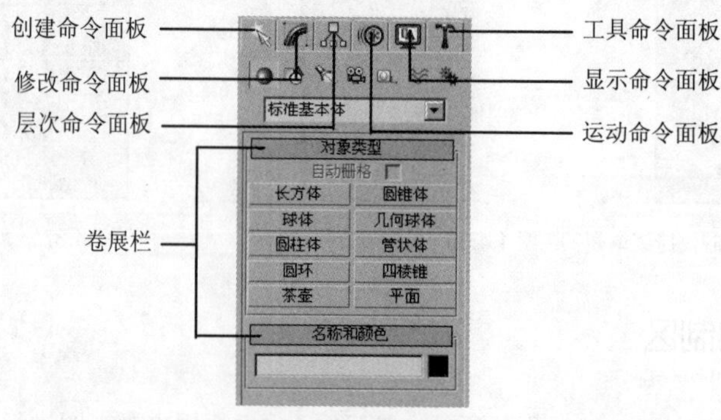

图 1.4.40　命令面板

单击命令面板上方的 6 个按钮，可分别进入到功能不同的命令面板中，在每个命令面板中都包括数量不等的卷展栏和命令按钮。单击卷展栏中的“+”号将展开卷展栏，单击卷展栏中的“－”号将收缩卷展栏。当卷展栏过长时，命令面板会加长，这时，用户可拖动其右侧的垂直滚动工具条显示隐藏的命令面板。

1. 创建命令面板

单击命令面板中的“创建”按钮，即可进入创建命令面板，如图 1.4.41 所示。

创建命令面板可用来精确地创建对象，具体在其中可创建 7 类对象，它们分别位于 7 个不同的面板中，分别为几何体创建命令面板、图形创建命令面板、灯光创建命令面板、摄影机创建命令面板、辅助对象创建命令面板、空间扭曲创建命令面板和系统创建命令面板。在每一个创建命令面板中又包含了许多创建命令，它们以按钮的形式存在，在使用时用户单击这些按钮即可开始创建对象。

2. 修改命令面板

单击命令面板中的“修改”按钮，即可进入修改命令面板，如图 1.4.42 所示，修改命令面板的功能主要是用来对创建的物体进行编辑加工，包括重命名对象、改变对象颜色等。

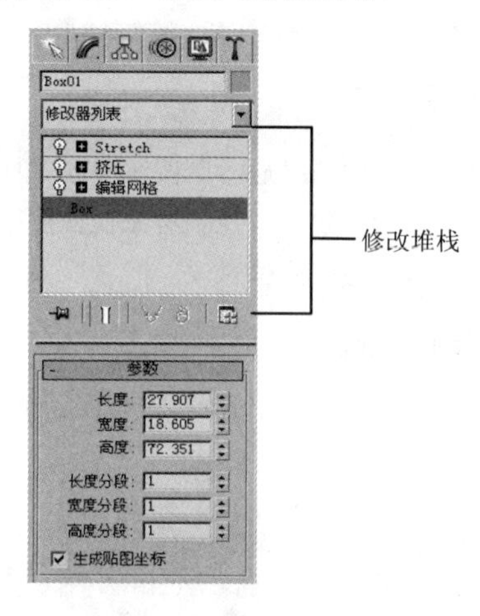

图 1.4.41　创建命令面板　　图 1.4.42　修改命令面板

在修改命令面板中有一个修改堆栈，在其中可对修改命令进行管理，用户可以根据需要删除、添加或者对修改命令的排序重新进行排列。

3. 层次命令面板

单击命令面板中的“层次”按钮，即可进入层次命令面板，如图 1.4.43 所示。

在层次命令面板中包含 轴 、 IK 和 链接信息 3 个按钮。 轴 按钮可以在调整变形时移动对象轴的位置； IK 按钮和 链接信息 按钮可以生成多个对象相关联的复杂运动。

4. 运动命令面板

单击命令面板中的“运动”按钮，即可进入运动命令面板，如图 1.4.44 所示。

单击其中的 参数 按钮，可以为物体指定控制器以及进行创建、删除、移动关键帧等操作；单击其中的 轨迹 按钮，可以将样条曲线转换为对象的运动轨迹，并通过卷展栏中的命令来控制参数。

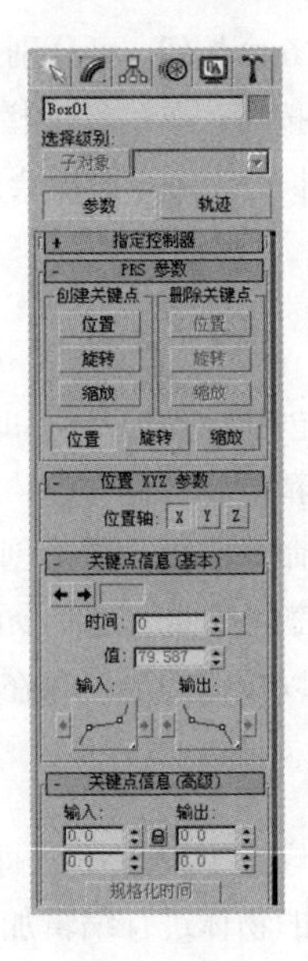

图 1.4.43　层次命令面板　　　　图 1.4.44　运动命令面板

5．显示命令面板

单击命令面板中的“显示”按钮，即可进入显示命令面板，如图 1.4.45 所示。

显示命令面板主要用来控制对象在视图中如何显示。也可以为单个对象设置显示的参数，通过显示命令面板还可隐藏或冻结对象。

6．工具命令面板

单击命令面板中的“工具”按钮，即可进入工具命令面板，如图 1.4.46 所示。

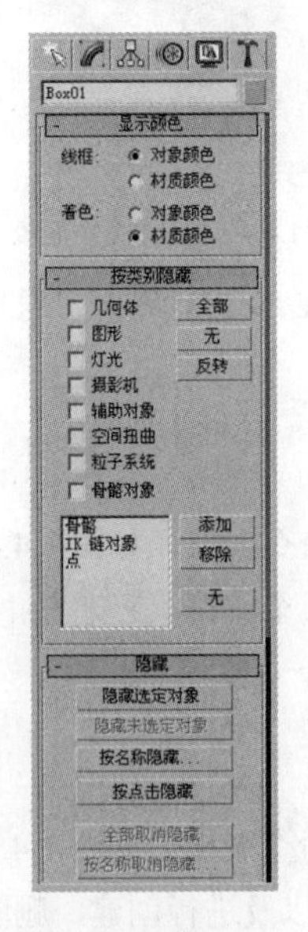

图 1.4.45　显示命令面板　　　　图 1.4.46　工具命令面板

在工具命令面板中主要包括一些功能强大的工具，如资源浏览器、摄影机匹配、塌陷、颜色剪贴板和 reactor 等。

1.5　自定义工作环境

在 3DS MAX 8.0 中用户可根据个人的爱好定制适合自身的工作环境，一般通过自定义(U)菜单中的命令来实现，下面进行详细介绍。

1.5.1　自定义用户界面

选择自定义(U)→自定义用户界面(C)...命令，弹出自定义用户界面对话框，如图 1.5.1 所示。在该对话框中包括键盘、工具栏、四元菜单、菜单和颜色 5 个选项卡，可以用来设置用户界面中的菜单以及颜色等，而且在其中还可以自定义热键。

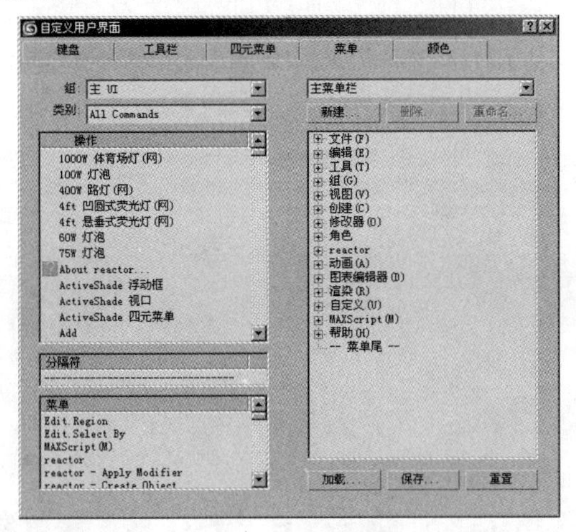

图 1.5.1　“自定义用户界面”对话框

除此以外，用户可以加载不同的预设菜单方案、用户界面方案等，例如单击菜单选项中的加载...按钮，弹出加载菜单文件对话框，如图 1.5.2 所示。

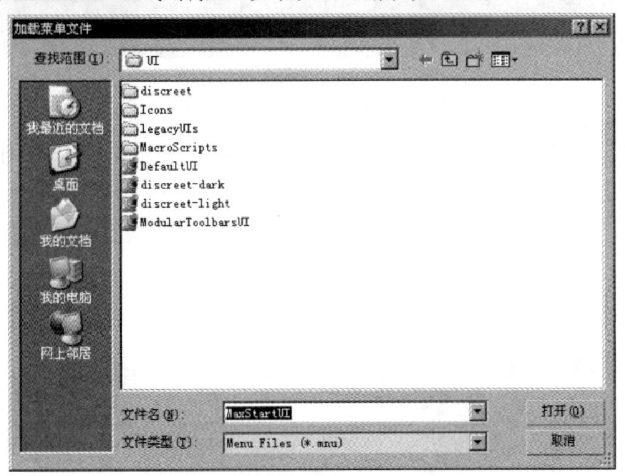

图 1.5.2　“加载菜单文件”对话框

在该对话框中选择不同的预设菜单方案，设置完成后，单击保存...按钮可保存设置。

另外，用户可使用自定义(U)菜单中的加载自定义 UI 方案(L)命令来改变用户界面的外观，选择自定义(U)→加载自定义 UI 方案(L)命令，弹出加载自定义 UI 方案对话框，如图 1.5.3 所示。

图 1.5.3 “加载自定义 UI 方案”对话框

在该对话框中所有带有*.ui 后缀的文件都是系统提供给用户选择的操作界面类型，用户可任意选择。在该对话框中选择 discreet-dark.ui 选项，然后单击 打开(O) 按钮，则操作界面如图 1.5.4 所示。

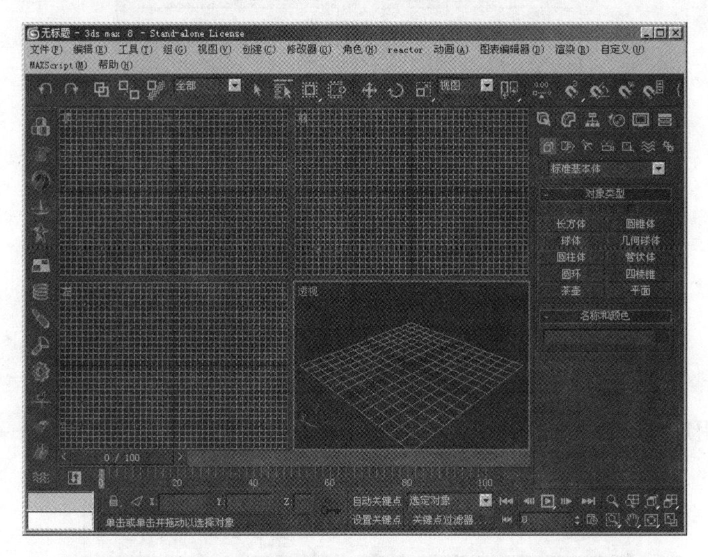

图 1.5.4 加载自定义 UI 方案效果

3DS MAX 8.0 在缺省状态下的操作界面为 DefaultUI.ui 方案，用同样的方法选择该方案后可将用户界面还原为默认的状态。

1.5.2 视口配置

选择 自定义(U) → 视口配置(V)... 命令，弹出 视口配置 对话框，如图 1.5.5 所示。在该对话框中包括 渲染方法 、 布局 、 安全框 、 自适应降级切换 和 区域 5 个选项卡，在这 5 个选项卡中可以设置视图区各个方面的参数，下面分别进行介绍。

1.“渲染方法”选项卡

该选项卡中的命令主要用来设置渲染场景时的渲染参数，如渲染级别、默认灯光数量、透明级别设置等。

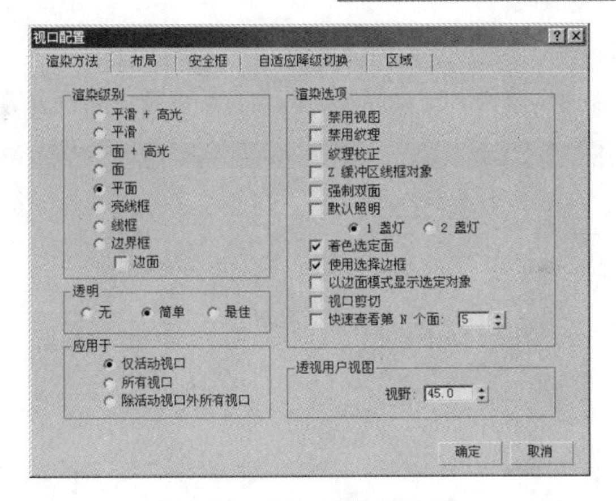

图 1.5.5　“视口配置”对话框

2.“布局”选项卡

该选项卡主要用于设置操作界面中视图区的布置形式，如图 1.5.6 所示。在其中系统共提供了 14 种视图布局方式，单击选择其中的任何一种，都可以在其下方预览其布局形式，单击下方当前视图区时，弹出如图 1.5.7 所示的当前视图菜单，在其中可更改视图区的类型。

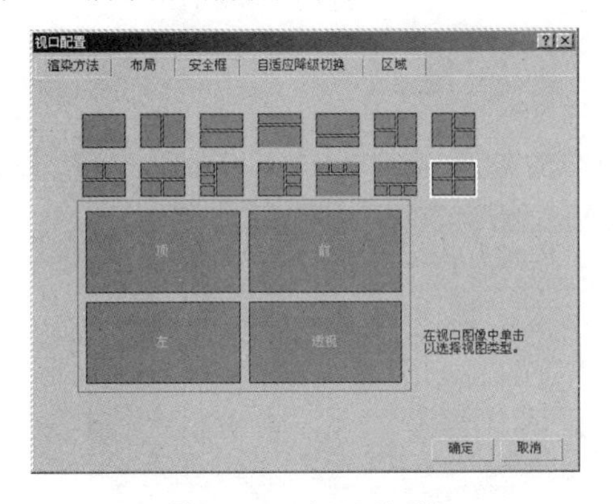

图 1.5.6　“布局”选项卡

图 1.5.7　当前视图菜单

3.“安全框”选项卡

该选项卡主要用来对安全框进行设置，如设置是否在活动视图中显示安全框、设置安全框的百分比等，如图 1.5.8 所示。

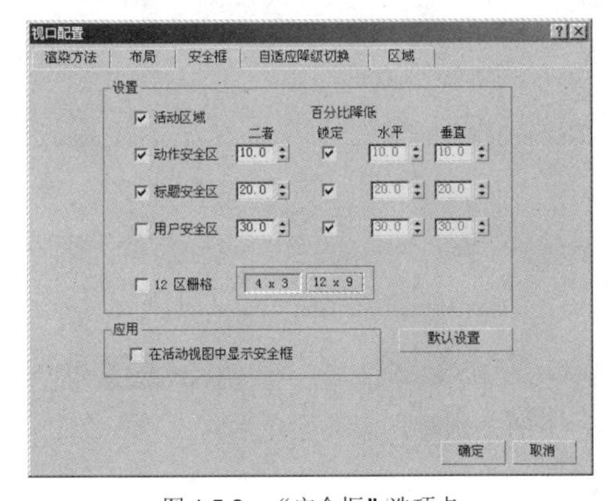

图 1.5.8　“安全框”选项卡

4．“自适应降级切换”选项卡

该选项卡主要用于设置通用降级、活动降级、降级参数以及中断设置等，如图 1.5.9 所示。

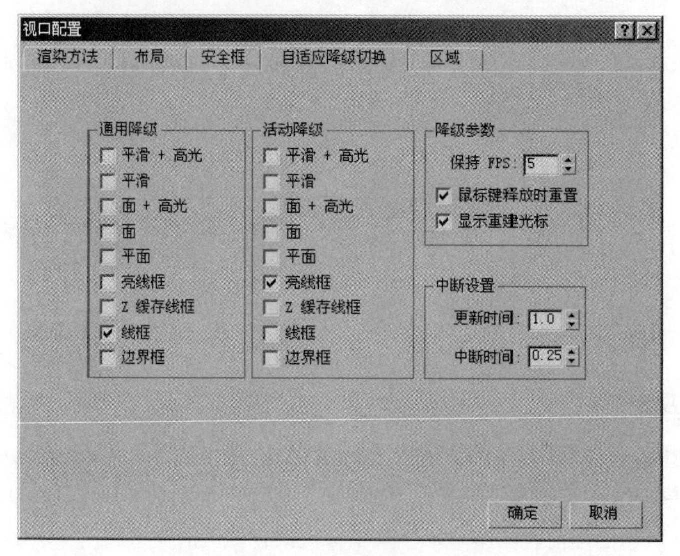

图 1.5.9　“自适应降级切换”选项卡

5．“区域”选项卡

该选项卡主要用于设置放大区域和子区域的宽度、高度以及位置等参数，如图 1.5.10 所示。

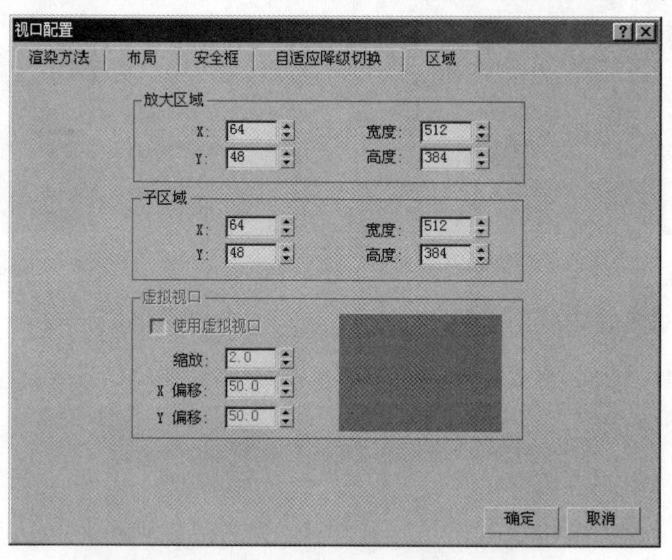

图 1.5.10　“区域”选项卡

1.5.3　首选项设置

选择菜单栏中的 自定义(U) → 首选项(P)... 命令，弹出 首选项设置 对话框，如图 1.5.11 所示。在该对话框中共包括了 11 个选项卡，下面分别对它们进行介绍。

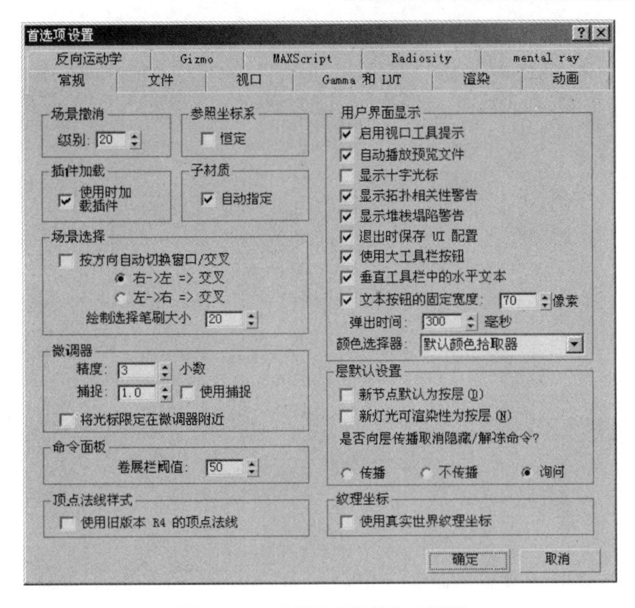

图 1.5.11　“首选项设置”对话框

1. 常规

“常规”选项卡如图 1.5.11 所示。在其中主要可以对系统的常规选项进行设置，如撤销的次数、参照坐标系、微调精度等。

2. 文件

“文件”选项卡如图 1.5.12 所示，在其中主要可以对文件备份等方面的参数进行设置，如文件处理、自动备份等。

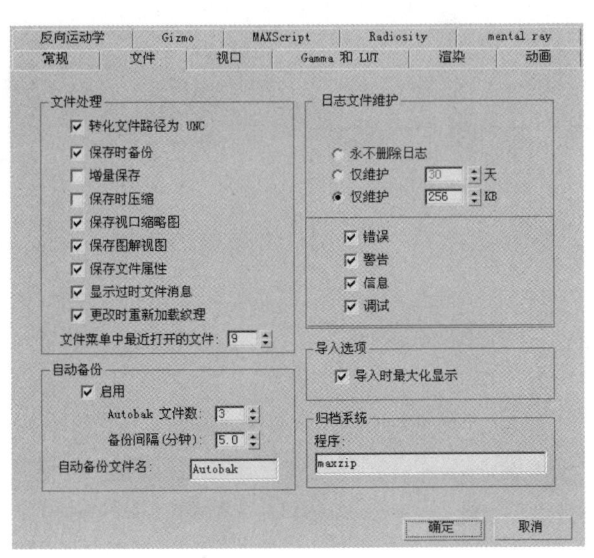

图 1.5.12　“文件”选项卡

3. 视口

“视口”选项卡如图 1.5.13 所示，在其中主要可以对关于视口的参数进行设置，如灯光衰减、驱动程序设置、栅格轻移距离和过滤环境背景等。

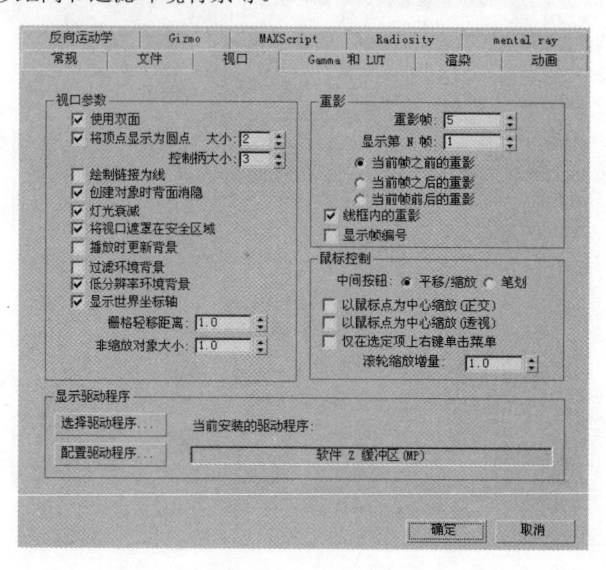

图 1.5.13 “视口”选项卡

4．Gamma（伽马值）和 LUT

“Gamma（伽马值）和 LUT”选项卡如图 1.5.14 所示，在其中主要可以对 Gamma，Gamma 的适用范围，以及位图文件输入 Gamma 和输出 Gamma 等进行设置。

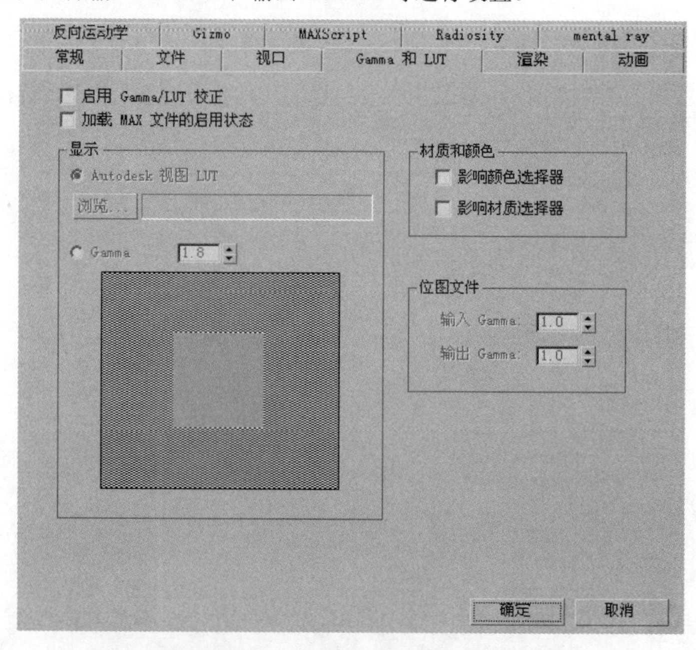

图 1.5.14 “Gamma（伽马值）”选项卡

5．渲染

“渲染”选项卡如图 1.5.15 所示，在其中主要可以对渲染的一些参数进行设置，如视频颜色检查、聚光区/衰减区分隔角度、渲染终止警报频率等。

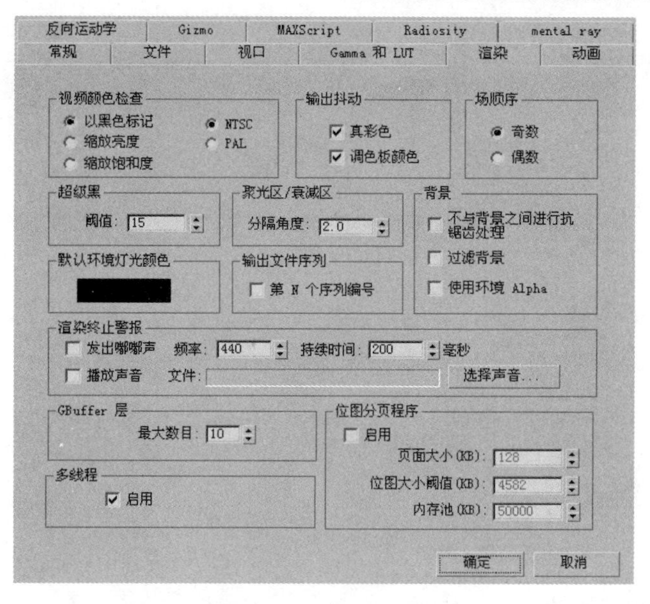

图 1.5.15　“渲染”选项卡

6．动画

“动画”选项卡如图 1.5.16 所示，在其中主要可以对动画中的一些参数进行设置，如动画、MIDI 时间滑块控制、指定声音插件等。

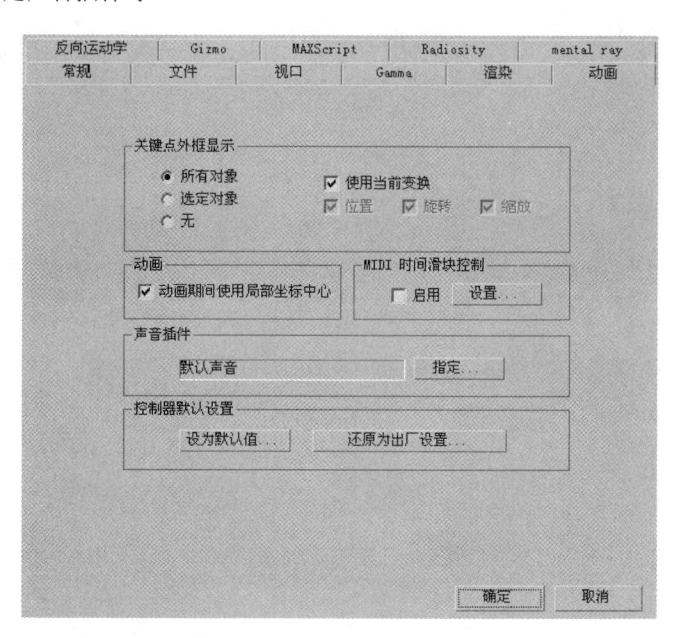

图 1.5.16　“动画”选项卡

7．反向运动学

“反向运动学”选项卡如图 1.5.17 所示，在其中主要可以对反向运动连接的一些参数进行设置，如应用式 IK、交互式 IK 等。

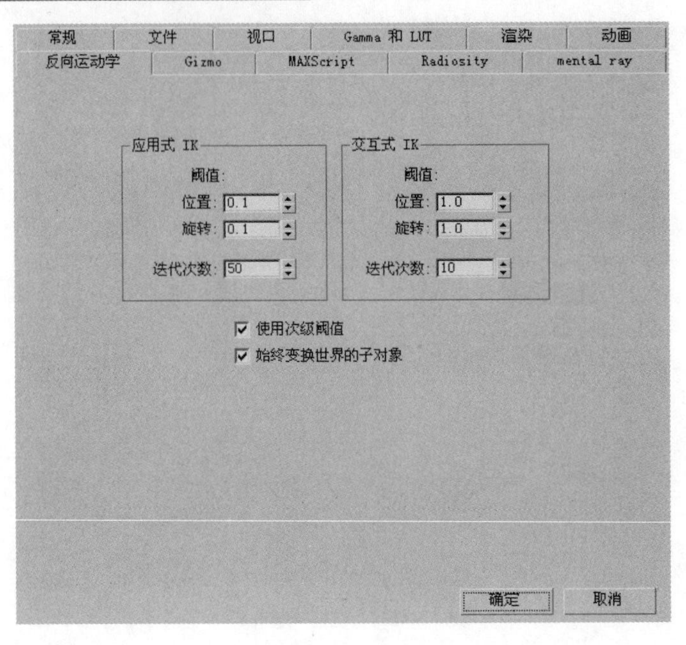

图 1.5.17 “反向运动学”选项卡

8．Gizmo（边界盒）

“Gizmo（边界盒）”选项卡如图 1.5.18 所示，在其中主要可以对操作命令的显示范围进行设置，如变换 Gizmo、透视敏感度等。

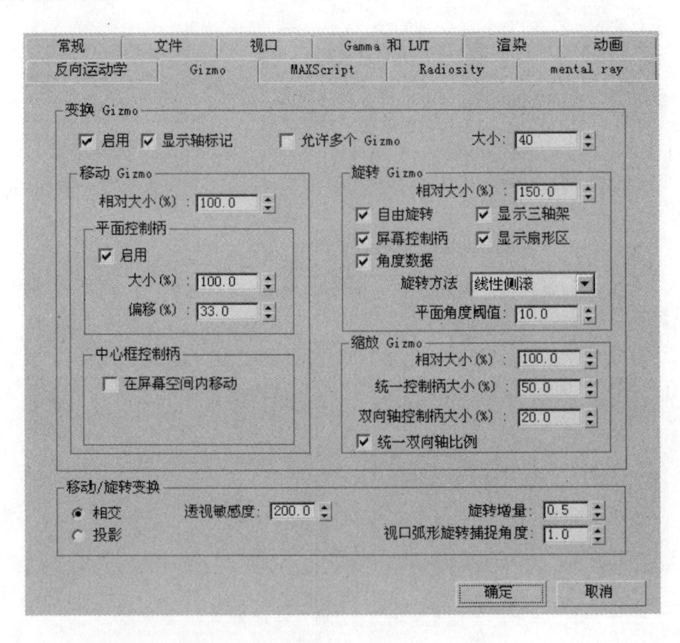

图 1.5.18 “Gizmo（边界盒）”选项卡

9．MAXScript（MAX 脚本）

“MAXScript（MAX 脚本）”选项卡如图 1.5.19 所示，在其中主要可以对有关 MAX 脚本的参数进行设置，如加载启动脚本、脚本的字体、字体大小等。

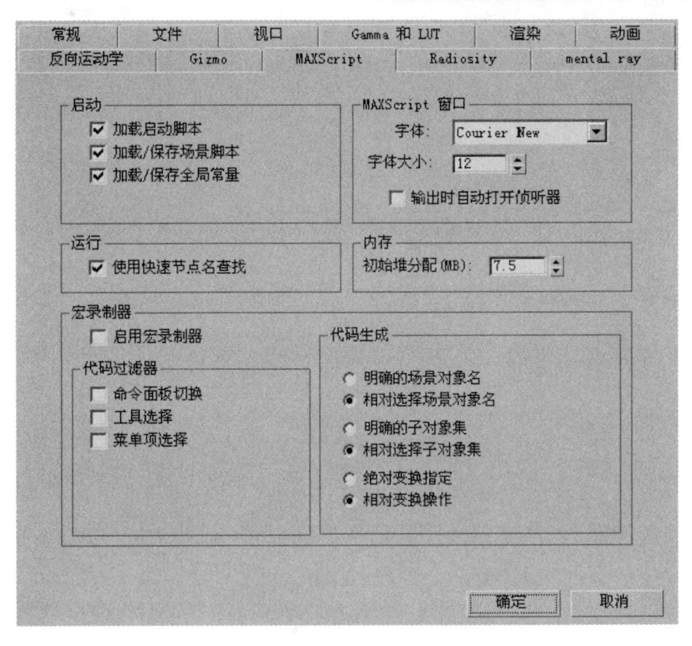

图 1.5.19　“MAXScript（MAX 脚本）”选项卡

10．Radiosity（光能传递）

“Radiosity（光能传递）”选项卡如图 1.5.20 所示，在其中主要可以对场景中材质编辑器反射比和透射比信息、光能传递处理等进行设置。

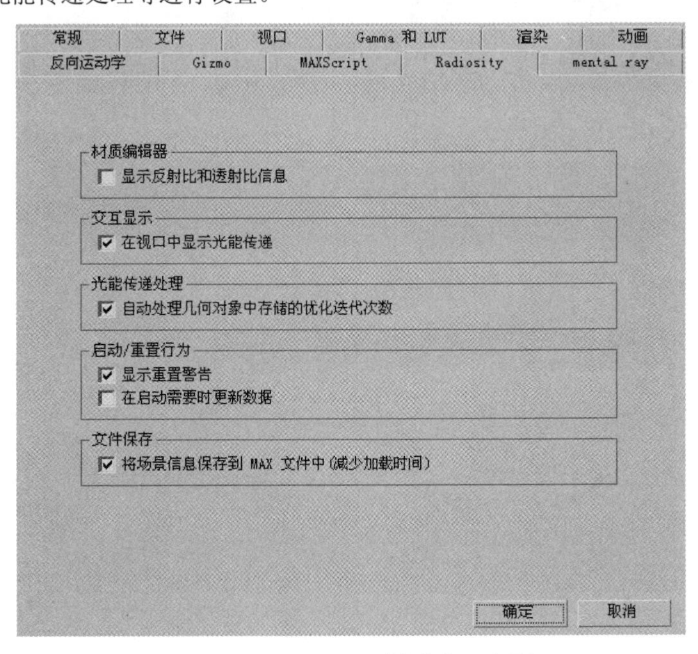

图 1.5.20　“Radiosity（光能传递）”选项卡

11．mental ray

“mental ray”选项卡如图 1.5.21 所示，在其中主要可以对系统开启了 mental ray 渲染器时的一些参数进行设置。

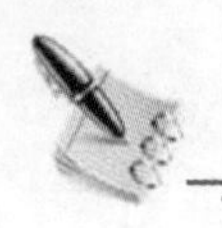

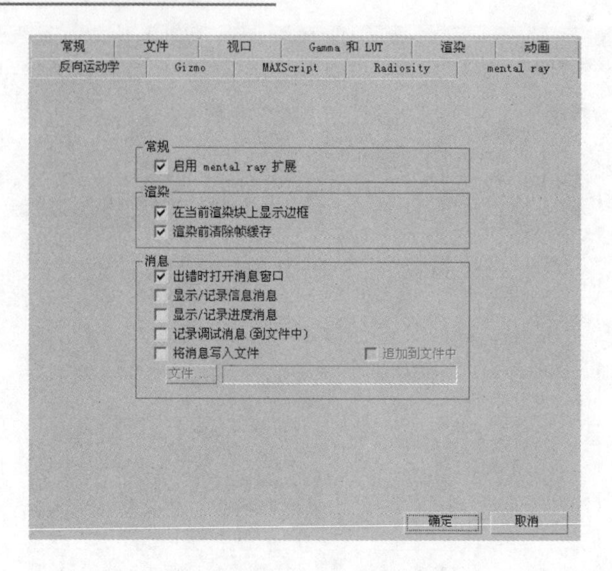

图 1.5.21 “mental ray”选项卡

1.6 课堂实战——调整视图

本节将结合本章所学知识，练习调整视图，其具体操作步骤如下：

（1）选择 文件(F) → 重置(R) 命令，重新设置系统。

（2）单击“创建”按钮，进入创建命令面板。单击“几何体”按钮，进入几何体创建命令面板，单击其中的 长方体 按钮，在视图中创建一个长方体，然后用同样的方法创建一个四棱锥和一个茶壶，如图 1.6.1 所示。

图 1.6.1 创建对象

（3）单击视图控制区中的“缩放所有视图”按钮，然后在视图区中按住鼠标左键并拖动鼠标，即可将所有视图进行缩放，如图 1.6.2 所示。

（4）单击视图控制区中的“平移视图”按钮，在透视图中按住鼠标左键并拖动鼠标，即可对当前视图（透视图）进行平移，效果如图 1.6.3 所示。

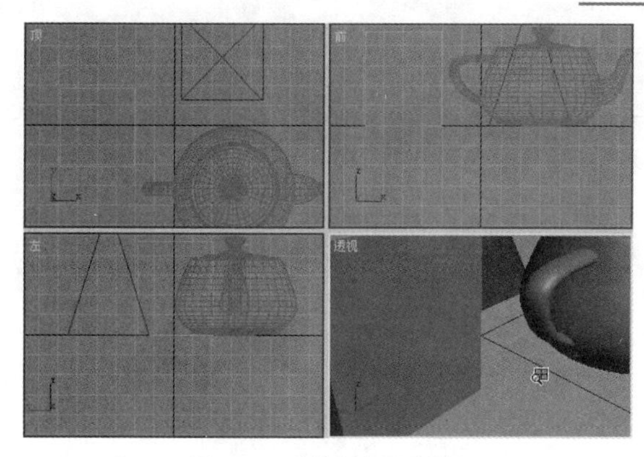

图 1.6.2　缩放所有视图效果

图 1.6.3　平移视图效果

其他视图控制工具的使用方法和上面的差不多，这里就不再赘述，用户可自行练习。

本 章 小 结

本章主要讲述了 3DS MAX 8.0 的新增功能、安装、启动、退出以及 3DS MAX 8.0 的操作界面和自定义工作环境。通过本章的学习，用户应对 3DS MAX 8.0 的操作界面有所了解。

操 作 练 习

一、填空题

1．3DS MAX 8.0 是_______公司于 2005 年 10 月发布的 3DS MAX 软件的最新版本。

2．3DS MAX 8.0 的操作界面主要由标题栏、菜单栏、_______、_______、视图控制区、命令面板、动画播放控制区和状态栏等组成。

二、简答题

1．简述 3DS MAX 的运作流程。

2．简述 3DS MAX 8.0 的新增功能。

三、上机操作题

练习安装 3DS MAX 8.0 应用软件。

第 2 章　3DS MAX 基础操作

在了解了 3DS MAX 8.0 的操作界面后，本章介绍一些 3DS MAX 的基础操作，这些操作包括对象的选择、复制、变换以及对齐、镜像、阵列等。

知识要点

- 单位设置和捕捉设置
- 变换工具
- 对象的选择和克隆
- 成组和链接对象

2.1　单位设置和捕捉设置

单位是连接 3DS MAX 的三维世界与物理世界的关键，在“单位设置”对话框中可以定义要使用的单位；捕捉设置可精确快速地帮助用户找到顶点、边或面，本节对其进行详细介绍。

2.1.1　单位设置

选择 自定义(U) → 单位设置(U)... 命令，弹出 单位设置 对话框，如图 2.1.1 所示。

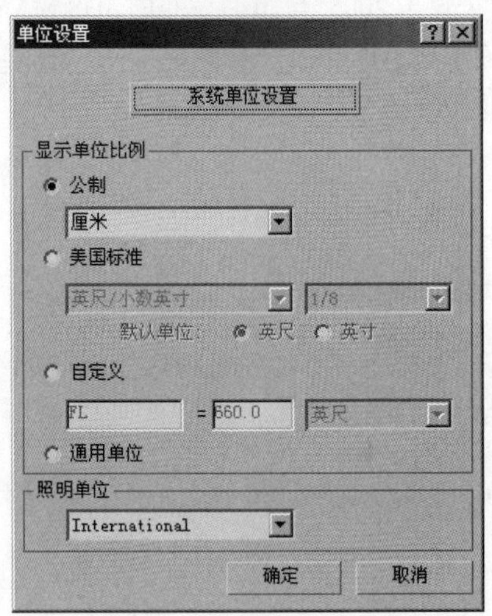

图 2.1.1　“单位设置”对话框

在该对话框中可以在通用单位和标准单位（英尺、英寸和公制）之间进行选择，也可以创建自定义单位，这些自定义单位可以在创建任何对象时使用，下面对其中的参数进行说明。

（1） 系统单位设置 ：单击此按钮，可弹出 系统单位设置 对话框，如图 2.1.2 所示，在其中可设置系统单位比例。

（2）公制：在其下拉列表中可选择公制单位：毫米、厘米、米和千米。

（3）美国标准：在其下拉列表中可选择美国标准的单位：分数英寸、小数英寸、分数英尺、小数英尺、英尺/分数英寸和英尺/小数英寸。

（4）自定义：可在其后的数值框中输入数值来定义度量的自定义单位。

（5）通用单位：该选项为默认选项（1 英寸），它等于软件使用的系统单位。

图 2.1.2　“系统单位设置”对话框

（6）照明单位：在该参数设置区中可以选择灯光值是以美国单位还是国际单位显示。

2.1.2　栅格和捕捉设置

选择自定义(U)→栅格和捕捉设置(G)...命令，弹出栅格和捕捉设置对话框，在该对话框中包含了捕捉、选项、主栅格和用户栅格 4 个选项卡，在每个选项卡中都可对不同的参数进行设置，下面分别进行介绍。

1. “捕捉”选项卡

该选项卡如图 2.1.3 所示，其中包含了许多捕捉的可选对象，在使用时用户可以根据需要对捕捉的对象进行设置。选择Standard下拉列表中的NURBS选项时，“捕捉”选项卡如图 2.1.4 所示。

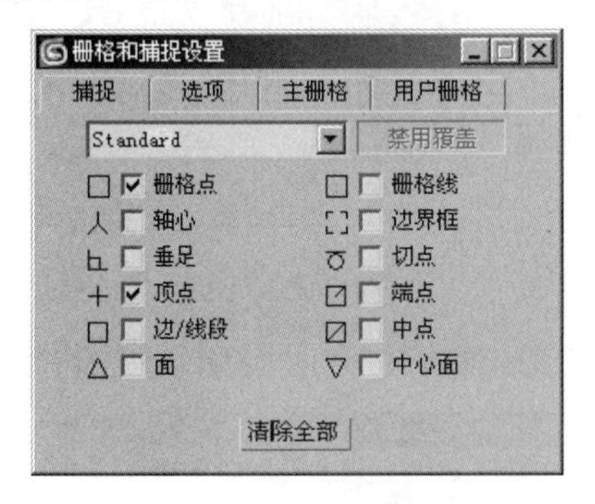

图 2.1.3　“捕捉”选项卡

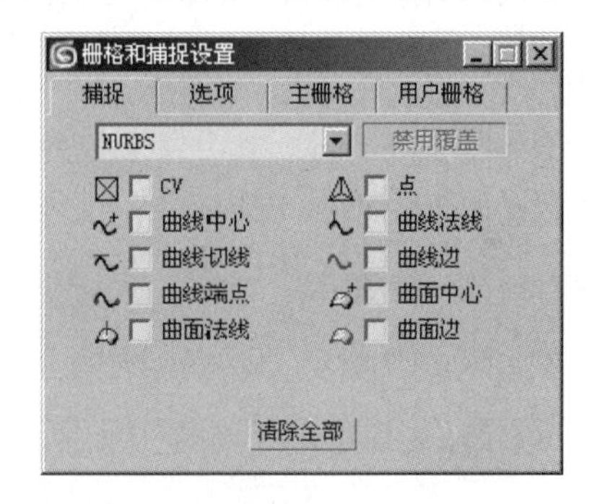

图 2.1.4　选择“NURBS”选项时的“捕捉”选项卡

栅格点：捕捉到栅格交点。在默认情况下，此捕捉类型处于启用状态。键盘快捷键为“Alt+F5”。

栅格线：捕捉到栅格线上的任何点。

轴心：捕捉到对象的轴心。键盘快捷键为“Alt+F6”。

边界框：捕捉到对象边界框的八个角中的一个。

垂足：捕捉到样条线上与上一个点相对的垂直点。

切点：捕捉到样条线上与上一个点相对的相切点。

顶点：捕捉到网格对象或可以转换为可编辑网格对象的顶点。捕捉到样条线上的分段。键盘快捷键为“Alt+F7”。

端点：捕捉到网格边的端点或样条线的顶点。

边/线段：捕捉沿着边（可见或不可见）或样条线分段的任何位置。键盘快捷键为“Alt+F9”。

中点：捕捉到网格边的中点和样条线分段的中点。键盘快捷键为“Alt+F8”。

面：捕捉到面的曲面上的任何位置。键盘快捷键为“Alt＋F10”。

中心面：捕捉到三角形面的中心。

CV：捕捉到 NURBS 曲线或 NURBS 曲面中的 CV 子对象。

点：捕捉到 NURBS 模型中的点子对象。

曲线中心：捕捉到 NURBS 曲线的中心。以参数方式计算 NURBS 曲线，可能与曲线的外观可视中心不同。

曲线法线：捕捉到 NURBS 曲线的点法线。仅当创建需要两次或多次单击才能创建的新对象时，才运行该捕捉。

曲线切线：捕捉到 NURBS 曲线的点切线。仅当创建需要两次或多次单击才能创建的新对象时，才运行该捕捉。

曲线边：捕捉到 NURBS 曲线（沿曲线移动或创建当前对象）的边。

曲线端点：捕捉到 NURBS 曲线的端点。

曲面中心：捕捉到 NURBS 曲面的中心。以参数方式计算 NURBS 曲线，可能与曲线的外观可视中心不同。

曲面法线：捕捉到 NURBS 曲面法线上的点到上一个点。仅当创建新对象时，才运行该捕捉。

曲面边：捕捉到 NURBS 曲面的边。

2.“选项”选项卡

该选项卡如图 2.1.5 所示，其中包含一些主要用于设置捕捉的通用参数，如捕捉半径、角度、百分比等。

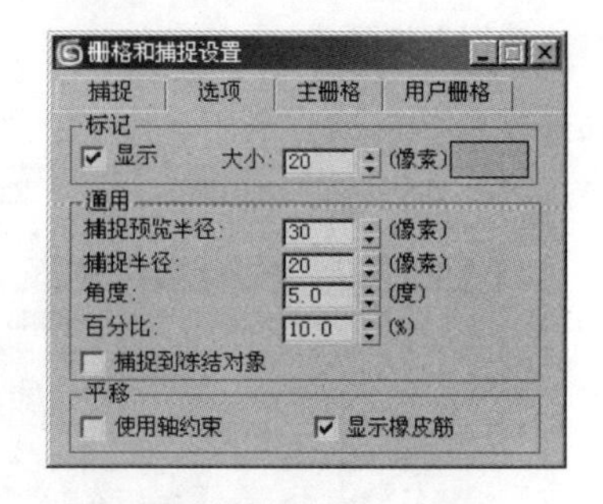

图 2.1.5 “选项”选项卡

3.“主栅格”选项卡

该选项卡如图 2.1.6 所示，其中包含一些主要用于设置主栅格的参数，如栅格间距、范围等。

4.“用户栅格”选项卡

该选项卡如图 2.1.7 所示，其中包含一些主要用于设置栅格对象自动化参数、栅格对齐的方式等。

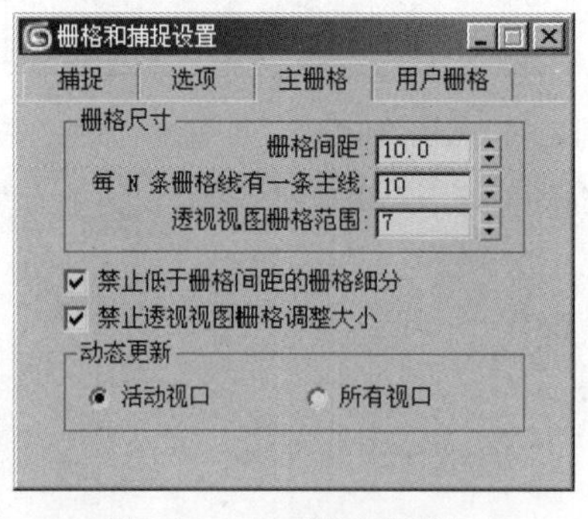

图 2.1.6 “主栅格”选项卡

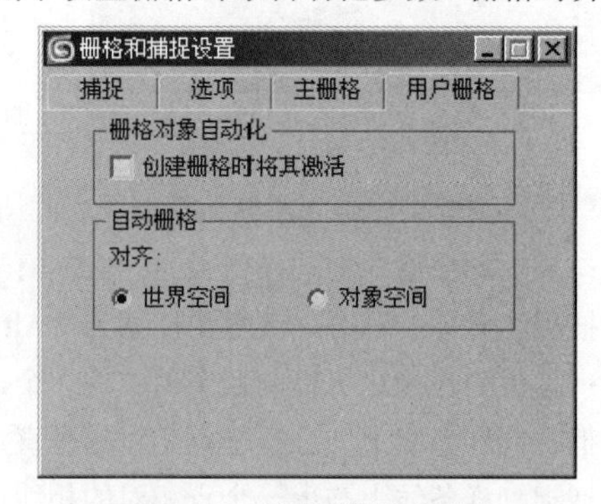

图 2.1.7 “用户栅格”选项卡

2.2 变 换 工 具

创建对象后，为了达到理想的效果，需要对对象进行一系列的调整，其中移动、缩放、旋转是

3DS MAX 中基本的三大变换操作，其他变换操作还有对齐、调整轴心、镜像等，本节将对这些变换工具的使用进行详细介绍。

2.2.1　选择并移动工具

选择并移动工具可选择对象并对其进行移动操作，单击工具栏中的“选择并移动”按钮，在视图中选择需要移动的对象，即可沿定义的坐标轴移动对象，如图 2.2.1 所示。

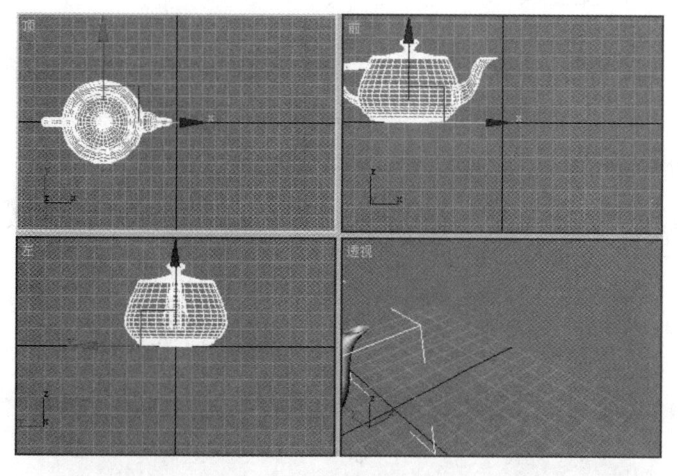

移动前

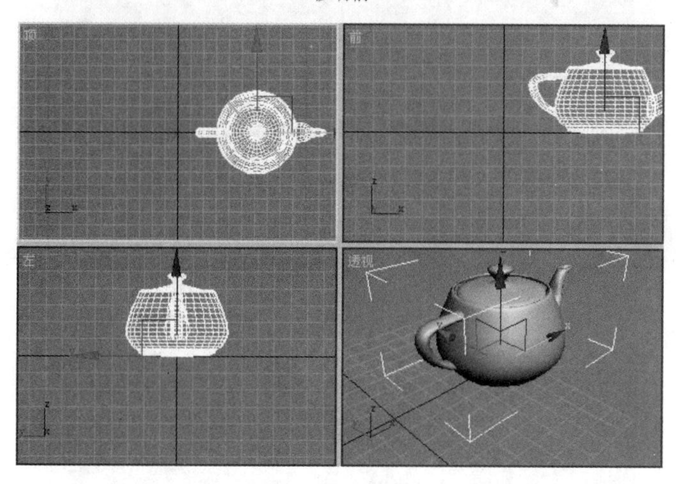

移动后

图 2.2.1　移动对象

在工具栏中的“选择并移动”按钮上单击鼠标右键，弹出移动变换输入对话框，如图 2.2.2 所示，在其中可输入精确的数值来改变对象的位置。

另外，也可通过选择工具(T)→变换输入(T)...命令或按“F12”键来打开该对话框。

提示：在工具栏中的“选择并旋转”按钮和“选择并均匀缩放”按钮上单击鼠标右键，同样可以打开相应的变换输入对话框，如图 2.2.3 和图 2.2.4 所示。

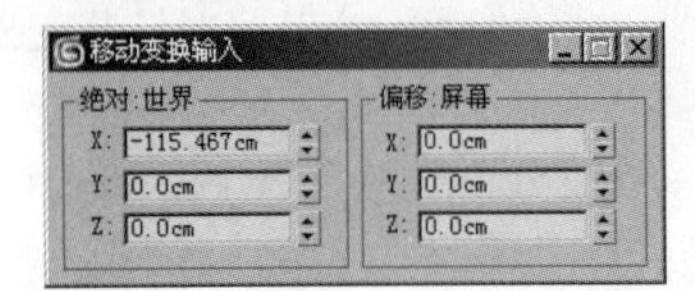

图 2.2.2 “移动变换输入”对话框

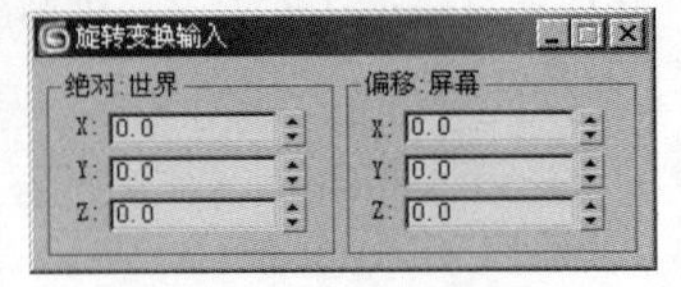

图 2.2.3 “旋转变换输入”对话框

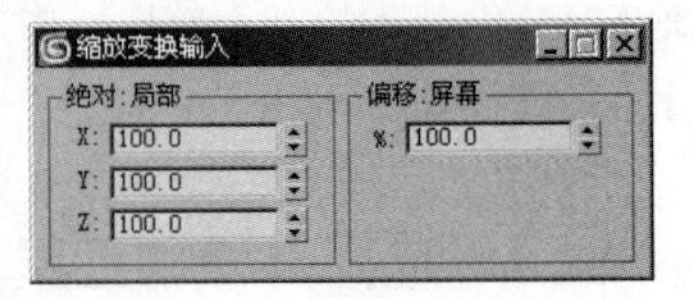

图 2.2.4 “缩放变换输入”对话框

2.2.2 选择并缩放工具

选择并缩放工具可选择对象，并对其进行缩放操作。在工具栏中包括 3 种缩放工具，分别为选择并均匀缩放工具、选择并非均匀缩放工具和选择并挤压工具，下面对其分别进行介绍。

1. 选择并均匀缩放

选择并均匀缩放是指在三个轴上对对象进行等比例缩放变换，缩放的结果只改变对象的体积而不改变对象的形状，如图 2.2.5 所示。

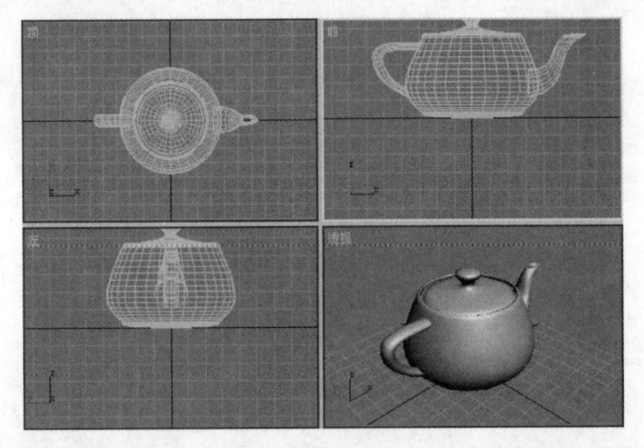

缩放前

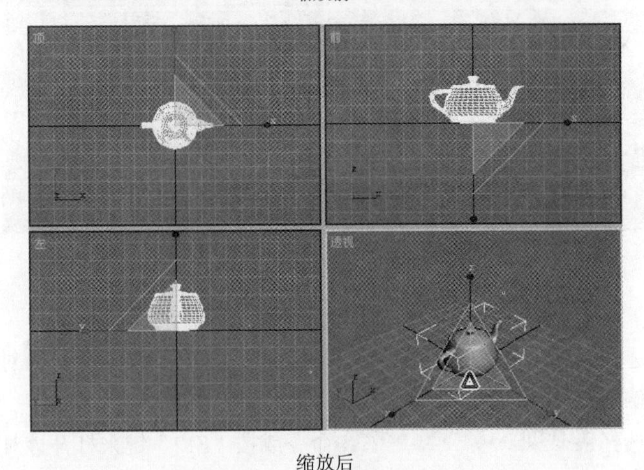

缩放后

图 2.2.5 选择并均匀缩放对象效果

2. 选择并非均匀缩放

选择并非均匀缩放可将对象在指定的坐标轴或坐标平面内进行缩放，缩放的结果是对象的体积和

形状都发生了改变，如图 2.2.6 所示。

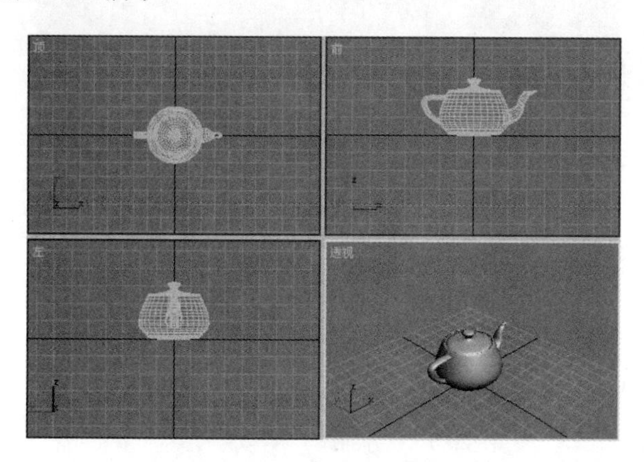

缩放前

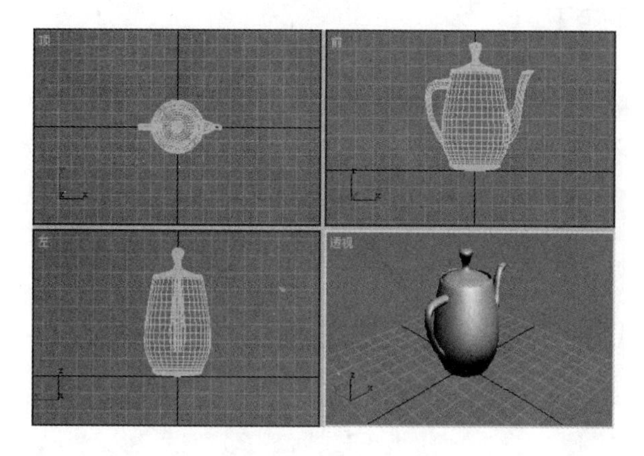

缩放后

图 2.2.6　选择并非均匀缩放对象效果

3. 选择并挤压

选择并挤压可将对象在指定的坐标轴上做挤压变形，缩放的结果改变了对象的形状而不改变对象的体积，如图 2.2.7 所示。

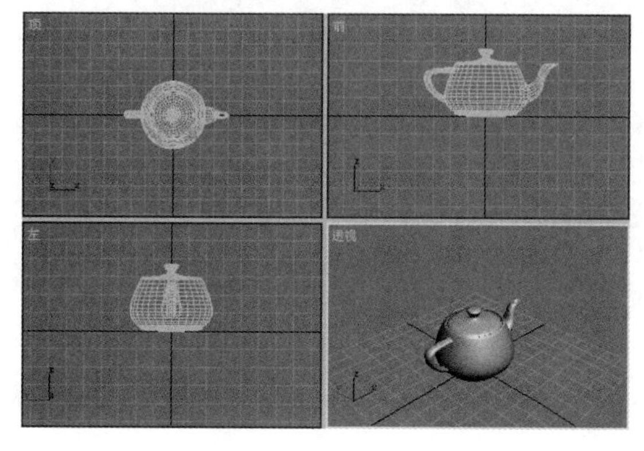

挤压前

图 2.2.7　选择并挤压对象效果

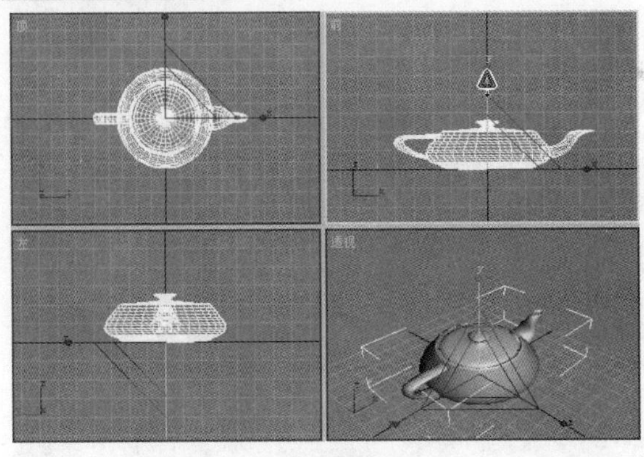

挤压后

图 2.2.7　选择并挤压对象效果（续）

2.2.3　选择并旋转工具

选择并旋转工具可将选择对象绕定义的坐标轴进行旋转。单击工具栏中的“选择并旋转”按钮，即可将选择的对象绕定义的轴进行旋转，效果如图 2.2.8 所示。

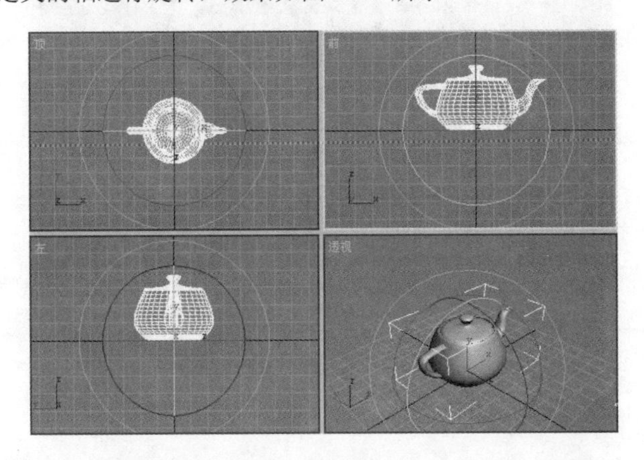

旋转前

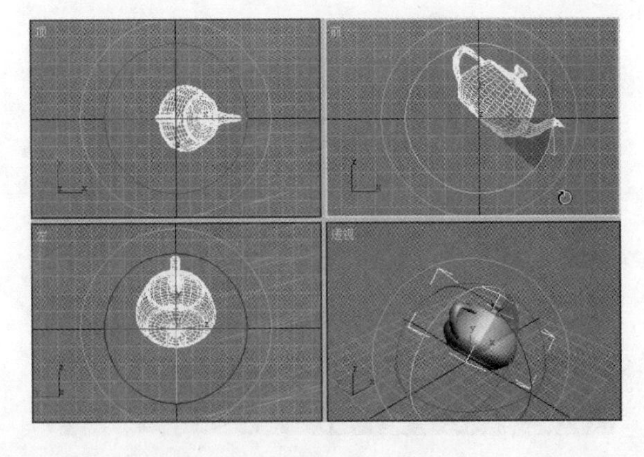

旋转后

图 2.2.8　选择并旋转对象效果

2.2.4　对齐

对齐命令可以用来精确地将一个对象和另一个对象按照指定的坐标轴进行对齐。在视图中选择需要对齐的对象后，单击工具栏中的“对齐”按钮，在视图中单击拾取目标对象，弹出对齐当前选择对话框，如图 2.2.9 所示。

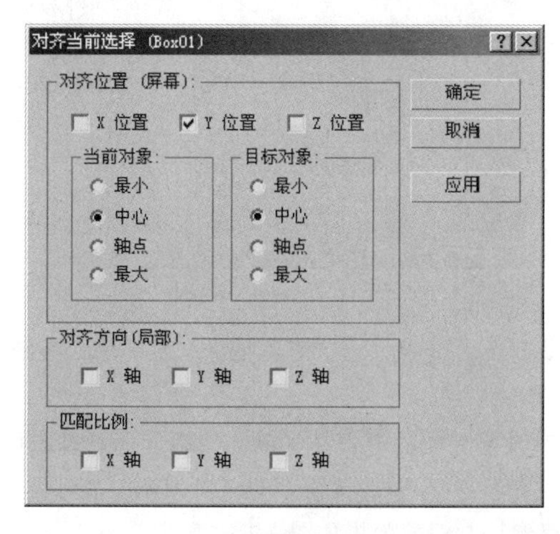

图 2.2.9　“对齐当前选择”对话框

在该对话框中可对对齐位置、方向进行设置，设置参数后，单击确定按钮即可，效果如图 2.2.10 所示。

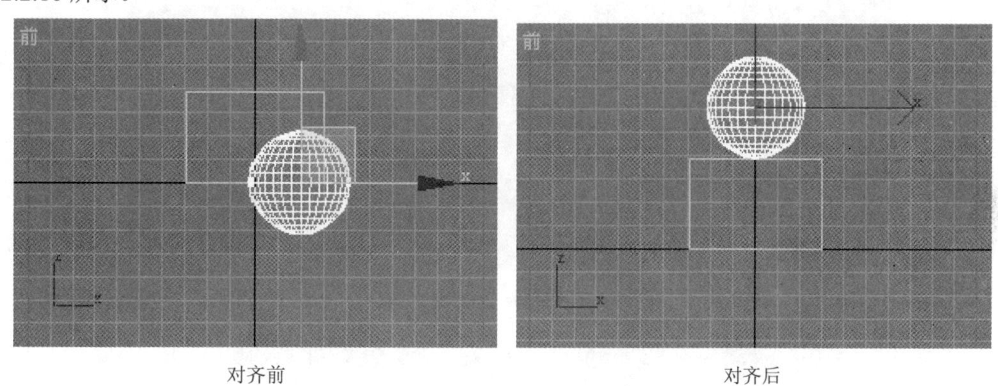

对齐前　　对齐后

图 2.2.10　对齐对象效果

提示：对齐命令的快捷键为“Alt + A”。

2.2.5　镜像

镜像命令可将当前选择的对象按指定的坐标轴进行移动镜像或复制镜像，它可以快速地生成具有对称性对象的另一半，如人脸部的一半。

在视图中选择需要进行镜像操作的对象后，单击工具栏中的“镜像”按钮或者选择工具(T)菜单中的镜像(M)...命令，都会弹出镜像:对话框，如图 2.2.11 所示。

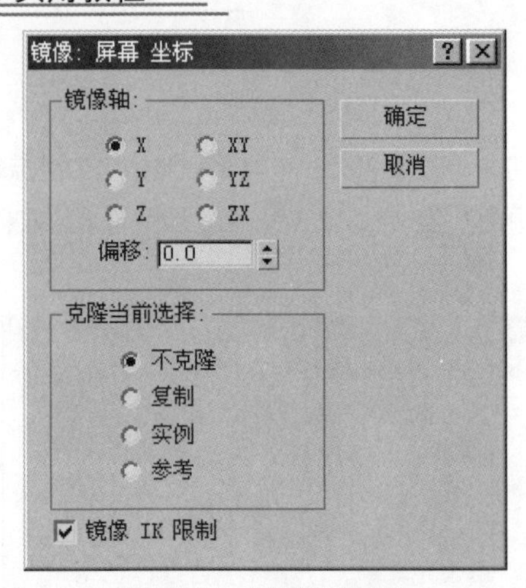

图 2.2.11 “镜像”对话框

在该对话框中的镜像轴:参数设置区中可设置对象镜像的坐标轴；在偏移:后的微调框中可设置镜像对象轴点距原始对象轴点之间的距离。

如果选中克隆当前选择:参数设置区中的不克隆单选按钮，则只对选择的对象进行移动镜像；如果选中复制、实例或参考 3 个单选按钮中的任何一个，都可将选择的对象进行镜像复制，只是产生的副本类型不同，镜像复制对象效果如图 2.2.12 所示。

图 2.2.12 镜像复制对象效果

2.2.6 阵列

阵列命令可以以当前选择对象为参考，进行一系列复制操作。在视图中选择一个对象后，选择工具(T)→阵列(A)...命令，弹出阵列对话框，如图 2.2.13 所示。在其中可指定阵列尺寸、偏移量、对象的类型和变换数量等。

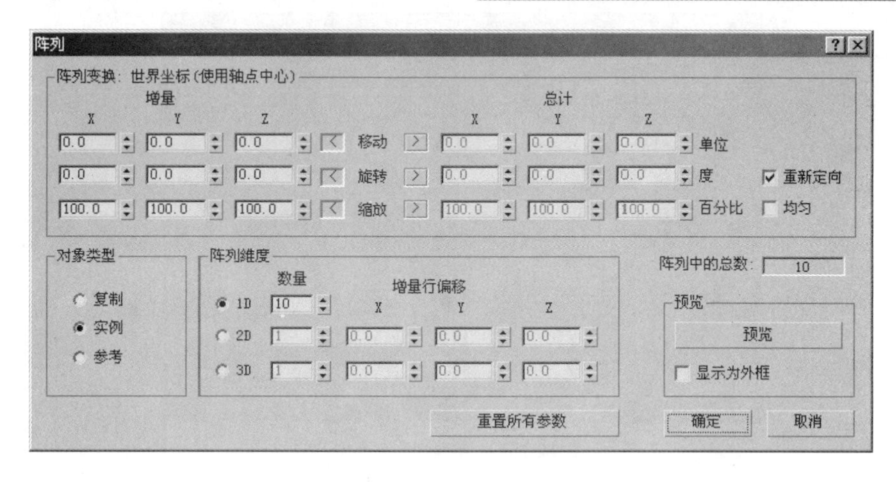

图 2.2.13　“阵列”对话框

增量：用来设置阵列物体之间在各个坐标轴上的移动距离、旋转角度以及缩放程度。

总计：用来设置阵列物体在各个坐标轴上的移动距离、旋转角度和缩放程度的总量。

☑ 重新定向：选中该复选框，阵列对象围绕世界坐标轴旋转时也将围绕自身坐标轴旋转。

对象类型：用来设置阵列复制物体的副本类型。

阵列维度：用来设置阵列复制的维数。

1．线性阵列

线性阵列是沿着一个或多个轴的一系列克隆。线性阵列可以是任意对象，如一排树或一列车到一个楼梯、一排支柱式围栏或一段长链。任何场景所需要的重复对象或图形都可以看做线性阵列。

（1）一维线性阵列：一维线性阵列可以使阵列对象沿单个坐标轴进行阵列复制，其应用效果如图 2.2.14 所示。

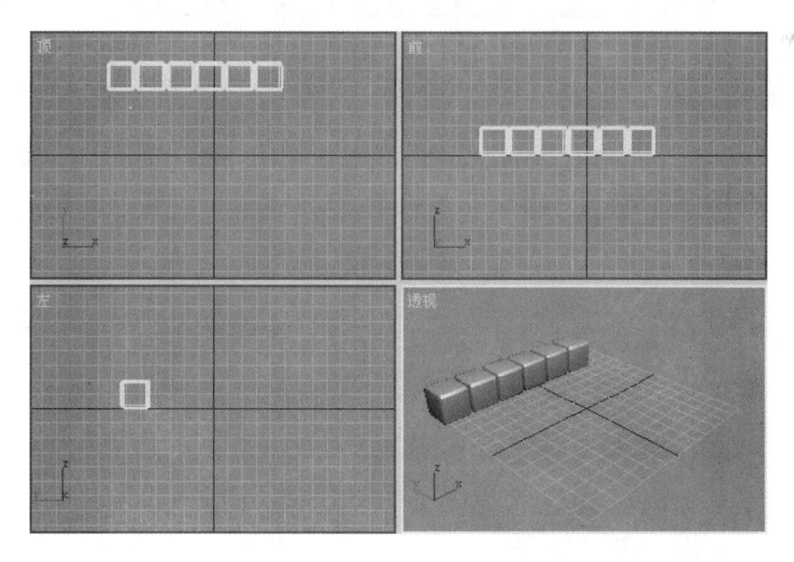

图 2.2.14　一维线性阵列效果

（2）二维线性阵列：二维线性阵列可使阵列对象在一个坐标平面内进行阵列复制，其应用效果如图 2.2.15 所示。

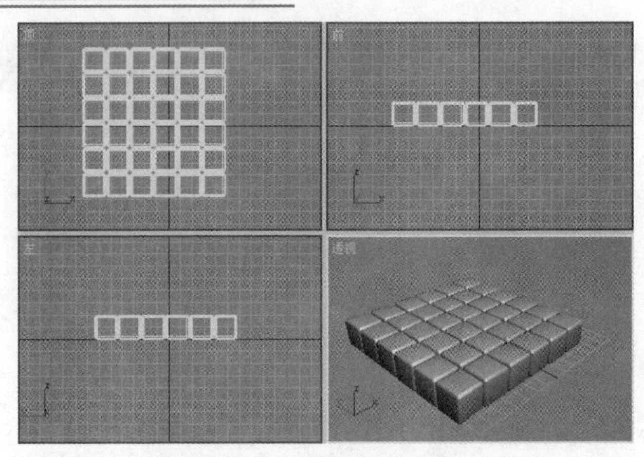

图 2.2.15　二维线性阵列效果

（3）三维线性阵列：三维线性阵列可以使阵列对象在一个三维空间中进行阵列复制，其应用效果如图 2.2.16 所示。

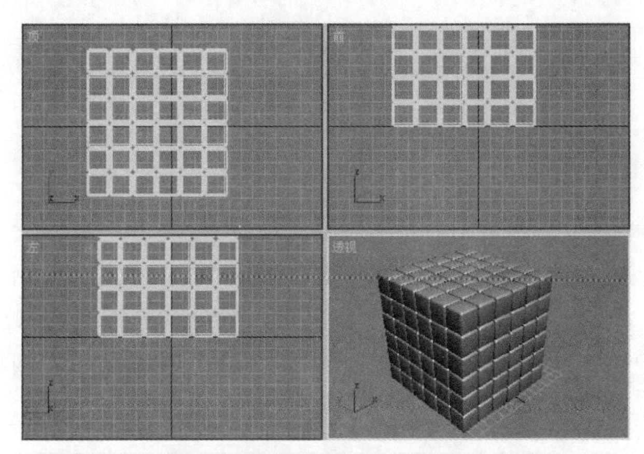

图 2.2.16　三维线性阵列效果

2．圆形阵列

圆形阵列类似于线性阵列，但它是围绕着公共中心旋转而不是沿着某条轴旋转，其应用效果如图 2.2.17 所示。

3．螺旋阵列

螺旋阵列是一种特殊的阵列，最简单的螺旋阵列是在旋转圆形阵列的同时将其沿着中心轴移动，其应用效果如图 2.2.18 所示。

图 2.2.17　圆形阵列效果

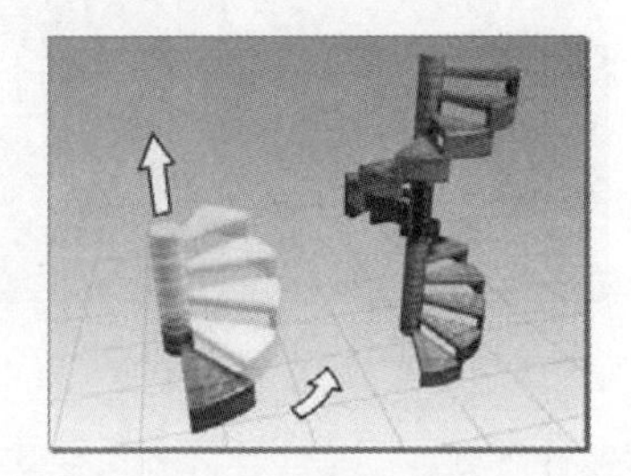

图 2.2.18　螺旋阵列效果

2.2.7　间隔工具

使用间隔工具可以基于当前选择沿样条线或一对点定义的路径分布对象。下面结合实例对其进行说明。

（1）单击“创建”按钮，进入创建命令面板。单击“几何体”按钮，进入几何体创建命令面板，单击 球体 按钮，在视图中创建一个球体，如图 2.2.19 所示。

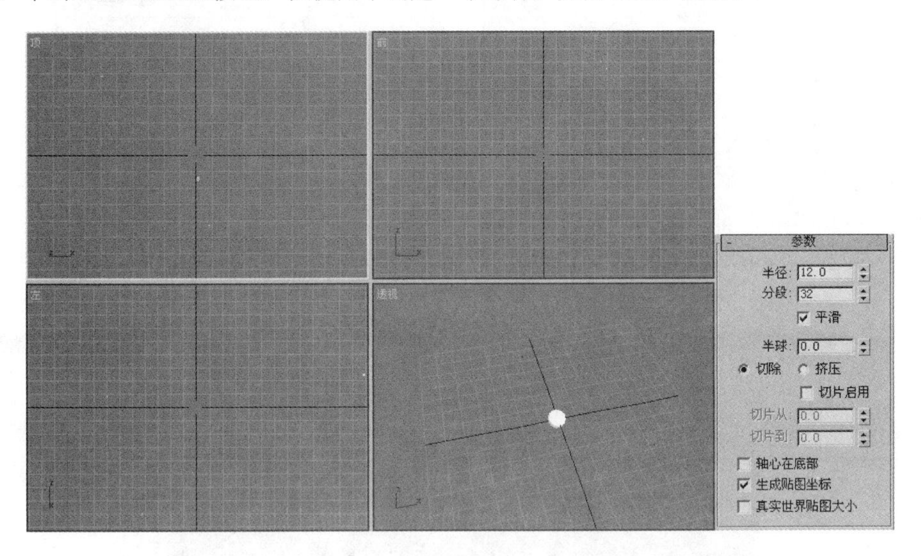

图 2.2.19　创建球体

（2）单击“图形”按钮，进入图形创建命令面板，单击 线 按钮，在视图中创建一条心形线，如图 2.2.20 所示。

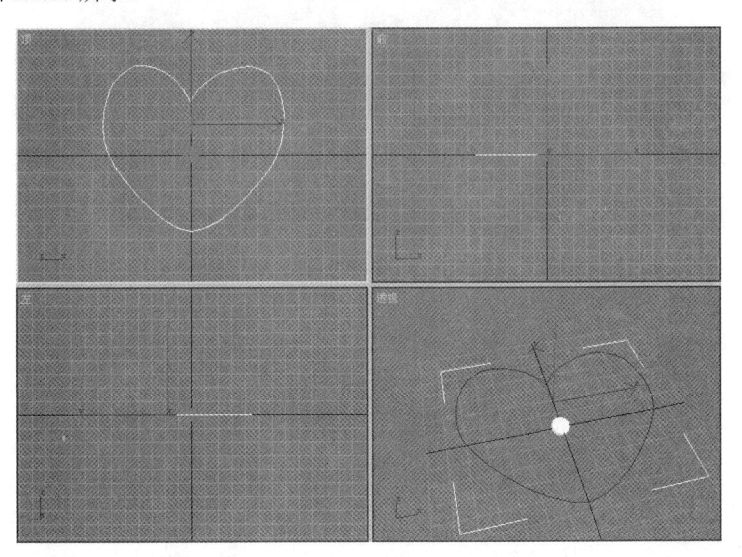

图 2.2.20　创建心形线

（3）在视图中选中球体，然后选择 工具(T) → 间隔工具(I)... 命令，弹出 间隔工具 对话框，如图 2.2.21 所示，在其中设置参数如图 2.2.22 所示。

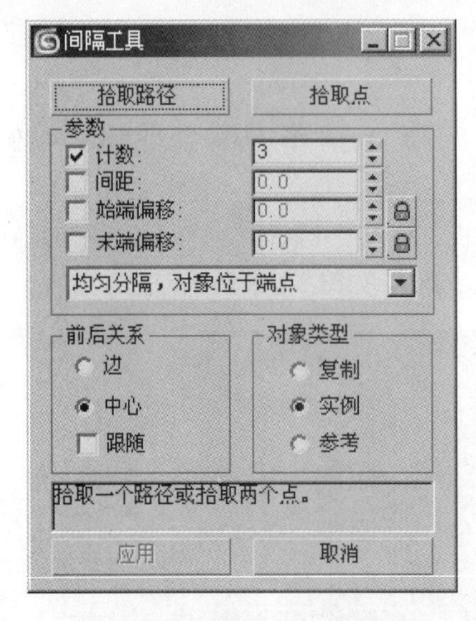

图 2.2.21 “间隔工具”对话框

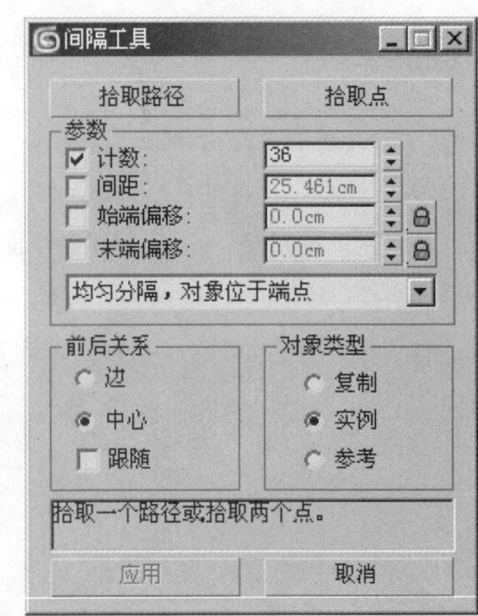

图 2.2.22 设置间隔参数

（4）单击间隔工具对话框中的拾取路径按钮，在视图中拾取心形线，然后单击应用按钮，指定材质后，效果如图 2.2.23 所示。

图 2.2.23 间隔工具应用效果

2.2.8 调整轴心

在进行某些特殊的操作（如阵列）时，要想达到预期的效果，有时需要利用调整轴心的命令改变对象坐标中心的位置，下面以调整长方体的轴心为例进行介绍。

（1）单击“创建”按钮，进入创建命令面板。单击“几何体”按钮，进入几何体创建命令面板，单击长方体按钮，在视图中创建一个长方体，如图 2.2.24 所示。

（2）单击“层次”按钮，进入层次命令面板，如图 2.2.25 所示。在层次命令面板的上方有 3 个按钮，它们分别代表 3 种不同的模式。

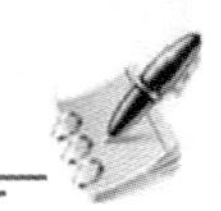

图 2.2.24　创建长方体

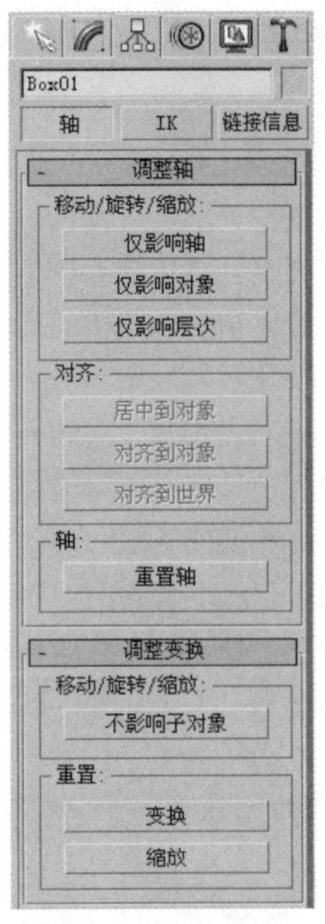

图 2.2.25　层次命令面板

（3）单击仅影响轴按钮，即可使用选择并移动工具对长方体的轴心进行移动，如图 2.2.26 所示。

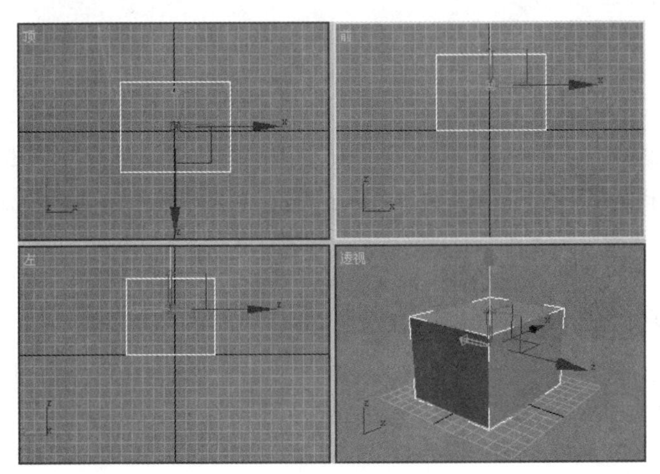

图 2.2.26　移动长方体的轴心

2.3　对象的选择

3DS MAX 是一个面向对象的软件，在对某个对象进行操作前，须先选中该对象。在 3DS MAX 8.0 中提供了多种选择对象的方法，如选择按钮，区域框选，按颜色、名称选择，锁定选择集等。下面分别对其进行介绍。

2.3.1 选择按钮

在选择对象时经常使用工具栏中的具有选择功能的按钮进行选择，在工具栏中共有 7 个按钮具有选择功能，下面分别进行介绍。

（1）“选择对象”按钮：仅具有选择功能，不能对选择的对象进行操作。

（2）“选择并移动”按钮：具有选择功能，还可以对选择的对象进行移动。

（3）“选择并旋转”按钮：具有选择功能，还可以对选择的对象进行旋转。

（4）“选择并均匀缩放”按钮：具有选择功能，还可以对选择的对象进行均匀缩放。在其下拉列表中还包括了“选择并非均匀缩放”按钮和“选择并挤压”按钮，它们都可以用来选择对象并能对对象进行相应的缩放和挤压操作。

（5）“选择并链接”按钮：具有选择功能，并可将选择的对象与其他对象链接。

（6）“断开当前选择链接”按钮：具有选择功能，并可断开选择对象的链接。

（7）“选择并操纵”按钮：用来对操作器进行选择。

提示：在进行选择对象操作时，被选中的对象将以白线框显示，在透视图中被选中的对象将被白色线框包围。当选择一个对象后，再单击其他对象时，原来被选中的对象则被取消选择，并同时选中新的对象。但是，按住“Ctrl”键可以对对象进行追加选择和取消选择；按住“Alt”键可以对已选择的对象进行减选。

2.3.2 区域框选

3DS MAX 8.0 系统提供了多种选择区域，单击工具栏中的“矩形选择区域”按钮，并按住鼠标左键不放，将弹出一个按钮组，其中的每一个按钮都代表一种选择区域，分别为矩形选择区域、圆形选择区域、围栏选择区域、套索选择区域和绘制选择区域，下面分别进行介绍。

（1）矩形选择区域：当选择此工具时，在视图中按住鼠标左键拖动，将出现一个矩形虚线框，所有在虚线框内的对象将被选中（不必整个对象都在虚线框内）。

（2）圆形选择区域：当选择此工具时，在视图中按住鼠标左键拖动，将出现一个圆形虚线框，同样，所有在虚线框内的对象将被选中（不必整个对象都在虚线框内）。

（3）围栏选择区域：当选择此工具时，在视图中用户可以自定义一个封闭的多边形区域，所有在虚线框内的对象都会被选中（不必整个对象都在虚线框内）。

（4）套索选择区域：当选择此工具时，将以鼠标在视图中移动的轨迹绘制封闭区域，所有在虚线框内的对象将被选中（不必整个对象都在虚线框内）。

（5）绘制选择区域：当选择此工具时，在视图中按住鼠标左键，将出现一个圆形虚线框，在视图中移动鼠标，当圆形虚线框接触到某个对象时，该对象将被选中，移动鼠标可以连续选择多个对象，它是 3DS MAX 7.0 的新增功能。

2.3.3 按名称选择

按名称选择可以快速、准确地选择所需对象。单击工具栏中的“按名称选择”按钮，弹出

选择对象对话框，如图 2.3.1 所示。

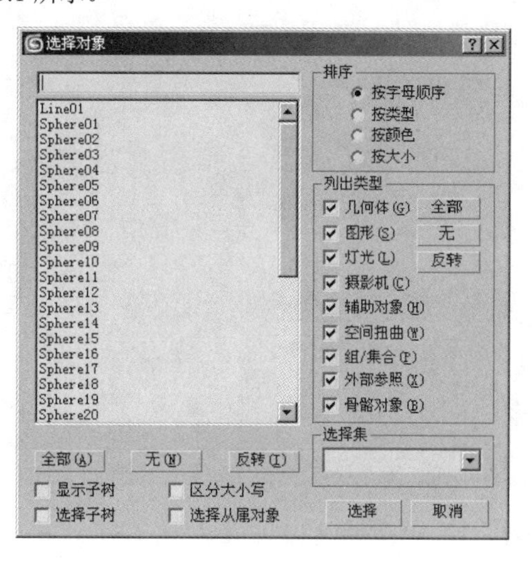

图 2.3.1 “选择对象”对话框

在该对话框中将列出场景中所有对象，包括灯光、摄影机等对象，按住“Ctrl”和“Shift”键可选择多个对象，另外，在该对话框中可设置列出对象的类型。当单击其中的全部(A)按钮时，可以选中列表中的所有对象；当单击反转(I)按钮，可以反选列表中的对象，其效果相当于执行编辑(E)→反选(I)命令。

2.3.4 按颜色选择

按颜色选择可以快速地将同一颜色的对象一次性全部选定。选择编辑(E)→选择方式(B)命令，弹出“选择方式”子菜单，如图 2.3.2 所示。

选择其中的颜色(C)命令后，鼠标指针将变成如图 2.3.3 所示的形状，然后在视图中单击选择一个对象后，则与该对象颜色相同的对象全部被选中。

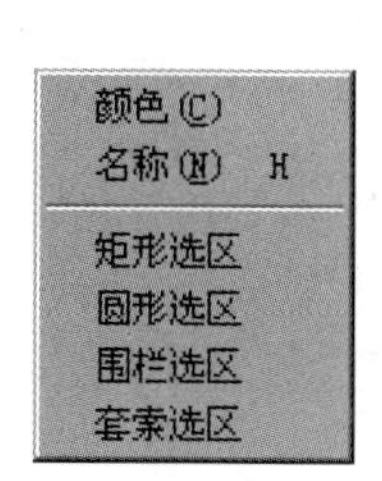

图 2.3.2 “选择方式”子菜单

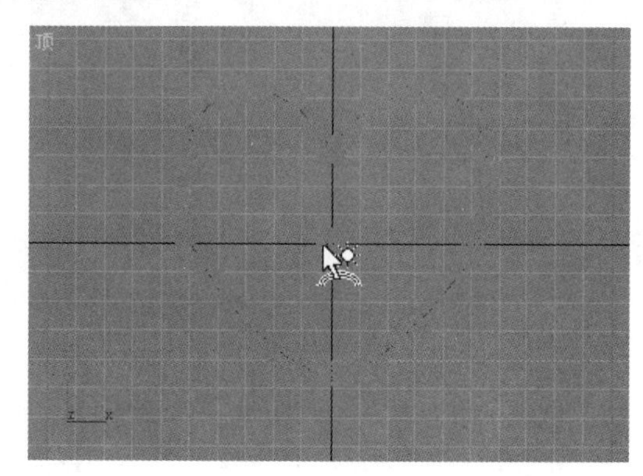

图 2.3.3 鼠标形状

2.3.5 命名选择集合

命名选择集合可对命名过的选择集合快速地进行选择。下面结合实例进行说明。

（1）单击“创建”按钮，进入创建命令面板。单击“几何体”按钮，进入几何体创建命令面板，使用其中的命令按钮创建如图 2.3.4 所示的对象。

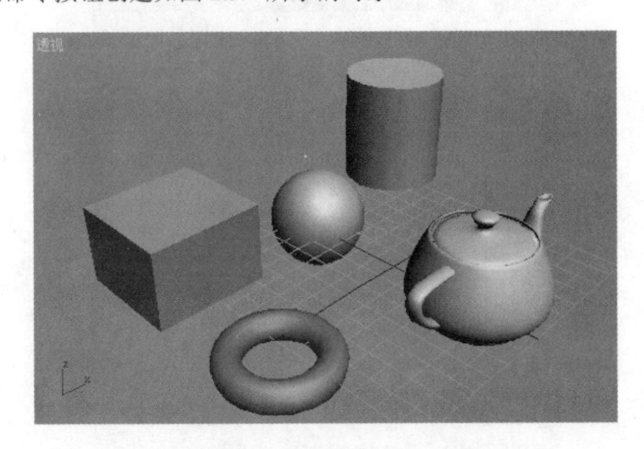

图 2.3.4　创建对象

（2）在视图中选择长方体和球体，在工具栏中的“命名选择集”文本框中输入“长方体和球体”，然后按“Enter”键。

（3）在视图中选择茶壶和圆环，在工具栏中的“命名选择集”文本框中输入“茶壶和圆环”，然后按“Enter”键。

（4）取消选中的所有对象，然后在“命名选择集”下拉列表框中选择长方体和球体，则长方体和球体将被选中，如图 2.3.5 所示。

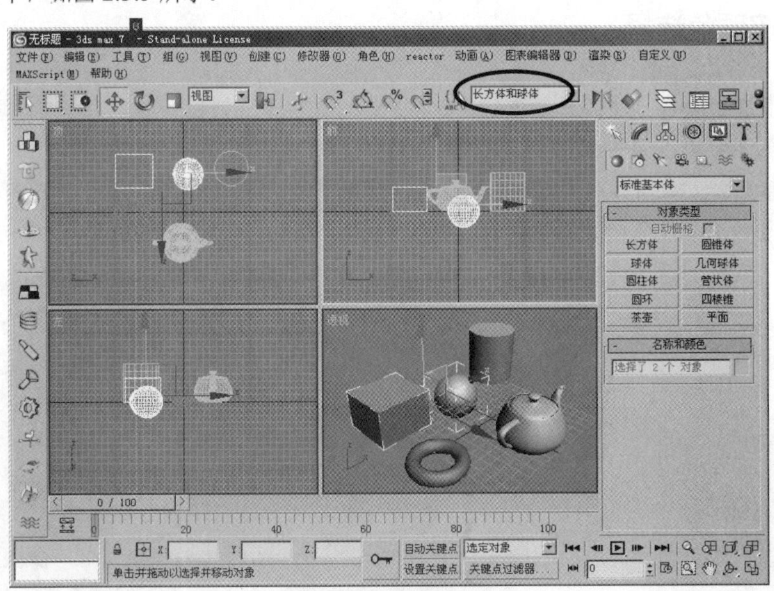

图 2.3.5　选择长方体和球体

同样，如果选择“命名选择集”下拉列表框中的茶壶和圆环时，则茶壶和圆环将被选中。

另外，用户还可以对已创建的选择集进行修改编辑。单击工具栏中的“编辑命名选择集”按钮，弹出命名选择集对话框，如图 2.3.6 所示，在该对话框中可以创建新集、为已创建的选择集添加或减选对象以及重命名选择集等。

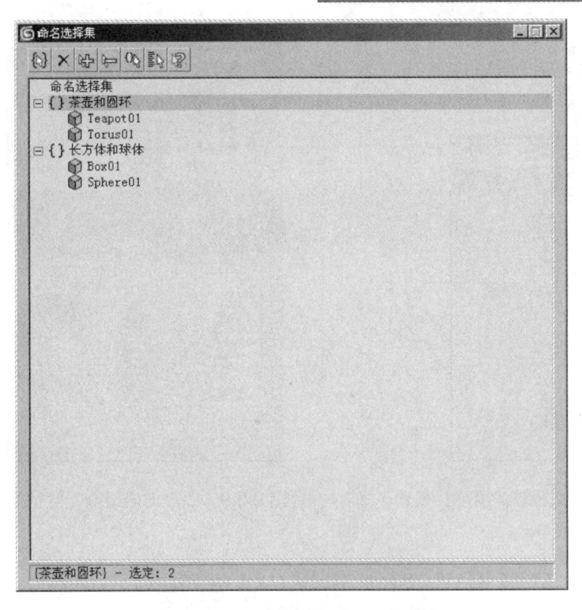

图 2.3.6　“命名选择集”对话框

提示：在命名选择集对话框中的选项上单击鼠标右键，将弹出如图 2.3.7 所示的快捷菜单，在其中选择命令可进行相应的操作。

2.3.6　复合选择

在制作过程中，如果用户想要对多个对象进行同一种操作，不必逐个进行选择并操作，可以通过复合选择一次性完成。

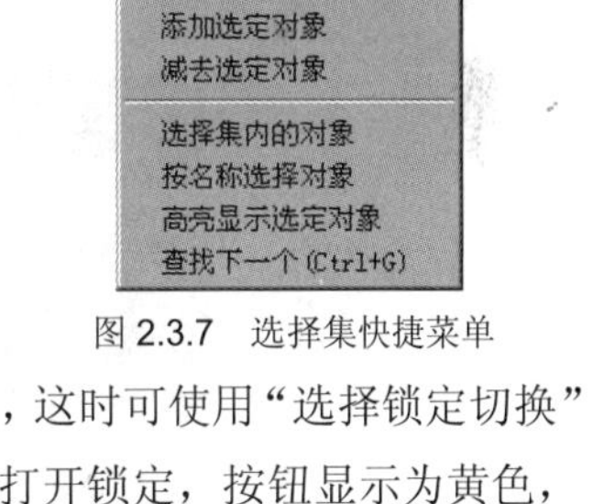

图 2.3.7　选择集快捷菜单

2.3.7　锁定选择集

在 3DS MAX 8.0 中可以方便地取消对象的选择，只须在视图的空白区域单击鼠标即可取消对当前对象的选择，正因为如此，在变换选择的对象时，只要鼠标的位置发生变动，就会误将对象的选择状态取消，这时可使用“选择锁定切换”按钮来将选择的对象进行锁定，它位于操作界面的底部，按下后将打开锁定，按钮显示为黄色，再次按下将关闭锁定，其快捷键为键盘上的空格键。

2.3.8　选择过滤器

选择过滤器可用来排除和选择与目标不相干的对象，单击工具栏中的“选择过滤器”全部中的按钮，弹出选择过滤器下拉列表，如图 2.3.8 所示，在该下拉列表中用户可选择不同对象类型的名称，默认情况下为全部选项，即不进行任何过滤。

另外，如果选择其中的組合...选项，将弹出过滤器組合对话框，在其中用户可根据自己的意愿为选择过滤器添加新的选项，如图 2.3.9 所示。

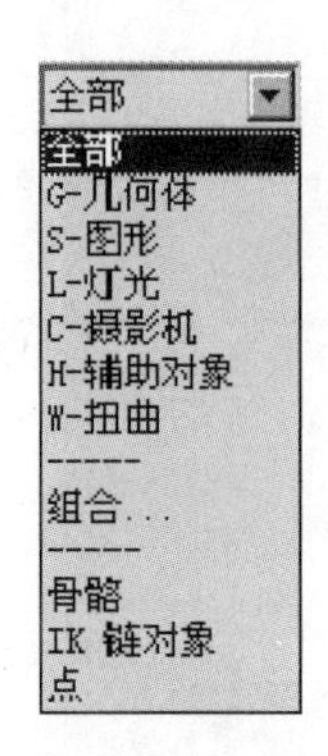

图 2.3.8　选择过滤器下拉列表

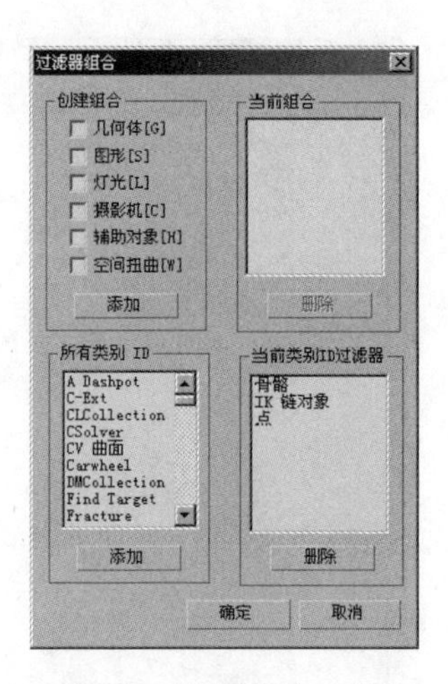

图 2.3.9　“过滤器组合”对话框

2.4　对象的克隆

克隆对象是指创建对象副本的过程，克隆对象后，其副本和源对象将保持一定的联系。一般情况下可使用两种方法来克隆对象，一种是使用编辑(E)菜单中的克隆(C)命令；另一种是在选择对象的同时按住“Shift”键，然后拖动鼠标即可完成克隆对象的操作。

2.4.1　克隆命令

在视图中选择需要克隆的对象，选择编辑(E)→克隆(C)命令，弹出克隆选项对话框，在其中用户可设置产生副本的类型、名称等，如图 2.4.1 所示。

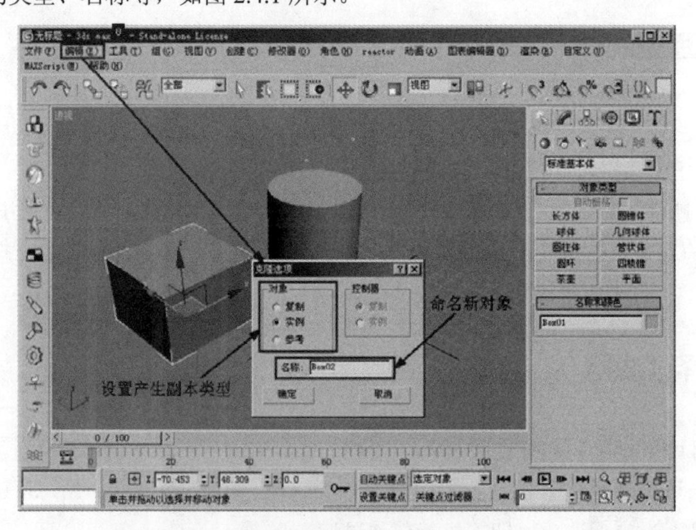

图 2.4.1　使用“克隆选项”对话框定义副本

创建克隆对象后产生的副本和源对象在位置上是重合的，用户很难区分，此时用户可使用移动工具将其分开，也可通过按“H”键，在弹出的选择对象对话框中进行区分。

提示：执行编辑(E)→克隆(C)命令的快捷键为“Ctrl + V”。

2.4.2　克隆选项

选择编辑(E)→克隆(C)命令对对象进行克隆时，在弹出的克隆选项对话框中用户可选择产生副本的方式。当选择不同的方式时，产生的副本和源对象的关系也是有所不同的，下面将对其进行说明。

复制：选中此单选按钮时，克隆产生的副本是一个单独的对象，和源对象没有联系，当对副本进行改变时不会影响到源对象，反之，对源对象进行改变时也不会影响到克隆产生的副本。

实例：选中此单选按钮时，产生的副本和源对象将建立关联，对源对象或者对任何一个副本进行修改时，所有对象将随之发生相应的改变。

参考：选中此单选按钮时，对克隆产生的副本进行修改时，将不影响其源对象（父体）；当对源对象进行修改时，将影响其副本。

2.4.3　快速克隆

在使用选择并移动工具、选择并旋转工具、选择并均匀缩放工具时，按住“Shift”键可快速产生副本。使用时将弹出一个克隆选项对话框，如图 2.4.2 所示，其中比使用克隆(C)命令弹出的克隆选项对话框中多了一个副本数参数，在其后的微调框中用户可设置产生的副本数。

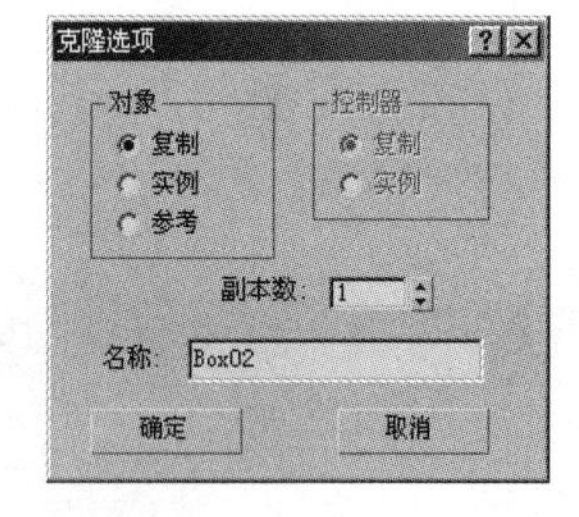

图 2.4.2　“克隆选项”对话框

2.5　成组和链接对象

成组和链接是两种组织对象的方法，在复杂的场景中，通过成组可重新组织所有对象，从而提高工作效率；链接可以将一个对象链接到另一个对象，通过移动链接对象中的一个可带动其附属的对象进行变换，下面分别进行介绍。

2.5.1　对象的成组

使用成组命令可将当前选择的对象组织在一起，并且组还可以嵌套使用，即组中可包含另外的组。下面对组的创建、打开等操作进行介绍。

1．创建组

创建组的操作非常简单，首先在视图中选择需要创建组的对象，然后选择组(G)→成组(G)命令，弹出组对话框，如图 2.5.1 所示，在其中用户可对组进行命名，系统默认名称为“组 01”。

图 2.5.1　“组”对话框

2．解组

选择需要解开的组后，选择组(G)→解组(U)命令，可将当前组解开，使组中的对象恢复到分开

独立的状态，但是解组(U)命令不能解开组中嵌套的组，如果要解开组中嵌套的组，可选择组(G)→炸开(E)命令。

3. 打开和关闭组

选择组(G)→打开(O)命令，可将组暂时打开，使组中的对象暂时处于独立状态，用户可对其中的单个对象进行编辑。选择组(G)→关闭(C)命令，可将暂时打开的组进行关闭，使组恢复为成组时的状态。

2.5.2 对象的链接

链接命令可将子对象链接到父对象，在进行对象的链接时应注意一个父对象可同时和多个子对象建立链接关系，但一个子对象只能和一个父对象建立链接关系。

链接对象的具体方法为：单击工具栏中的“选择并链接”按钮，在视图中选择一个对象，则该对象将成为子对象，然后按住鼠标左键并拖动鼠标至父对象，当鼠标指针变成链接图标时，松开鼠标左键即可，在拖动鼠标的过程中将出现一条线，如图 2.5.2 所示。

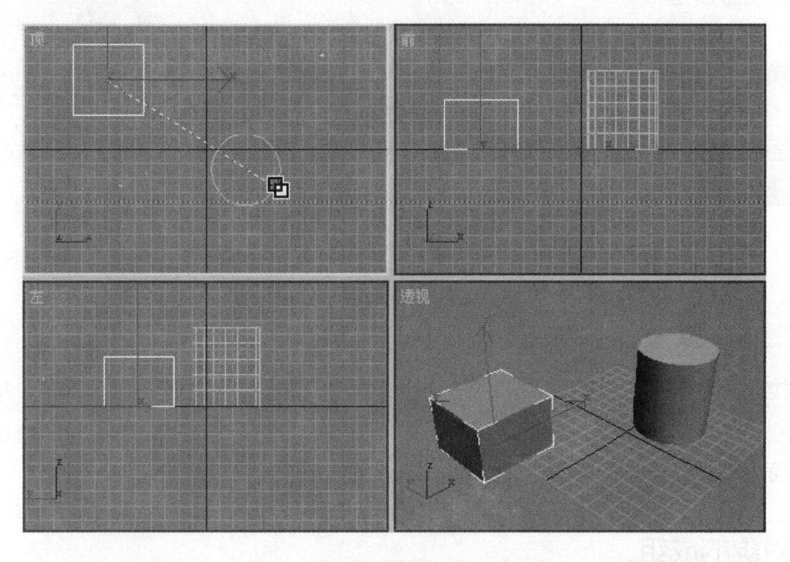

图 2.5.2　链接对象

在视图中选择对象后，单击工具栏中的“断开当前选择链接”按钮，即可断开选择对象与父对象之间的链接关系，但是不会破坏它和子对象之间的父子关系。

2.6 课堂实战——制作绳子

本节将结合本章所学的知识制作绳子。

（1）选择文件(F)→重置(R)命令，重新设置系统。

（2）单击“创建”按钮，进入创建命令面板。单击“几何体”按钮，进入几何体创建命令面板，单击圆柱体按钮，在视图中创建一个圆柱体，如图 2.6.1 所示。

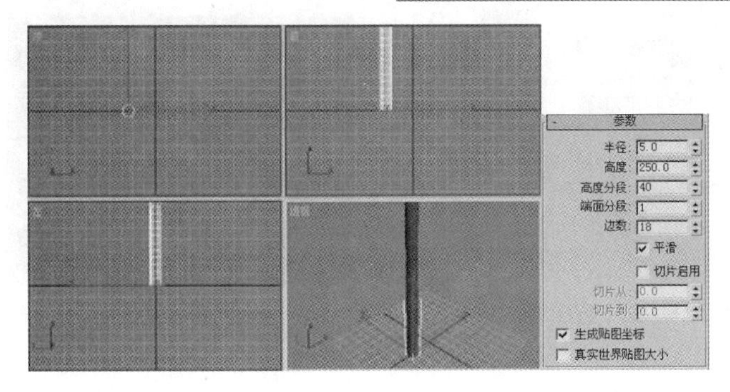

图 2.6.1　创建圆柱体

（3）在视图中选择圆柱体，单击工具栏中的“选择并移动”按钮，按住“Shift”键的同时，在前视图中锁定 X 轴向右拖动鼠标，将复制一个圆柱体，如图 2.6.2 所示。

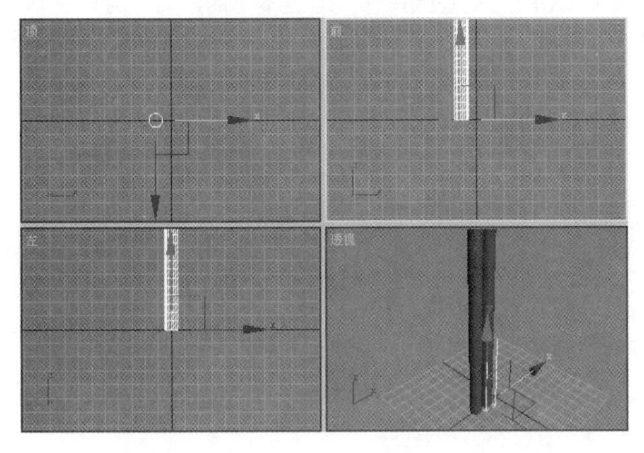

图 2.6.2　复制圆柱体

（4）在视图中用鼠标框选两个圆柱体，然后选择组(G)→成组(G)命令，弹出组对话框，将组命名为“绳子 01”，然后单击确定按钮，将它们成组，如图 2.6.3 所示。

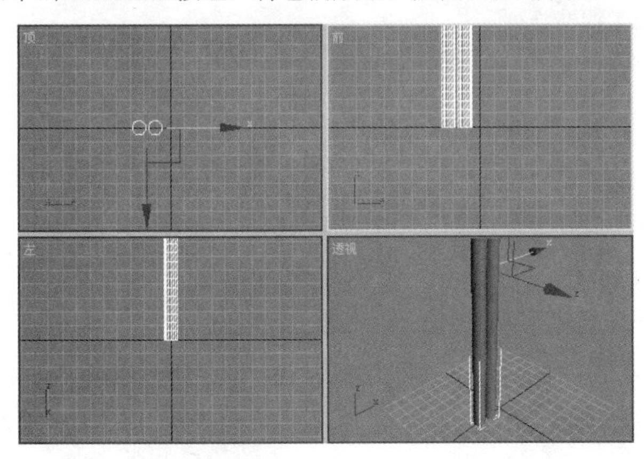

图 2.6.3　成组效果

（5）单击“修改”按钮，进入修改命令面板，选择修改器列表下拉列表中的扭曲命令，并设置参数如图 2.6.4 所示。

（6）将“绳子 01”复制 3 次，然后单击工具栏中的“快速渲染”按钮，绳子效果如图 2.6.5 所示。

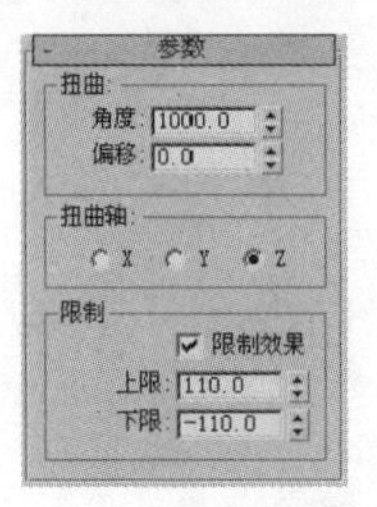

图 2.6.4 “扭曲”参数设置

图 2.6.5 绳子效果

本章小结

本章主要讲述了 3DS MAX 的一些基础操作。通过本章的学习，用户应掌握系统单位设置、捕捉选项设置以及对象的选择、变换、复制、成组和链接。

操作练习

一、填空题

1．3DS MAX 中的三大基本变换操作是移动、_______、_______。

2．阵列包括线性阵列、圆形阵列和_______阵列。

3．在使用变换工具时，结合_______键可将对象进行克隆。

二、选择题

1．下列（　）按钮不具有选择功能。

（A）　　（B）　　（C）　　（D）

2．下列（　）不属于线性阵列。

（A）一维线性阵列　　（B）二维线性阵列

（C）三维线性阵列　　（D）四维线性阵列

三、上机操作题

1．练习使用工具栏中具有选择功能的工具选择对象。

2．练习制作如题图 2.1 所示的分子链效果。

3．练习使用层级工具下的中心点偏移工具绘制一个舵轮，如题图 2.2 所示。

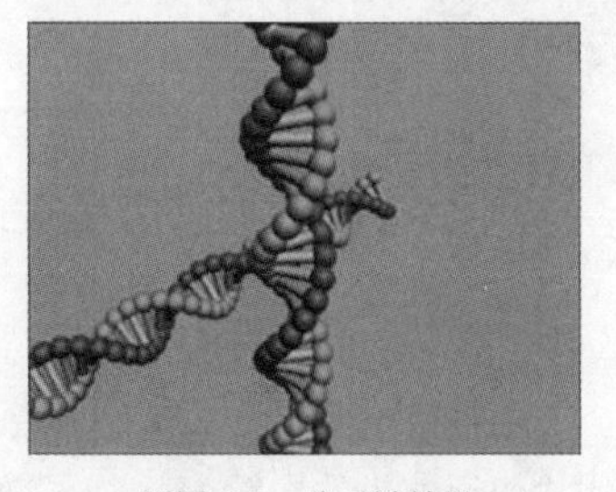
题图 2.1 分子链效果

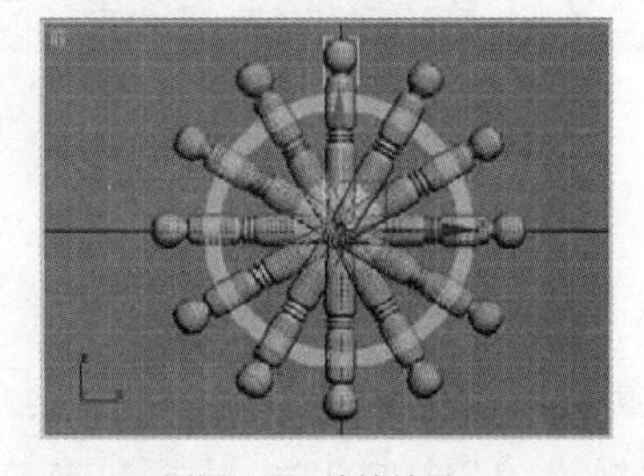
题图 2.2 舵轮效果

第 3 章　创建三维物体

本章介绍在 3DS MAX 8.0 中三维物体的创建方法，只有掌握了这些基本造型实体的创建方法，才能为以后的学习和创作打下坚实的基础。

知识要点

- 创建标准基本体
- 创建扩展基本体
- 创建其他三维物体

3.1　创建标准基本体

单击“创建”按钮，进入创建命令面板。单击“几何体”按钮，进入几何体创建命令面板，如图 3.1.1 所示。

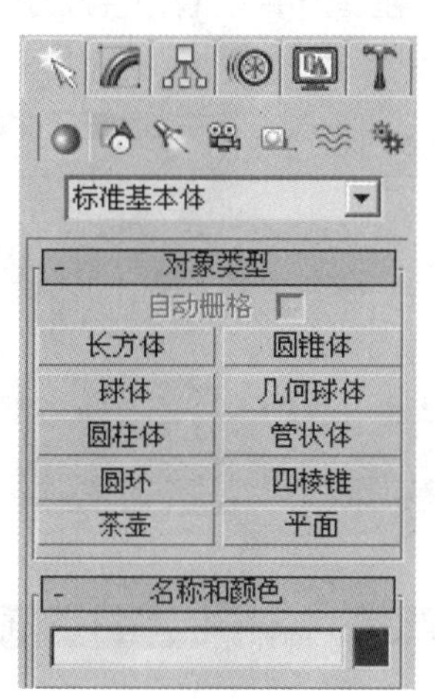

图 3.1.1　几何体创建命令面板

该面板包括 对象类型 和 名称和颜色 两个卷展栏。在 对象类型 卷展栏中用户可以选择创建的对象类型；在 名称和颜色 卷展栏中，用户可以设置创建三维物体的名称和颜色。下面对各种标准基本体的创建方法进行介绍。

3.1.1　长方体

单击 长方体 按钮，在顶视图中按住鼠标左键并拖动，确定长方体底面的长度和宽度，松开鼠标左键并向上或向下移动鼠标，确定长方体的高度，然后单击鼠标左键，即可创建一个长方体。根据以上方法可以继续创建长方体，如果要结束长方体的创建，单击鼠标右键即可。创建的长方体如图 3.1.2 所示。

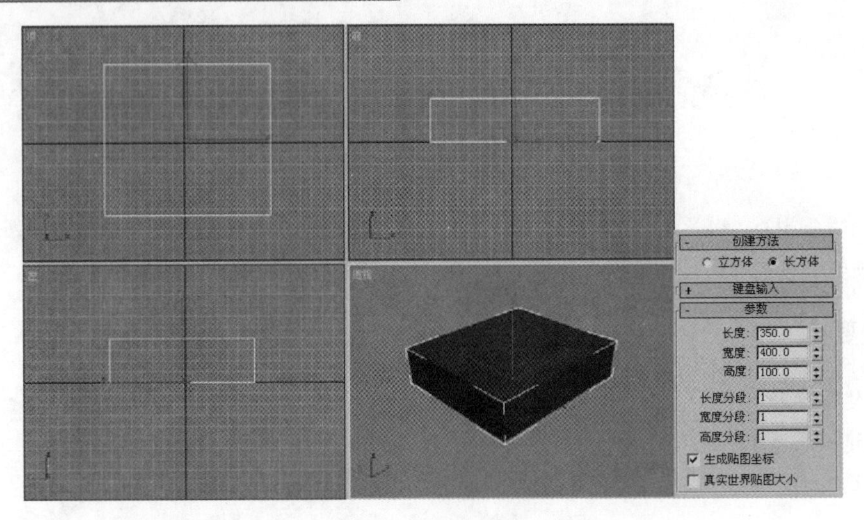

图 3.1.2　创建的长方体

1. “名称和颜色”卷展栏

- 名称和颜色 卷展栏用于设置物体的名称和颜色，如图 3.1.3 所示。

（1）Box01：用来设置物体的名称。

（2）■：用来设置物体的颜色，在其上单击鼠标左键，弹出对象颜色对话框，在其中可选择合适的颜色，如图 3.1.4 所示。

图 3.1.3　“名称和颜色”卷展栏

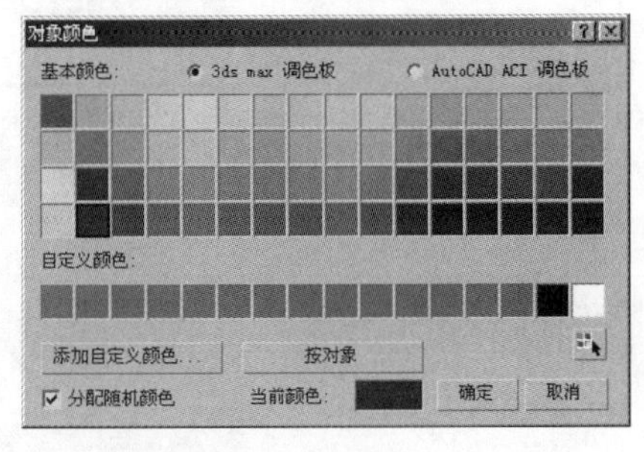

图 3.1.4　“对象颜色”对话框

单击其中当前颜色:后的颜色块，将弹出颜色选择器: 修改颜色对话框，如图 3.1.5 所示。

2. “创建方法”卷展栏

- 创建方法 卷展栏用来设置长方体的创建方法，如图 3.1.6 所示。

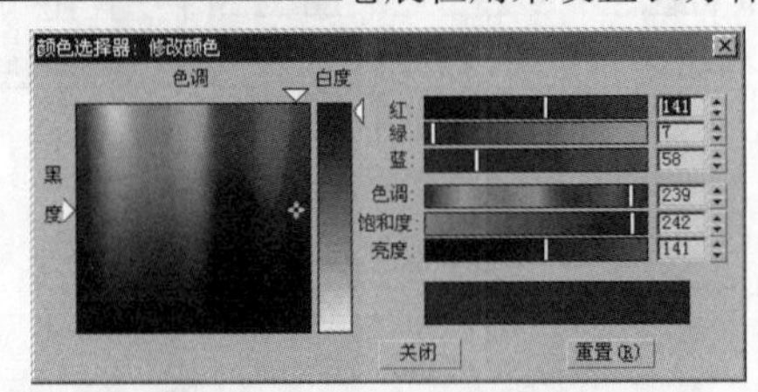

图 3.1.5　“颜色选择器：修改颜色”对话框

- 创建方法
立方体　长方体

图 3.1.6　“创建方法”卷展栏

（1）立方体：选中该单选按钮，将创建立方体。

（2）长方体：选中该单选按钮，将创建长方体。

3．“键盘输入”卷展栏

- 键盘输入 卷展栏可以用键盘输入的方式来创建长方体，如图 3.1.7 所示。

（1）X:：以键盘输入方式确定长方体在 X 轴方向上的长度。

（2）Y:：以键盘输入方式确定长方体在 Y 轴方向上的长度。

（3）Z:：以键盘输入方式确定长方体在 Z 轴方向上的长度。

（4）长度:：以键盘输入方式确定长方体的长度。

（5）宽度:：以键盘输入方式确定长方体的宽度。

（6）高度:：以键盘输入方式确定长方体的高度。

4．“参数”卷展栏

- 参数 卷展栏用来设置所创建长方体的参数，如图 3.1.8 所示。

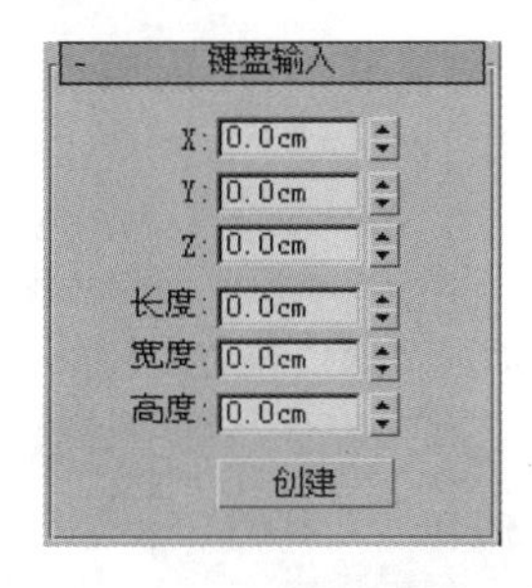

图 3.1.7　“键盘输入”卷展栏

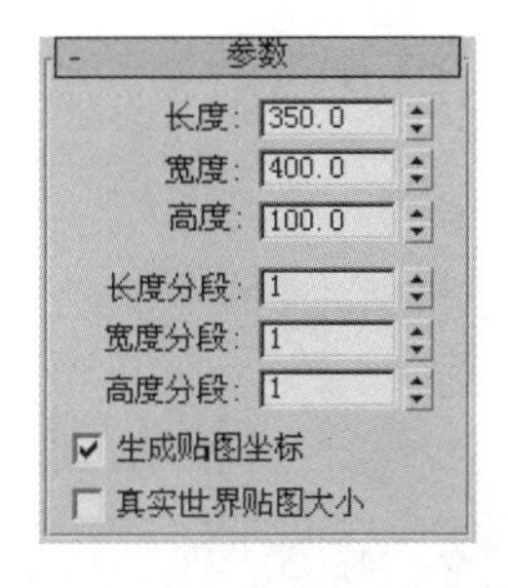

图 3.1.8　“参数”卷展栏

（1）长度:：用来设置长方体的长度。

（2）宽度:：用来设置长方体的宽度。

（3）高度:：用来设置长方体的高度。

（4）长度分段:：用来设置长方体的长度分段数。

（5）宽度分段:：用来设置长方体的宽度分段数。

（6）高度分段:：用来设置长方体的高度分段数。

（7）☑生成贴图坐标：选中此复选框，将自动生成贴图坐标。

3.1.2　圆锥体

单击 圆锥体 按钮，在顶视图中按住鼠标左键并拖动，确定圆锥体的底面半径，移动鼠标到适当位置并单击鼠标，确定圆锥体的高度，然后移动鼠标到适当位置并单击，确定顶圆的半径，即可创建一个圆锥体，如图 3.1.9 所示。

- 参数 卷展栏中各选项参数含义说明如下：

（1）半径1:：用来设置圆锥体底面的半径。

（2）半径2:：用来设置圆锥体顶面的半径。

（3）高度:：用来设置圆锥体的高度。

（4）高度分段:：用来设置圆锥体的高度分段数。

（5）端面分段:：用来设置圆锥体的顶面分段数。

（6）边数:：用来设置圆锥体的边数，范围在 3～200 之间，数值越大，其表面越圆滑。

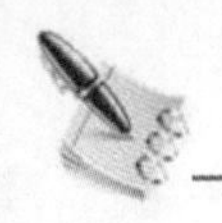

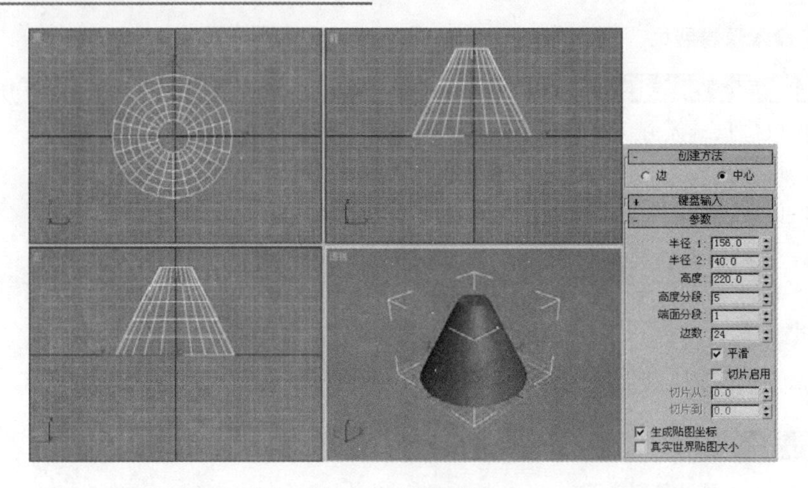

图 3.1.9　创建圆锥体

3.1.3　球体

单击 球体 按钮，在顶视图中按住鼠标左键并拖动，然后松开鼠标即可创建一个球体，如图 3.1.10 所示。

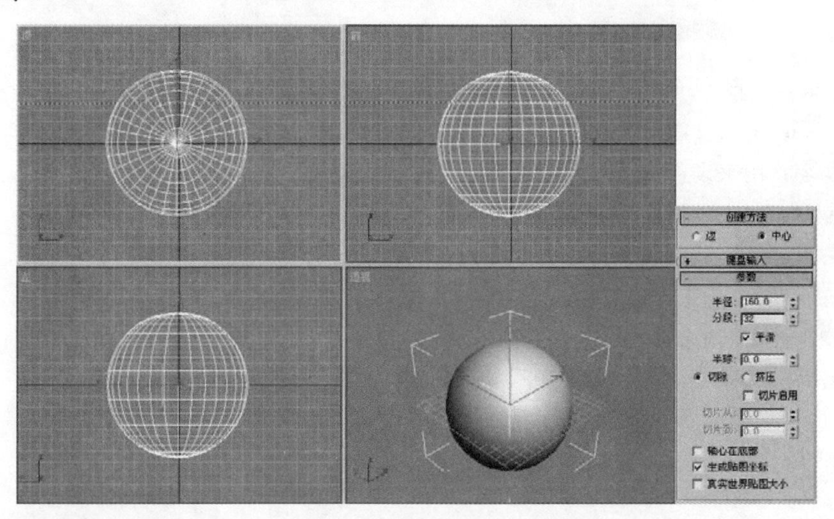

图 3.1.10　创建球体

- 参数 卷展栏中各选项参数的含义说明如下：

（1）半径：用来设置球体的半径。

（2）分段：用来设置球体的分段数，数值越大，球体的表面越光滑。

（3）半球：用来设置球体的半球系数，系数为 0 时，创建一个完整的球体；系数为 0.5 时，创建一个半球体；系数为 1 时，整个球体将消失，如图 3.1.11 所示为系数为 0.5 时创建的半球体。

（4）切除：选中该单选按钮，直接从球体上切下一部分生成半球，剩余半球的分段数减少，分段的密度不变。

（5）挤压：选中该单选按钮，改变球体的外形，剩余半球的分段数不变，分段的密度增大，切除与挤压方式的对比效果如图 3.1.12 所示。

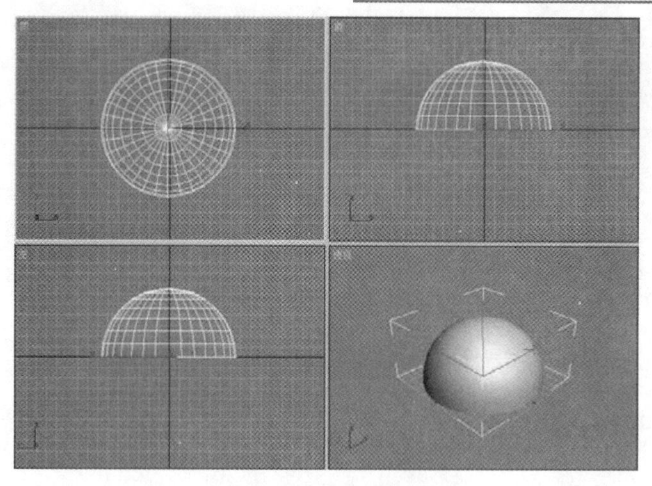

图 3.1.11　创建半球体

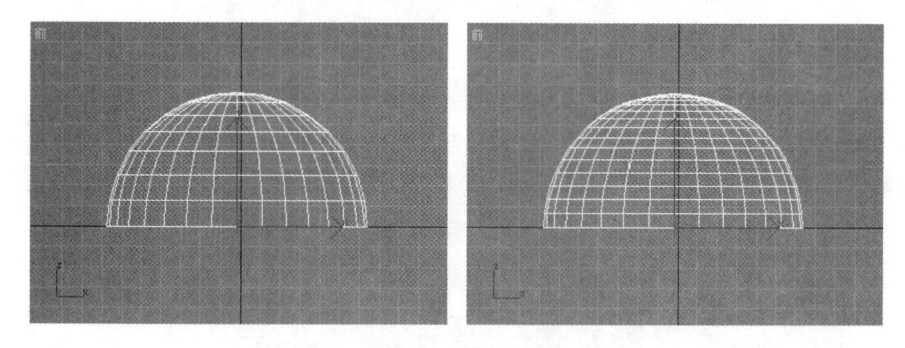

图 3.1.12　“切除”与“挤压”方式的对比效果

（6）切片启用：选中该复选框，将启用切片设置。

（7）切片从：用来设置切片的开始角度。

（8）切片到：用来设置切片的结束角度。

（9）轴心在底部：选中该复选框，将以中心点即球心为基准点创建球体。

（10）生成贴图坐标：选中该复选框，将自动生成贴图坐标。

3.1.4　几何球体

单击几何球体按钮，在顶视图中按住鼠标左键并拖动，即可创建一个几何球体，如图 3.1.13 所示。

参数卷展栏中各选项参数的含义说明如下：

（1）半径：用来设置几何球体的半径。

（2）分段：用来设置几何球体的分段数，数值越大，几何球体的表面越光滑。

（3）基点面类型：用来确定构成几何体的多面体的类型，有四面体、八面体和二十面体 3 种。

（4）平滑：选中该复选框，可对球体表面进行光滑处理。

（5）半球：选中该复选框，整球将变为半球。

（6）轴心在底部：选中该复选框，将以球心为基准点创建几何球体。

（7）生成贴图坐标：选中该复选框，将自动生成贴图坐标。

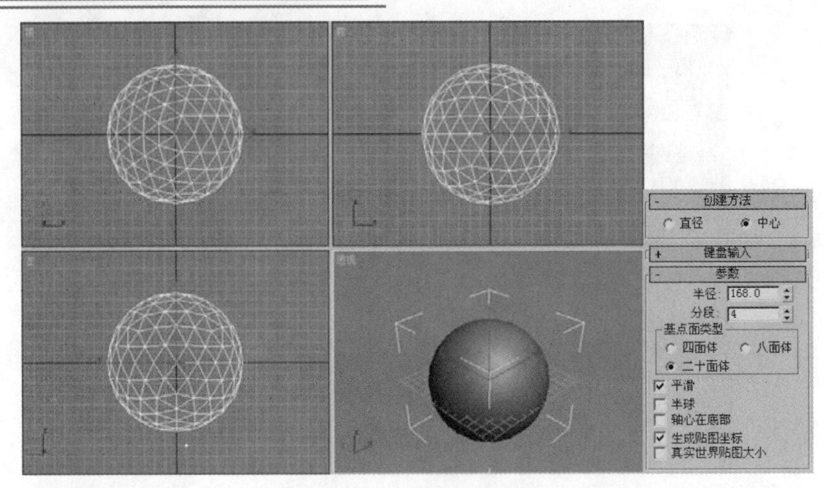

图 3.1.13 创建几何球体

3.1.5 圆柱体

单击 圆柱体 按钮，在顶视图中按住鼠标左键并拖动，确定圆柱体的底面半径，松开鼠标左键并移动鼠标，确定圆柱体的高，然后单击鼠标左键即可完成圆柱体的创建，如图 3.1.14 所示。

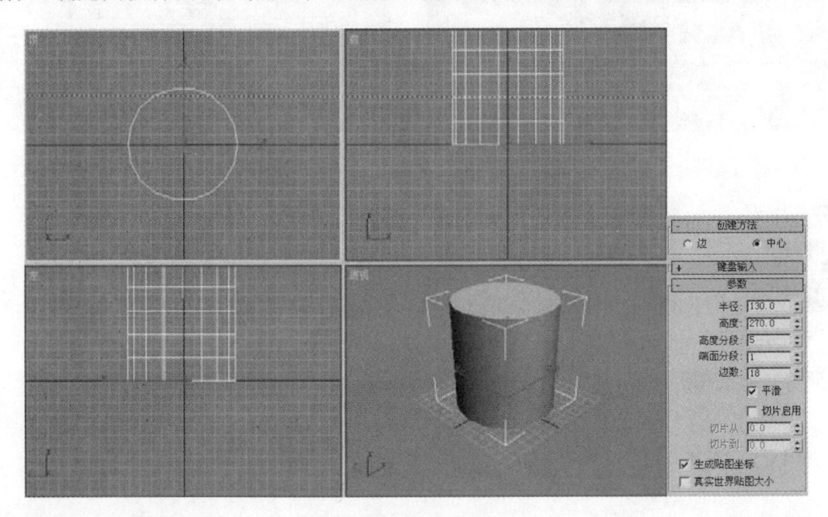

图 3.1.14 创建圆柱体

参数 卷展栏中各选项参数的含义说明如下：

（1）半径：用来设置圆柱体底面和顶面的半径。

（2）高度：用来设置圆柱体的高度。

（3）高度分段：用来设置圆柱体在高度上的分段数。

（4）端面分段：用来设置圆柱体在两个端面上沿半径的分段数。

（5）边数：用来设置圆柱体在圆周上的分段数，值越大圆柱体表面越光滑。

（6）☑ 切片启用：用来控制是否启用切片设置，打开后可以在下面的设置中调节切片的大小。

（7）切片从：用来设置切片的开始角度。

（8）切片到：用来设置切片的结束角度。

（9）☑ 生成贴图坐标：选中该复选框，将自动生成贴图坐标。

3.1.6　管状体

单击 管状体 按钮，在顶视图中按住鼠标左键并拖动，确定管状体的半径 1，接着移动鼠标到适当位置并单击，确定管状体的半径 2，然后移动并单击鼠标，确定管状体的高度，即可创建一个管状体，如图 3.1.15 所示。

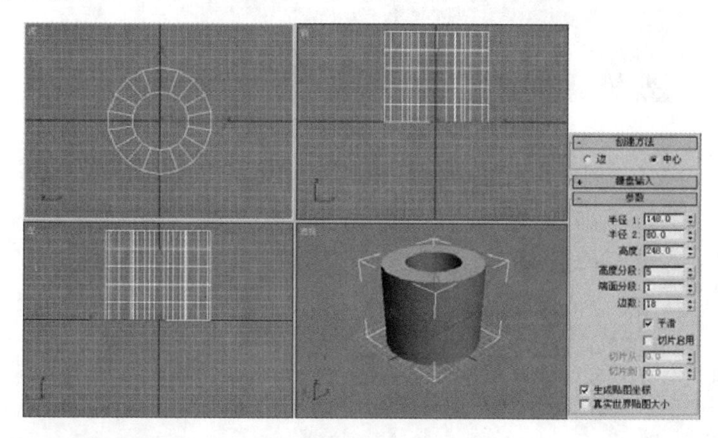

图 3.1.15　创建管状体

- 参数 卷展栏中各选项参数的含义说明如下：

（1）半径 1：用来控制管状体底面圆环的外径。

（2）半径 2：用来控制管状体底面圆环的内径。

（3）高度：用来控制管状体的高度。

（4）高度分段：用来控制管状体高度上的分段数。

（5）端面分段：用来控制管状体上下底面沿半径轴的分段数。

（6）边数：用来控制管状体圆周上的分段数，值越大，管状体越光滑。

（7）☑ 切片启用：用来控制是否启用切片设置，选中后可以在下面的设置中调节切片的大小。

（8）切片从：用来设置切片的开始角度。

（9）切片到：用来设置切片的结束角度。

（10）☑ 生成贴图坐标：选中该复选框，将自动生成贴图坐标。

3.1.7　圆环

单击 圆环 按钮，在顶视图中按住鼠标左键并拖动，确定圆环的半径 1，然后向里或向外移动鼠标，确定圆环的半径 2，再次单击鼠标左键即可创建一个圆环，如图 3.1.16 所示。

- 参数 卷展栏中各选项参数的含义说明如下：

（1）半径1：用来设置圆环的半径 1。

（2）半径2：用来设置圆环的半径 2。

（3）旋转：用来设置每一段截面沿圆环轴旋转的角度。

（4）扭曲：用来设置一段截面扭曲的角度。

（5）分段：用来设置圆环圆周上的分段数，数值越大，圆环表面越光滑。

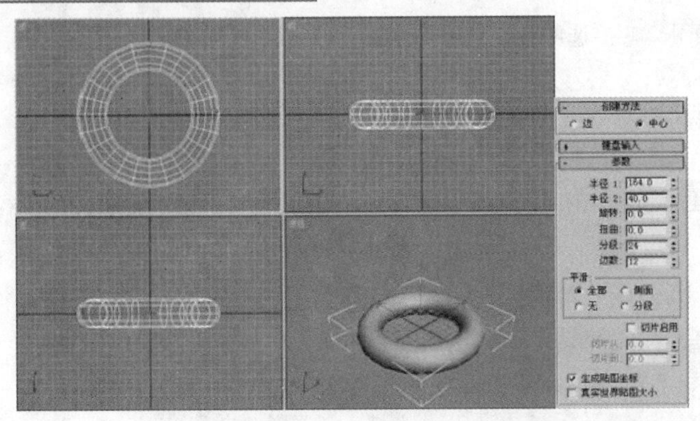

图 3.1.16　创建圆环

（6）边数：用来设置圆环圆周上的边数，数值越大，圆环表面越光滑。

（7）平滑：用来设置圆环的光滑属性，有以下 4 种类型。

1）◉ 全部：选中该单选按钮，对整个圆环表面进行光滑处理。

2）◉ 侧面：选中该单选按钮，仅对圆环的边界进行光滑处理。

3）◉ 无：选中该单选按钮，不进行光滑处理。

4）◉ 分段：选中该单选按钮，仅对圆环的每一片段进行光滑处理。4 种光滑类型效果的比较如图 3.1.17 所示。

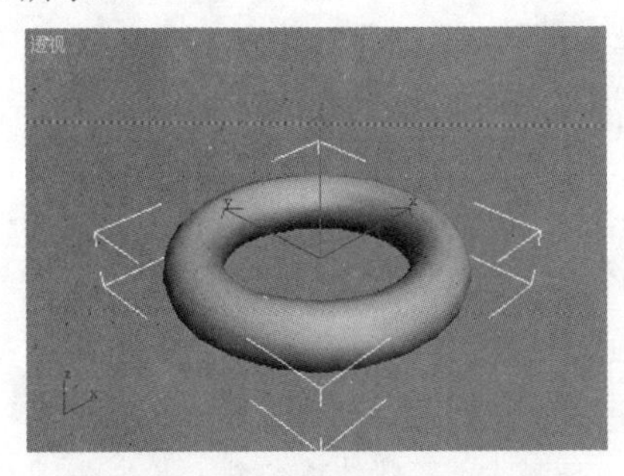

“全部”类型

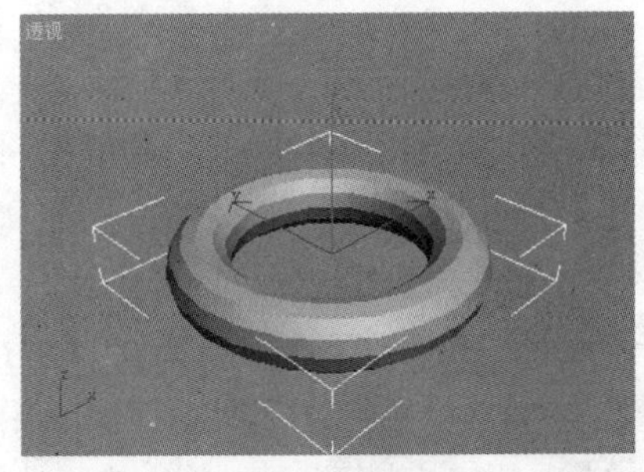

“侧面”类型

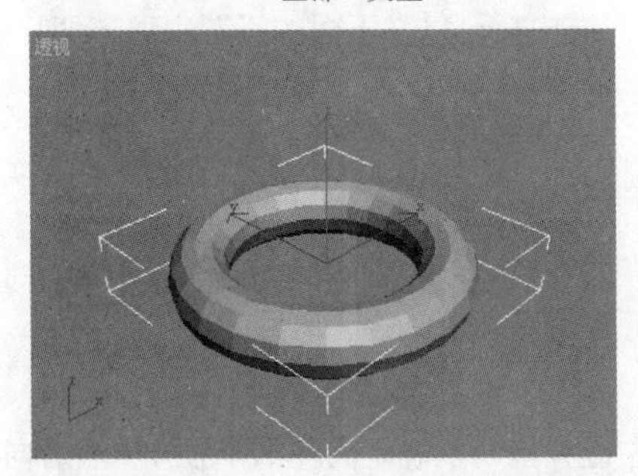

“无”类型

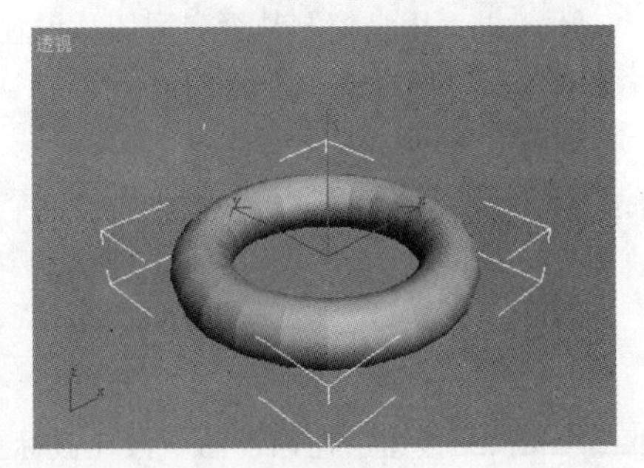

“分段”类型

图 3.1.17　4 种光滑类型效果的比较

（8）☑ 切片启用：选中该复选框，将启用切片设置。

（9）切片从：用来设置切片的开始角度。

（10）切片到：用来设置切片的结束角度。

（11）☑ 生成贴图坐标：选中该复选框，将自动生成贴图坐标。

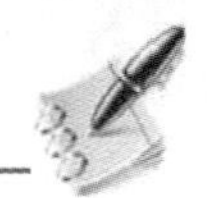

3.1.8　四棱锥

单击四棱锥按钮，在顶视图中按住鼠标左键并拖动，确定四棱锥的底面，接着松开鼠标左键并向上或向下移动鼠标，确定四棱锥的高度，然后单击鼠标左键即可创建一个四棱锥，如图 3.1.18 所示。

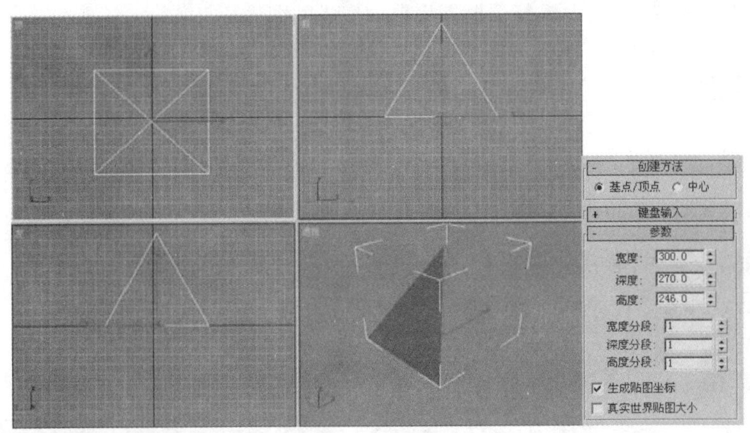

图 3.1.18　创建四棱锥

参数卷展栏中各选项参数的含义说明如下：

（1）长度：用来设置四棱锥底面矩形的长度。

（2）宽度：用来设置四棱锥底面矩形的宽度。

（3）高度：用来设置四棱锥的高度。

（4）长度分段：用来设置四棱锥的底面长度分段数。

（5）宽度分段：用来设置四棱锥的底面宽度分段数。

（6）高度分段：用来设置四棱锥的高度分段数。

（7）☑生成贴图坐标：选中此复选框，将自动生成贴图坐标。

3.1.9　茶壶

单击茶壶按钮，在顶视图中按住鼠标左键并拖动，即可创建一个茶壶，如图 3.1.19 所示。

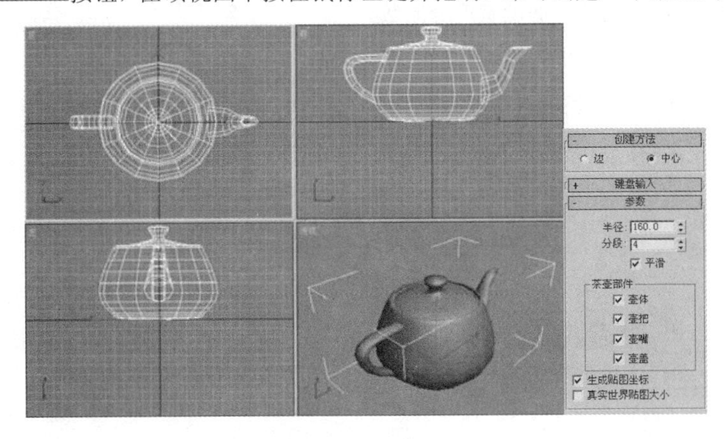

图 3.1.19　创建茶壶

参数卷展栏中各选项参数的含义说明如下：

（1）半径：用来设置茶壶的半径。

（2）分段：用来设置茶壶的分段数，数值越大，茶壶的表面越光滑。

（3）平滑：选中该复选框，可对茶壶表面进行光滑处理。

（4）茶壶部件：用来控制茶壶各部件的取舍。

（5）生成贴图坐标：选中该复选框，将自动生成贴图坐标。

3.1.10 平面

单击平面按钮，在顶视图中按住鼠标左键并拖动，确定平面的长和宽，单击鼠标左键即可创建一个平面，如图 3.1.20 所示。

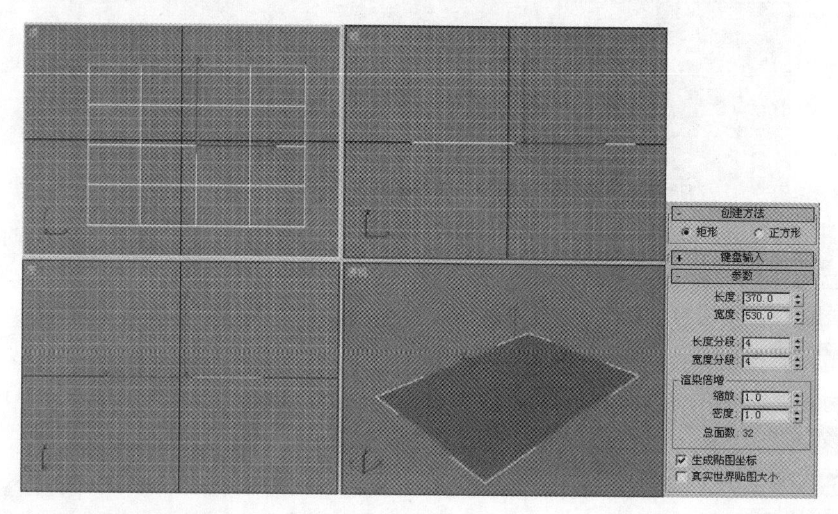

图 3.1.20 创建平面

参数卷展栏中各选项参数的含义说明如下：

（1）长度：用来设置平面的长度。

（2）宽度：用来设置平面的宽度。

（3）长度分段：用来设置平面的长度分段数。

（4）宽度分段：用来设置平面的宽度分段数。

（5）缩放：用来设置渲染的比例。

（6）密度：用来设置渲染的密度。

（7）生成贴图坐标：选中该复选框，将自动生成贴图坐标。

3.2 创建扩展基本体

单击“创建”按钮，进入创建命令面板。单击“几何体”按钮，进入几何体创建命令面板，选择标准基本体下拉列表中的扩展基本体选项，即可进入扩展基本体创建命令面板，如图 3.2.1 所示。

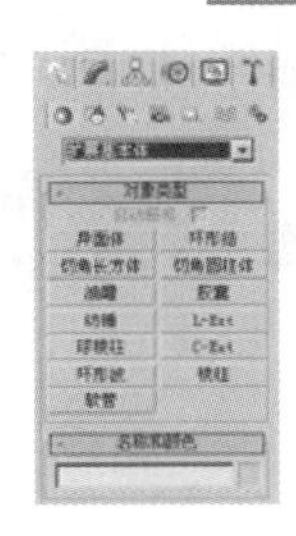

图 3.2.1　扩展基本体创建命令面板

3.2.1　异面体

单击 异面体 按钮，在顶视图中按住鼠标左键并拖动，即可创建一个异面体，如图 3.2.2 所示。

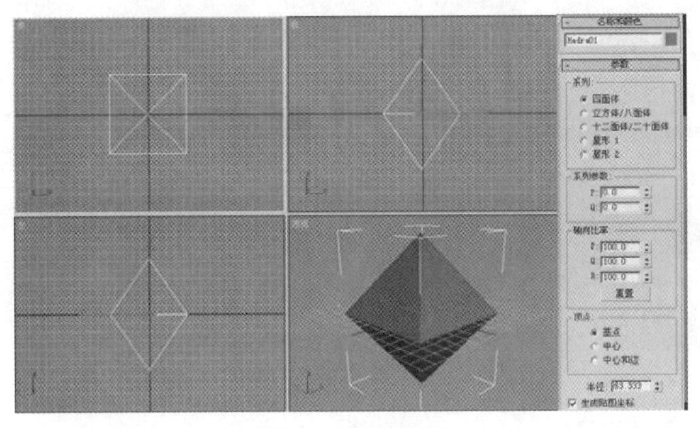

图 3.2.2　创建异面体

参数 卷展栏中各选项参数的含义说明如下：

（1）系列：在该参数设置区中用户可选择创建不同形状的异面体，分别为 四面体、立方体/八面体、十二面体/二十面体、星形 1 与 星形 2。创建的不同形状的异面体如图 3.2.3 所示。

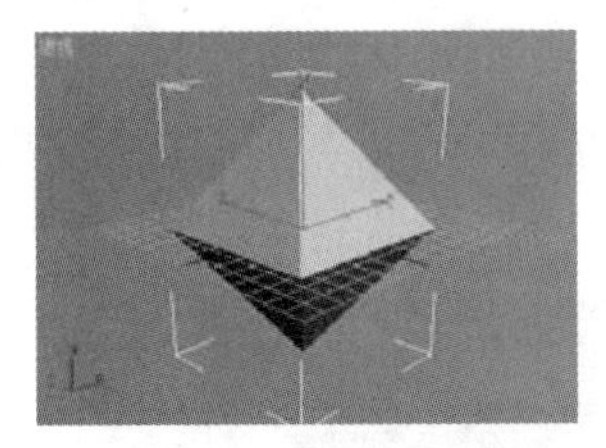

四面体

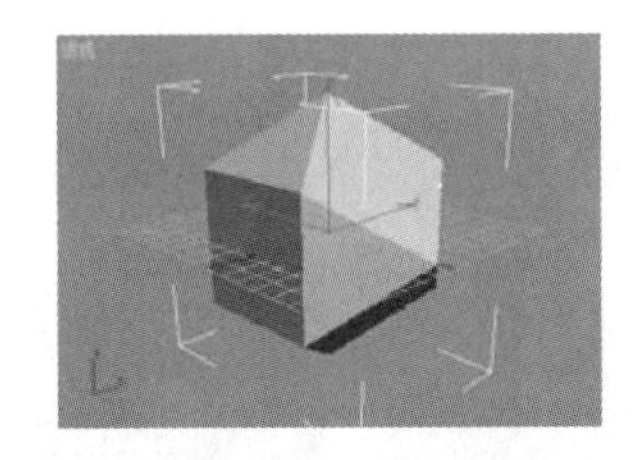

八面体

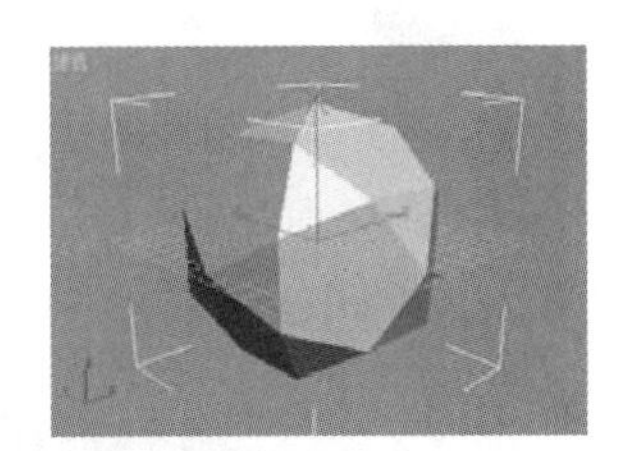

十二面体

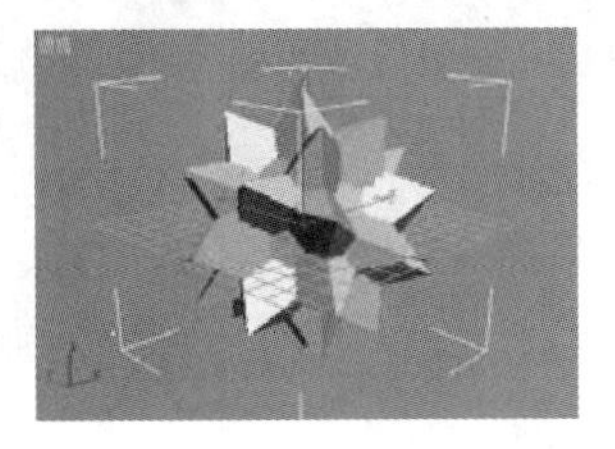

星形 1

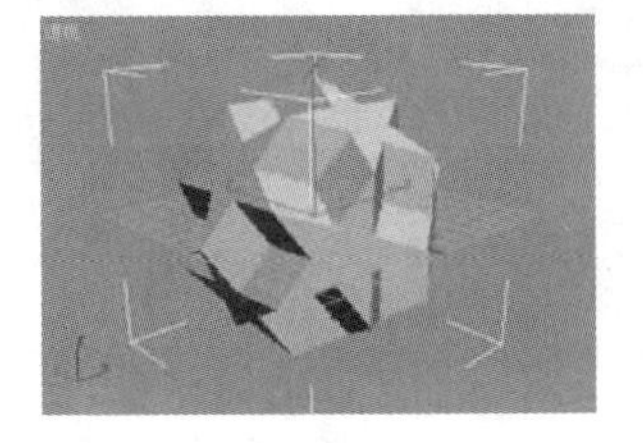

星形 2

图 3.2.3　不同形状的异面体

（2）系列参数:：在该参数设置区中可通过调整 P: 和 Q: 的值对异面体的顶点和面进行双向调整。

（3）轴向比率:：在该参数设置区中可通过调整 P:、Q: 和 R: 的值来调整它们各自的轴向比率。

（4）顶点:：用来设置异面体节点的创建方式，包括 ◉ 基点、◉ 中心 和 ◉ 中心和边 3 种方式。

（5）半径:：用来设置异面体半径的大小。

3.2.2　环形结

单击 环形结 按钮，在顶视图中按住鼠标左键并拖动，即可创建一个环形结，如图 3.2.4 所示。

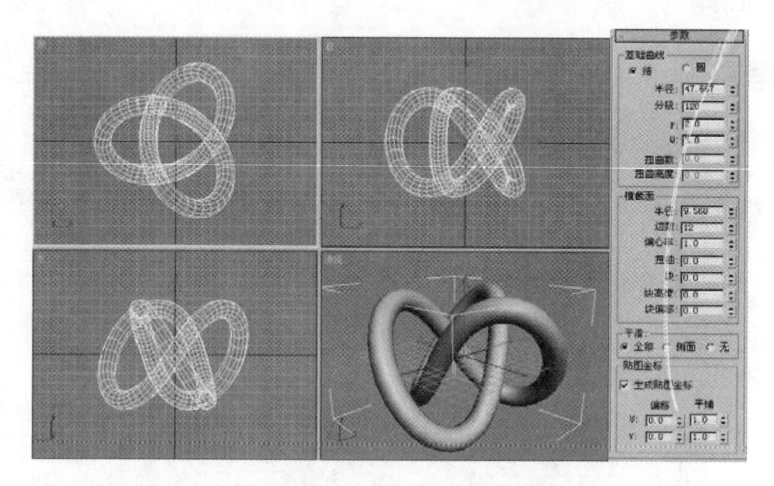

图 3.2.4　创建环形结

- 参数 卷展栏中各选项参数的含义说明如下：

（1）基础曲线 参数设置区：用来控制有关基本线形的参数。

1）◉ 结：选中该单选按钮，以节点形式创建环形结。

2）◉ 圆：选中该单选按钮，节点环形结变为圆环体。

3）半径:：用来设置基本线形的半径大小。

4）分段:：用来设置环形结的分段数，数值越大，其表面越光滑。

5）P:/Q:：选中 ◉ 结 单选按钮后该微调框可用，通过两种途径对环形结的顶点和面进行双向调整，如图 3.2.5 所示。

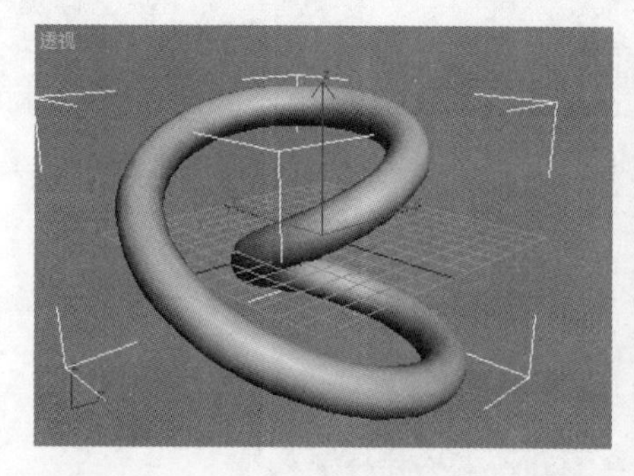

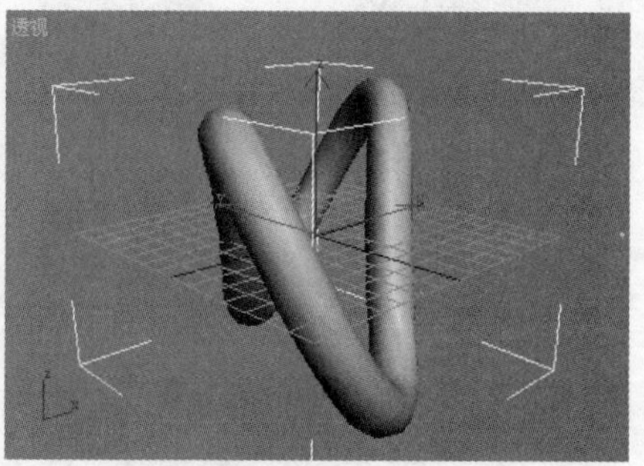

图 3.2.5　P=2，Q=1 和 P=2，Q=4 的环形结

6）扭曲数:：选中 ◉ 圆 单选按钮后该微调框可用，用来调整线形路径上的弯曲数目。

7）扭曲高度：选中 圆 单选按钮后该微调框可用，用来调整线形路径上的弯曲高度，如图 3.2.6 所示。

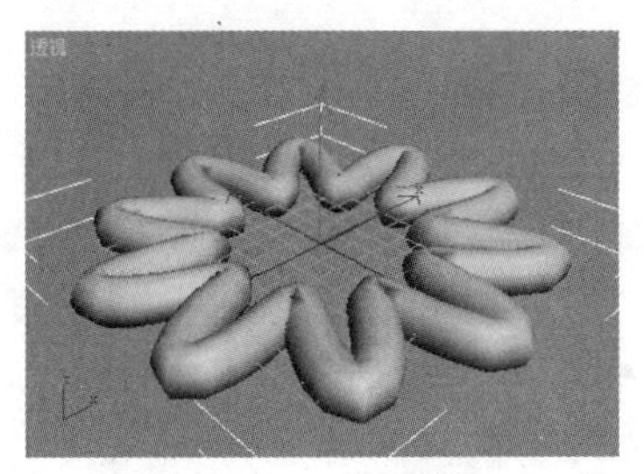

图 3.2.6　扭曲数量为 10，扭曲高度为 1 时的环形结

（2）横截面参数设置区：用来控制有关截面图形的参数。

1）半径：用来设置截面图形的半径大小。

2）边数：用来设置截面图形的边数。

3）偏心率：用来设置截面对环形结的偏离程度。偏心率越接近 1，截面越接近圆形。

4）扭曲：用来设置截面沿路径扭曲旋转的程度。

5）块：用来设置整个环形结上的块数。

6）块高度：用来设置环形结上的块的高度。

7）块偏移：用来设置块在路径上偏移的距离。

（3）平滑：用来设置环形结的光滑处理方式，有 全部 、 侧面 和 无 3 种方式。

（4）贴图坐标参数设置区：用于设置有关贴图坐标的参数。

1）生成贴图坐标：选中该复选框，对环形结表面自动生成贴图坐标。

2）偏移：用来设置在U:和V:两个方向上贴图的偏移量。

3）平铺：用来设置在U:和V:两个方向上贴图的平铺次数。

3.2.3　切角长方体

单击 切角长方体 按钮，在顶视图中按住鼠标左键并拖动，即可创建一个切角长方体，如图 3.2.7 所示。

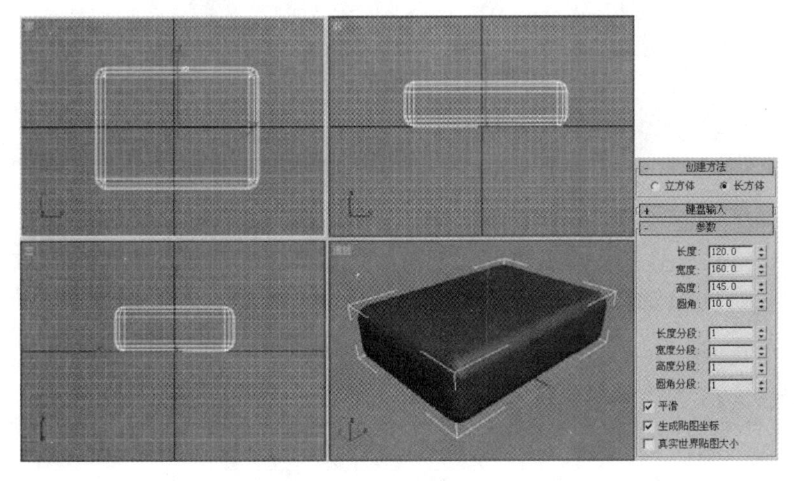

图 3.2.7　创建切角长方体

3.2.4 切角圆柱体

单击 切角圆柱体 按钮，在顶视图中按住鼠标左键并拖动，即可创建一个切角圆柱体，如图 3.2.8 所示。

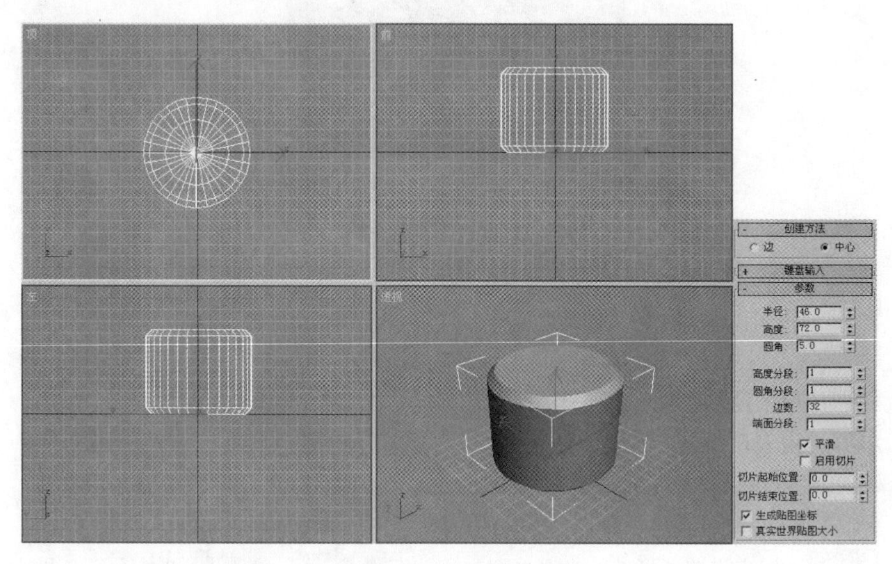

图 3.2.8 创建切角圆柱体

3.2.5 油罐

单击 油罐 按钮，在顶视图中按住鼠标左键并拖动，确定油罐的半径，接着向上或向下移动鼠标并单击，确定油罐的高度，然后继续移动鼠标并单击，确定油罐的封口高度，即可创建一个油罐，如图 3.2.9 所示。

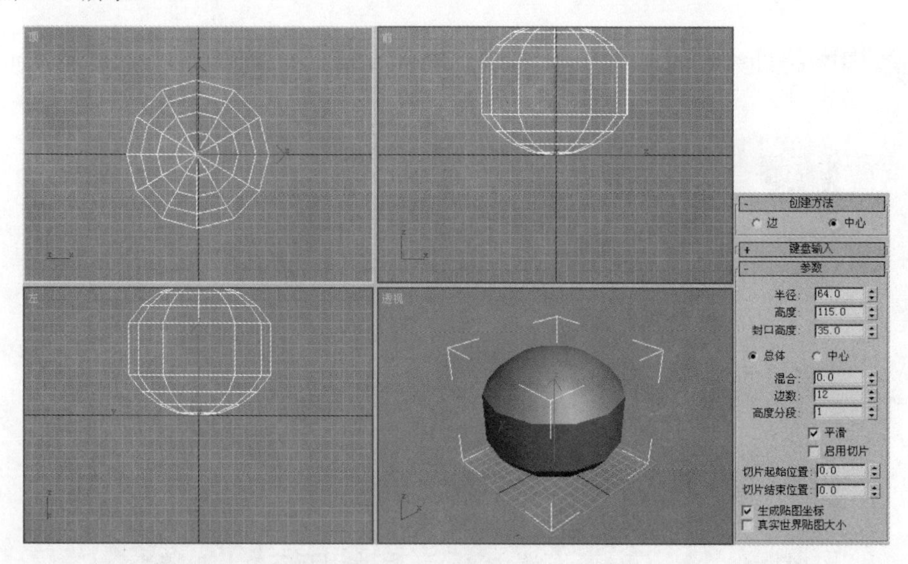

图 3.2.9 创建油罐

\- 参数 卷展栏中各选项参数的含义说明如下：

（1）半径：用来设置油罐底面的半径。

（2）高度：用来设置油罐的高度。

（3）封口高度：用来设置油罐体上下两端弯曲部分的高度。

（4）◉ 总体：选中该单选按钮，表示整个油罐的高度。

（5）◉ 中心：选中该单选按钮，表示从油罐中心到一端的高度。

（6）混合：用来设置油罐体与两端之间的边缘倒角。

（7）边数：用来设置油罐圆周的边数，数值越大，其表面越光滑。

（8）高度分段：用来设置油罐体上的高度分段数。

（9）☑ 平滑：选中该复选框，进行表面光滑处理。

（10）☑ 启用切片：选中该复选框，根据设置的起止角度进行切片。

（11）切片起始位置：用来设置切片的开始角度。

（12）切片结束位置：用来设置切片的结束角度。

（13）☑ 生成贴图坐标：选中该复选框，对油罐表面可进行贴图处理。

3.2.6　胶囊

单击 胶囊 按钮，在顶视图中按住鼠标左键并拖动到适当位置松开，确定胶囊的半径，然后向上或向下移动鼠标并单击，确定胶囊的高度，即可创建一个胶囊体，如图 3.2.10 所示。

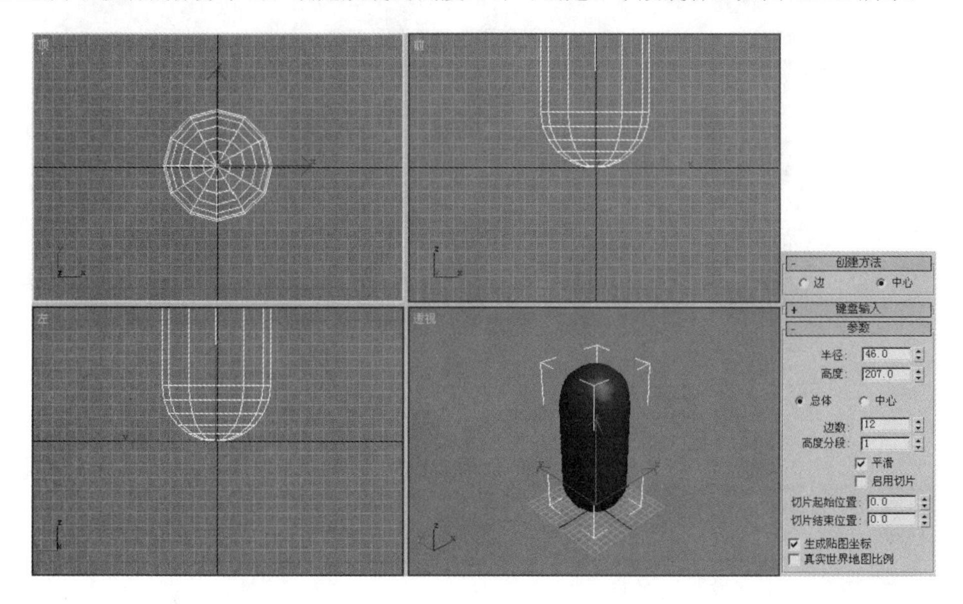

图 3.2.10　创建胶囊体

3.2.7　纺锤

单击 纺锤 按钮，在顶视图中按住鼠标左键并拖动到适当位置松开，确定纺锤体的半径，接着移动鼠标并单击，确定纺锤体的高度，然后继续移动鼠标并单击，确定纺锤体的封口高度，即可创建一个纺锤体，如图 3.2.11 所示。

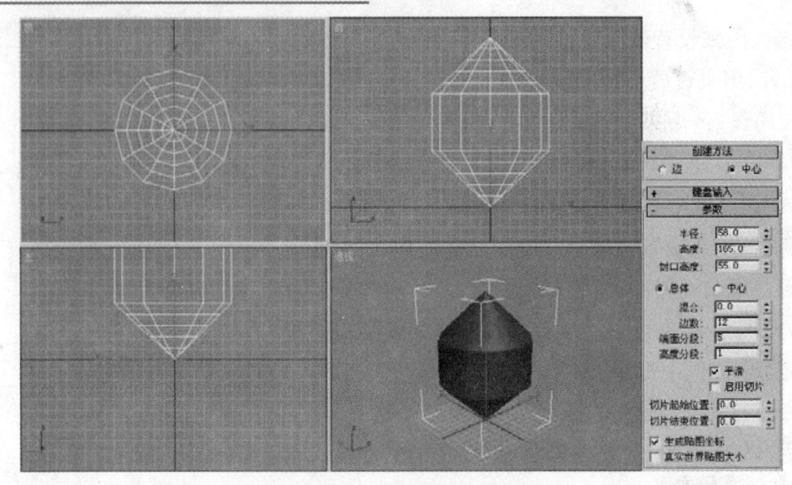

图 3.2.11　创建纺锤体

3.2.8　L-Ext

单击 L-Ext 按钮，在顶视图中按住鼠标左键并拖动到适当位置松开，确定 L-Ext 的侧面长度和前面长度，移动鼠标并单击，确定 L-Ext 的高度，然后继续移动鼠标至适当位置单击，确定 L-Ext 的侧面宽度和前面宽度，即可创建一个 L-Ext，如图 3.2.12 所示。

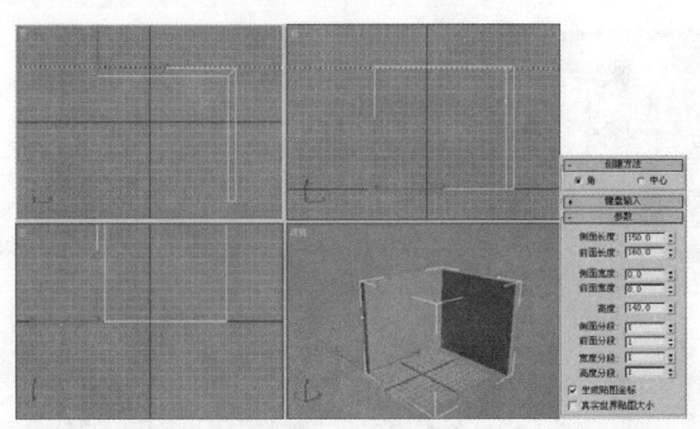

图 3.2.12　创建 L-Ext

- 参数 卷展栏中各选项参数的含义说明如下：

（1）侧面长度：用来设置侧面的长度。

（2）前面长度：用来设置正面的长度。

（3）侧面宽度：用来设置侧面的宽度。

（4）前面宽度：用来设置正面的宽度。

（5）高度：用来设置墙体的高度。

3.2.9　球棱柱

单击 球棱柱 按钮，在顶视图中按住鼠标左键并拖动，确定球棱柱半径，接着向上或向下拖

动鼠标，确定球棱柱的高度，单击鼠标左键即可创建一个球棱柱，如图 3.2.13 所示。

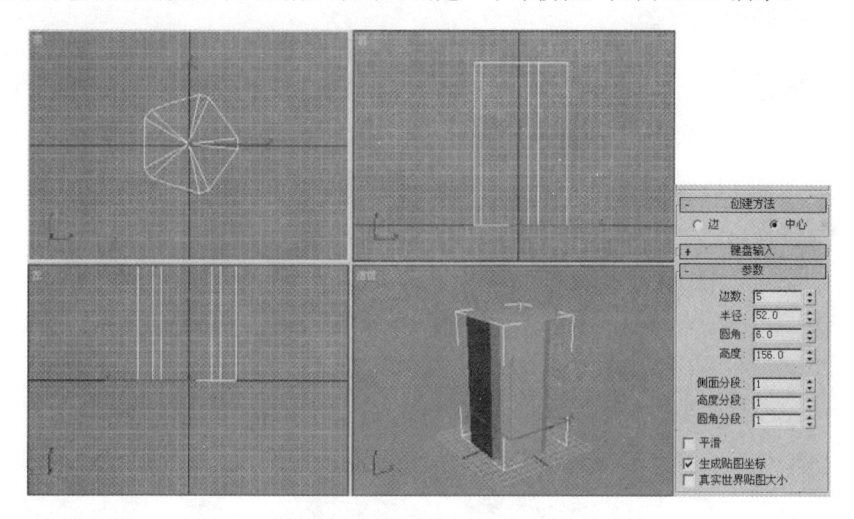

图 3.2.13　创建球棱柱

参数卷展栏中各选项参数的含义说明如下：

（1）边数：设置球棱柱的边数。

（2）半径：设置球棱柱底面的半径。

（3）圆角：设置球棱柱的倒角大小。

（4）高度：设置球棱柱的高度。

3.2.10　C-Ext

单击 C-Ext 按钮，在顶视图中按住鼠标左键并拖动到适当位置松开，确定 C-Ext 的背面长度、侧面长度和前面长度，移动鼠标并单击，确定 C-Ext 的高度，然后继续移动鼠标至适当位置单击，确定 C-Ext 的背面宽度、侧面宽度和前面宽度，即可创建一个 C-Ext，如图 3.2.14 所示。

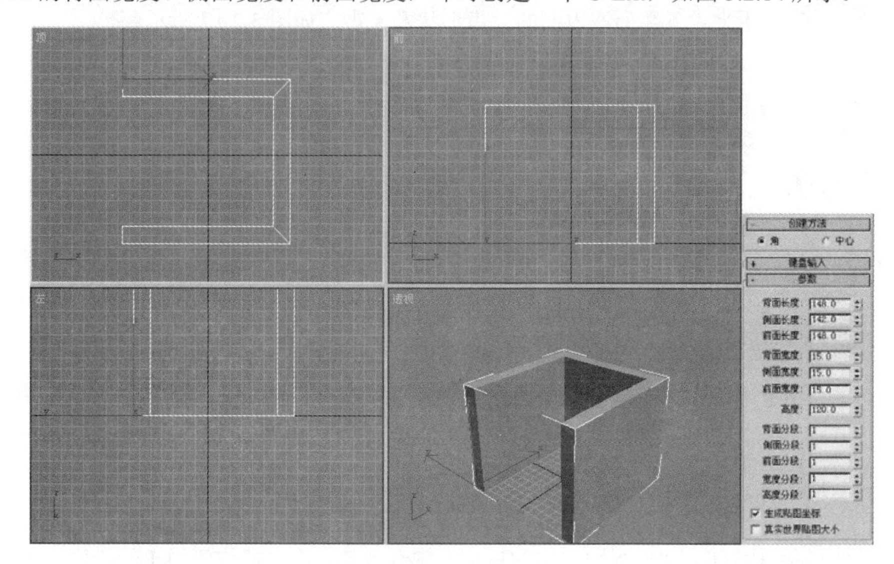

图 3.2.14　创建 C-Ext

3.2.11 环形波

单击 环形波 按钮，在顶视图中按住鼠标左键并拖动，确定环形波的半径，接着拖动鼠标并单击，确定环形波的环形宽度，即可创建一个环形波，如图 3.2.15 所示。

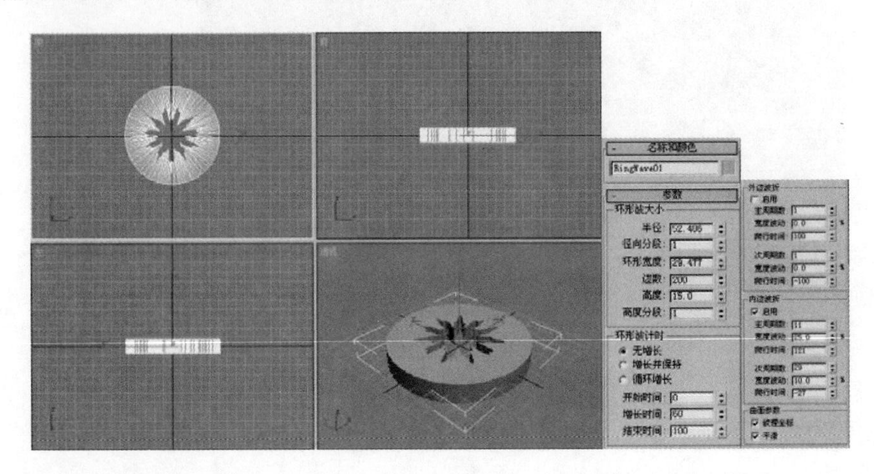

图 3.2.15 创建环形波

参数 卷展栏中各选项参数的含义说明如下：

（1）半径：用来设置环形波的外半径的大小。

（2）径向分段：用来设置环形波的分段数。

（3）环形宽度：用来设置环形波的宽度。

（4）边数：用来设置环形波的边数，边数越大，其外形越圆滑。

（5）高度：用来设置环形波的高度。

（6）高度分段：用来设置环形波的高度分段数。

（7）外边波折：用来设置环形波外部的波齿形状及大小，如图 3.2.16 所示。

（8）内边波折：用来设置环形波内部的波齿形状及大小，如图 3.2.17 所示。

图 3.2.16 设置“外边波折”参数

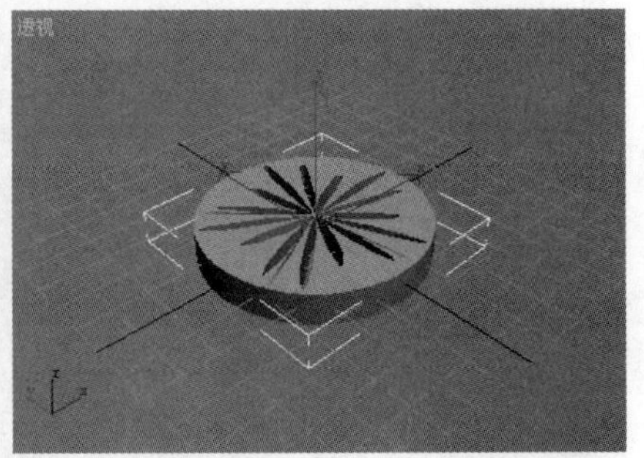

图 3.2.17 设置“内边波折”参数

3.2.12 棱柱

单击 棱柱 按钮，在顶视图中按住鼠标左键并拖动，确定棱柱侧面 1 的长度，接着拖动鼠标并单击，确定棱柱侧面 2 和侧面 3 的长度，然后向上或向下拖动鼠标确定棱柱的高度，单击鼠标即

可创建一个棱柱，如图 3.2.18 所示。

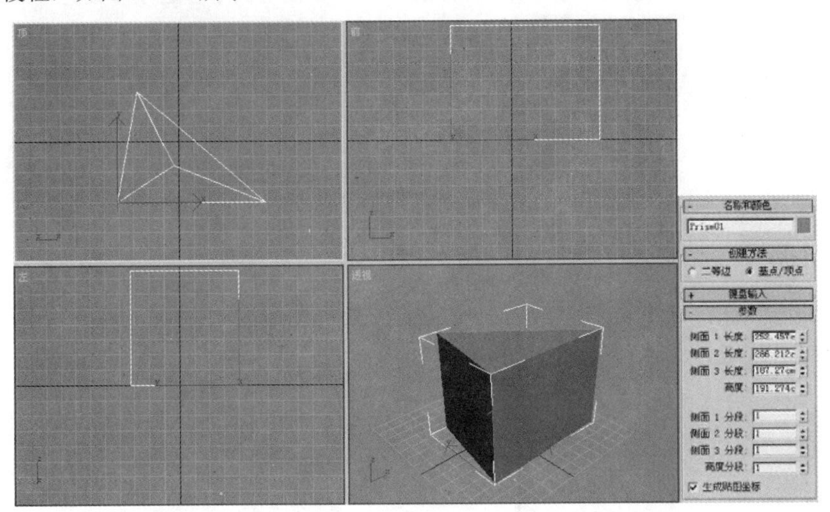

图 3.2.18　创建棱柱

3.2.13　软管

单击 软管 按钮，在顶视图中按住鼠标左键并拖动，确定软管的直径，然后向上或向下拖动鼠标，确定软管的高度，单击鼠标即可创建一个软管，如图 3.2.19 所示。

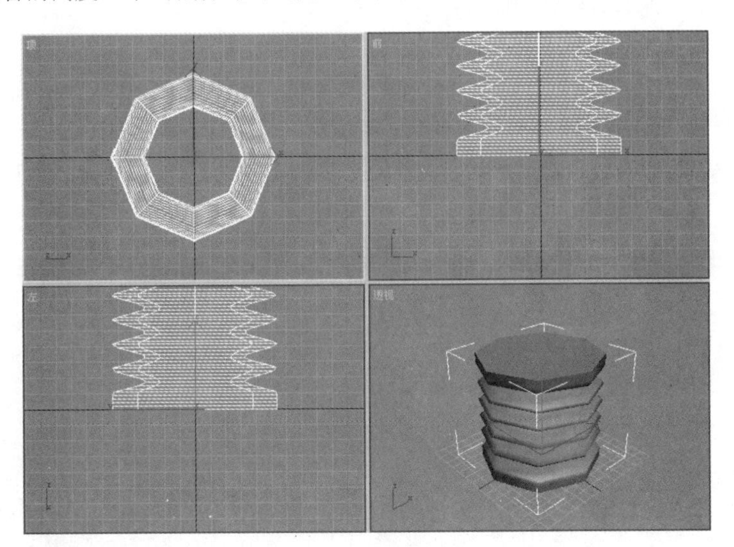

图 3.2.19　创建软管

（1）端点方法：用来设置软管端点的创建方法。

1）自由软管：选中该单选按钮，可设置软管的高度。

2）绑定到对象轴：选中该单选按钮，激活绑定对象参数设置区中的各命令参数，可将软管连接到其他物体上。

（2）公用软管参数：用来设置公用软管的一些参数。

1）分段：调整软管表面的分段数，数值越大，其表面越光滑。

- 软管参数 卷展栏如图 3.2.20 所示，下面对其中各选项参数的含义进行说明。

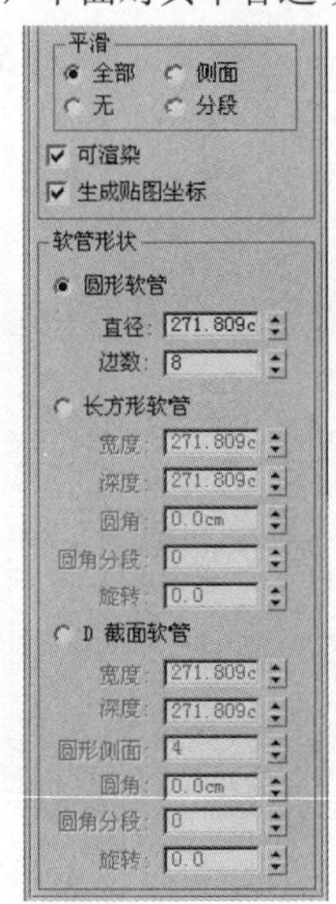

图 3.2.20 “软管参数”卷展栏

2）启用柔体截面：选中该复选框，可显示伸缩的截面。

3）起始位置：用来设置伸缩截面的起始范围，其范围在 0～55%之间。

4）结束位置：用来设置伸缩截面的结束范围，其范围在 0～55%之间。

5）周期数：用来设置软管的圈数。

6）直径：用来设置软管底面半径的大小。

（3）平滑：用来设置软管的平滑方式，包括全部、侧面、无和分段 4 种。

（4）可渲染：选中该复选框，可对图形进行渲染。

（5）软管形状：用来设置软管的形状，有圆形软管、长方形软管、D 截面软管 3 种形状，如图 3.2.21 所示。

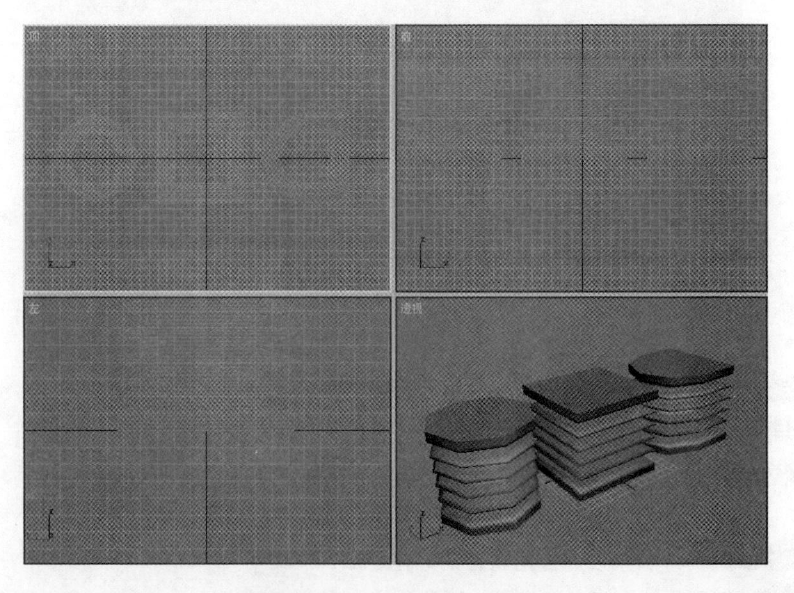

图 3.2.21 3 种不同形状的软管

3.3　创建其他三维物体

在 3DS MAX 8.0 中除了可以创建标准几何体和扩展几何体外，还可以创建其他三维对象，如门、窗、楼梯等，下面分别进行介绍。

3.3.1　门

单击“创建”按钮，进入创建命令面板，选择“标准基本体”下拉列表中的“门”选项，即可进入门创建命令面板，如图 3.3.1 所示。

图 3.3.1　门创建命令面板

1．枢轴门

单击“枢轴门”按钮，在顶视图中按住鼠标左键并拖动，确定枢轴门的宽度，接着移动鼠标并单击，确定枢轴门的深度，然后继续移动鼠标并单击，确定枢轴门的高度，即可创建一扇枢轴门，如图 3.3.2 所示。

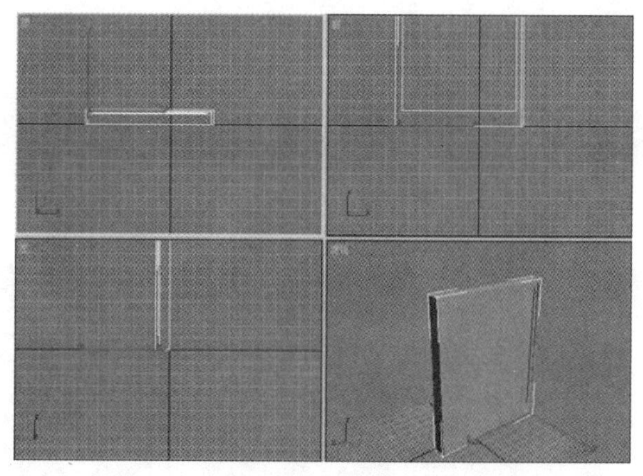

图 3.3.2　创建枢轴门

“参数”卷展栏和“页扇参数”卷展栏如图 3.3.3 所示，下面对其中的各选项参数的含义进行说明。

（1）高度：用来设置门的高度。

（2）宽度：用来设置门的宽度。

（3）深度：用来设置门的深度。

（4）双门：选中该复选框，将创建双扇门。

（5）翻转转动方向：选中该复选框，将门扇进行镜像。

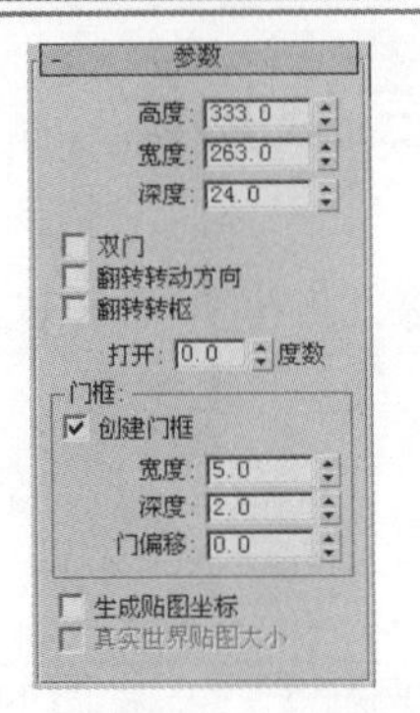

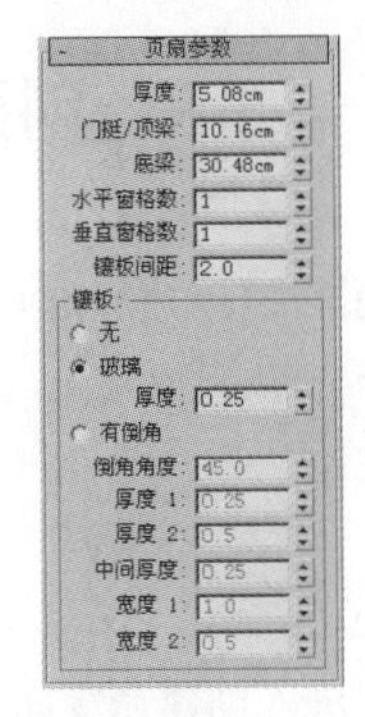

图 3.3.3 “参数”卷展栏和“页扇参数”卷展栏

（6）打开：用来设置门打开的角度。

（7）门框：用来设置有关门框的参数。

（8）创建门框：选中该复选框，将创建门框。

（9）宽度：用来设置门框的宽度。

（10）深度：用来设置门框的深度。

（11）门偏移：用来设置门与门框之间的偏移距离。

（12）厚度：用来设置门扇的厚度。

（13）门挺/顶梁：用来设置门与上边门框之间的距离。

（14）水平窗格数：用来设置水平方向上板块的数量。

（15）垂直窗格数：用来设置垂直方向上板块的数量。

（16）无：选中该单选按钮，将不创建门板。

（17）玻璃：选中该单选按钮，将创建玻璃门板。

（18）有倒角：选中该单选按钮，将创建带倒角的门板。

2．推拉门

单击推拉门按钮，在顶视图中按住鼠标左键并拖动，确定推拉门的宽度，接着移动鼠标并单击，确定推拉门的深度，然后继续移动鼠标并单击，确定推拉门的高度，即可创建一扇推拉门，如图 3.3.4 所示。

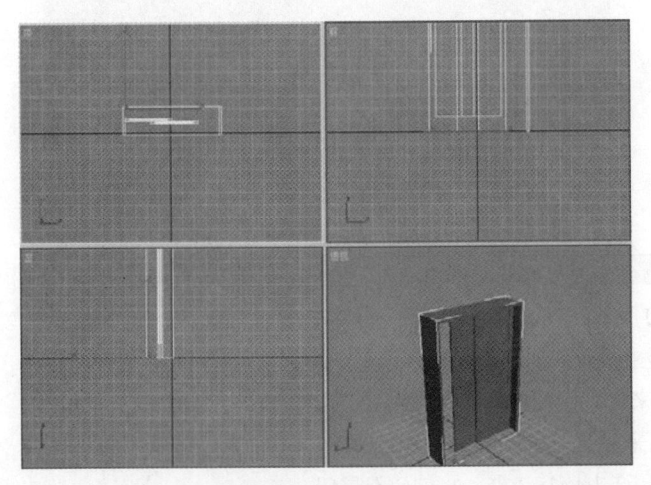

图 3.3.4 创建推拉门

参数 卷展栏和 页扇参数 卷展栏如图 3.3.5 所示，其中的参数设置和枢轴门的相同，这里就不再赘述。

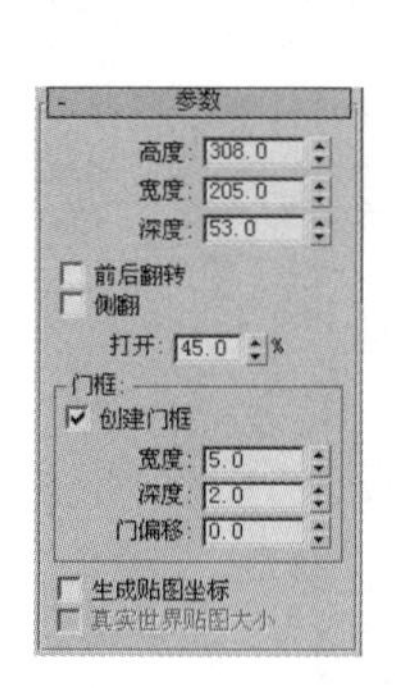

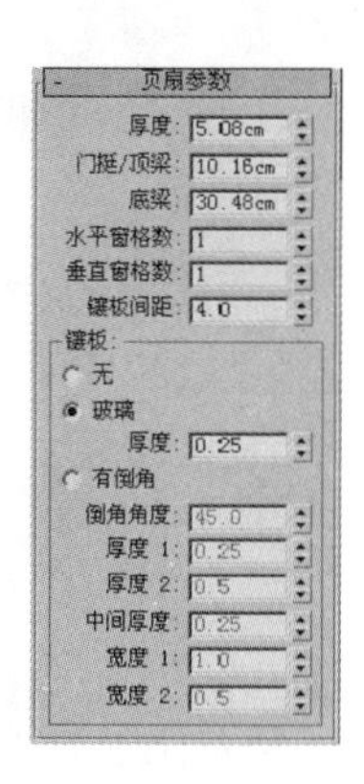

图 3.3.5　推拉门“参数”卷展栏和“页扇参数”卷展栏

3. 折叠门

单击 折叠门 按钮，在顶视图中按住鼠标左键并拖动，确定折叠门的宽度，接着移动鼠标并单击，确定折叠门的深度，然后继续移动鼠标并单击，确定折叠门的高度，即可创建一扇折叠门，如图 3.3.6 所示。

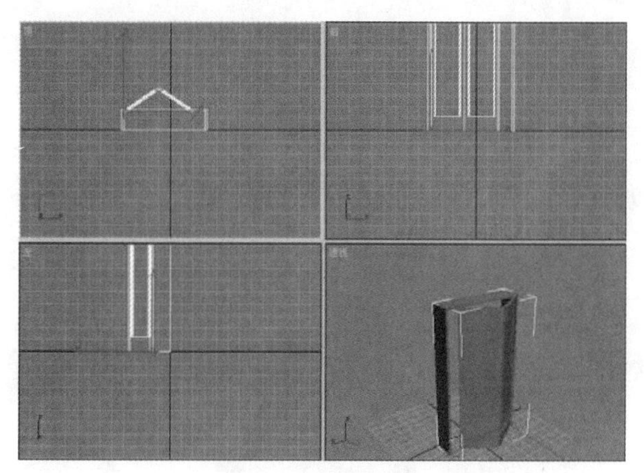

图 3.3.6　创建折叠门

参数 卷展栏和 页扇参数 卷展栏如图 3.3.7 所示，其中的参数设置和枢轴门的相同，这里就不再赘述。

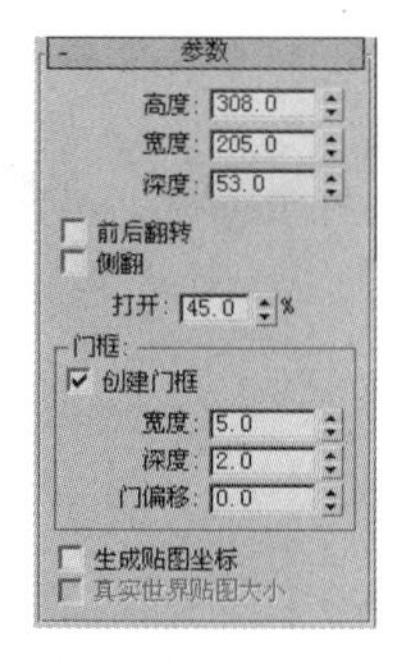

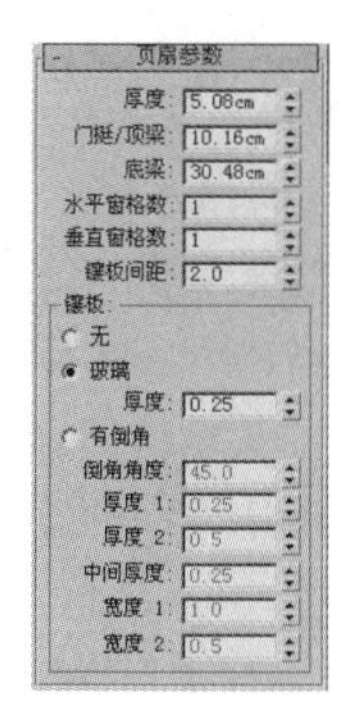

图 3.3.7　折叠门“参数”卷展栏和“页扇参数”卷展栏

3.3.2 窗

单击“创建”按钮，进入创建命令面板，选择标准基本体下拉列表中的窗选项，即可进入窗创建命令面板，如图 3.3.8 所示。

图 3.3.8 窗创建命令面板

1. 遮篷式窗

单击遮篷式窗按钮，在顶视图中按住鼠标左键并拖动，确定遮篷式窗的宽度，接着移动鼠标并单击，确定遮篷式窗的深度，然后继续移动鼠标并单击，确定遮篷式窗的高度，即可创建一扇遮篷式窗，如图 3.3.9 所示。

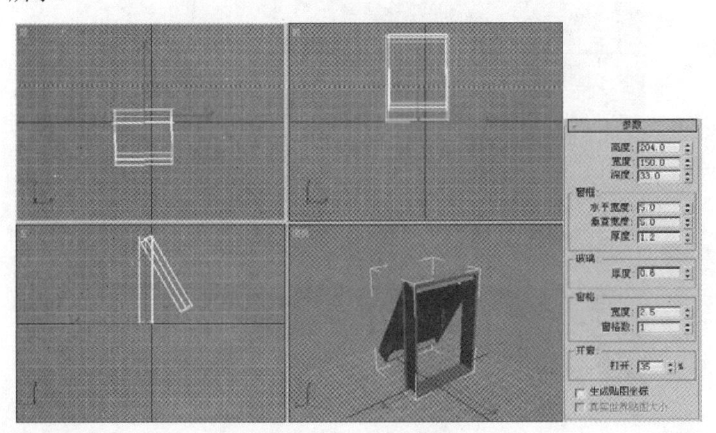

图 3.3.9 创建遮篷式窗

参数卷展栏中各选项参数的含义说明如下：

（1）高度：用来设置窗的高度。

（2）宽度：用来设置窗的宽度。

（3）深度：用来设置窗的深度。

（4）窗框：用来设置有关窗框的参数，包括窗框的水平宽度、垂直宽度和厚度。

（5）玻璃：用来设置窗户玻璃的厚度。

（6）窗格：用来设置有关窗格的参数，包括宽度和窗格数。

（7）打开：用来设置窗户打开的角度。

2. 平开窗

单击平开窗按钮，在顶视图中按住鼠标左键并拖动，确定平开窗的宽度，接着移动鼠标并

单击，确定平开窗的深度，然后继续移动鼠标并单击，确定平开窗的高度，即可创建一扇平开窗，如图 3.3.10 所示，其［- 参数］卷展栏中的参数和遮篷式窗相同，这里就不再赘述。

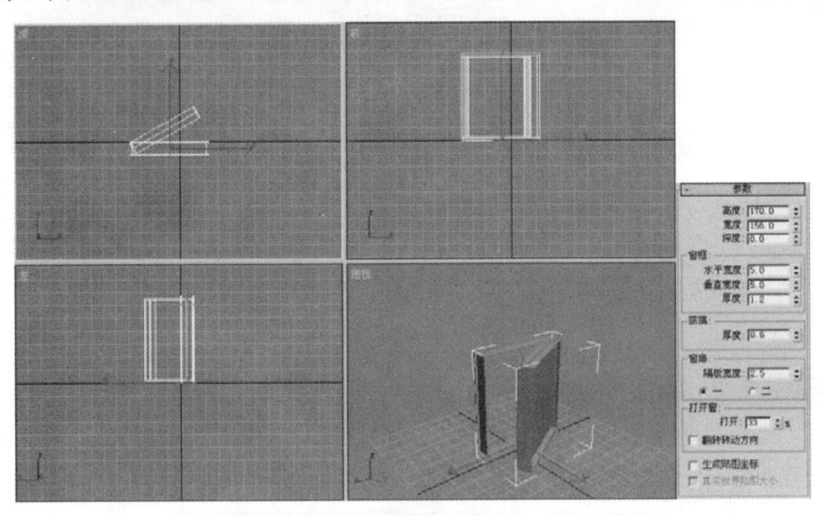

图 3.3.10　创建平开窗

3．固定窗

单击［固定窗］按钮，在顶视图中按住鼠标左键并拖动，确定固定窗的宽度，接着移动鼠标并单击，确定固定窗的深度，然后继续移动鼠标并单击，确定固定窗的高度，即可创建一扇固定窗，如图 3.3.11 所示，其［- 参数］卷展栏中的参数和遮篷式窗相同，这里就不再赘述。

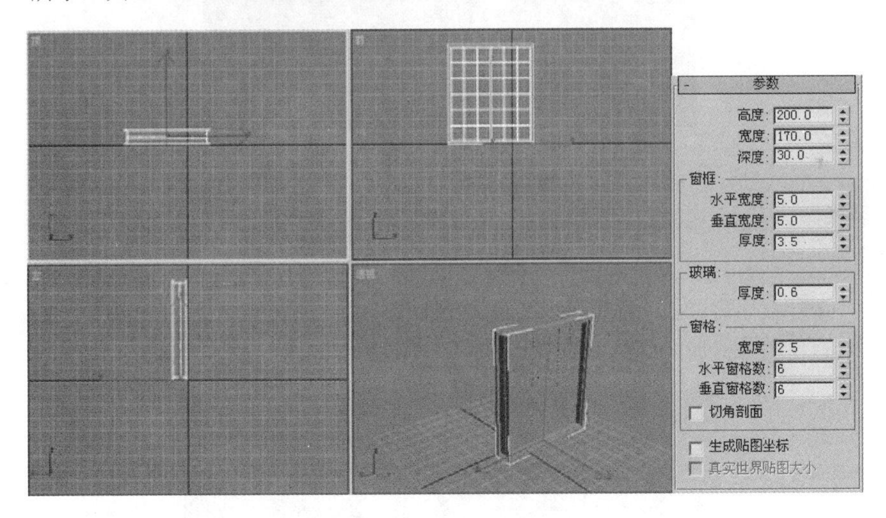

图 3.3.11　创建固定窗

用同样的方法可创建其他类型的窗户，在这里就不一一详细介绍了，用户可以自己动手进行创建。

3.3.3　楼梯

单击“创建”按钮，进入创建命令面板，选择［标准基本体］下拉列表中的［楼梯］选项，即可进入楼梯创建命令面板，如图 3.3.12 所示。

图 3.3.12　楼梯创建命令面板

在该创建面板中共包括了 4 种不同类型的楼梯，分别为 L 型楼梯、U 型楼梯、直线楼梯和螺旋楼梯，下面将对其创建方法分别进行介绍。

1. L 型楼梯

单击 L 型楼梯 按钮，在顶视图中单击并拖动鼠标，确定 L 型楼梯的长度 1，接着移动鼠标并单击鼠标左键，确定 L 型楼梯的长度 2 和偏移量，然后继续移动鼠标并单击鼠标左键，确定 L 型楼梯的总高，即可创建一个 L 型楼梯，如图 3.3.13 所示。

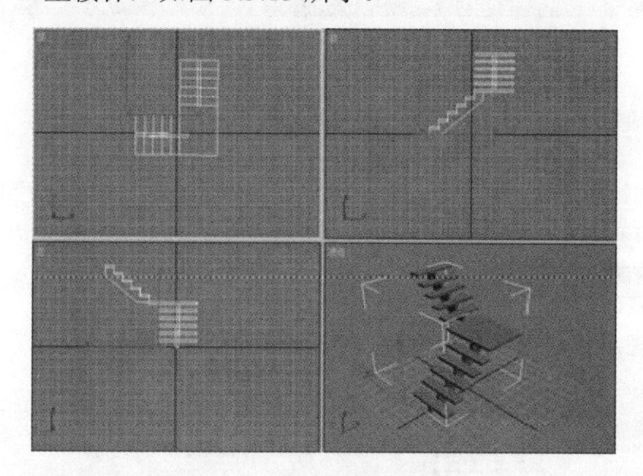

图 3.3.13　创建 L 型楼梯

2. U 型楼梯

单击 U 型楼梯 按钮，在顶视图中单击并拖动鼠标，确定 U 型楼梯的长度，接着拖动鼠标并单击鼠标左键，确定 U 型楼梯的偏移量，然后继续拖动鼠标并单击鼠标左键，确定 U 型楼梯的总高，即可创建一个 U 型楼梯，如图 3.3.14 所示。

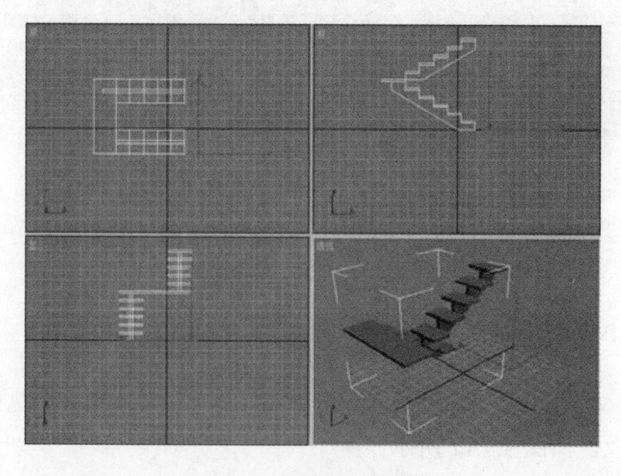

图 3.3.14　创建 U 型楼梯

用同样的方法，用户可创建直线楼梯和螺旋楼梯，如图 3.3.15 所示。

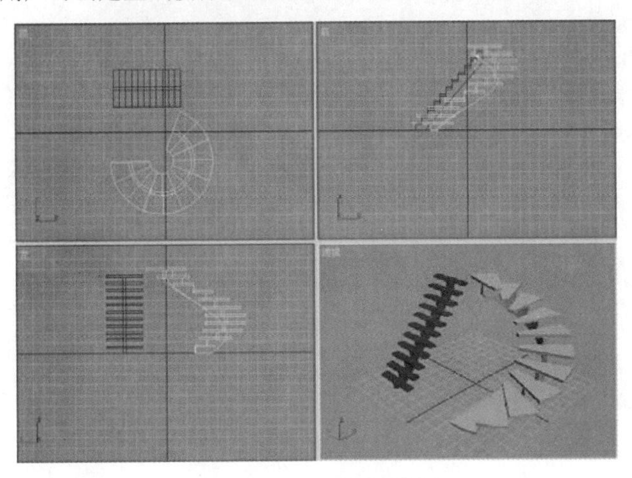

图 3.3.15　创建直线楼梯和螺旋楼梯

3.4　课堂实战——制作电脑桌

本节综合本章所学知识，制作一张电脑桌，具体方法如下：

（1）选择文件(F)→重置(R)命令，重新设置系统。

（2）单击“创建”按钮，进入创建命令面板。单击“几何体”按钮，进入几何体创建命令面板，单击长方体按钮，在视图中创建一个长方体，命名为“Box01”，如图 3.4.1 所示。

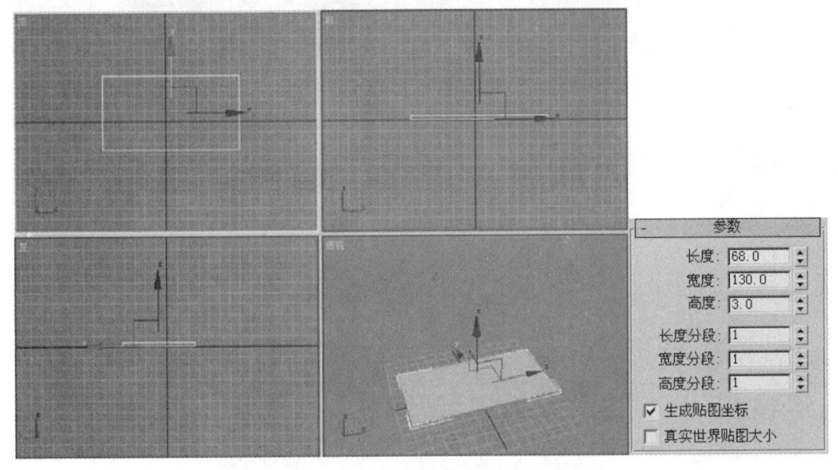

图 3.4.1　创建长方体 Box01

（3）选择标准基本体下拉列表中的扩展基本体选项，进入扩展几何体创建命令面板，单击其中的切角长方体按钮，在视图中创建一个切角长方体，并命名为“ChamferBox01”，然后将长方体“Box01”移动至如图 3.4.2 所示的位置。

（4）在前视图中选择切角长方体“ChamferBox01”，单击工具栏中的“选择并移动”按钮，在按住“Shift”键的同时锁定 Y 轴向右移动切角长方体，将其复制一个，并命名为“ChamferBox02”，如图 3.4.3 所示。

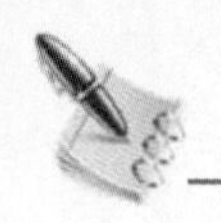

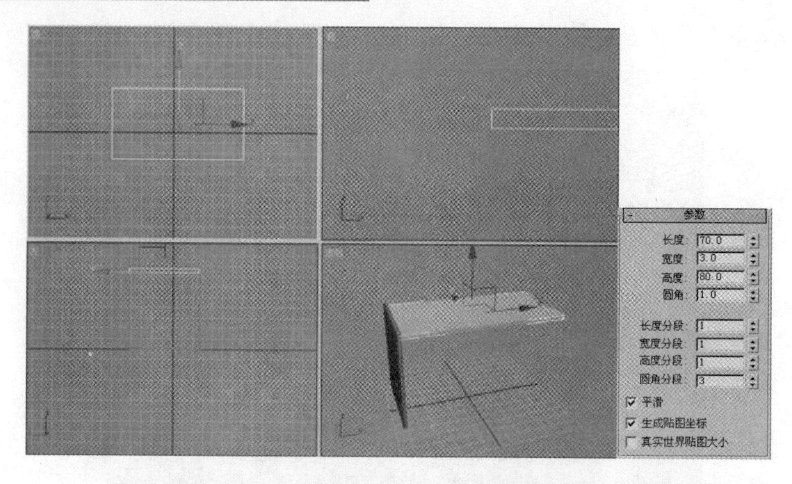

图 3.4.2　创建切角长方体 ChamferBox01

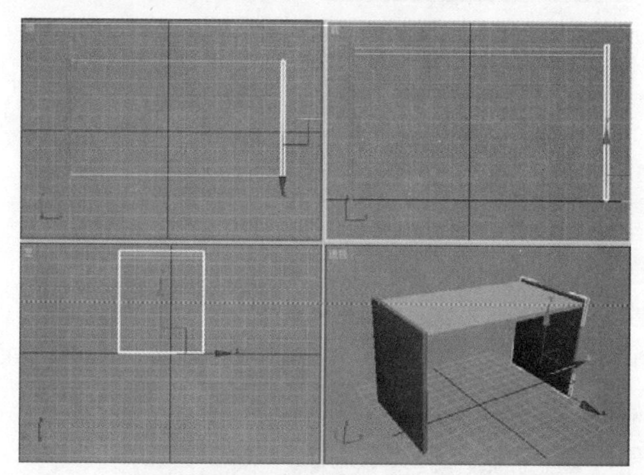

图 3.4.3　复制切角长方体效果

（5）选择扩展基本体下拉列表中的标准基本体选项，进入标准几何体创建命令面板，单击其中的长方体按钮，在顶视图中创建一个长方体，并命名为“Box02”，然后将其移动至如图 3.4.4 所示的位置。

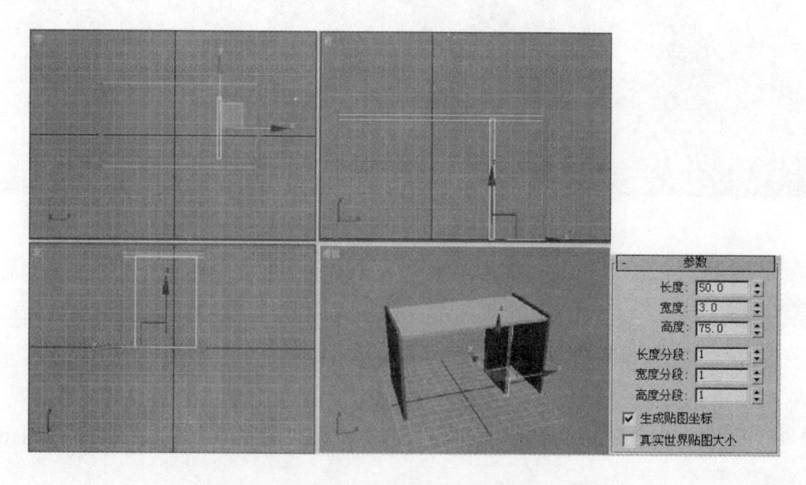

图 3.4.4　创建并移动长方体“Box02”的位置

（6）单击工具栏中的“选择并移动”按钮，按住“Shift”键的同时在前视图中锁定 Y 轴向右移动长方体“Box02”，将其复制一个，如图 3.4.5 所示。

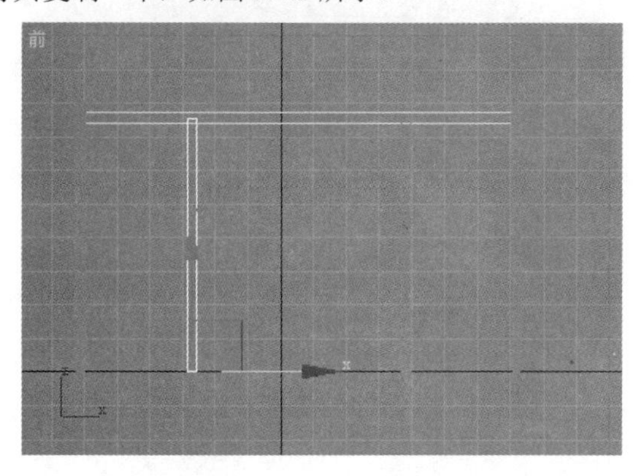

图 3.4.5　复制长方体“Box02”

（7）单击长方体按钮，在顶视图中创建一个长方体，命名为“Box04”，并将其移动至如图 3.4.6 所示的位置。

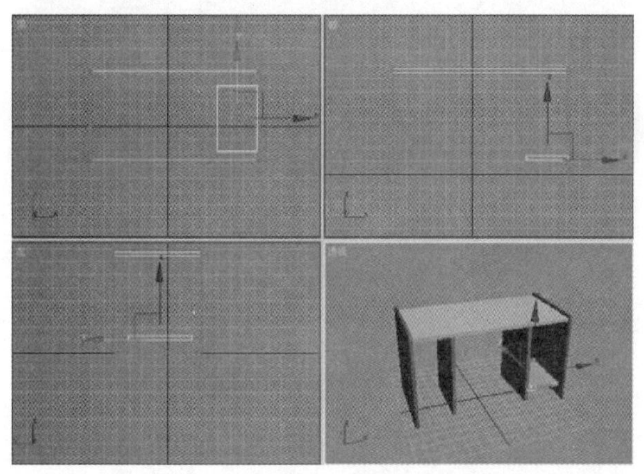

图 3.4.6　创建长方体“Box04”并移动

（8）将长方体“Box04”复制 3 个，并调整它们的位置如图 3.4.7 所示。

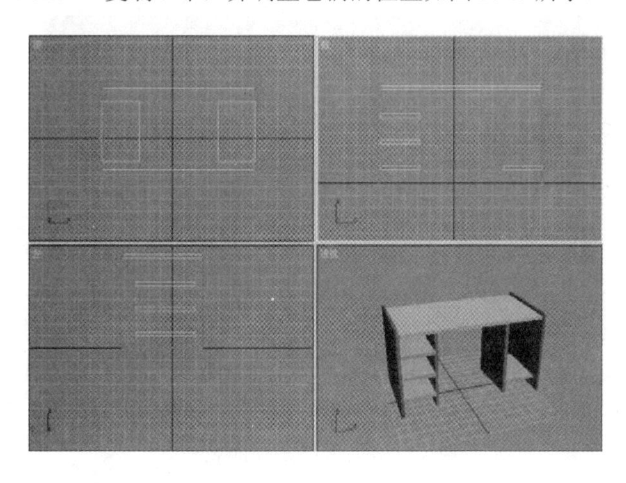

图 3.4.7　复制长方体“Box04”并移动

(9) 单击 长方体 按钮，在前视图中创建 3 个长方体，如图 3.4.8 所示。

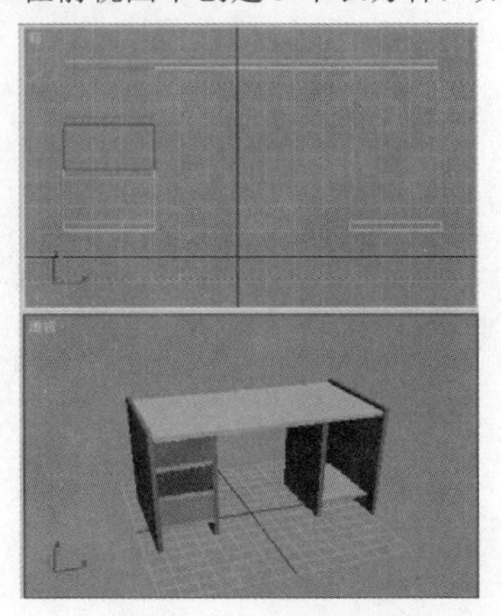

图 3.4.8　创建长方体

(10) 用同样的方法创建两个长方体，即可完成电脑桌的建模，如图 3.4.9 所示。

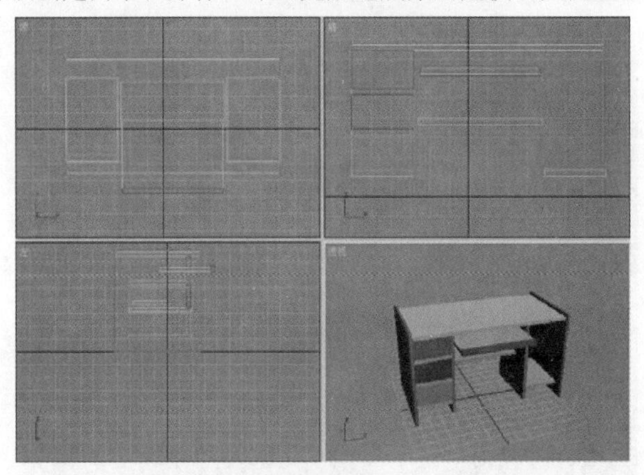

图 3.4.9　电脑桌

(11) 单击几何体创建命令面板中的 圆环 按钮，在视图中创建一个圆环作为电脑桌抽屉的把手，并将其复制两个，如图 3.4.10 所示。

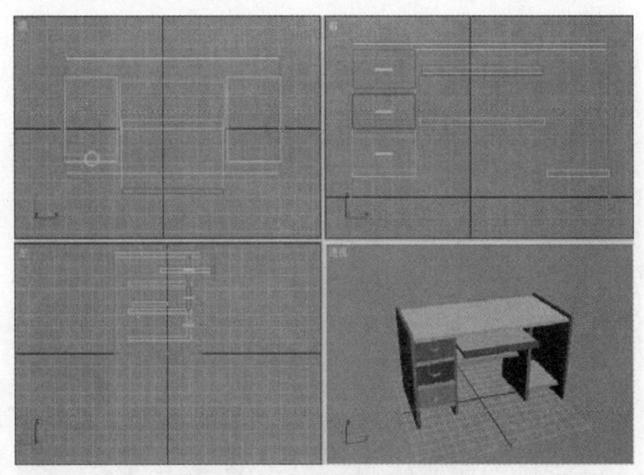

图 3.4.10　创建电脑桌抽屉把手

(12) 指定材质后，单击工具箱中的“快速渲染”按钮，最终效果如图 3.4.11 所示。

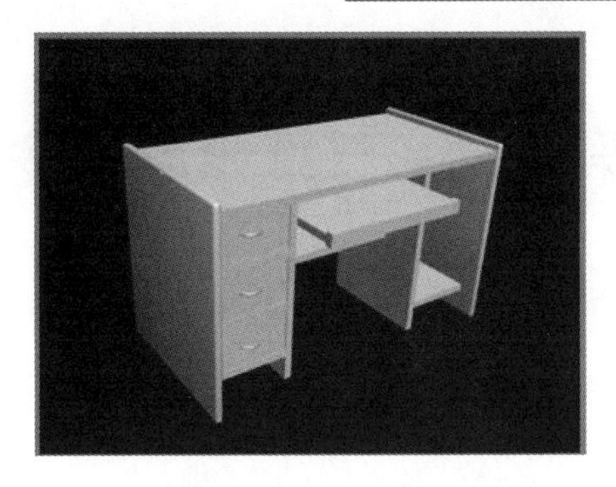

图 3.4.11　电脑桌最终效果

本 章 小 结

本章主要讲述了三维物体的创建方法。通过本章的学习，用户应掌握标准几何体、扩展几何体以及门、窗、楼梯的创建方法，并能够使用这些三维物体进行简单的建模。

操 作 练 习

一、填空题

1．在 3DS MAX 8.0 中的标准基本体包括长方体、圆柱体、球体、________、________、________、________、________、________和________等 10 种。

2．软管包括圆形软管、长方形软管和________软管。

二、选择题

1．下列选项中不属于标准基本体的是（　）。

（A）球体　　（B）锥体　　（C）倒角长方体　　（D）平面

2．下列选项中不属于扩展基本体的是（　）。

（A）圆环　　（B）切角长方体　　（C）切角圆柱体　　（D）环形波

三、上机操作题

练习制作如题图 3.1 所示的鞍马。

题图 3.1　鞍马

第 4 章　三维修改命令

对象创建完成后，用户可通过三维修改命令对其进行修改，使其更加完美，本章介绍修改堆栈以及标准编辑修改命令的使用方法。

知识要点

- 修改堆栈的使用
- 标准编辑修改命令的使用

4.1　修改堆栈的使用

创建对象后，用户可在修改命令面板中添加修改命令对对象进行修改，添加后的修改命令将在修改堆栈中出现，在其中用户可对其进行管理。

4.1.1　修改堆栈

单击“修改”按钮，进入修改命令面板，在其中用户可选择修改器列表下拉列表中的修改命令对对象进行修改编辑，此时，修改堆栈如图 4.1.1 所示。

在其中用户可剪切、复制、粘贴和删除修改命令。

4.1.2　修改堆栈控制工具

锁定堆栈：锁定当前选择对象的堆栈记录信息，当选择其他对象时，堆栈中仍然记录原对象的修改信息。

显示最终结果开关：显示对象修改后的最终结果，忽略当前在堆栈中所选择的修改命令。

使唯一：使实例化对象成为唯一的，或者使实例化修改命令对于选定对象是唯一的。

从堆栈中移除修改器：从修改器堆栈中删除被选中的修改命令。

配置修改器集：单击此按钮，弹出如图 4.1.2 所示的下拉菜单，在此下拉菜单中用户可以设置修改命令在修改面板中的显示方式。

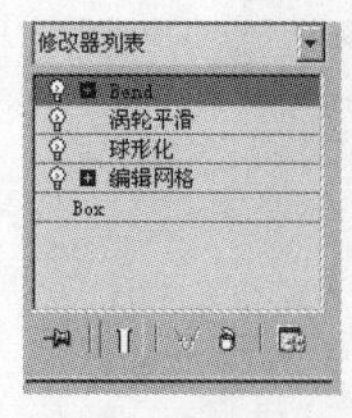

图 4.1.1　修改堆栈

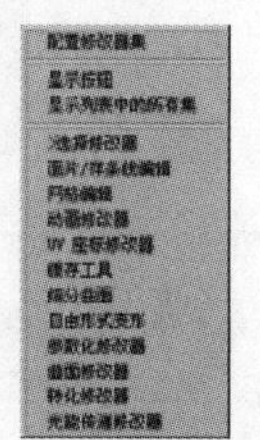

图 4.1.2　“配置修改器集”下拉菜单

：选择该命令将弹出配置修改器集对话框，在该对话框中可以自定义修改命令集。

显示按钮：选择该命令可以在修改命令面板中显示当前的修改命令集按钮。

显示列表中的所有集：选择该命令将使“修改器”下拉列表中的所有命令分类显示。

4.1.3　修改堆栈右键菜单

通过修改命令堆栈右键菜单中的命令可以对修改命令进行一系列的操作，合理地运用这些命令能够避免作品创建过程中不必要的麻烦，在所创建的物体和修改命令上单击鼠标右键，弹出的快捷菜单稍有不同，如图 4.1.3 和图 4.1.4 所示。

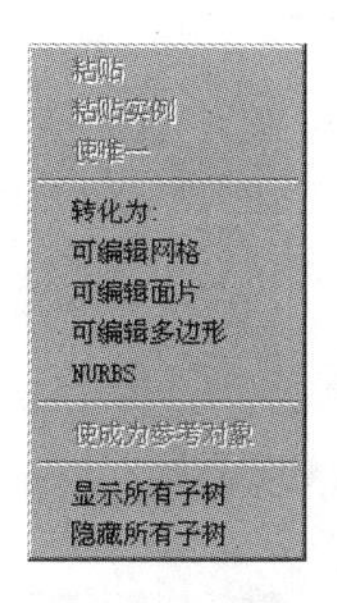

图 4.1.3　选择创建物体时的快捷菜单

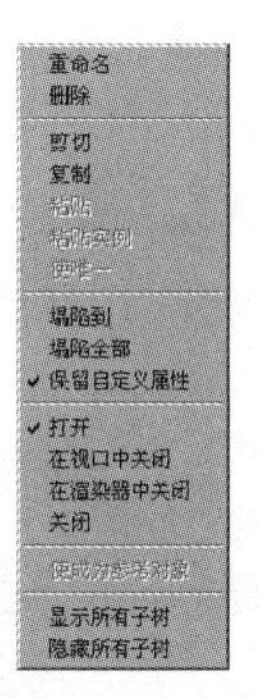

图 4.1.4　选择修改命令时的快捷菜单

转化为可编辑网格：将物体转化为可编辑网格对象。

转化为可编辑面片：将物体转化为可编辑面片对象。

转化为可编辑多边形：将物体转化为可编辑多边形对象。

转化为 NURBS：将物体转化为 NURBS 曲线对象。

显示所有子树：显示堆栈中所有修改命令的子层级。

隐藏所有子树：隐藏堆栈中所有修改命令的子层级。

重命名：重新为当前所选择的修改命令进行命名，允许命名为特殊名字。

删除：从修改器堆栈中删除被选中的修改命令。

剪切：从修改器堆栈中剪切被选中的修改命令。

复制：复制当前所选修改命令。

粘贴：将剪切或复制的修改命令粘贴到修改器堆栈中。

粘贴实例：将修改命令的实例复制粘贴到修改器堆栈中，在修改器堆栈中以斜体显示。

使唯一：使当前选中的修改命令成为对象的唯一修改命令，并且删除当前修改命令的任何实例复制链接。

塌陷到/塌陷全部：塌陷部分或全部修改命令，经塌陷后，修改器堆栈中的记录将消失，但不影响对象的最终形状，其作用在于简化记录，减少内存使用。

打开：将当前所选修改命令的效果在视图和渲染结果中显示出来。

在视口中关闭：不显示当前所选修改命令在视图中的效果，但在渲染时显示效果。

在渲染器中关闭：在渲染器中不显示当前所选修改命令的效果，但在视图中可见。

关闭：关闭当前所选修改命令的作用，利用它可以对比修改前后的效果。

使成为参考对象：将当前的实例对象转化为参考对象，并在堆栈的顶部增加一空白线，所有的修改将限制指定到该线以上。

4.2 标准编辑修改命令的使用

在对对象进行编辑修改时，常用到的标准编辑修改命令包括弯曲、锥化、扭曲、编辑网格、FFD（自由变形）和噪波等。下面将分别进行介绍。

4.2.1 弯曲

弯曲修改命令用于对物体进行弯曲处理，通过对弯曲角度、方向以及弯曲的轴进行调整，可得到不同的弯曲效果，下面以弯曲圆柱体为例进行介绍。

（1）选择 文件(F) → 重置(R) 命令，重新设置系统。

（2）单击“创建”按钮，进入创建命令面板。单击“几何体”按钮，进入几何体创建命令面板，单击 圆柱体 按钮，在视图中创建一个圆柱体，如图 4.2.1 所示。

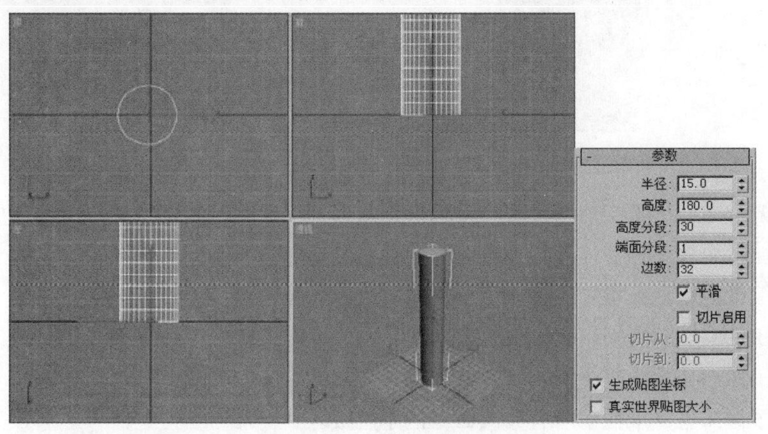

图 4.2.1 创建圆柱体

（3）单击“修改”按钮，进入修改命令面板，选择 修改器列表 下拉列表中的 弯曲 命令，并在 参数 卷展栏中设置弯曲的 角度: 为 90，效果如图 4.2.2 所示。

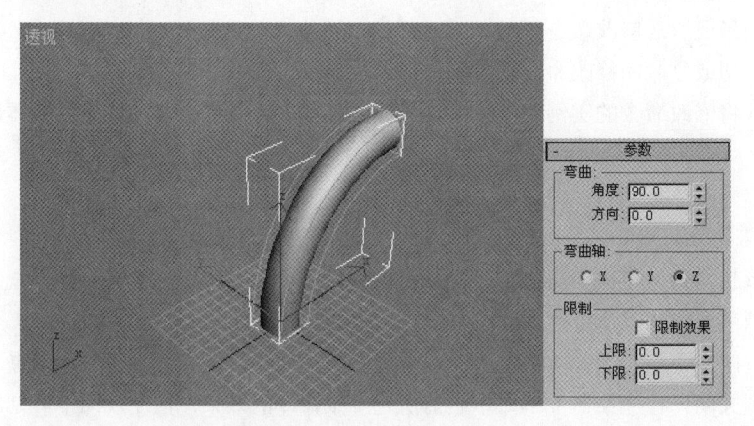

图 4.2.2 设置“弯曲”参数

角度:：设置物体沿轴向面的弯曲角度的大小。

方向:：设置物体沿轴向面的弯曲方向。

弯曲轴：设置物体的弯曲方向轴。

☑ 限制效果：选中此复选框后可设置物体的弯曲范围。

上限：设置物体的弯曲上限。

下限：设置物体的弯曲下限。

注意：对物体进行弯曲修改时，一定要给物体设置一个合适的段数，否则它们将不会产生预期的效果。

（4）选中 ☑ 限制效果 复选框，会发现圆柱体倒下，将其 上限 设置为 50，此时圆柱体从最底部的 1/2 处产生了弯曲，效果如图 4.2.3 所示。

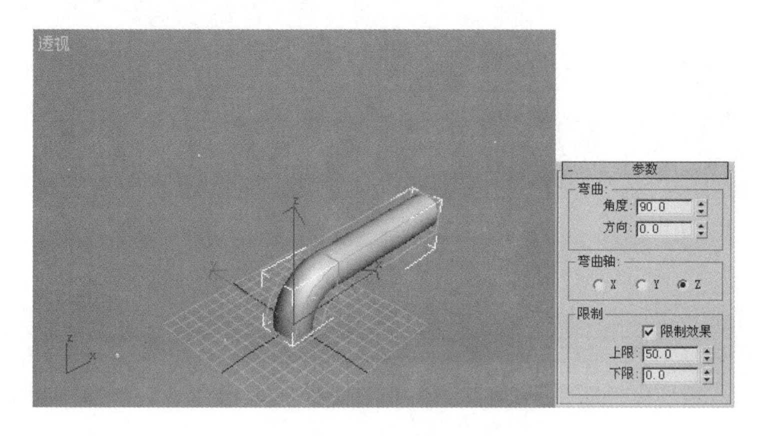

图 4.2.3　圆柱体底部产生弯曲

（5）单击 Bend 中的“+”号，弹出其下拉列表，选择 中心 选项，然后使用移动工具在前视图中锁定 Y 轴向上移动弯曲中心，效果如图 4.2.4 所示。

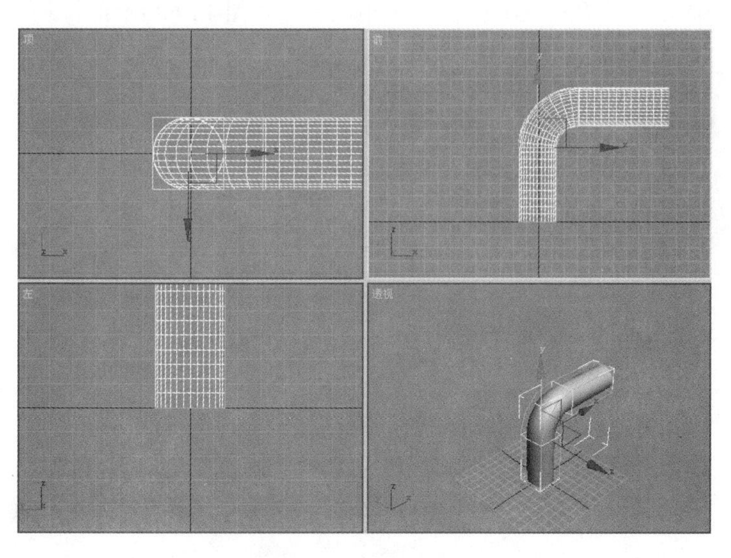

图 4.2.4　移动弯曲“中心”效果

（6）保持其他参数不变，单击 Bend 中的“+”号，弹出其下拉列表，选择 Gizmo 选项，然后使用移动工具在视图中移动 Gizmo，效果如图 4.2.5 所示。

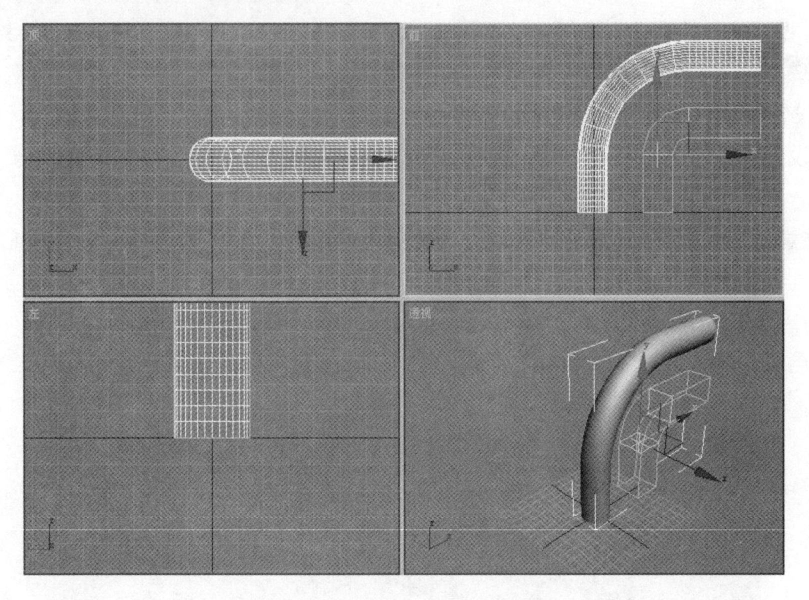

图 4.2.5　移动弯曲“Gizmo”效果

4.2.2　锥化

锥化命令通过缩放物体的两端而使物体产生锥化变形，同时可以加入光滑的曲线轮廓。下面以锥化圆柱体为例进行介绍。

（1）选择 文件(F) → 重置(R) 命令，重新设置系统。

（2）单击“创建”按钮，进入创建命令面板。单击“几何体”按钮，进入几何体创建命令面板，单击 圆柱体 按钮，在视图中创建一个圆柱体，如图 4.2.6 所示。

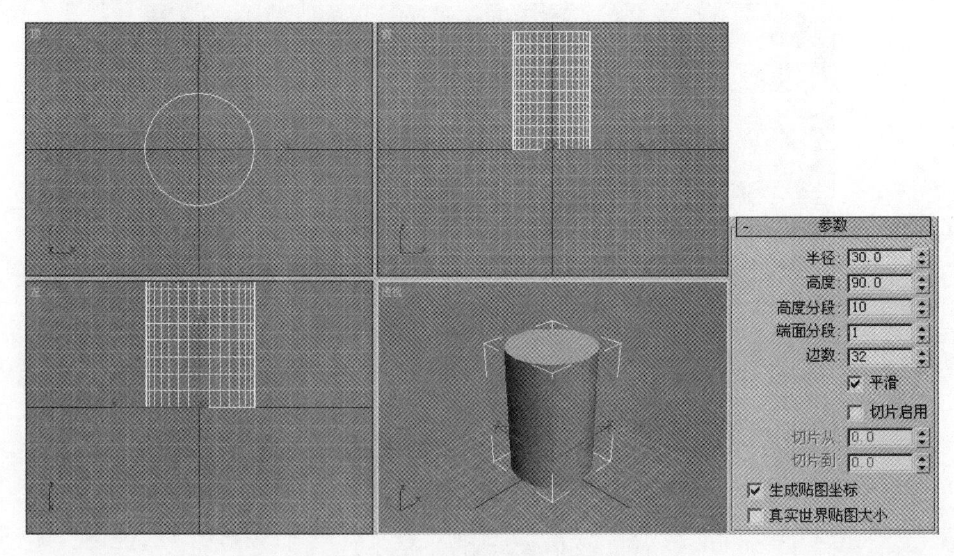

图 4.2.6　创建圆柱体

（3）单击“修改”按钮，进入修改命令面板，选择 修改器列表 下拉列表中的 锥化 命令，并在 参数 卷展栏中的 锥化 参数设置区中将锥化的数量值设置为 0.8，效

果如图 4.2.7 所示。

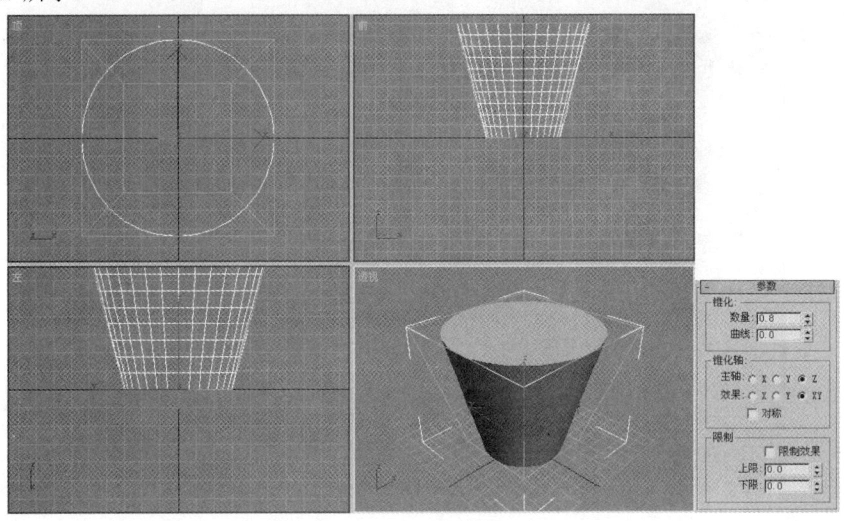

图 4.2.7　锥化效果

数量：设置锥化效果的程度，值可在－10.0～10.0 之间设定。

曲线：设置锥化曲线的弯曲程度，值可在－10.0～10.0 之间设定。

主轴：设置锥化的轴向，有 X，Y，Z 3 个单选按钮，默认选中 Z 单选按钮。

效果：设置锥化效果的轴向，有 X，Y，XY 3 个单选按钮，默认选中 XY 单选按钮。

对称：选中此复选框后物体的锥化效果将是对称的。

限制效果：选中此复选框后可设置物体的锥化范围。

上限：设置物体的锥化上限。

下限：设置物体的锥化下限。

（4）在限制参数设置区中选中限制效果复选框，设置上限值为 30，下限值为－30，效果如图 4.2.8 所示。

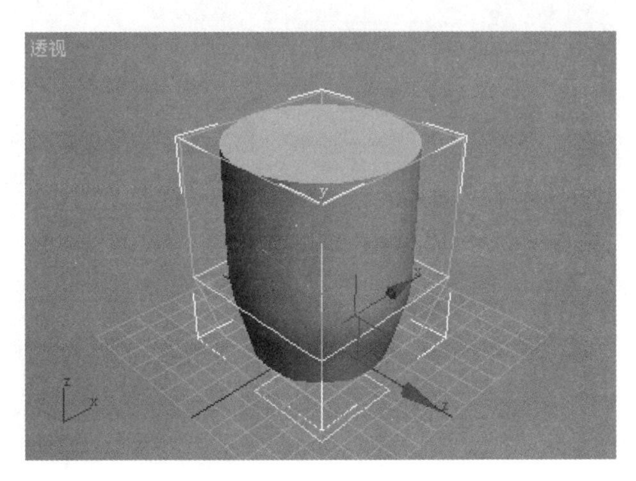

图 4.2.8　限制锥化效果

（5）单击 Taper 中的“+”号，弹出其下拉列表，选择中心选项，然后在前视图中锁定 Y 轴向上移动锥化中心，效果如图 4.2.9 所示。

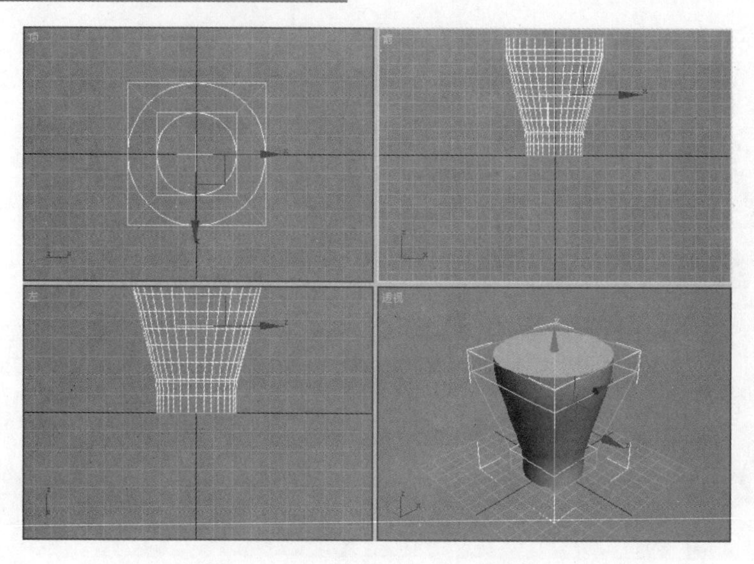

图 4.2.9 调整锥化“中心”位置效果

4.2.3 扭曲

扭曲修改命令可沿一定的轴向扭曲物体的表面顶点，从而使物体产生螺旋效果，下面将以长方体为例进行介绍。

（1）选择 文件(F) → 重置(R) 命令，重新设置系统。

（2）单击“创建”按钮，进入创建命令面板。单击“图形”按钮，进入图形创建命令面板，单击 长方体 按钮，在顶视图中创建一个长方体，如图 4.2.10 所示。

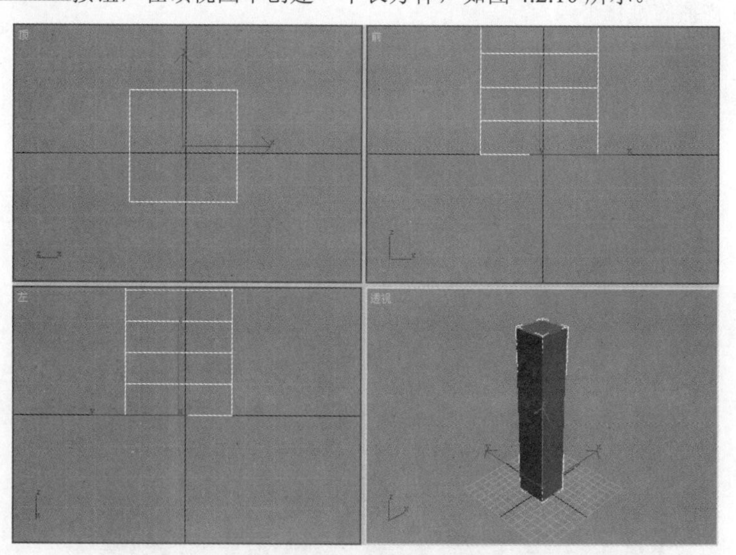

图 4.2.10 创建长方体

（3）单击“修改”按钮，进入修改命令面板。选择 修改器列表 下拉列表中的 扭曲 命令，并在 参数 卷展栏中设置扭曲的 角度: 为 90，效果如图 4.2.11 所示。

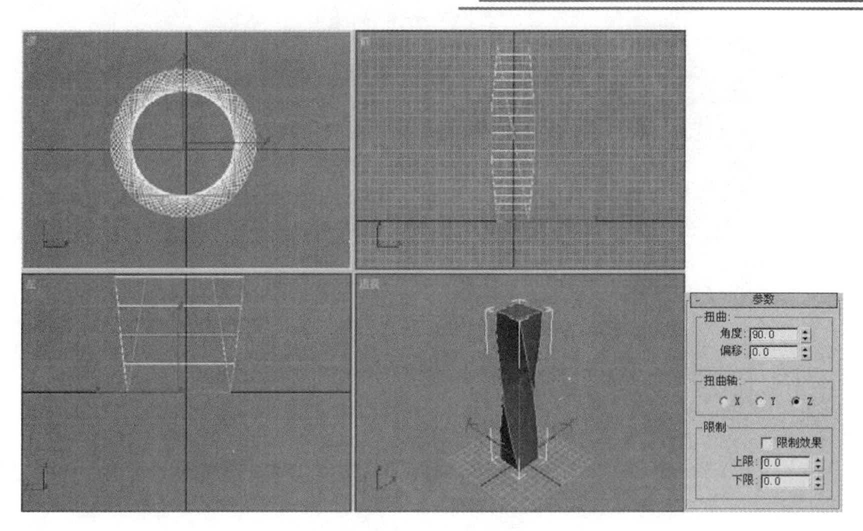

图 4.2.11　扭曲效果

角度：设置物体沿轴向扭曲的角度。

偏移：设置扭曲的偏移量，参数值为 0 时扭曲效果在模型上均匀分布，增大该参数值会使扭曲偏向上方。

扭曲轴：设置物体扭曲的轴向。有 X，Y，Z 3 个单选按钮，默认选中 Z 单选按钮。

限制效果：选中此复选框后可设置物体的扭曲范围。

上限：设置物体的扭曲上限。

下限：设置物体的扭曲下限。

（4）在限制参数设置区中选中限制效果复选框，设置上限的值为 80，则长方体从底部开始到高度为 80 的位置产生扭曲，其他部分不产生扭曲，效果如图 4.2.12 所示。

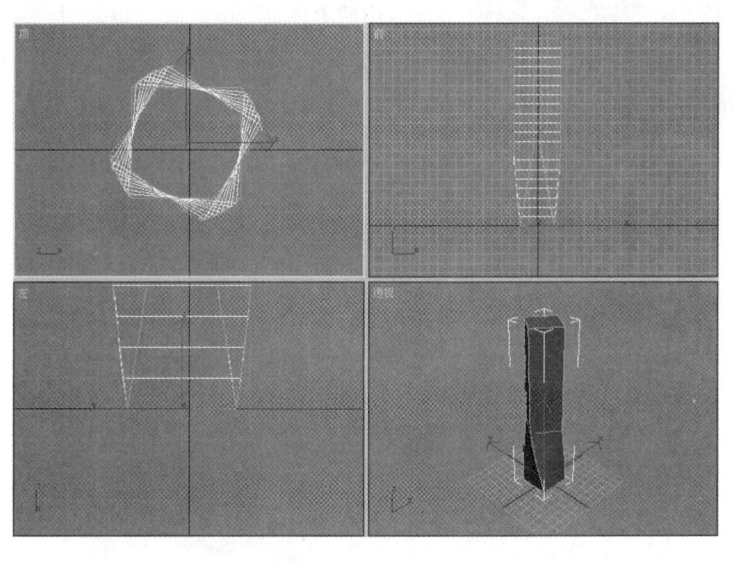

图 4.2.12　限制长方体扭曲效果

（5）单击 Twist 中的“+”号，弹出其下拉列表，选择中心选项，然后在前视图中锁定 Y 轴向上移动扭曲中心，效果如图 4.2.13 所示。

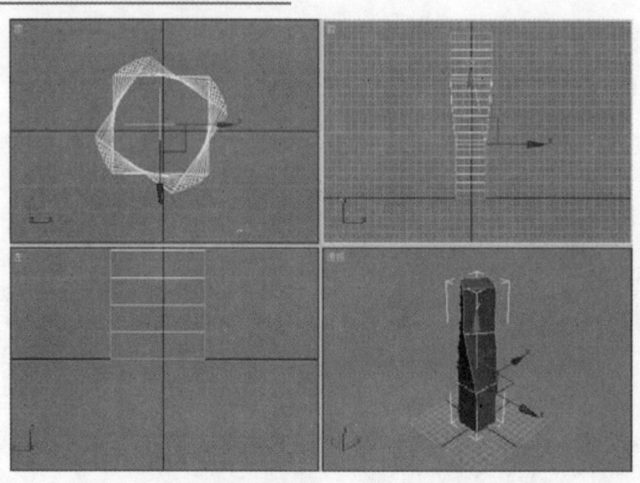

图 4.2.13 调整弯曲“中心”位置效果

4.2.4 编辑网格

编辑网格修改命令可以对物体的一个组成部分进行编辑修改，如物体的顶点、边、面、多边形面以及元素。下面结合实例对其进行介绍。

（1）选择 文件(F) → 重置(R) 命令，重新设置系统。

（2）单击“创建”按钮，进入创建命令面板。单击“几何体”按钮，进入几何体创建命令面板，单击 长方体 按钮，在视图中创建一个长方体。

（3）单击“修改”按钮，进入修改命令面板，选择 修改器列表 下拉列表中的 编辑网格 命令，即可进入编辑网格修改命令面板。

（4）单击 - 选择 卷展栏中的“顶点”按钮，进入顶点编辑状态，在视图中选择一个顶点，然后单击 - 编辑几何体 卷展栏中的 切角 按钮，对选择的顶点进行切角处理，效果如图 4.2.14 所示。

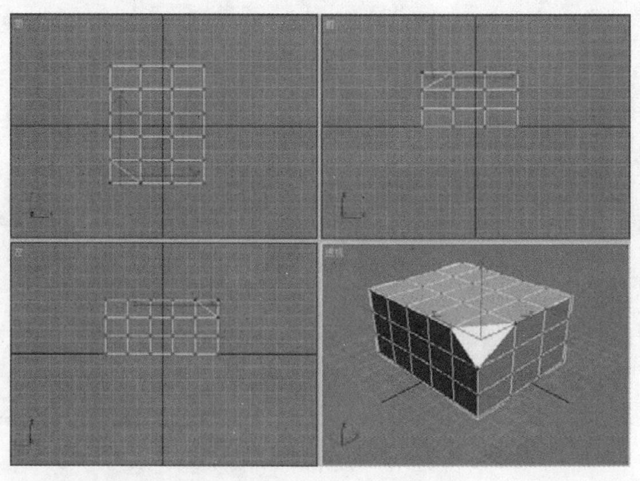

图 4.2.14 切角效果

（5）单击 - 选择 卷展栏中的“多边形”按钮，在视图中选择如图 4.2.15 所示的多边形面。

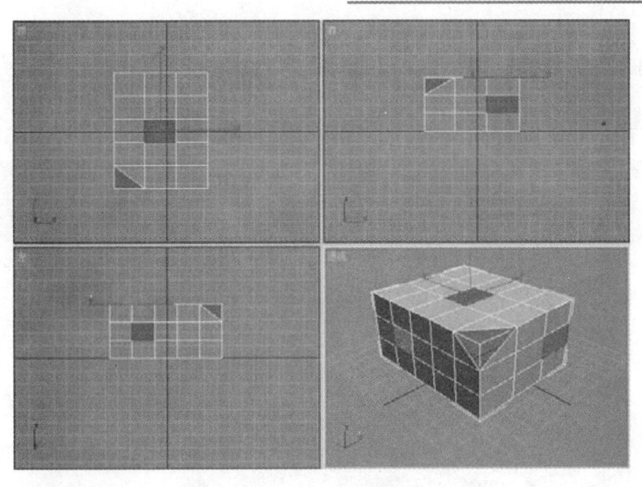

图 4.2.15　选择多边形面

（6）在 编辑几何体 卷展栏中的 挤出 按钮后的微调框中输入 20，然后单击 挤出 按钮，效果如图 4.2.16 所示。

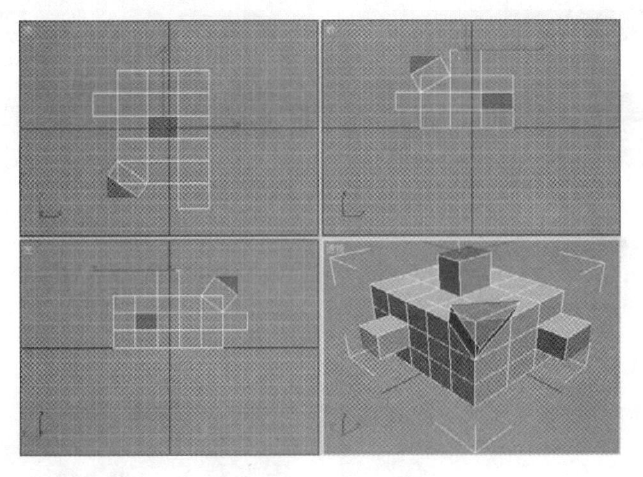

图 4.2.16　挤出效果

（7）在 编辑几何体 卷展栏中的 倒角 按钮后的微调框中输入－5，然后单击 倒角 按钮，效果如图 4.2.17 所示。

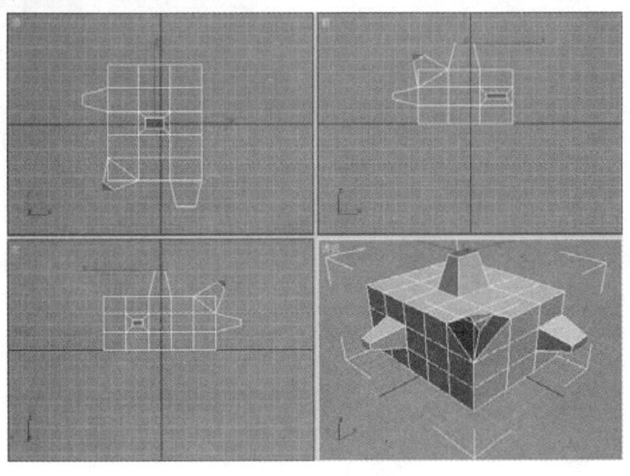

图 4.2.17　倒角效果

（8）在视图中创建一个球体和一个圆柱体，如图 4.2.18 所示。

（9）单击 - 编辑几何体 卷展栏中的 附加 按钮，在视图中拾取所有物体，使所有物体连接成一个整体，如图 4.2.19 所示。

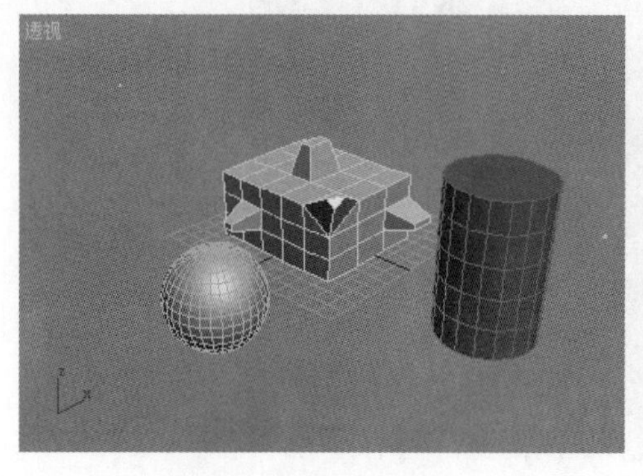

图 4.2.18　创建球体和圆柱体

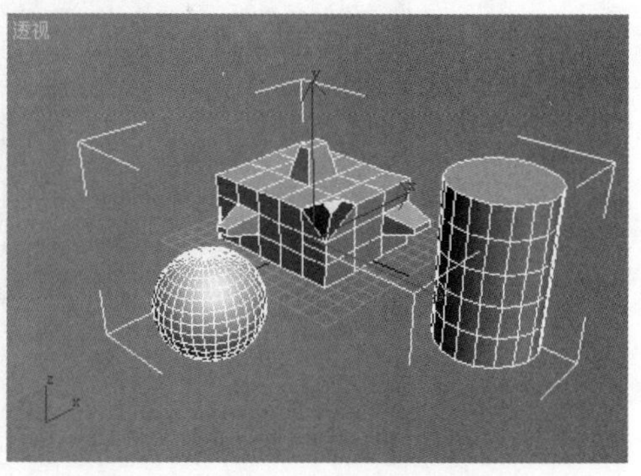

图 4.2.19　附加效果

（10）单击工具栏中的“撤销”按钮，返回到步骤（8）。

（11）单击 - 编辑几何体 卷展栏中的 附加列表 按钮，弹出 附加列表 对话框，如图 4.2.20 所示。

（12）在 附加列表 对话框中用户可以选择需要附加的物体，按住“Shift”键或“Ctrl”键可选择多个物体，单击 全部(A) 按钮，即可选定所有物体，在此我们选择圆柱体，然后单击 附加 按钮，效果如图 4.2.21 所示，长方体和圆柱体连接成了一个整体。

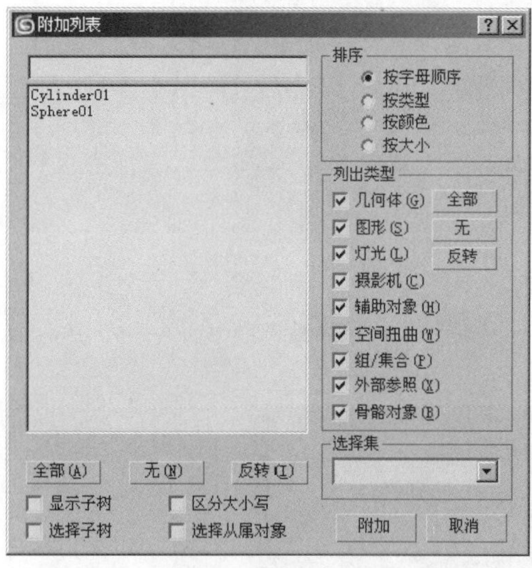
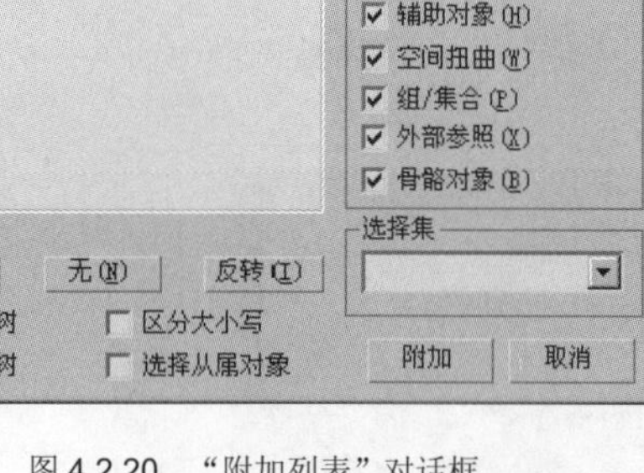

图 4.2.20　“附加列表”对话框

图 4.2.21　使用附加列表连接物体效果

（13）单击 - 选择 卷展栏中的“元素”按钮，在视图中选择圆柱体，圆柱体被选中后将以红色显示，单击 - 编辑几何体 卷展栏中的 分离 按钮，弹出 分离 对话框，如图 4.2.22 所示。在该对话框中的 分离为: 后面的文本框中对被分离的物体命名后，单击 确定 按钮，即可将选择的物体（在此为圆柱体）分离出来，如图 4.2.23 所示。

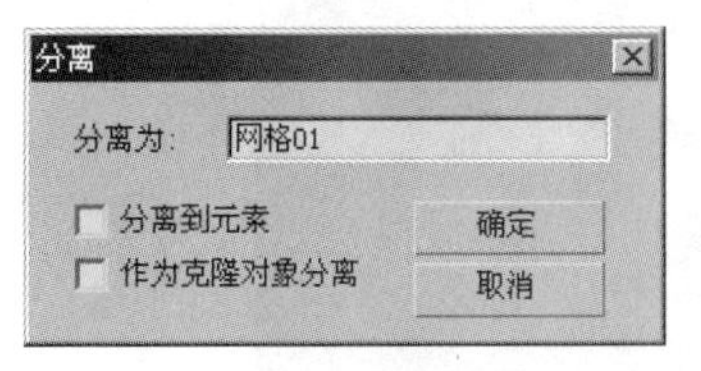

图 4.2.22　“分离”对话框

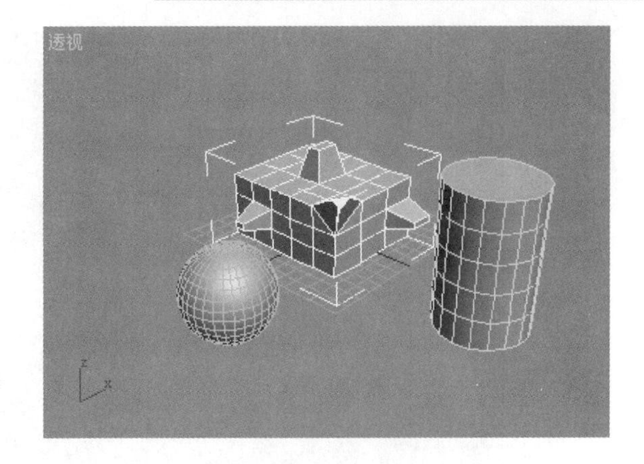

图 4.2.23　分离圆柱体

4.2.5　FFD（自由变形）

FFD（自由变形）命令可以为对象添加一个由控制点组成的线框，通过调整其控制点可以改变对象的形状，在修改命令面板中的修改器列表下拉列表中包括 FFD 2×2×2，FFD 3×3×3，FFD 4×4×4，FFD（长方体）和 FFD（圆柱体）5 个自由变形命令，下面以 FFD（长方体）命令为例进行介绍。

（1）选择文件(F)→重置(R)命令，重新设置系统。

（2）单击“几何体”按钮，进入几何体创建命令面板，单击长方体按钮，在顶视图中创建一个长方体，如图 4.2.24 所示。

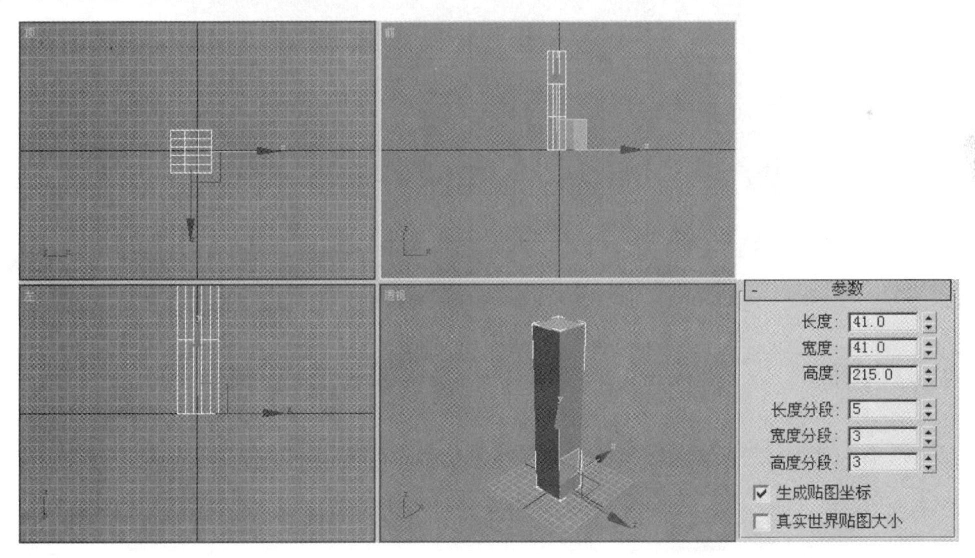

图 4.2.24　创建长方体

（3）选择修改器列表下拉列表中的 FFD(长方体) 命令，在修改堆栈中单击 FFD(长方体) 4x4x4 中的“+”号，弹出其下拉列表，选择控制点选项，然后单击工具栏中的“选择并移动”按钮，在前视图中调整自由变形的控制点，效果如图 4.2.25 所示。

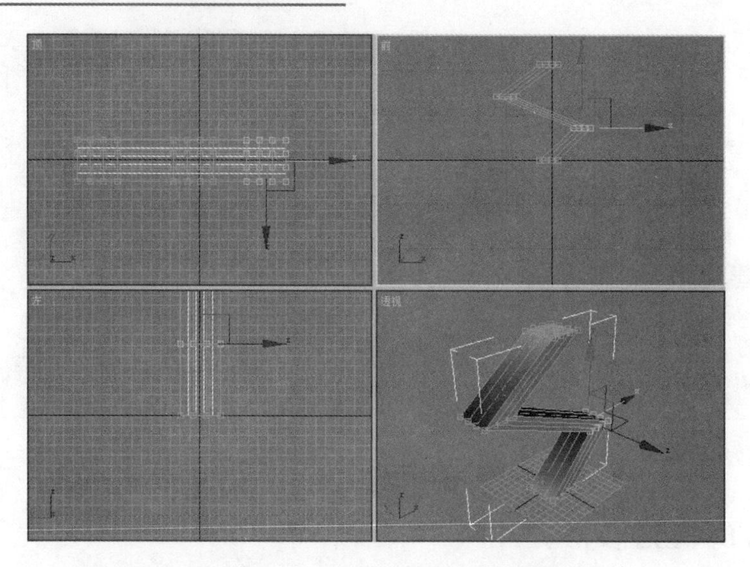

图 4.2.25　调整控制点效果

（4）在修改堆栈中选择 Box 选项，然后设置长方体的 高度分段: 为 40，此时长方体变形效果显得更加平滑，效果如图 4.2.26 所示。

图 4.2.26　修改后的自由变形效果

4.2.6　噪波

噪波修改命令使物体表面产生随机的不规则变形效果，下面以平面为例来讲述噪波修改命令的使用方法。

（1）选择 文件(F) → 重置(R) 命令，重新设置系统。

（2）单击“几何体”按钮，进入几何体创建命令面板，单击 平面 按钮，在顶视图中创建一个平面，如图 4.2.27 所示。

（3）单击“修改”按钮，进入修改命令面板。选择 修改器列表 下拉列表中的 噪波 命令，在 噪波: 设置区中设置 种子: 为 4，选中 分形 复选框；在 强度 设置区中设置 Z: 为 40，效果如图 4.2.28 所示。

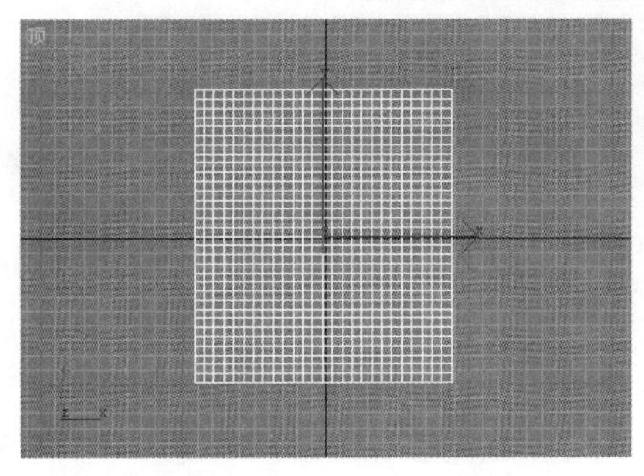

图 4.2.27　创建平面

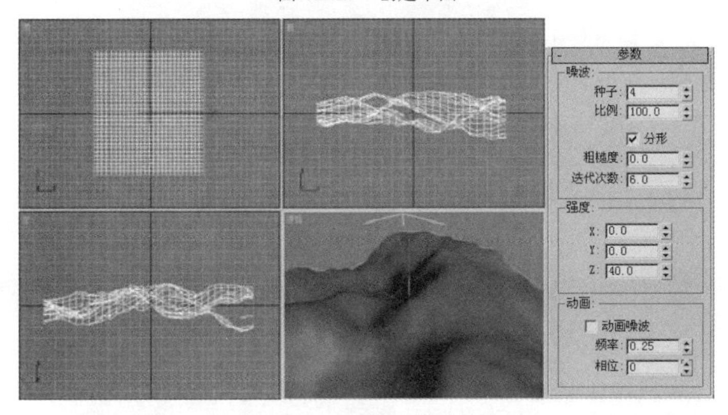

图 4.2.28　“噪波”修改效果

种子：设置噪波产生的数目。

比例：设置噪波影响效果的大小，设定的值越大影响效果越平缓，值越小影响效果越剧烈。

☑ 分形：选中此复选框后噪波效果更加明显，并将激活粗糙度和迭代次数微调框。

粗糙度：可设置物体表面起伏的程度。

迭代次数：设置噪波效果叠加的次数。

强度：设置噪波在物体的 X，Y，Z 三个轴向上的效果。

动画：设置噪波的动画效果。

☑ 动画噪波：选中此复选框可使噪波效果动态化。

频率：设置噪波在物体上作用效果的速度。

相位：设置噪波效果的动态相位。

4.3　课堂实战——制作螺丝刀

本节结合本章所学知识制作一把螺丝刀，具体制作方法如下：

（1）选择文件(F)→重置(R)命令，重新设置系统。

（2）单击“创建”按钮，进入创建命令面板。单击“几何体”按钮，进入几何体创建命令面板，选择标准基本体下拉列表中的扩展基本体选项，进入扩展几何体创建命令面板。

（3）单击球棱柱按钮，在视图中创建一个球棱柱，如图 4.3.1 所示。

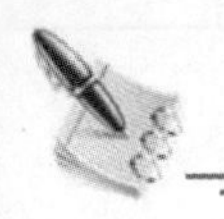

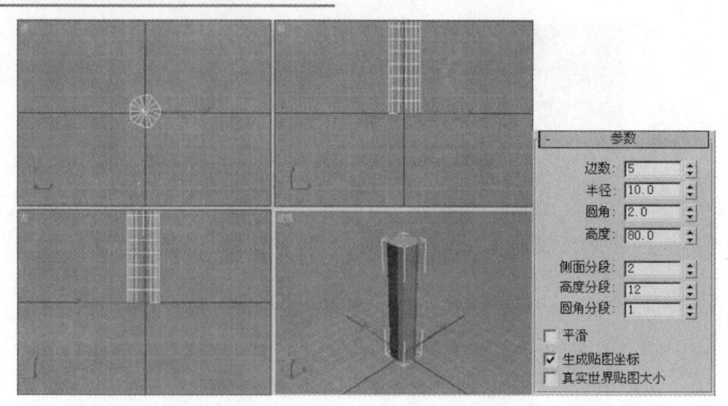

图 4.3.1　创建球棱柱

（4）单击“修改”按钮，进入修改命令面板，选择 修改器列表 下拉列表中的 锥化 命令，设置锥化参数后，效果如图 4.3.2 所示。

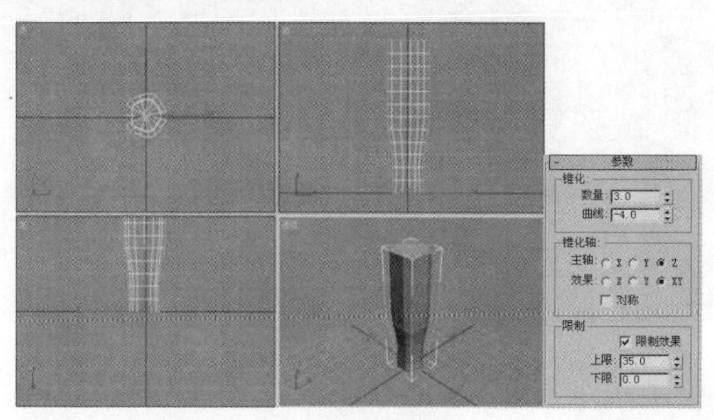

图 4.3.2　锥化效果

（5）选择 修改器列表 下拉列表中的 编辑网格 命令，单击 选择 卷展栏中的“顶点”按钮，进入顶点编辑状态。在前视图中选择如图 4.3.3 所示的顶点，然后单击工具栏中的“选择并均匀缩放”按钮，对其进行缩放，效果如图 4.3.4 所示。

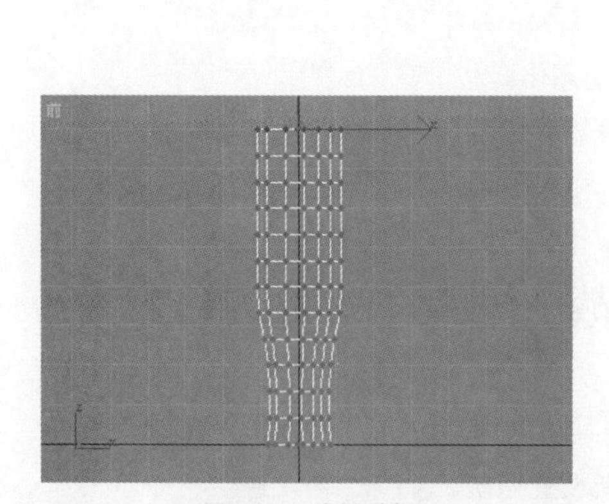

图 4.3.3　选择顶点

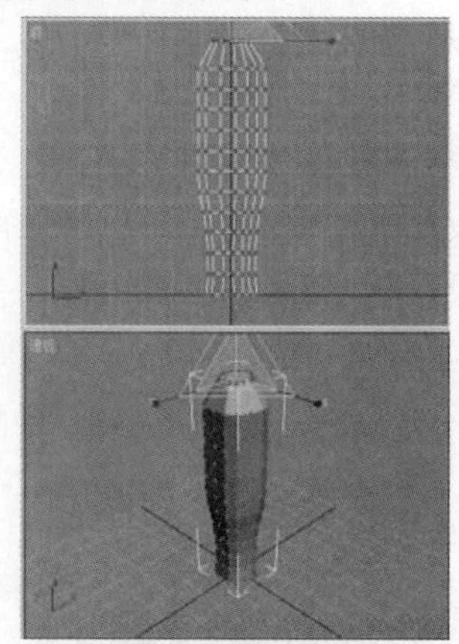

图 4.3.4　缩放顶点效果

（6）单击“创建”按钮，进入创建命令面板。单击“图形”按钮，进入图形创建命令面板，单击 多边形 按钮，在顶视图中创建一个半径为 13 的六边形，如图 4.3.5 所示。

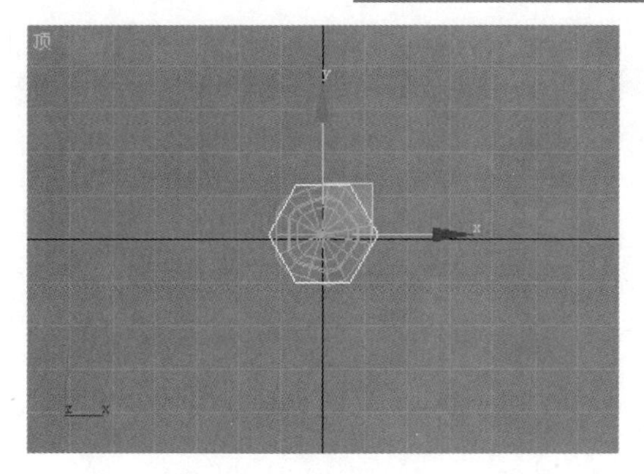

图 4.3.5　创建六边形

（7）单击“修改”按钮，进入修改命令面板，选择修改器列表下拉列表中的倒角命令，设置倒角参数如图 4.3.6 所示，效果如图 4.3.7 所示。

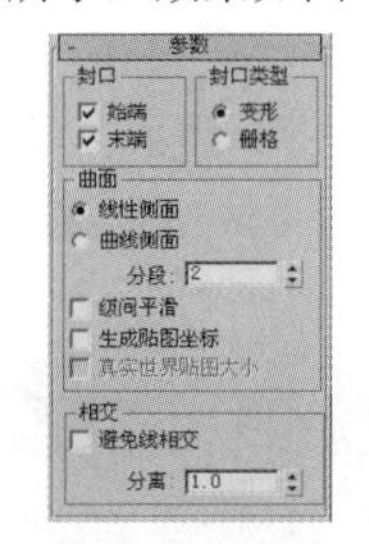

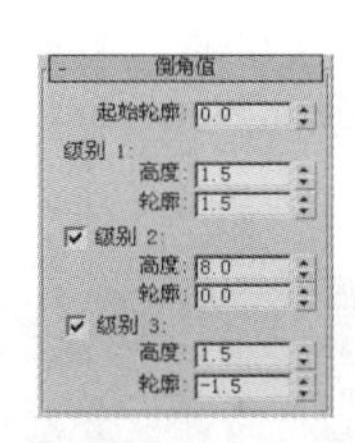

图 4.3.6　倒角参数设置

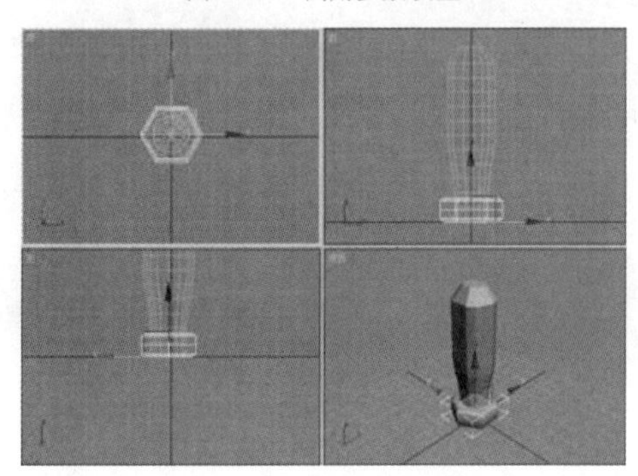

图 4.3.7　倒角效果

（8）单击工具栏中的“对齐”按钮，在视图中拾取球棱柱，将其对齐至如图 4.3.8 所示效果。

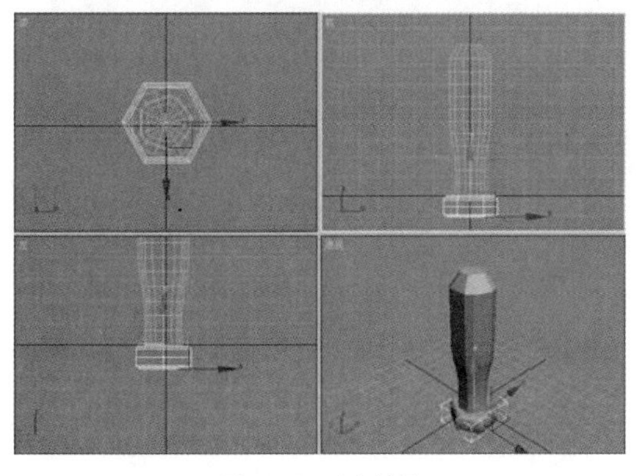

图 4.3.8　对齐效果

（9）单击“创建”按钮，进入创建命令面板。单击“几何体”按钮，进入几何体创建命令面板，选择扩展基本体下拉列表中的标准基本体选项，单击圆柱体按钮，在视图中创建一个圆柱体，如图 4.3.9 所示。

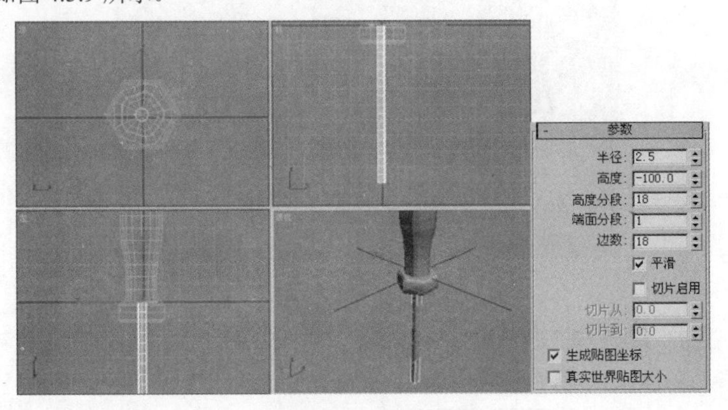

图 4.3.9　创建圆柱体

（10）单击“修改”按钮，进入修改命令面板，选择修改器列表下拉列表中的编辑网格命令，单击选择卷展栏中的“顶点”按钮，进入顶点编辑状态，在视图中对其顶点进行编辑，效果如图 4.3.10 所示。

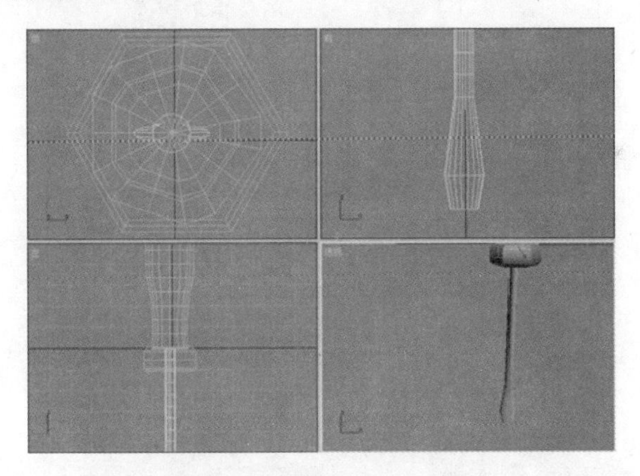

图 4.3.10　编辑圆柱体顶点效果

（11）指定材质后，单击工具栏中的“快速渲染”按钮，效果如图 4.3.11 所示。

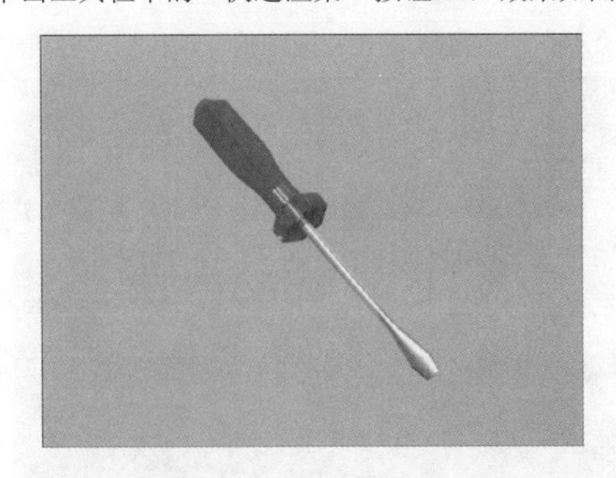

图 4.3.11　螺丝刀最终效果

本 章 小 结

本章主要介绍了三维修改命令的使用。通过本章的学习，用户应掌握修改堆栈的使用以及弯曲、锥化、扭曲等三维修改命令的使用方法，并能够使用这些修改命令对所创建的模型进行比较复杂的修改，使其更加完美。

操 作 练 习

一、填空题

1. 在修改堆栈中用户可对修改命令进行剪切、复制、_______和_______等操作。

2. _______修改命令通过缩放物体的两端而使物体产生锥化变形，同时可以加入光滑的曲线轮廓。

二、选择题

1.（　）修改命令用于对物体进行弯曲处理，通过对弯曲角度、方向以及弯曲的轴进行调整，可得到不同的弯曲效果。

（A）扭曲　　（B）噪波　　（C）锥化　　（D）弯曲

2.（　）修改命令使物体表面产生随机的不规则变形效果。

（A）自由变形　　（B）扭曲　　（C）锥化　　（D）噪波

三、上机操作题

1. 练习制作如题图 4.1 所示的插头效果。

2. 练习制作如题图 4.2 所示的安全门效果。

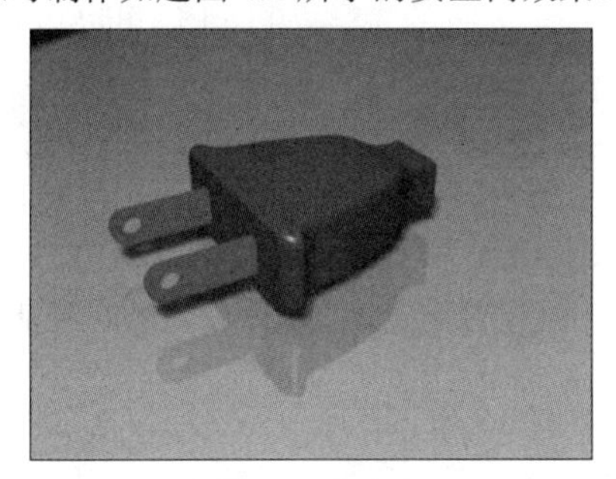

题图 4.1　插头效果

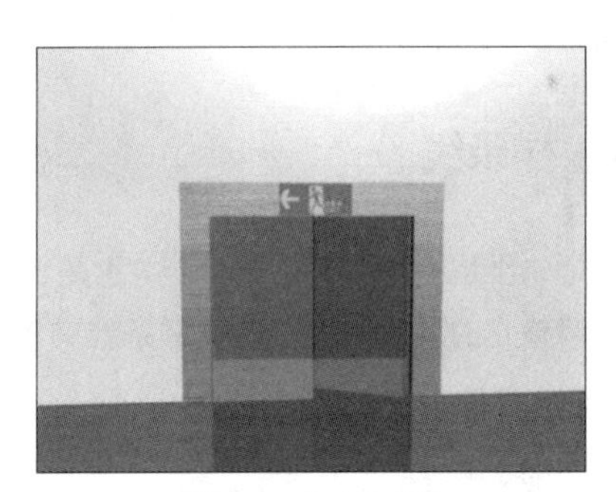

题图 4.2　安全门效果

第 5 章　二维图形的创建和修改

二维图形可通过挤出、车削等方式生成复杂的三维实体，本章介绍 3DS MAX 8.0 中二维图形的创建方法以及常用二维修改命令的使用方法。

知识要点

- 二维图形的创建
- 二维修改命令的使用

5.1　二维图形的创建

在 3DS MAX 8.0 中除了提供的三维物体的创建命令外，还提供了一些基本二维图形的创建命令。二维图形在 3DS MAX 中起着非常重要的作用，它们不仅仅可在制作动画时作为运动的路径，还可通过二维修改命令将简单的二维图形转换成复杂的三维实体。

单击“创建”按钮，进入创建命令面板，单击“图形”按钮，即可进入图形创建命令面板，在其中包括了 11 种创建二维图形的命令，分别为线、矩形、圆、椭圆、弧、圆环、多边形、星形、文本、螺旋线和截面，如图 5.1.1 所示。

图 5.1.1　图形创建命令面板

5.1.1　样条线

样条线是二维造型中最基础的一类，也是最富于变化的一类，它是由许多顶点和直线连接的线段集合，通过调整它的顶点，可以改变样条线的形状。下面介绍开放曲线和闭合曲线的创建方法。

1．创建开放曲线

单击 线 按钮，进入线创建命令面板。在视图中单击鼠标左键确定曲线的起点，移动鼠标到另一位置并单击，确定曲线的第二点，继续移动鼠标并单击可创建其他点，单击鼠标右键结束曲线的创建。创建的开放曲线如图 5.1.2 所示，其属性面板如图 5.1.3 所示，下面对其中的参数进行说明。

（1）- 名称和颜色 卷展栏用来为物体设置名称和颜色，如图 5.1.4 所示。

1）Line01：用来设置名称，在该文本框中可直接输入名称，系统默认为“Line01”，如图 5.1.4 所示。

2）■：用来设置曲线颜色，单击此按钮，弹出对象颜色对话框，在其中可选择合适的颜色，如图 5.1.5 所示。

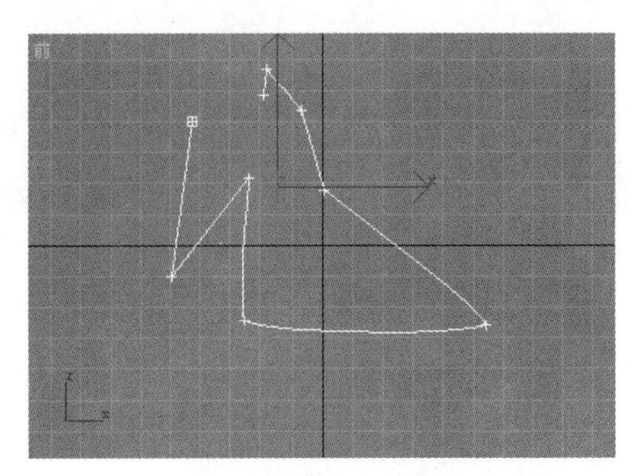

图 5.1.2　创建的开放曲线

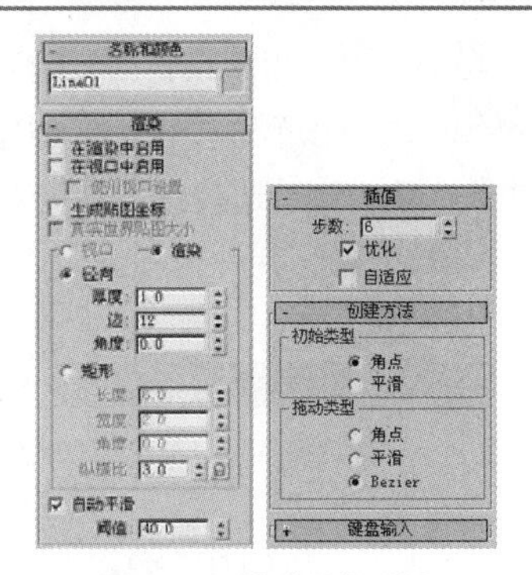

图 5.1.3　曲线属性面板

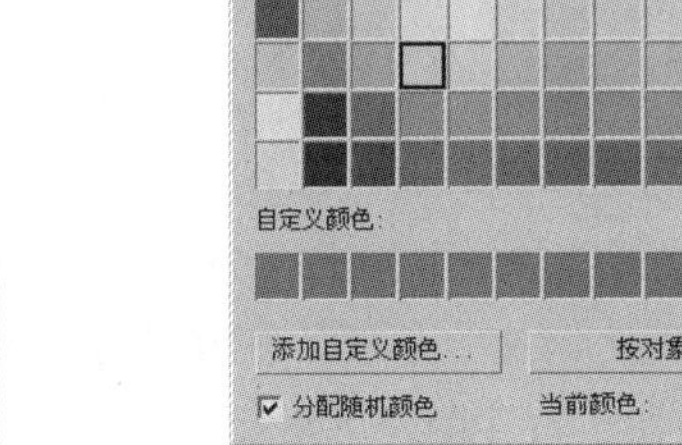

名称和颜色

Line01

图 5.1.4　“名称和颜色”卷展栏

图 5.1.5　“对象颜色”对话框

（2）- 渲染 卷展栏如图 5.1.6 所示。

1）厚度：用来设置线的厚度。

2）边数：用来设置线的边数。

3）角度：用来调整线的角度。

4）☑ 可渲染：选中该复选框，可对二维物体进行渲染。

5）☑ 生成贴图坐标：选中该复选框，可在视图中创建贴图坐标。

6）☑ 显示渲染网格：选中该复选框，可在视图中以渲染的方式显示曲线。

7）☑ 使用视口设置：选中该复选框，可在视图中以单一的曲线形态显示可渲染的曲线。

（3）- 插值 卷展栏如图 5.1.7 所示。

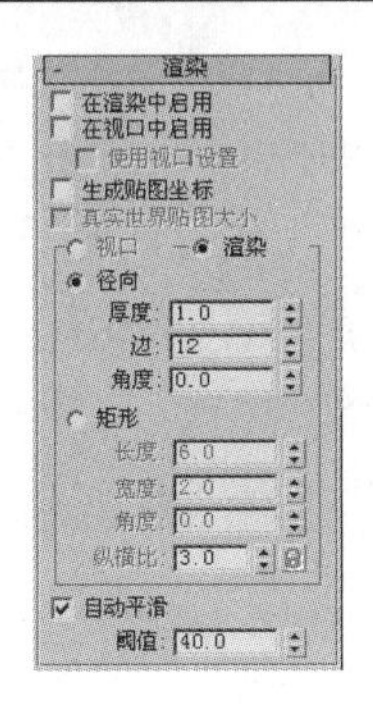

图 5.1.6　“渲染”卷展栏

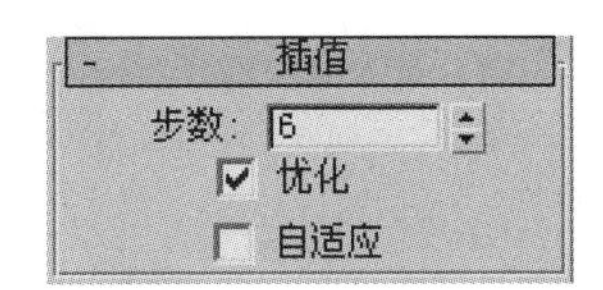

图 5.1.7　“插值”卷展栏

1）步数：用来设置曲线的起点与终点之间由多少直线片段构成，数值越大，曲线越光滑。

2）☑ 优化：选中该复选框，系统将自动检查并删除曲线上多余的片段。

3）☑ 自适应：选中该复选框，系统将自动设置直线片段数。

（4）- 创建方法 卷展栏如图 5.1.8 所示。

1）初始类型：用来设置曲线起点的状态。

角点：选中该单选按钮，将创建直线。

平滑：选中该单选按钮，将创建曲线。

2）拖动类型：用来设置拖动鼠标时引出的线的类型，包括角点、平滑、Bezier 3 种类型。

（5）键盘输入卷展栏如图 5.1.9 所示。

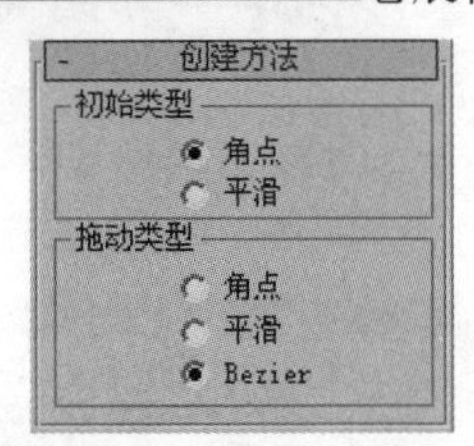

图 5.1.8 “创建方法”卷展栏

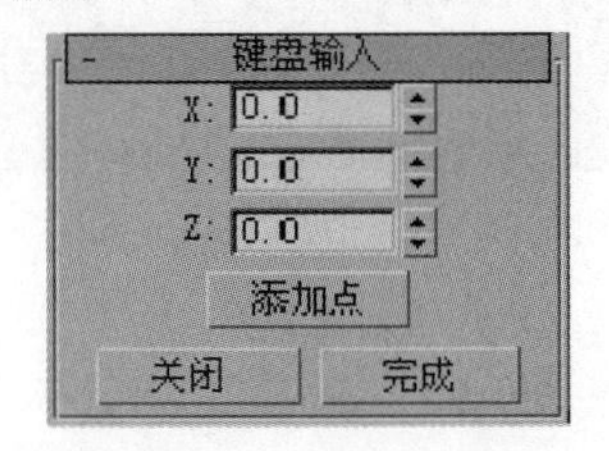

图 5.1.9 “键盘输入”卷展栏

1）X：以键盘输入方式确定添加的点在 X 轴方向的位置。

2）Y：以键盘输入方式确定添加的点在 Y 轴方向的位置。

3）Z：以键盘输入方式确定添加的点在 Z 轴方向的位置。

4）添加点：单击该按钮，可在图形上增加点。

5）关闭：单击该按钮，关闭键盘输入方式。

6）完成：单击该按钮，完成键盘输入方式。

2. 创建闭合曲线

创建闭合曲线和创建开放曲线方法类似，唯一的区别就是创建曲线后不是单击鼠标右键结束，而是将鼠标指针移动至曲线的起始点位置，然后单击鼠标左键，弹出样条线对话框，如图 5.1.10 所示。单击是(Y)按钮，即可创建闭合曲线，效果如图 5.1.11 所示。

图 5.1.10 “样条线”对话框

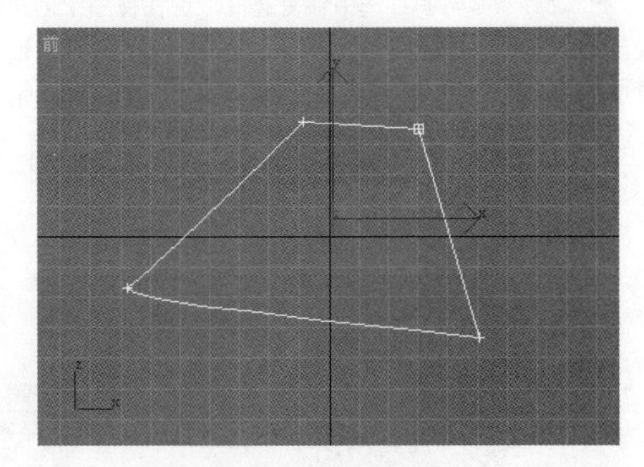

图 5.1.11 创建闭合曲线

5.1.2 矩形

单击矩形按钮，在前视图中按住鼠标左键并拖动，到适当位置后松开鼠标，即可创建一个矩形，如图 5.1.12 所示，其属性面板如图 5.1.13 所示，下面对其中的参数进行说明。

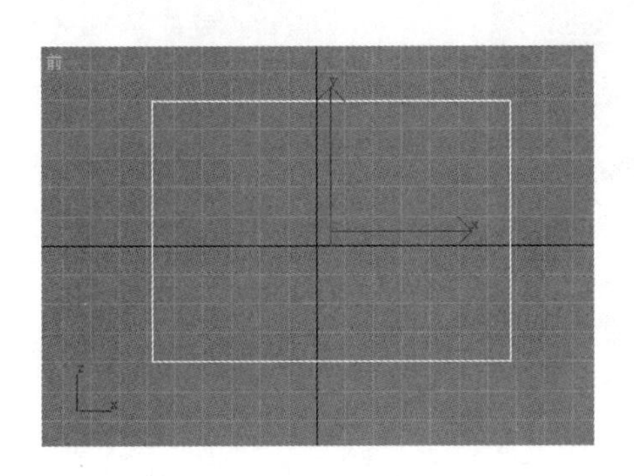

图 5.1.12　创建矩形

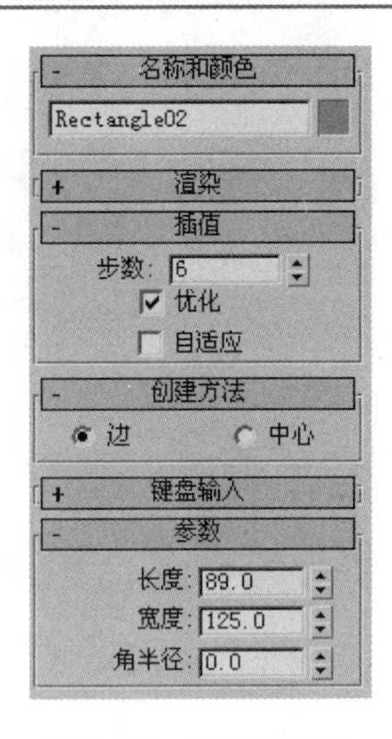

图 5.1.13　矩形属性面板

1. “创建方法”卷展栏

卷展栏如图 5.1.13 所示。

（1）边：选中该单选按钮，以鼠标指针的位置为矩形的起始点创建矩形。

（2）中心：选中该单选按钮，以鼠标指针的位置为矩形的中心点创建矩形。

2. “参数”卷展栏

参数 卷展栏如图 5.1.13 所示。

（1）长度：用来设置矩形的长度值。

（2）宽度：用来设置矩形的宽度值。

（3）角半径：用来设置矩形的边角半径，设置角半径为 10 时，效果如图 5.1.14 所示。

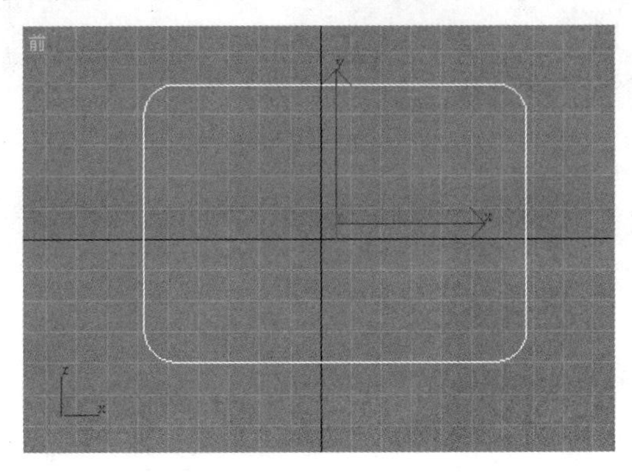

图 5.1.14　创建圆角的矩形

5.1.3　圆

单击 圆 按钮，在前视图中按住鼠标左键并拖动，到适当位置后松开鼠标，即可创建出一个圆，如图 5.1.15 所示，其属性面板如图 5.1.16 所示。

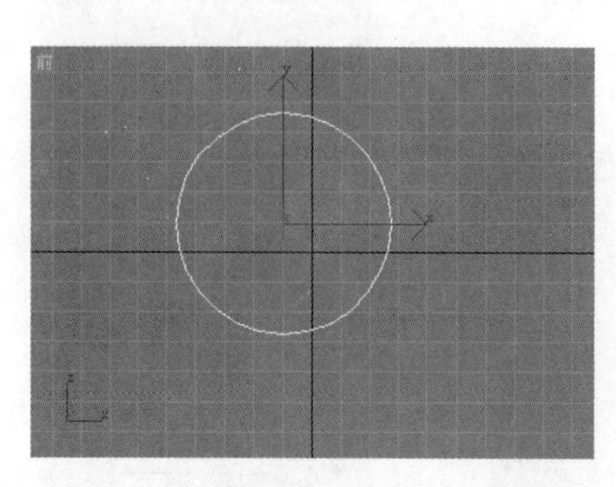

图 5.1.15　创建圆

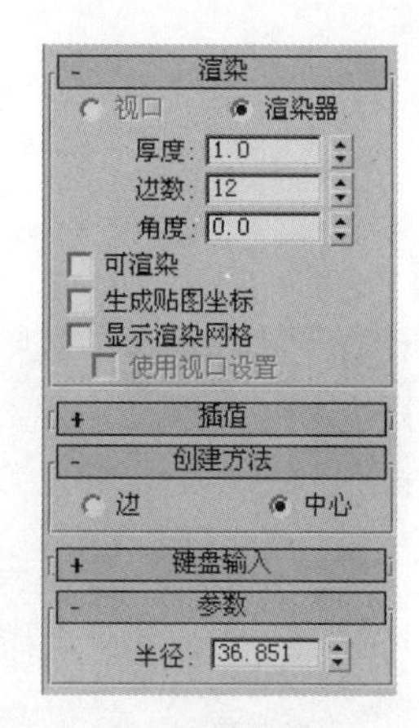

图 5.1.16　圆属性面板

5.1.4　椭圆

单击 椭圆 按钮，在前视图中按住鼠标左键并拖动，到适当位置后松开鼠标，即可创建一个椭圆，如图 5.1.17 所示，其属性面板如图 5.1.18 所示。

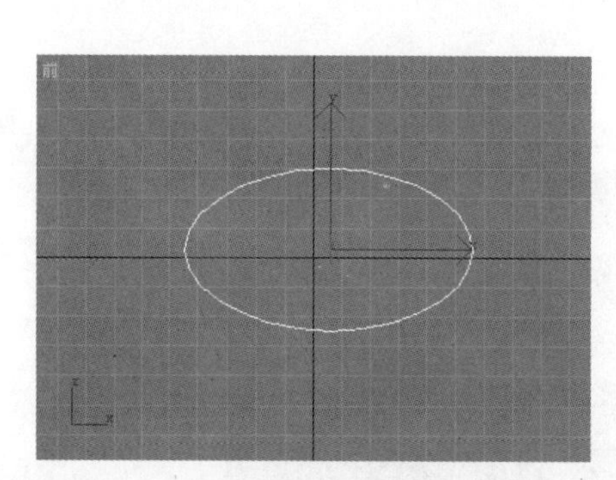

图 5.1.17　创建椭圆

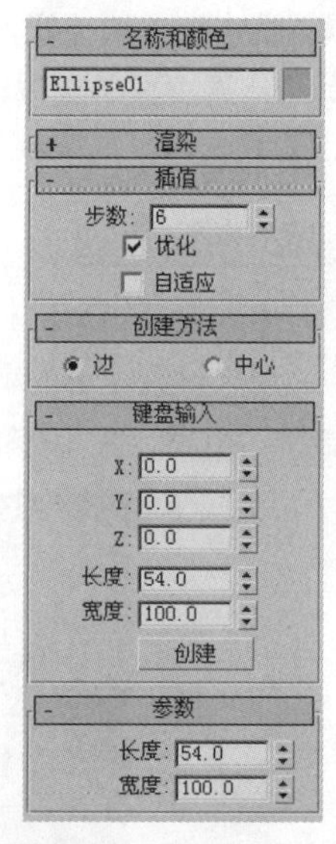

图 5.1.18　椭圆属性面板

\- 参数 卷展栏中包括两个参数，含义说明如下：

（1）长度:：设置椭圆的长度。

（2）宽度:：设置椭圆的宽度。

5.1.5　弧

单击 弧 按钮，在前视图中按住鼠标左键，将其拖动到适当位置后松开鼠标，然后再拖动鼠标调整它的弧度，创建的弧如图 5.1.19 所示，其属性面板如图 5.1.20 所示。

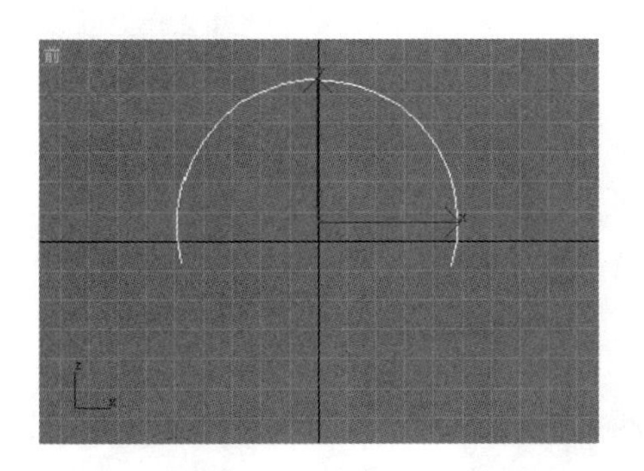

图 5.1.19　创建弧

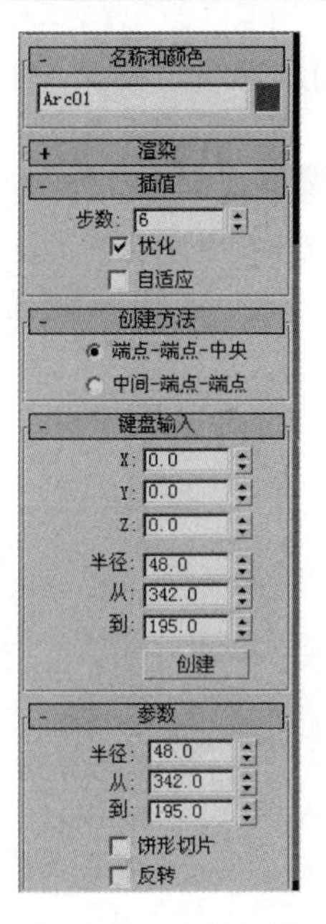

图 5.1.20　弧属性面板

1．“创建方法”卷展栏

创建方法卷展栏如图 5.1.20 所示。

（1）端点-端点-中央：选中该单选按钮，先确定弧形的两个端点，然后确定弧长。

（2）中间-端点-端点：选中该单选按钮，先确定弧形的中心和端点，然后再确定弧形的另一个端点，以此来确定弧长。

2．“参数”卷展栏

参数卷展栏如图 5.1.20 所示。

（1）半径：用来设置弧形的半径。

（2）从：用来设置弧形的起点。

（3）到：用来设置弧形的终点。

（4）饼形切片：选中该复选框，将创建扇形，如图 5.1.21 所示。

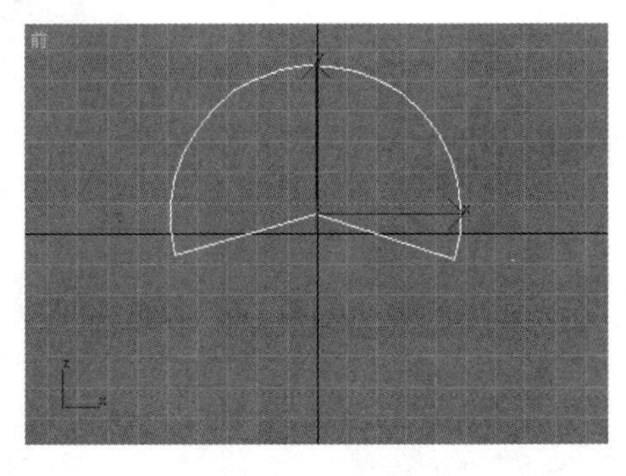

图 5.1.21　创建扇形

（5）反转：选中该复选框，将使弧形反转 180°。

5.1.6 圆环

单击 圆环 按钮，在前视图中按住鼠标左键并拖动，到适当位置松开鼠标，确定圆环第一个圆的半径，接着移动鼠标到适当位置并单击，确定圆环第二个圆的半径，单击鼠标右键结束创建圆环，如图 5.1.22 所示，其属性面板如图 5.1.23 所示。

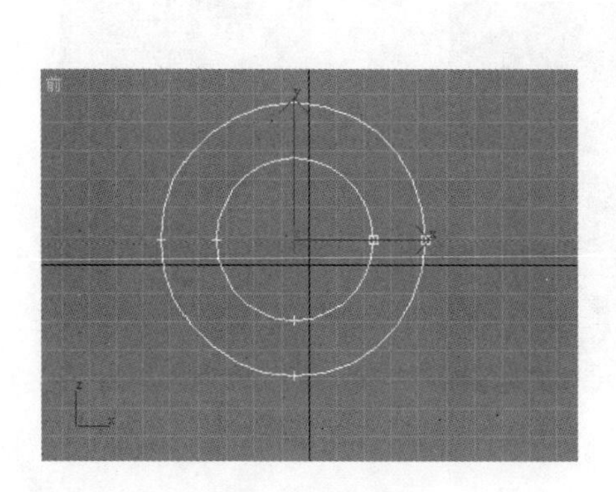

图 5.1.22　创建圆环

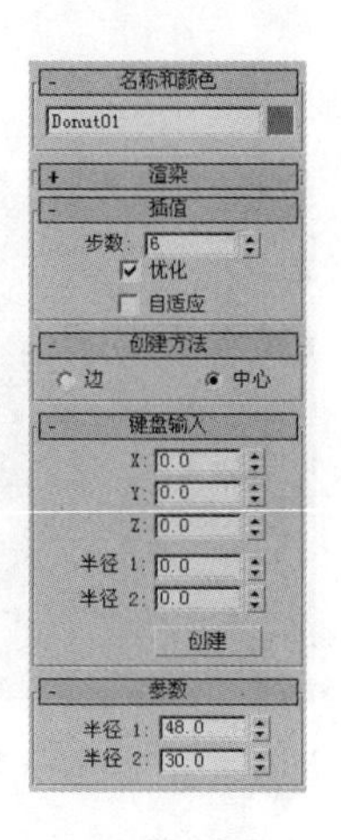

图 5.1.23　圆环属性面板

卷展栏中包括两个参数，它们的含义说明如下：

（1）半径1：用来设置圆环外圆的半径。

（2）半径2：用来设置圆环内圆的半径。

5.1.7 多边形

单击 多边形 按钮，在前视图中按住鼠标左键并拖动，到适当位置后松开鼠标，确定多边形的半径，单击鼠标右键结束创建多边形，如图 5.1.24 所示，其属性面板如图 5.1.25 所示。

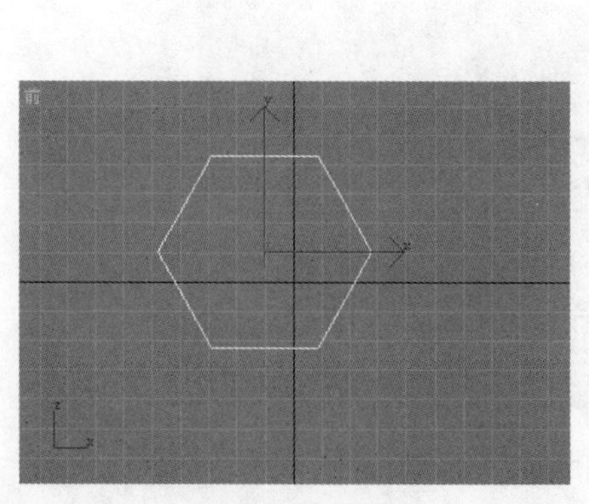

图 5.1.24　创建多边形

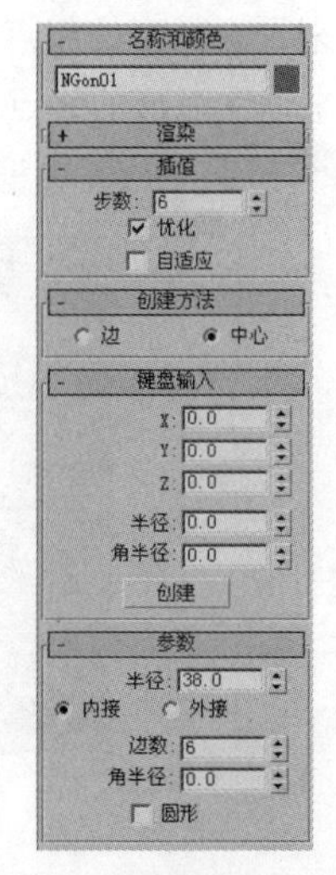

图 5.1.25　多边形属性面板

参数 卷展栏中各参数的含义说明如下：

（1）半径：用来设置多边形内径的大小。

（2）内接：用来设置多边形内接圆的半径。

（3）外接：用来设置多边形外切圆的半径。

（4）边数：用来设置多边形的边数。

（5）角半径：用来设置多边形的圆角半径，设置角半径值为 10，效果如图 5.1.26 所示。

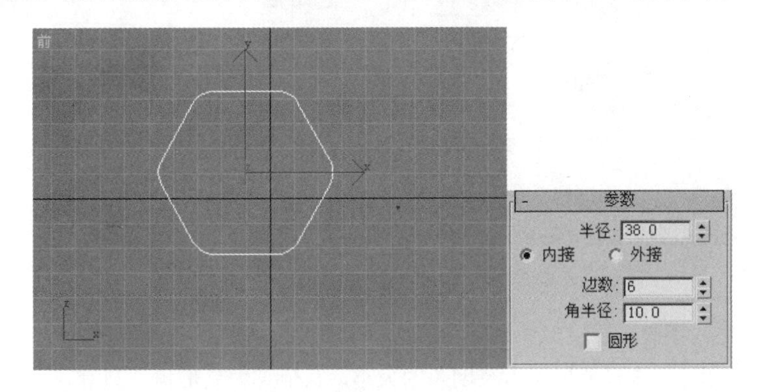

图 5.1.26　创建圆角多边形

（6）圆形：选中该复选框，将多边形设置为圆形。

5.1.8　星形

单击星形按钮，在前视图中按住鼠标左键并拖动，到适当位置松开鼠标，确定星形的半径 1，接着移动并单击鼠标左键，确定星形半径 2，单击鼠标右键，结束创建星形，创建的星形如图 5.1.27 所示，其属性面板如图 5.1.28 所示。

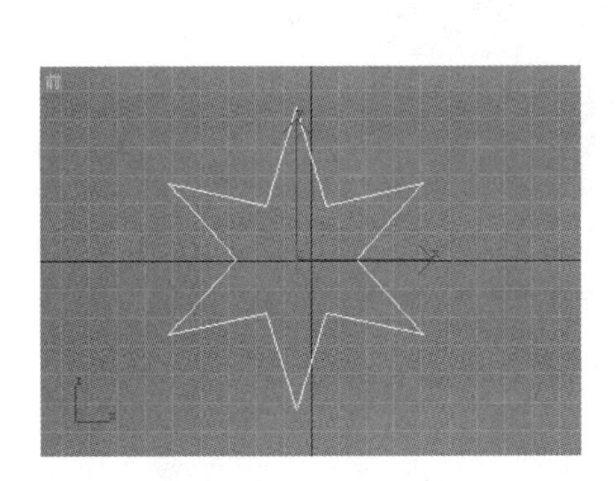

图 5.1.27　创建星形

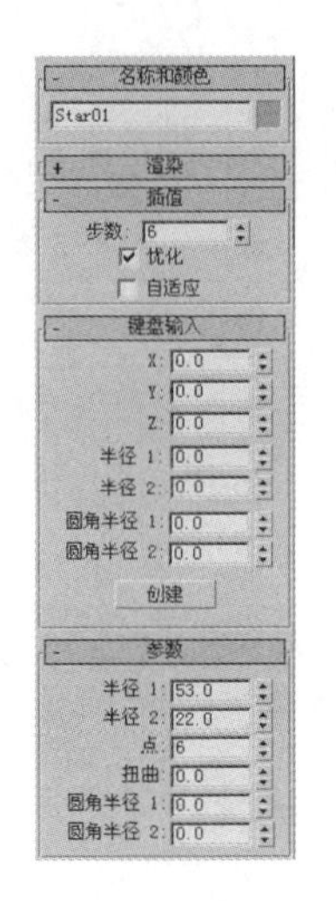

图 5.1.28　星形属性面板

参数卷展栏中各参数的含义说明如下：

（1）半径 1：用来设置星形外径的大小。

（2）半径 2：用来设置星形内径的大小。

（3）点：用来设置星形的角点数目。

（4）扭曲：用来设置星形的扭曲度，最小值为－180，最大值为 180，如图 5.1.29 所示为设置扭曲：值为 40 时的效果。

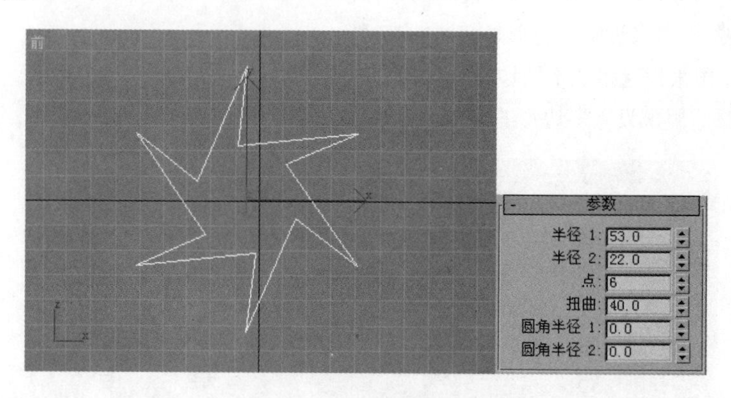

图 5.1.29　扭曲星形效果

（5）圆角半径 1：用来设置星形外径倒角的大小，数值越大星形角越圆滑。

（6）圆角半径 2：用来设置星形内径倒角的大小，数值越大星形角越圆滑。

5.1.9　文本

单击文本按钮，在文本框中输入文字，然后在前视图中单击鼠标左键即可创建文本。例如在文本框中输入"神话"，然后在前视图中单击鼠标左键，即可创建文本，如图 5.1.30 所示，其属性面板如图 5.1.31 所示。

图 5.1.30　创建文本

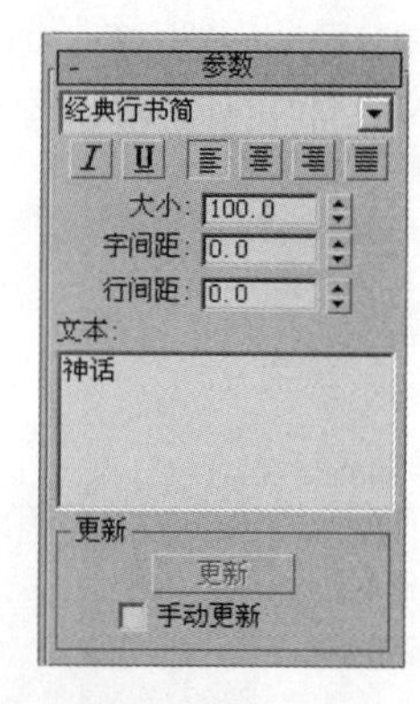

图 5.1.31　文本属性面板

参数卷展栏中各参数含义说明如下：

（1）经典行书简：在该下拉列表框中用户可选择文字的字体。

（2）大小：用来设置文字的大小。

（3）字间距：用来设置字与字之间的距离。

（4）行间距：用来设置行与行之间的距离。

（5）文本：在其下面的文本框中输入文字。

（6）更新：选中手动更新复选框，当修改文本或参数后，单击更新按钮，视图可立即更新显示。

5.1.10　螺旋线

单击 螺旋线 按钮，在视图中按住鼠标左键并拖动到适当位置松开，确定螺旋线的底圆；接着移动鼠标并单击鼠标左键，确定螺旋线的高度；继续移动鼠标并单击，确定螺旋线的顶圆。单击鼠标右键结束创建螺旋线，如图 5.1.32 所示，其属性面板如图 5.1.33 所示。

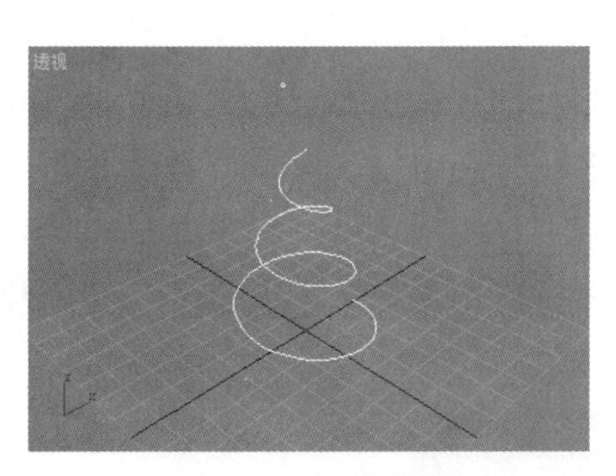

图 5.1.32　创建螺旋线

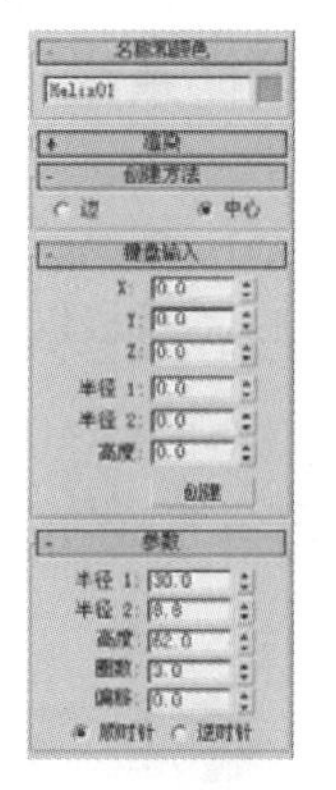

图 5.1.33　螺旋线属性面板

- 参数 卷展栏中各参数含义说明如下：

（1）半径 1:：用来设置螺旋线的内径。

（2）半径 2:：用来设置螺旋线的外径。

（3）高度:：用来设置螺旋线的高度。

（4）圈数:：用来设置螺旋线的圈数。

（5）偏移:：用来设置螺旋线圈数的偏移量，高度不变。

（6）顺时针：用来设置螺旋线沿顺时针方向旋转。

（7）逆时针：用来设置螺旋线沿逆时针方向旋转。

5.1.11　截面

单击 截面 按钮，在前视图中单击并拖动鼠标创建一个截面，如图 5.1.34 所示，其属性面板如图 5.1.35 所示。

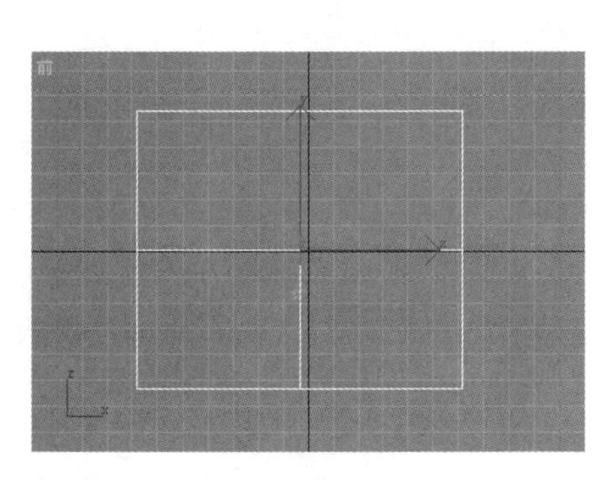

图 5.1.34　创建截面

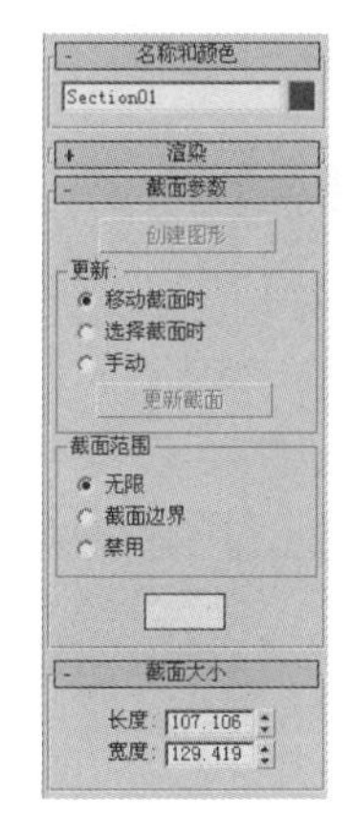

图 5.1.35　截面属性面板

5.2　二维修改命令的使用

创建二维图形后，使用“编辑样条线”命令可对二维图形进行各种编辑；使用“车削”、“挤出”、“倒角”以及“倒角剖面”等命令可将二维图形转换为三维实体，下面将分别进行介绍。

5.2.1　编辑样条线

创建二维图形后，用户可通过调整曲线顶点的位置来改变曲线的形状，使用“编辑样条线”命令可对二维图形的顶点、线段以及样条线进行编辑修改。

1．编辑顶点

（1）单击 矩形 按钮，在前视图中创建一个矩形，设置 长度: 为 80， 宽度: 为 120，如图 5.2.1 所示。

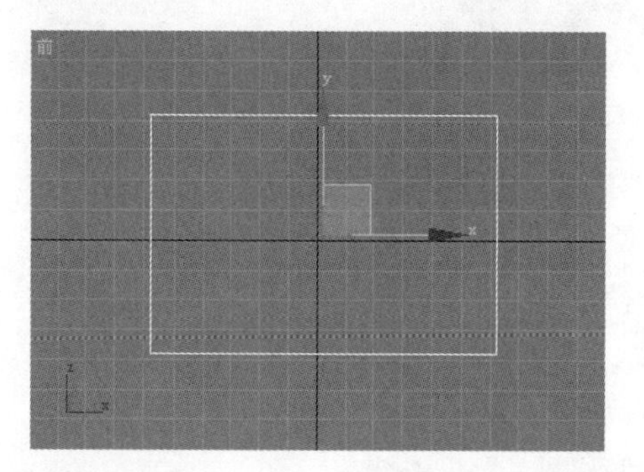

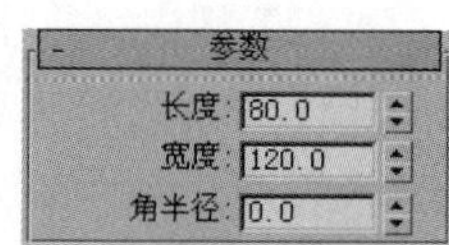

图 5.2.1　创建矩形

（2）单击“修改”按钮，进入修改命令面板。选择 修改器列表 下拉列表中的 编辑样条线 命令，单击 选择 卷展栏中的“顶点”按钮，进入顶点编辑状态，编辑样条线属性面板如图 5.2.2 所示。

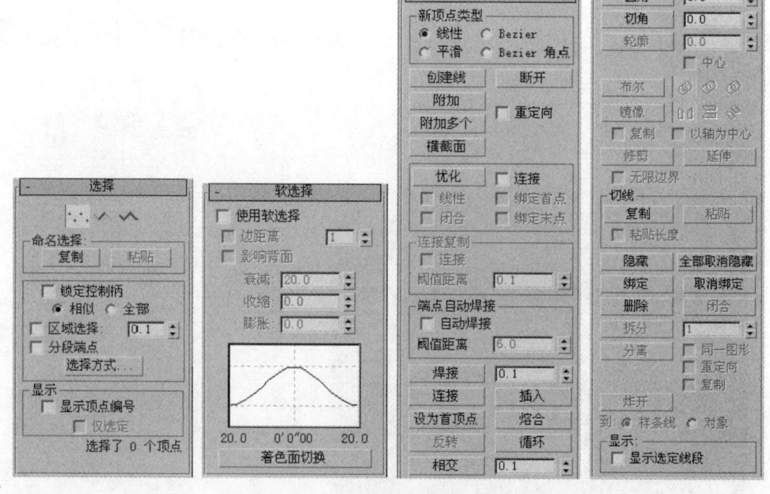

图 5.2.2　编辑样条线属性面板

（3）在前视图中选择如图 5.2.3 所示的顶点，然后单击 几何体 卷展栏中的

删除按钮，或按“Delete”键即可删除该顶点，效果如图 5.2.4 所示。

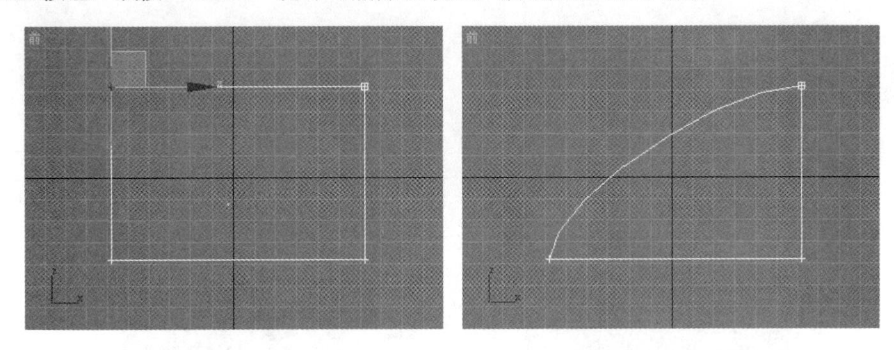

图 5.2.3　选择顶点　　　　图 5.2.4　删除顶点

（4）单击 - 几何体 卷展栏中的 优化 按钮，在曲线上单击插入几个顶点，如图 5.2.5 所示。

（5）在视图中选择一个顶点，然后单击鼠标右键，弹出如图 5.2.6 所示的快捷菜单，在其中用户可选择不同的顶点类型。

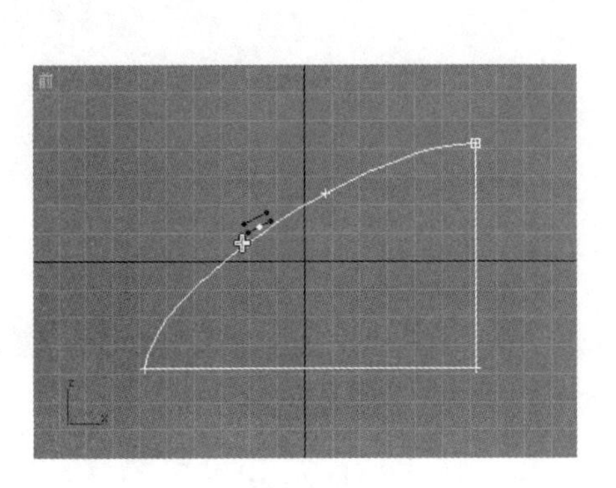

图 5.2.5　插入顶点

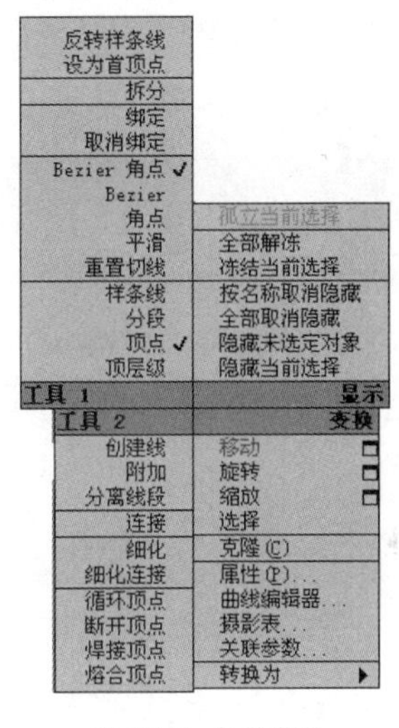

图 5.2.6　快捷菜单

（6）使用工具栏中的移动工具调整顶点的位置，效果如图 5.2.7 所示。

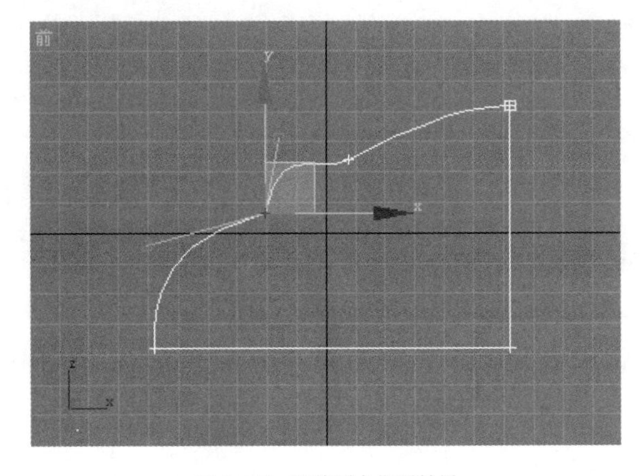

图 5.2.7　调整顶点位置效果

2．编辑线段

（1）单击 矩形 按钮，在前视图中创建一个矩形，设置 长度: 为 80， 宽度: 为 120，如图 5.2.8 所示。

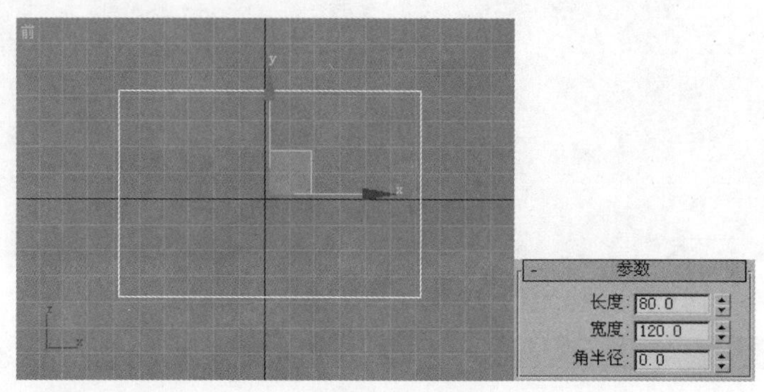

图 5.2.8 创建矩形

（2）单击“修改”按钮，进入修改命令面板。选择 修改器列表 下拉列表中的 编辑样条线 命令，单击 - 选择 卷展栏中的“分段”按钮，在视图中选择如图 5.2.9 所示的线段，然后在 - 几何体 卷展栏中 拆分 按钮后的微调框中设置拆分数量为 2，单击 拆分 按钮，即可将线段等分成 3 段，如图 5.2.10 所示。

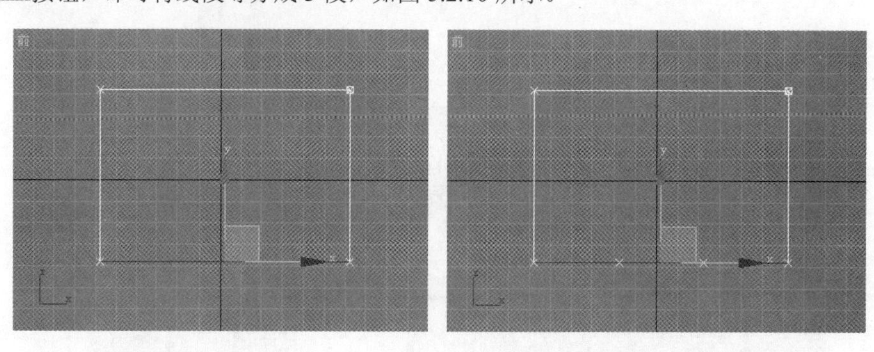

图 5.2.9 选择线段　　　图 5.2.10 拆分线段

（3）按住“Ctrl”键，在矩形上选择两条线段，如图 5.2.11 所示，然后单击 分离 按钮，即可将所选线段分离为一个新图形，如图 5.2.12 所示。

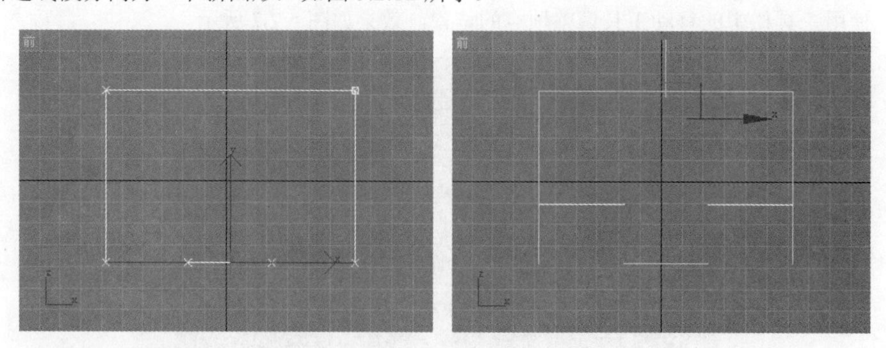

图 5.2.11 选择线段　　　图 5.2.12 分离效果

3．编辑样条线

（1）单击 线 按钮，在前视图中创建一条曲线，如图 5.2.13 所示。

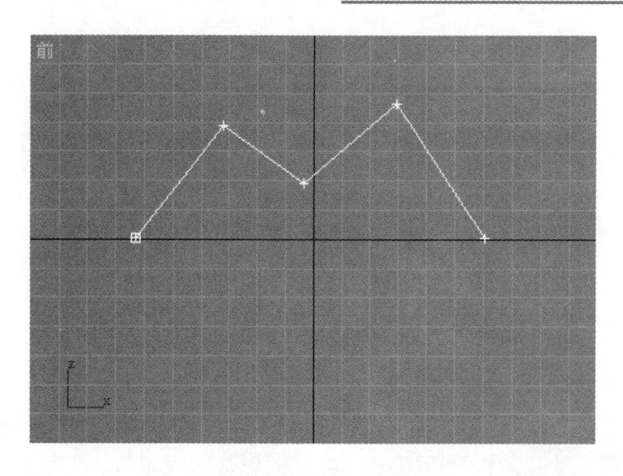

图 5.2.13　创建曲线

（2）单击“修改”按钮，进入修改命令面板。单击 选择 卷展栏中的“样条线”按钮，进入样条线编辑状态，在 几何体 卷展栏中单击 镜像 按钮后的“垂直镜像”按钮，并选中 复制 和 以轴为中心 两个复选框，然后单击 镜像 按钮，调整样条线的位置，效果如图 5.2.14 所示。

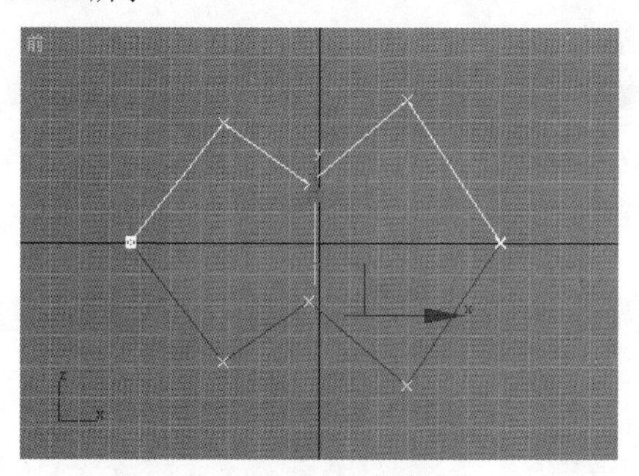

图 5.2.14　镜像效果

（3）选中任意一条样条线，在 几何体 卷展栏中单击 附加 按钮，在前视图中单击另外一条样条线，将它们连接为一个整体。

（4）单击“顶点”按钮，进入顶点编辑面板，选择曲线两端的两个顶点，单击 焊接 按钮，可将所选择的顶点焊接到一起，效果如图 5.2.15 所示。

（5）单击“样条线”按钮，进入样条线编辑面板，在 几何体 卷展栏中设置 轮廓 右面的参数为 10，然后单击 轮廓 按钮，效果如图 5.2.16 所示。

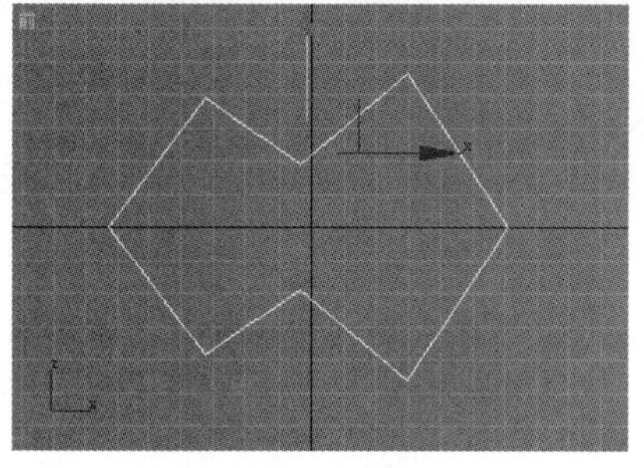

图 5.2.15　焊接顶点

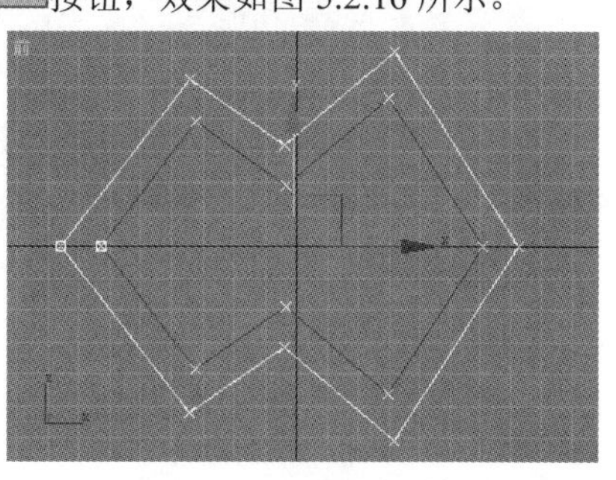

图 5.2.16　轮廓效果

5.2.2 车削

车削修改命令可以使二维物体沿某一轴线旋转生成相应的三维立体造型。下面以制作酒杯为例来介绍其使用方法。

（1）选择文件(F)→重置(R)命令，重新设置系统。

（2）单击"创建"按钮，进入创建命令面板。单击"图形"按钮，进入图形创建命令面板；单击 线 按钮，在前视图中创建一条曲线，如图 5.2.17 所示。

（3）单击"修改"按钮，进入修改命令面板，在其中将曲线编辑成如图 5.2.18 所示的形状。

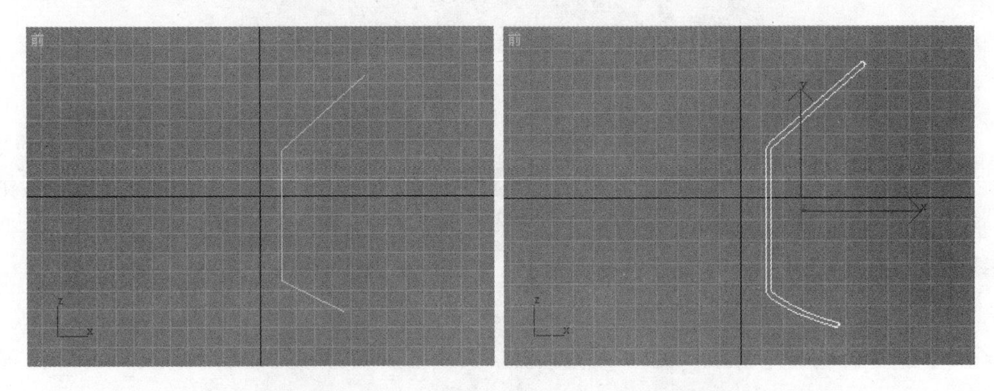

图 5.2.17　创建曲线　　　　图 5.2.18　编辑曲线

（4）选择修改器列表下拉列表中的车削命令，进入车削参数设置面板，设置分段:为 30，效果如图 5.2.19 所示。

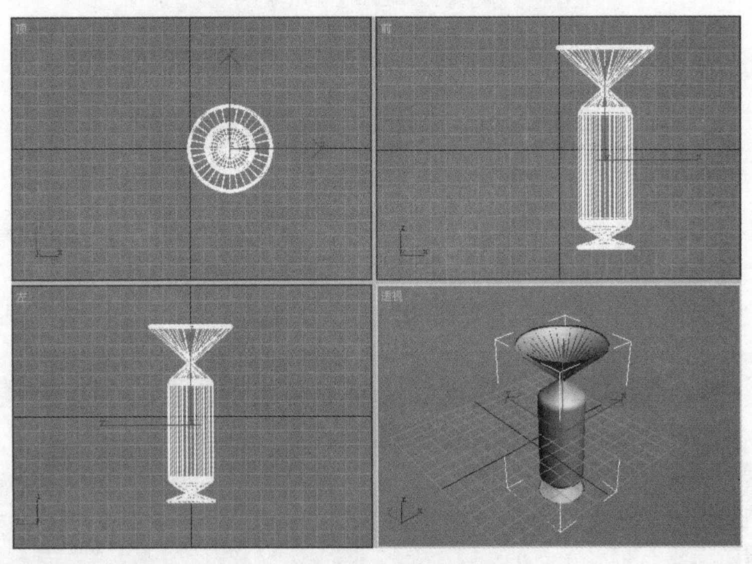

图 5.2.19　车削效果

（5）在 - 参数 卷展栏中的对齐参数设置区中单击 最小 按钮，然后选中☑焊接内核复选框，效果如图 5.2.20 所示。

（6）单击工具栏中的"材质编辑器"按钮，弹出材质编辑器对话框，选择一个材质球，并将其指定给酒杯。

图 5.2.20 调整后的车削效果

（7）单击 Standard 按钮，弹出 材质/贴图浏览器 对话框，选中 浏览自: 参数设置区中的 材质库 单选按钮，并单击 打开... 按钮，弹出 打开材质库 对话框。在该对话框中选择 RayTraced_01 选项，然后单击 打开(O) 按钮，在材质库中选择一个玻璃材质球，如图 5.2.21 所示。

图 5.2.21 “材质/贴图浏览器”对话框

（8）单击 长方体 按钮，在视图中创建一个长方体作为酒杯的渲染场景，并将其移动至如图 5.2.22 所示的位置，然后为其指定一种材质。

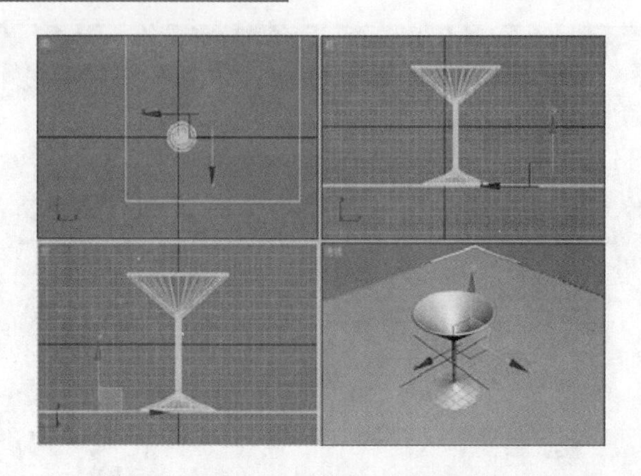

图 5.2.22　创建长方体并移动位置

（9）激活透视图，单击工具栏中的“快速渲染”按钮，酒杯最终效果如图 5.2.23 所示。

图 5.2.23　酒杯最终效果

5.2.3　挤出

挤出修改命令可以使二维物体形成一定的厚度，使之成为一个三维立体造型。下面以制作立体文字为例对其使用方法进行介绍。

（1）选择 文件(F) → 重置(R) 命令，重新设置系统。

（2）单击“创建”按钮，进入创建命令面板。单击“图形”按钮，进入图形创建命令面板。单击 文本 按钮，在文本框中输入“新科教育”4 个字，并在前视图中单击鼠标左键，如图 5.2.24 所示。

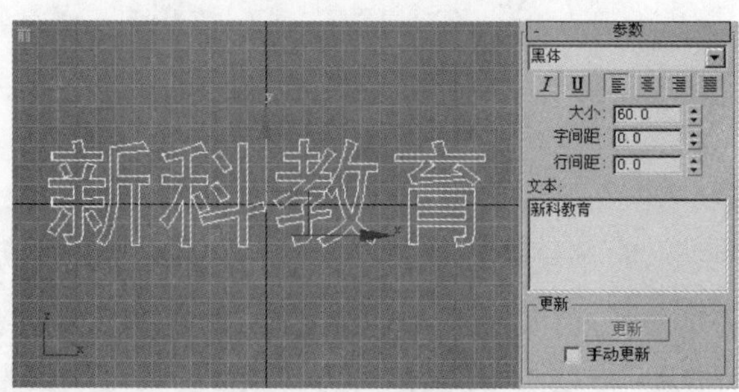

图 5.2.24　创建文本

（3）单击“修改”按钮，进入修改命令面板。选择修改器列表下拉列表中的挤出命令。在- 参数卷展栏中的数量: 12.0微调框中输入 12，并按“Enter”键，效果如图 5.2.25 所示。

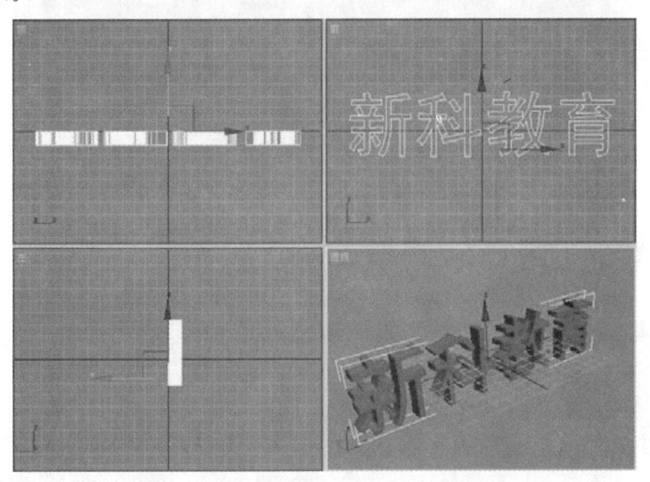

图 5.2.25　挤出效果

（4）单击工具栏中的“材质编辑器”按钮，弹出材质编辑器对话框，选择一个材质球，设置参数后将其指定给文本。

（5）激活透视图，单击工具栏中的“快速渲染”按钮，立体文字最终效果如图 5.2.26 所示。

图 5.2.26　立体文字最终效果

5.2.4　倒角

倒角命令与挤出命令的效果差不多，只是倒角命令可以为生成的三维实体边缘加上直角或圆角的倒角效果，下面以制作带倒角的立体文字为例对其使用方法进行介绍。

（1）选择文件(F)→重置(R)命令，重新设置系统。

（2）单击“创建”按钮，进入创建命令面板。单击“图形”按钮，进入图形创建命令面板。单击文本按钮，在文本框中输入“新科教育”4 个字，并在前视图中单击鼠标左键，如图 5.2.27 所示。

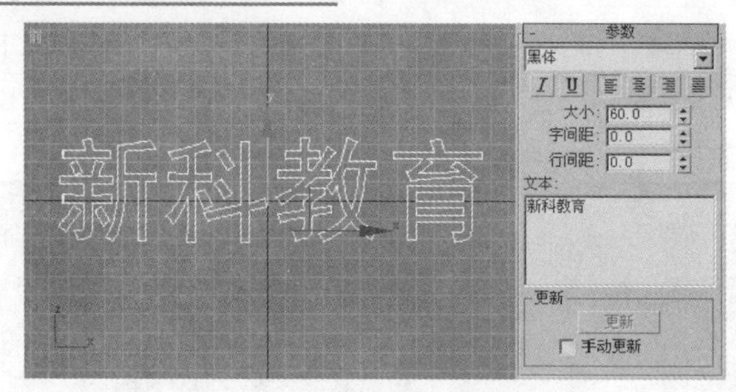

图 5.2.27　创建文本

（3）单击“修改”按钮，进入修改命令面板，选择修改器列表下拉列表中的倒角命令，设置参数后，效果如图 5.2.28 所示。

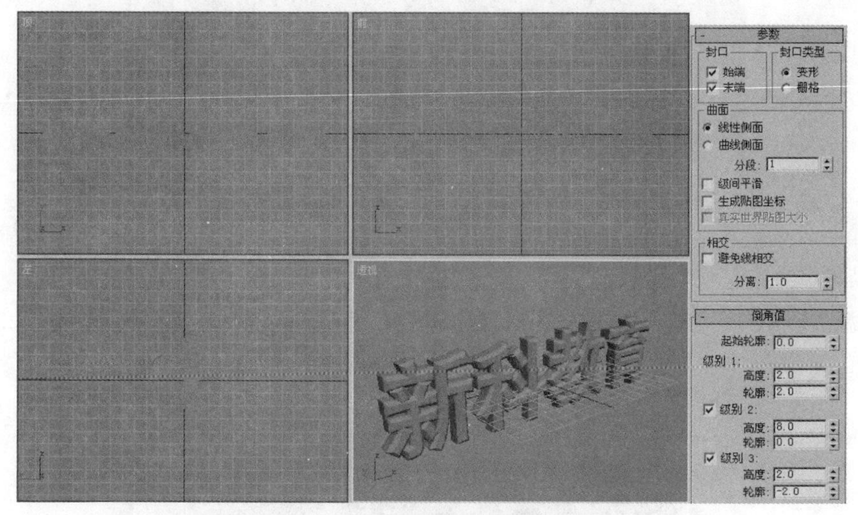

图 5.2.28　倒角效果

（4）单击工具栏中的“材质编辑器”按钮，弹出材质编辑器对话框，选择一个材质球，设置参数后将其指定给文本。

（5）激活透视图，单击工具栏中的“快速渲染”按钮，倒角立体文字效果如图 5.2.29 所示。

图 5.2.29　倒角立体文字最终效果

5.2.5　倒角剖面

倒角剖面修改命令可使用一条轮廓线控制二维图形的边缘，从而生成各种不同类型的物体。

（1）选择 文件(F) → 重置(R) 命令，重新设置系统。

（2）单击“创建”按钮，进入创建命令面板。单击“图形”按钮，进入图形创建命令面板。单击 线 按钮，在前视图中创建一条直线，如图 5.2.30 所示；单击 星形 按钮，在顶视图中创建一个星形，如图 5.2.31 所示。

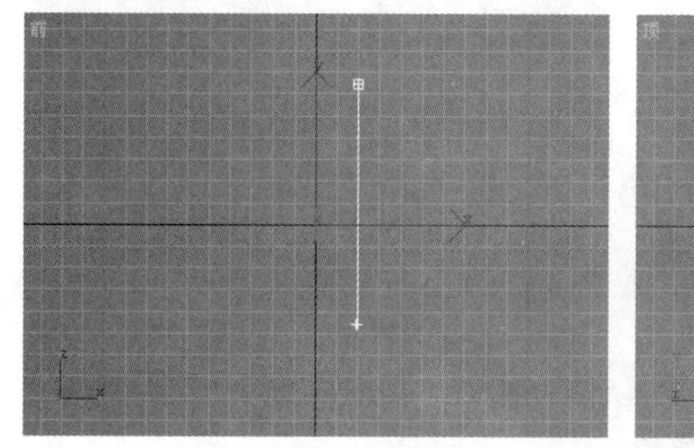

图 5.2.30　创建直线

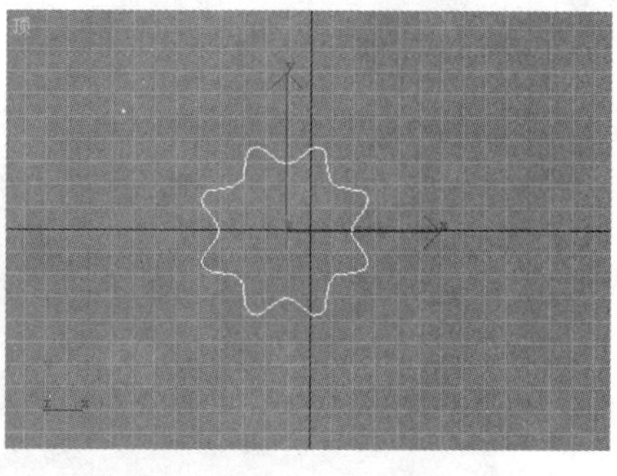

图 5.2.31　创建星形

（3）在前视图中选中直线，单击“修改”按钮，进入修改命令面板，选择 修改器列表 下拉列表中的 倒角剖面 命令，在 参数 卷展栏中单击 拾取剖面 按钮，然后在顶视图中单击星形，倒角剖面效果如图 5.2.32 所示。

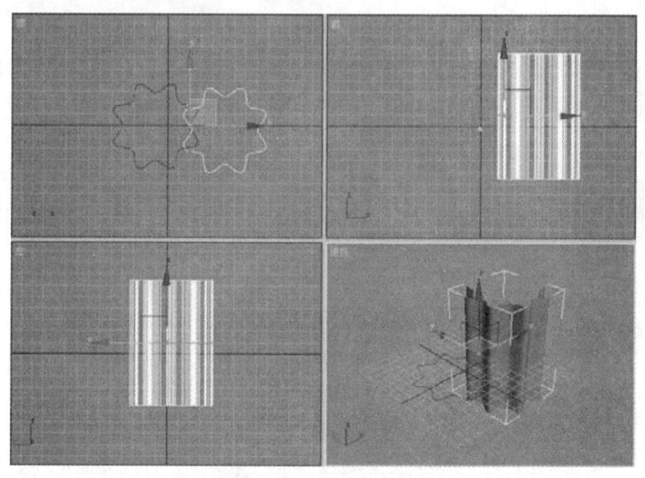

图 5.2.32　倒角剖面效果

5.3　课堂实战——制作显示器

本节将结合本章所学知识制作一个显示器，具体操作步骤如下：

（1）选择 文件(F) → 重置(R) 命令，重新设置系统。

（2）单击“创建”按钮，进入创建命令面板。单击“图形”按钮，进入图形创建命令面板。单击 线 按钮，在前视图中创建一条曲线，命名为 Line01，如图 5.3.1 所示，然后单击

“修改”按钮，进入修改命令面板，在其中将曲线编辑成如图 5.3.2 所示的形状。

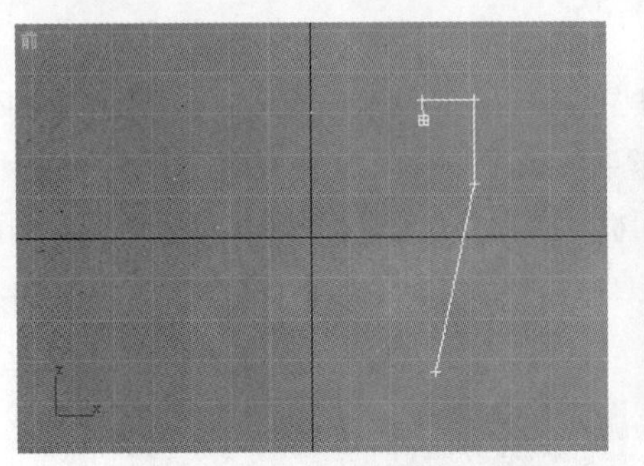

图 5.3.1 创建曲线 Line01

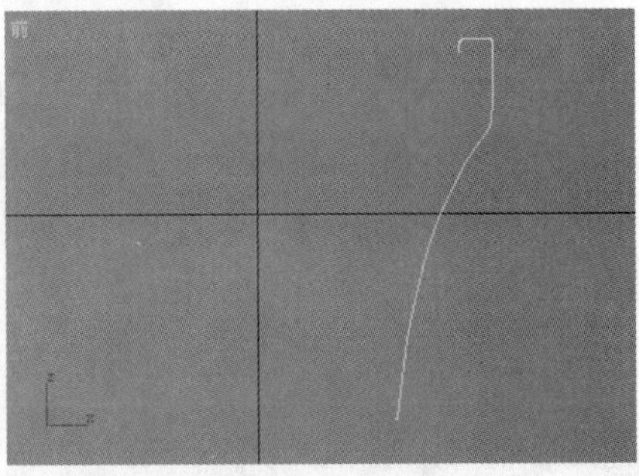

图 5.3.2 编辑曲线

（3）单击 矩形 按钮，在前视图中创建一个矩形，如图 5.3.3 所示。

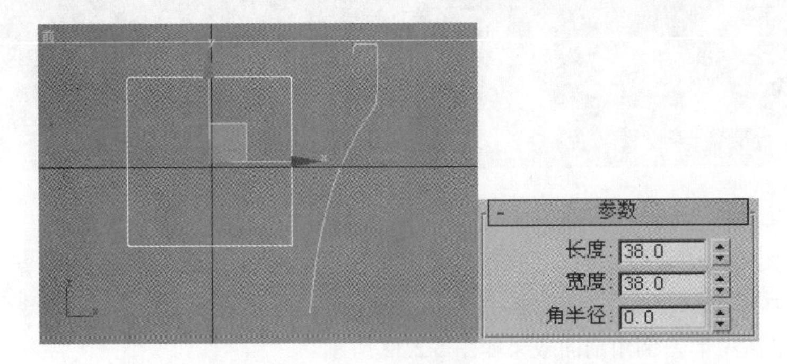

图 5.3.3 创建矩形

（4）单击“修改”按钮，进入修改命令面板，选择 修改器列表 下拉列表中的 倒角剖面 命令，打开 参数 卷展栏，单击 倒角剖面 参数设置区中的 拾取剖面 按钮，在视图中拾取曲线 Line01，效果如图 5.3.4 所示。

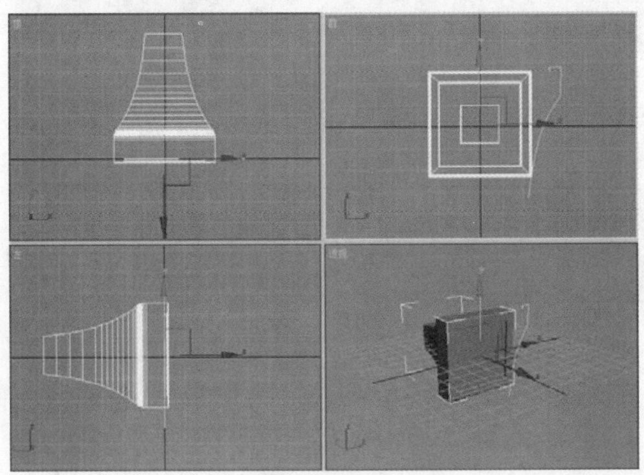

图 5.3.4 倒角剖面效果

（5）在视图中选择 Line01，然后单击鼠标右键，在弹出的快捷菜单中选择 隐藏当前选择 命令，将曲线 Line01 隐藏。

（6）单击“创建”按钮，进入创建命令面板。单击“几何体”按钮，进入几何体创建命令

面板。选择标准基本体下拉列表中的扩展基本体选项，然后单击切角长方体按钮，在顶视图中创建一个切角长方体，并将其调整至如图 5.3.5 所示的位置。

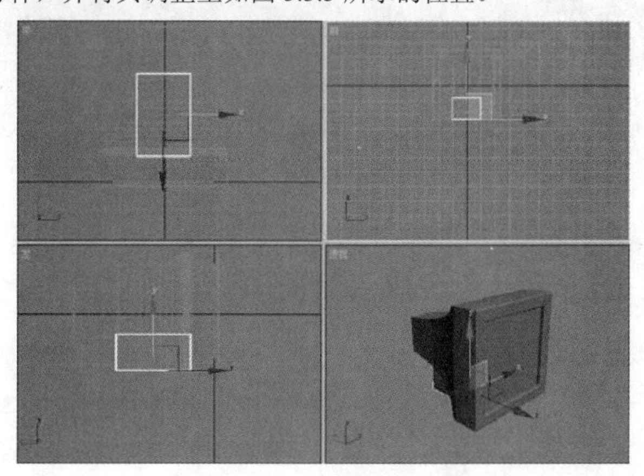

图 5.3.5　创建切角长方体并调整位置

（7）单击球体按钮，在视图中创建一个球体，然后单击工具栏中的“选择并均匀缩放”按钮，在前视图中锁定 Y 轴对其进行缩放，调整位置后，效果如图 5.3.6 所示。

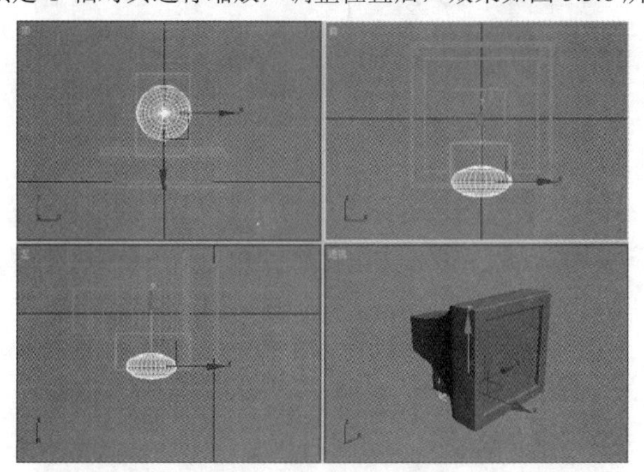

图 5.3.6　创建并缩放球体

（8）单击“图形”按钮，进入图形创建命令面板。单击线按钮，在前视图中创建一条曲线，命名为 Line02，并将其编辑成如图 5.3.7 所示的形状。

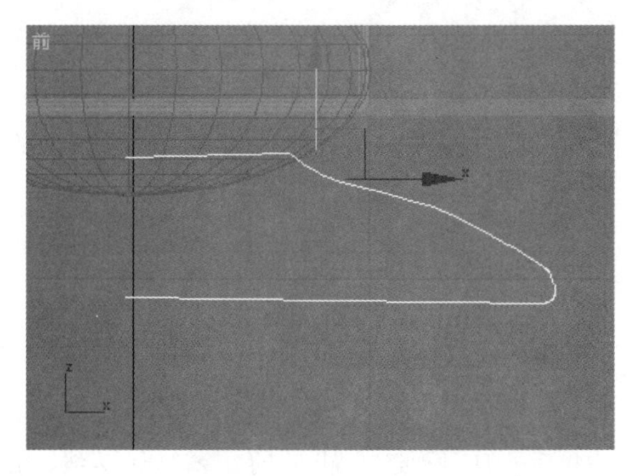

图 5.3.7　创建并编辑曲线 Line02

（9）选择修改器列表下拉列表中的车削命令，设置车削参数后，效果如图 5.3.8 所示。

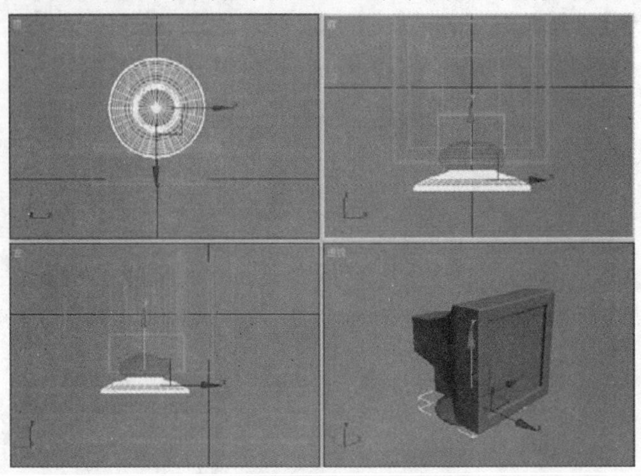

图 5.3.8　车削效果

（10）调整透视图后，单击工具栏中的“快速渲染”按钮，显示器效果如图 5.3.9 所示。

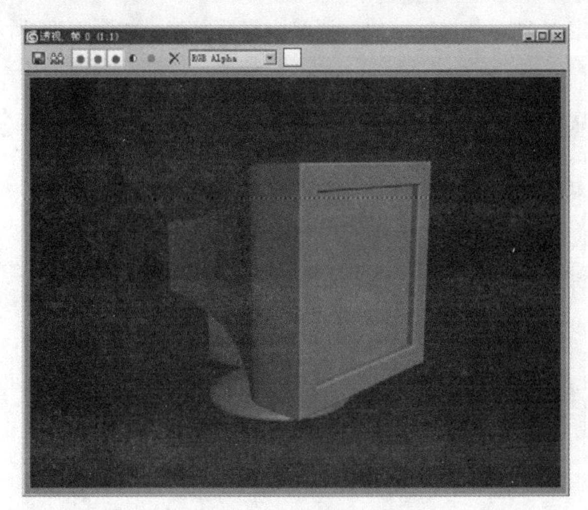

图 5.3.9　显示器效果

本 章 小 结

本章主要介绍了二维图形的创建和二维修改命令的使用方法。通过本章的学习，用户应掌握二维图形的创建方法以及常用二维转三维修改命令的使用方法，并能灵活运用。

操 作 练 习

一、填空题

1．图形创建命令面板中包括了 11 种创建二维图形的命令，分别为线、矩形、圆、椭圆、弧、圆

环、________、________、________、螺旋线和截面。

2. 创建二维图形后，用户可使用________命令对二维图形的顶点、线段以及样条线进行编辑修改。

二、选择题

1. 下列（　）命令可以在曲线上插入新的顶点。

（A）附加　　（B）创建

（C）焊接　　（D）优化

2. 下列（　）命令可以对三维物体进行弯曲变形。

（A）挤出　　（B）车削

（C）倒角　　（D）弯曲

三、上机操作题

创建如题图 5.1 所示的锅效果。

题图 5.1　锅效果

第6章　高 级 建 模

现实世界是纷繁复杂的，有许多表面复杂、形状不对称或者不完全对称的物体，依靠基本的建模方法是无法完成的，这就需要用到放样和布尔运算建模，本章对其进行详细的介绍。

知识要点

- 布尔运算
- 放样

6.1　布 尔 运 算

布尔运算建模是指将两个以上的物体进行交集、并集、差集和切割运算，以产生一个新的物体。单击“创建”按钮，进入创建命令面板。单击“几何体”按钮，进入几何体创建命令面板。选择标准基本体下拉列表中的复合对象选项，即可进入复合对象创建命令面板，如图6.1.1所示。单击布尔按钮，即可进入布尔运算属性面板，如图6.1.2所示，在其中可对布尔运算产生对象的方式以及布尔运算的方法进行设置。

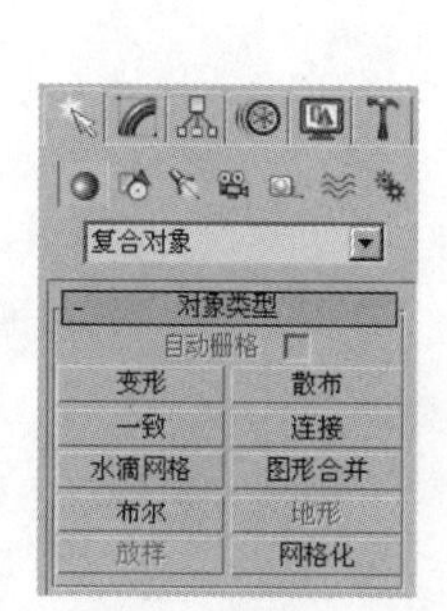

图6.1.1　复合对象创建命令面板

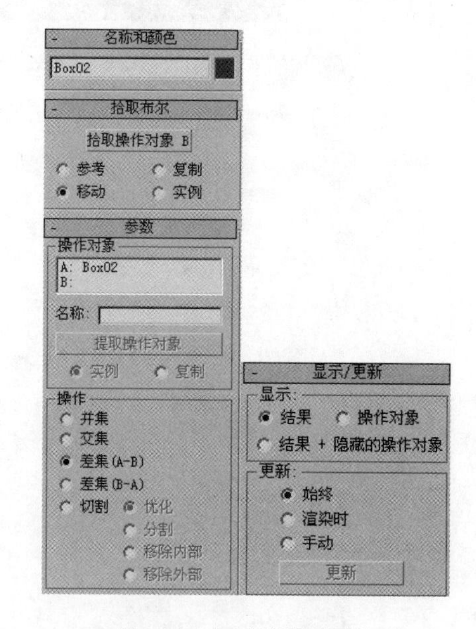

图6.1.2　布尔运算属性面板

下面结合实例对布尔运算的并集、差集和交集运算进行介绍。

6.1.1　并集

并集运算是将两个相交的物体合并相加为一个新的物体。下面以一个长方体和一个圆球为例来进

行说明。

（1）选择文件(F)→重置(R)命令，重新设置系统。

（2）单击“创建”按钮，进入创建命令面板。单击“几何体”按钮，进入几何体创建命令面板，单击长方体按钮，在视图中创建一个长方体，如图 6.1.3 所示。

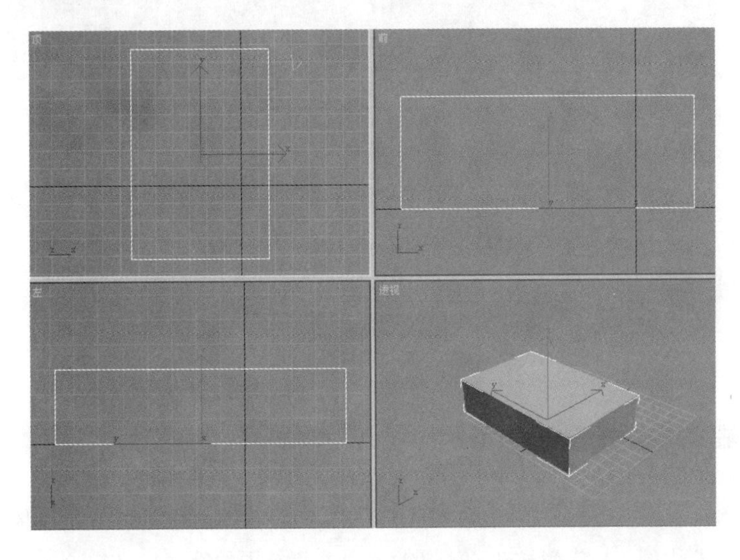

图 6.1.3　创建长方体

（3）单击球体按钮，在视图中创建一个球体，并将其移动至如图 6.1.4 所示的位置。

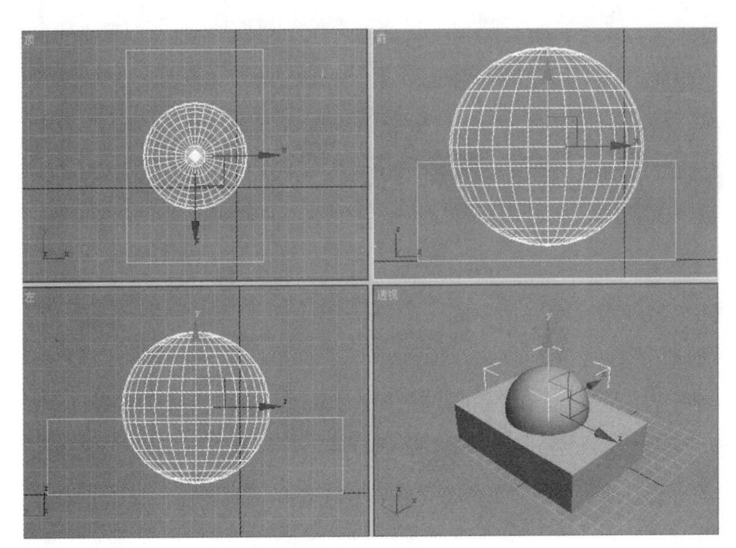

图 6.1.4　创建球体

（4）在视图中选中长方体，然后选择标准基本体下拉列表中的复合对象选项，进入复合对象创建命令面板，在参数卷展栏中的操作参数设置区中选中并集单选按钮，接着单击拾取布尔卷展栏中的拾取操作对象 B按钮，在视图中拾取球体，效果如图 6.1.5 所示。

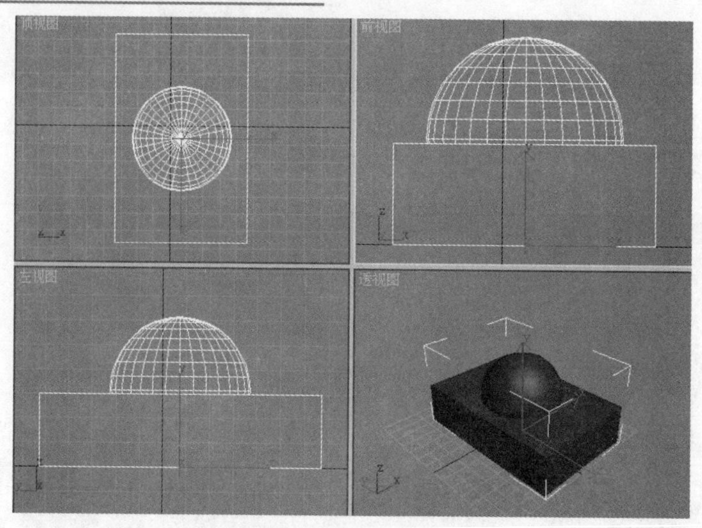

图 6.1.5 并集效果

6.1.2 差集

差集是指从一个物体中减去另一个物体与之重合的部分，从而形成一个新的物体。

（1）单击工具栏中的“撤销”按钮，返回至并集运算中的第（3）步。

（2）在视图中选中长方体，在 参数 卷展栏中的 操作 参数设置区中选中 差集(A-B) 单选按钮，然后单击 拾取布尔 卷展栏中的 拾取操作对象 B 按钮，在视图中拾取球体，效果如图 6.1.6 所示。

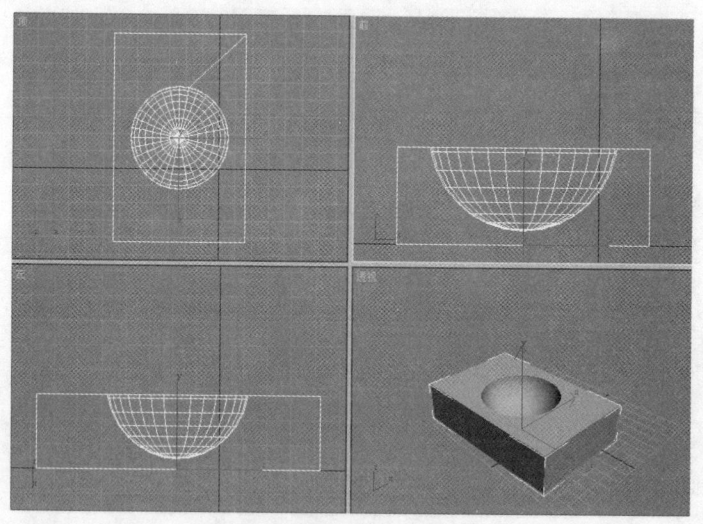

图 6.1.6 差集（A－B）效果

（3）如果在上一步中选中的是 差集(B-A) 单选按钮，则得到如图 6.1.7 所示的效果。

提示：因为在进行差集运算时，涉及两个物体先后次序的问题，一般先选择的物体为 A 物体，后选择的物体为 B 物体。也就是说，在选中 差集(B-A) 单选按钮的情况下要想得到第（2）步的效果，先选择的物体应是球体。

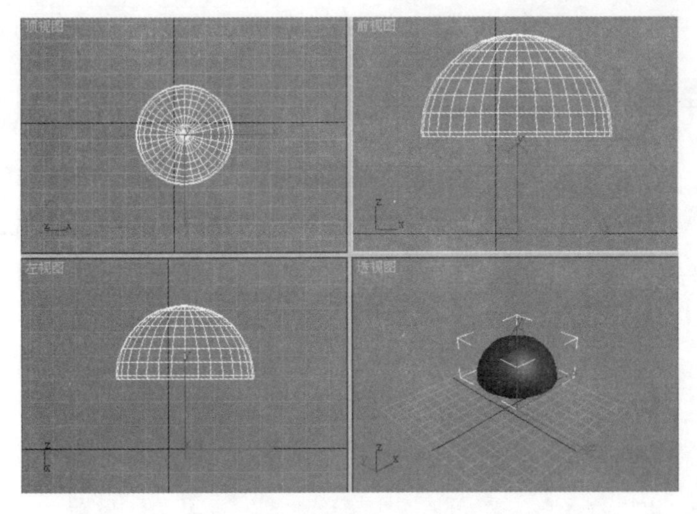

图 6.1.7　差集（B－A）效果

6.1.3　交集

交集运算将使两个相交物体的公共部分生成新的物体。

在视图中选中长方体，在 - 参数 卷展栏中的 操作 参数设置区中选中 ◉ 交集 单选按钮，然后单击 - 拾取布尔 卷展栏中的 拾取操作对象 B 按钮，在视图中拾取球体，效果如图 6.1.8 所示。

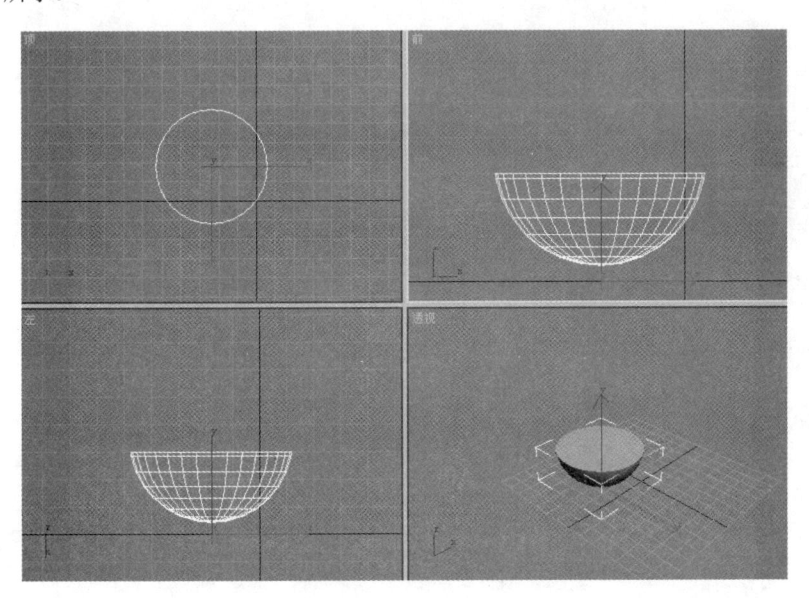

图 6.1.8　交集效果

6.2　放　　样

放样是将一个二维图形作为截面沿某个路径运动，从而形成复杂的三维物体。在同一个路径的不

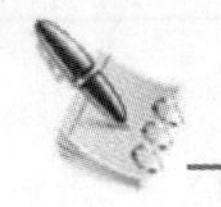

同位置可以设置不同的截面，利用放样可创建很多复杂的模型。

6.2.1 放样基本过程

（1）单击“创建”按钮，进入创建命令面板。单击“图形”按钮，进入图形创建命令面板，单击 螺旋线 按钮，在前视图中创建一条螺旋线，作为放样路径，如图 6.2.1 所示。

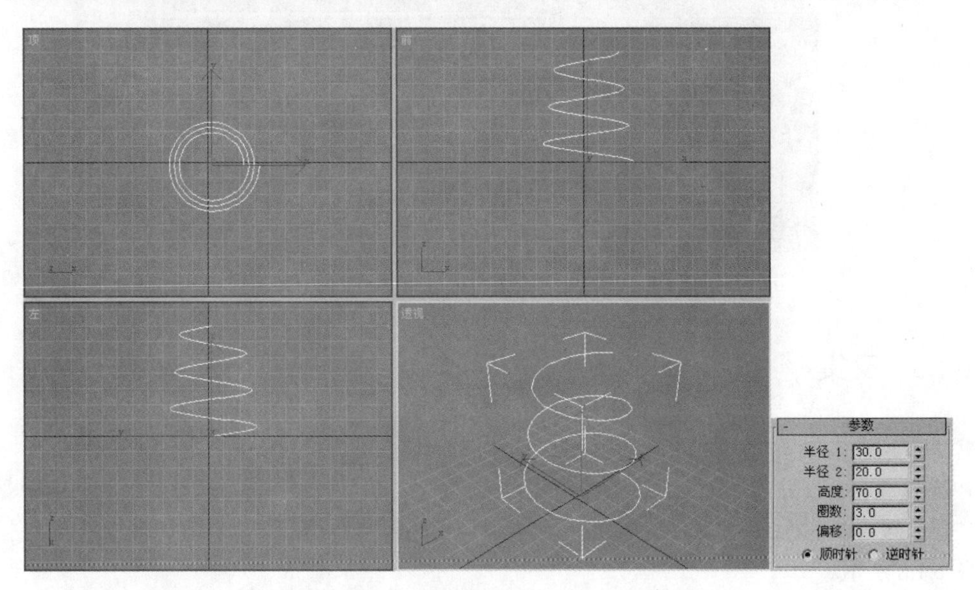

图 6.2.1 创建放样路径

（2）单击 圆 按钮，在顶视图中创建一个圆形，作为放样截面，如图 6.2.2 所示。

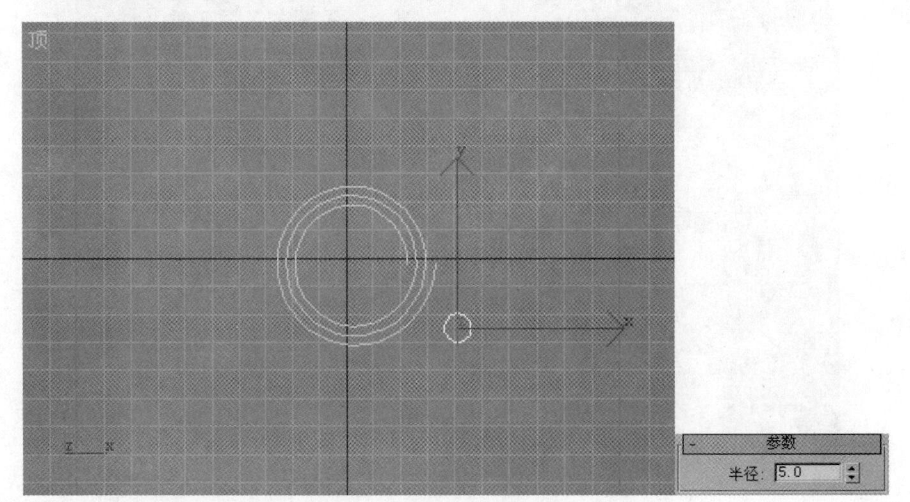

图 6.2.2 创建放样截面

（3）在前视图中选中创建的螺旋线，选择 标准基本体 下拉列表中的 复合对象 选项，单击 放样 按钮，然后单击 创建方法 卷展栏中的 获取图形 按钮，在顶视图中拾取圆形，生成的放样物体如图 6.2.3 所示。

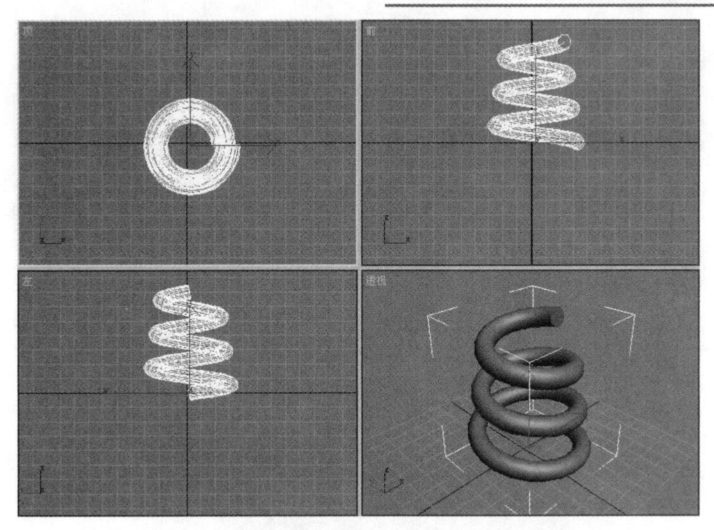

图 6.2.3　生成放样物体

6.2.2　放样变形

创建放样对象后，用户可对放样对象的路径和界面进行变形。展开 - 变形 卷展栏，如图 6.2.4 所示，其中包括 缩放 、 扭曲 、 倾斜 、 倒角 和 拟合 5 种变形控制器。

在视图中创建一个矩形和一条直线，然后进行放样，生成如图 6.2.5 所示的放样物体。

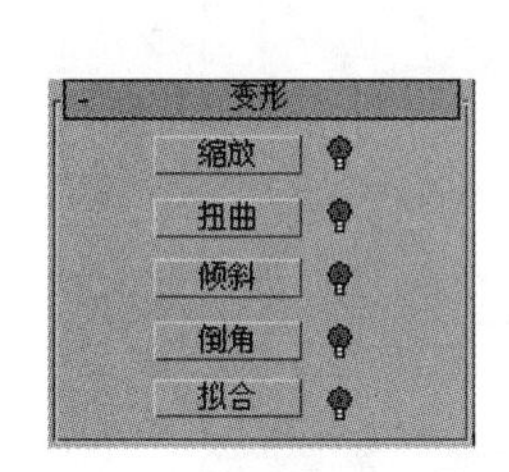

图 6.2.4　“变形”卷展栏

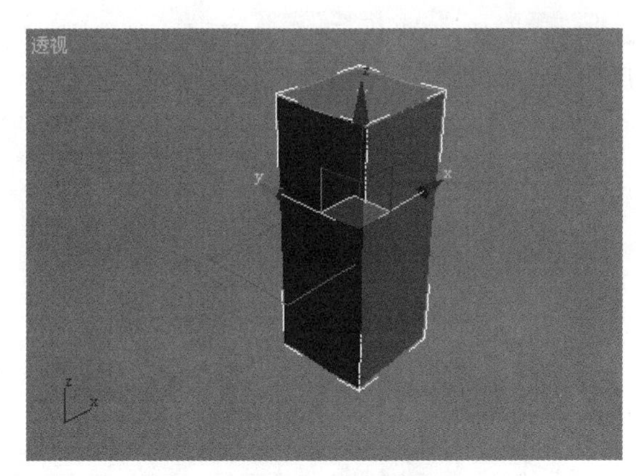

图 6.2.5　生成放样物体

下面以该放样物体为例进行放样变形操作。

1．缩放

（1）单击“修改”按钮，进入修改命令面板，展开 - 变形 卷展栏，单击 缩放 按钮，弹出 缩放变形(X) 对话框。

（2）单击 缩放变形(X) 对话框中的“插入角点”按钮，在缩放变形曲线上插入 3 个点，然后单击该对话框中的“移动控制点”按钮，将插入的点调整成如图 6.2.6 所示的形状，效果如图 6.2.7 所示。

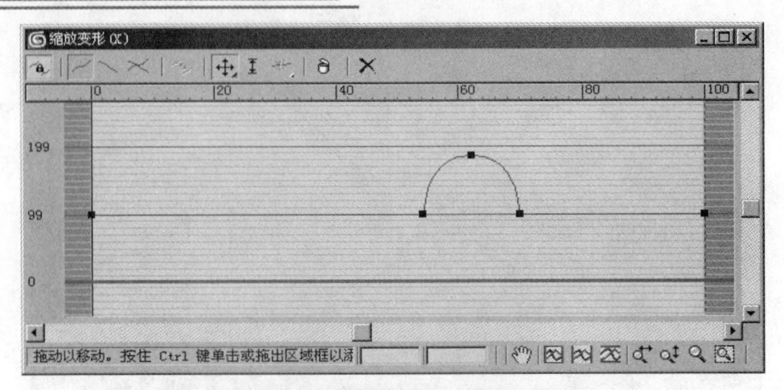

图 6.2.6 “缩放变形”对话框

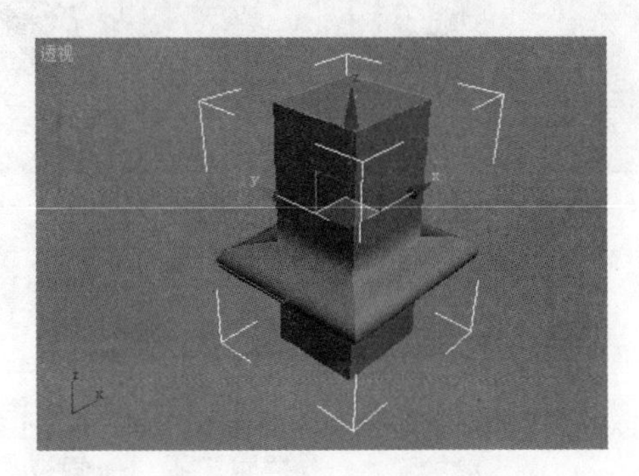

图 6.2.7 缩放变形效果

2．扭曲

单击 扭曲 按钮，弹出 扭曲变形 对话框，调整扭曲变形曲线至如图 6.2.8 所示的形状，效果如图 6.2.9 所示。

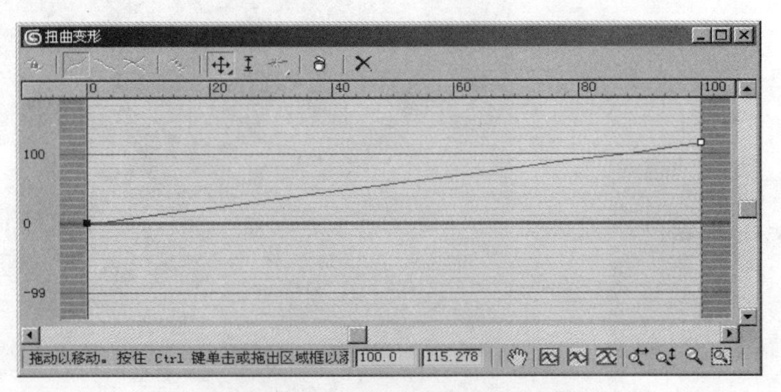

图 6.2.8 “扭曲变形”对话框

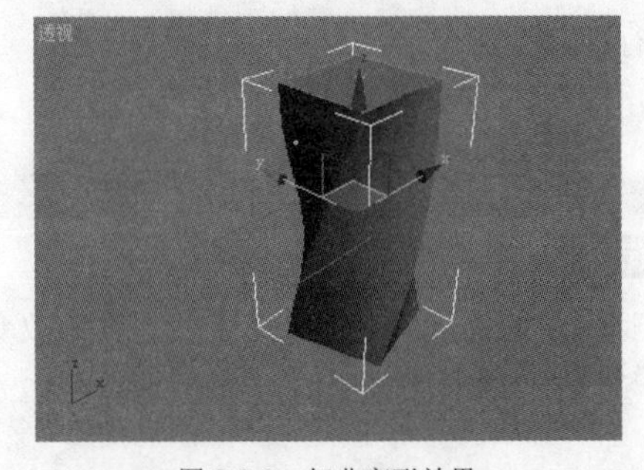

图 6.2.9 扭曲变形效果

3. 倾斜

单击 倾斜 按钮，弹出 倾斜变形 (X) 对话框，调整倾斜变形曲线至如图 6.2.10 所示的形状，效果如图 6.2.11 所示。

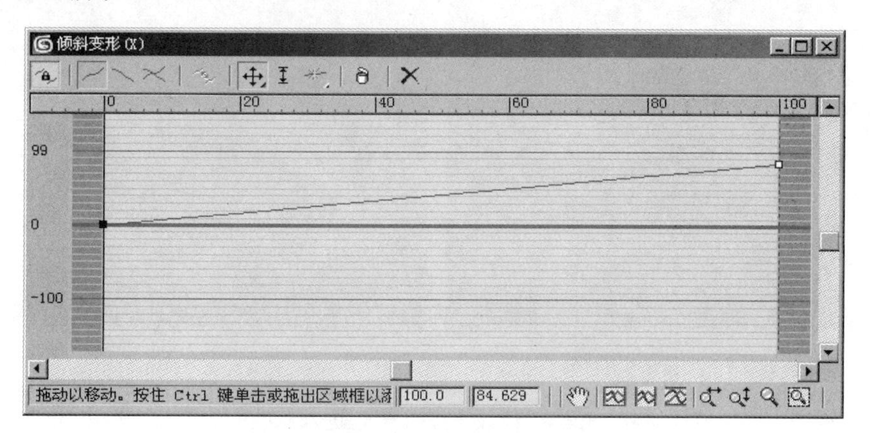

图 6.2.10　“倾斜变形”对话框

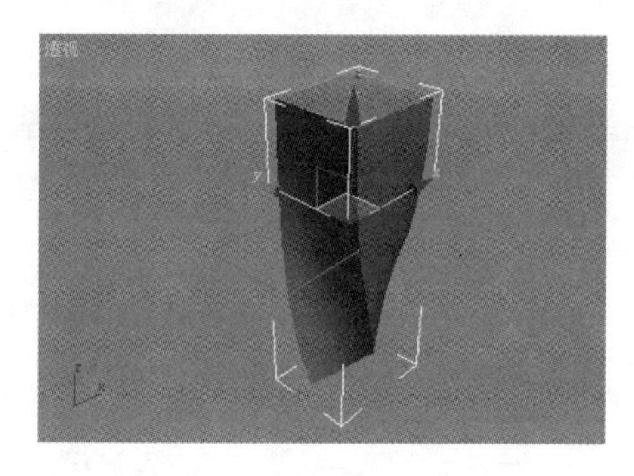

图 6.2.11　倾斜变形效果

4. 倒角

单击 倒角 按钮，弹出 倒角变形 对话框，调整倒角变形曲线至如图 6.2.12 所示的形状，倒角效果如图 6.2.13 所示。

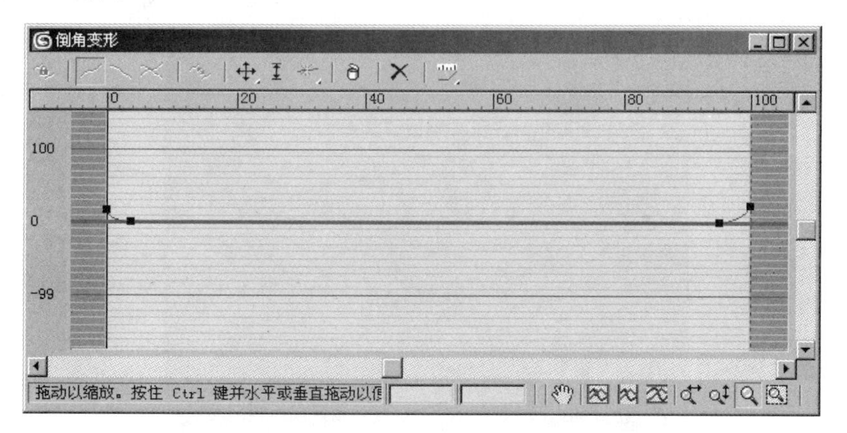

图 6.2.12　“倒角变形”对话框

5．拟合

（1）单击图形创建命令面板中的 线 按钮，在顶视图中创建曲线，如图 6.2.14 所示。

图 6.2.13　倒角变形效果

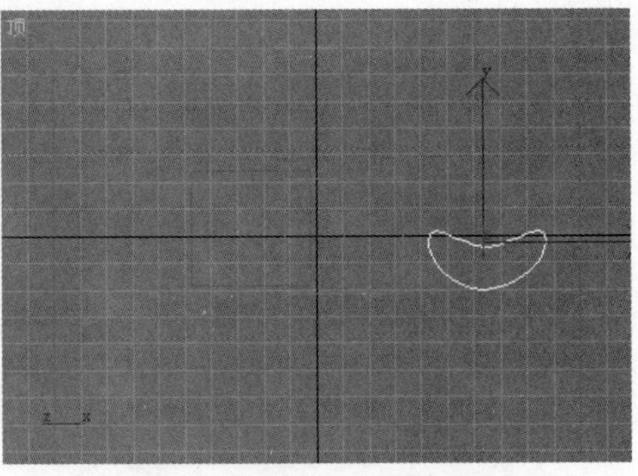

图 6.2.14　创建曲线

（2）在视图中选中放样物体，单击“修改”按钮，进入修改命令面板，单击 拟合 按钮，弹出拟合变形(X)对话框，如图 6.2.15 所示。

图 6.2.15　“拟合变形（X）”对话框

（3）单击“获取图形”按钮，在顶视图中拾取曲线，单击“逆时针旋转 90 度”按钮，拟合变形效果如图 6.2.16 所示。

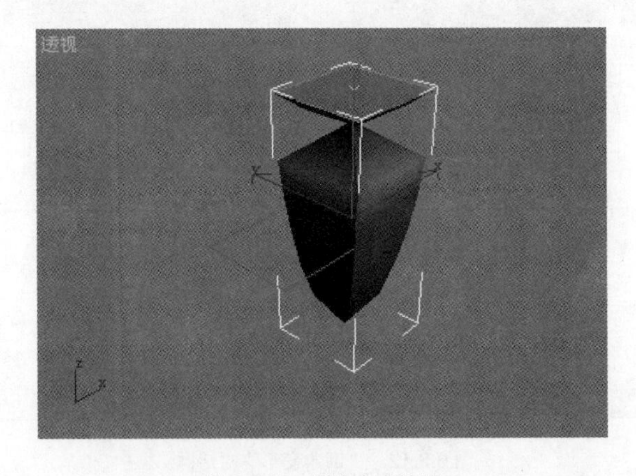

图 6.2.16　拟合变形效果

6.3 课堂实战——制作散热孔

本节将结合本章所学知识，为显示器制作散热孔，具体操作步骤如下：

（1）打开第 5 章制作的显示器场景，如图 6.3.1 所示。

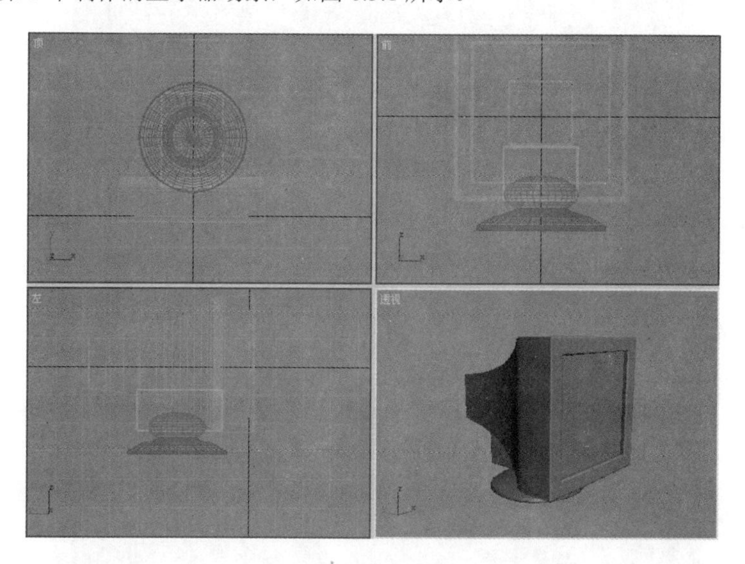

图 6.3.1 打开显示器场景

（2）单击“创建”按钮，进入创建命令面板。单击“几何体”按钮，进入几何体创建命令面板。单击 圆柱体 按钮，在视图中创建一个圆柱体，并将其移动至如图 6.3.2 所示的位置。

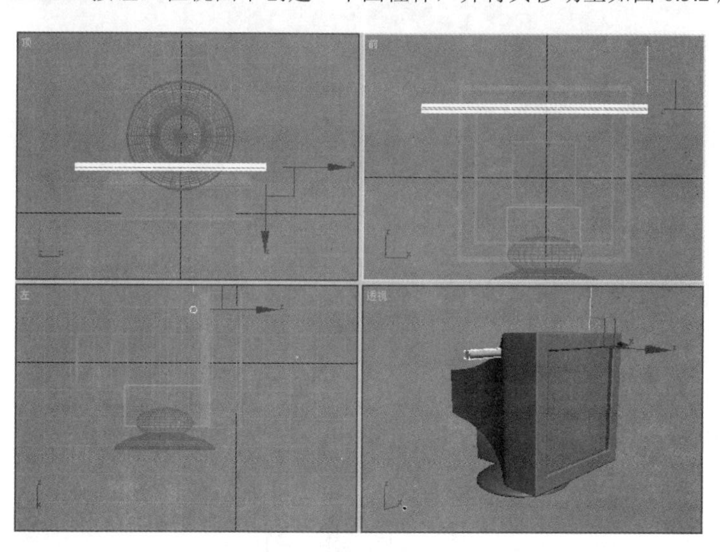

图 6.3.2 创建圆柱体并移动位置

（3）选择 标准基本体 下拉列表中的 复合对象 选项，进入复合对象创建命令面板。在 参数 卷展栏中的 操作 参数设置区中选中 差集(B-A) 单选按钮，然后单击 拾取布尔 卷展栏中的 拾取操作对象 B 按钮，在视图中拾取显示器，效果如图 6.3.3 所示。

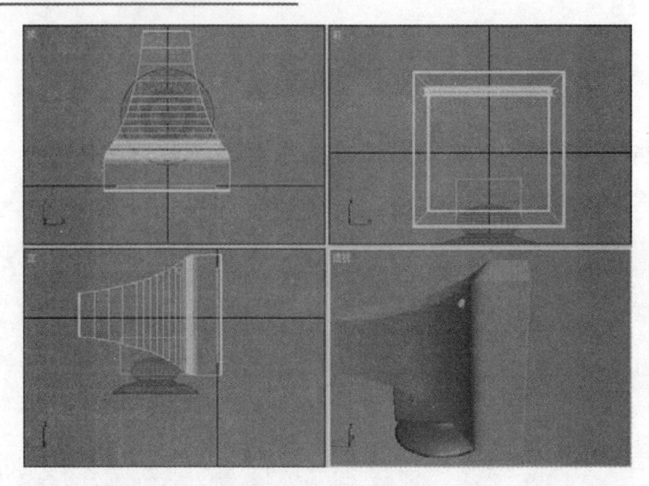

图 6.3.3　布尔运算效果

（4）用同样的方法制作其他散热孔，效果如图 6.3.4 所示。

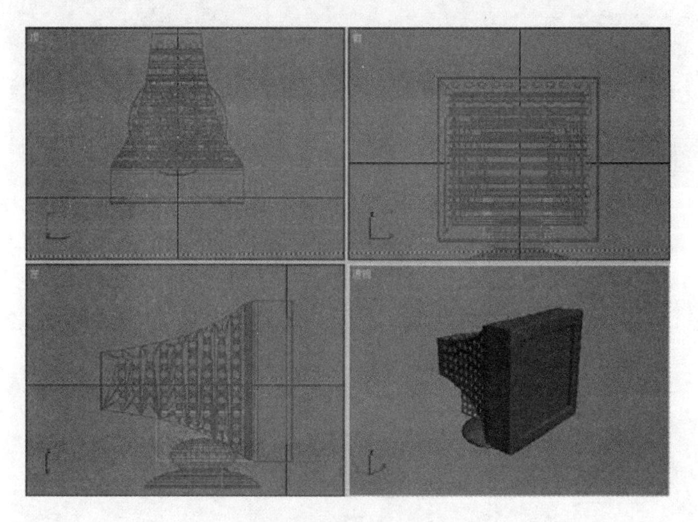

图 6.3.4　制作散热孔效果

本 章 小 结

本章主要介绍了布尔运算和放样建模方法，通过本章的学习，用户应掌握布尔运算的并集、差集和交集运算方法以及放样和放样变形的使用方法。

操 作 练 习

一、填空题

1．布尔运算建模是指将两个以上的物体进行交集、________、________和切割运算。

2．________运算将使两个相交物体的公共部分生成新的物体。

二、简答题

1．放样物体有哪 3 种创建方法？用不同方法创建的放样物体有什么异同？

2．布尔运算有几种方法？它们分别是什么？

三、上机操作题

1．练习制作如题图 6.1 所示的插头效果。

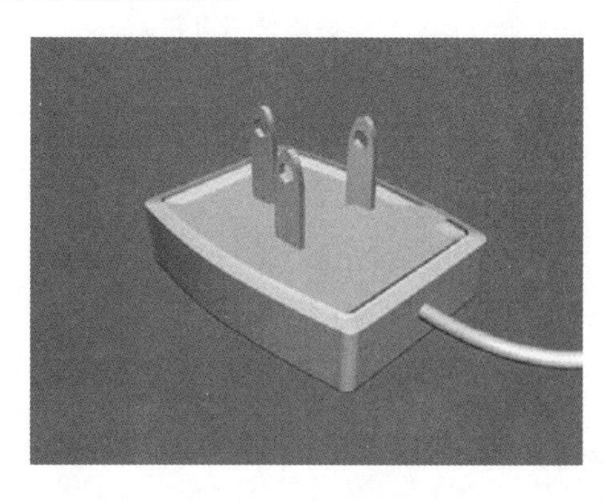

题图 6.1　插头效果

2．练习制作如题图 6.2 所示的花瓶效果。

题图 6.2　花瓶效果

第 7 章　材质和贴图

在 3DS MAX 中可以使用材质和贴图去描绘和模拟物体的各种属性，如物体的颜色、高光、透明度、粗糙和光滑程度等，本章详细介绍材质和贴图的使用方法。

知识要点

- 材质编辑器
- 贴图的使用
- 高级材质和贴图

7.1　材质编辑器

材质编辑器是一个浮动对话框，在其中可建立、编辑、组合材质和贴图，选择 渲染(R) → 材质编辑器(M)... 命令，单击“材质编辑器”按钮或直接按“M”快捷键都可弹出 材质编辑器 对话框，如图 7.1.1 所示。

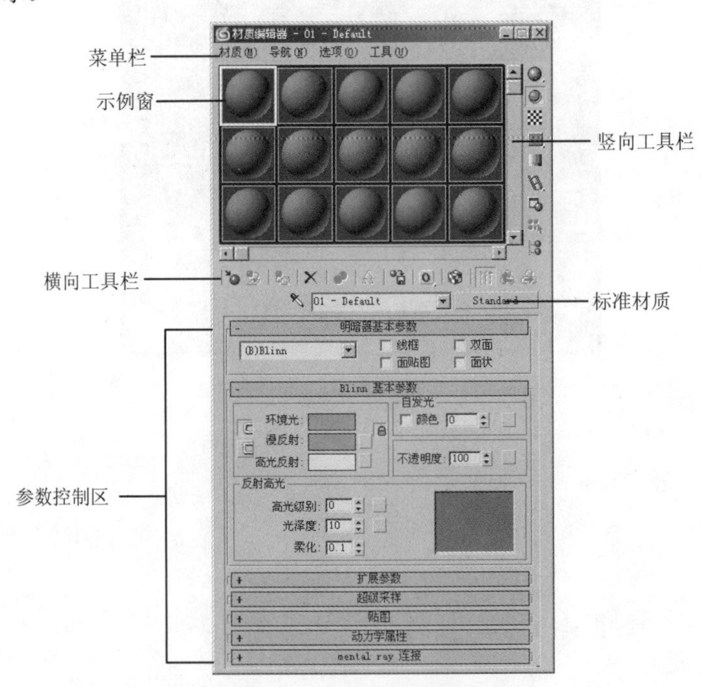

图 7.1.1　“材质编辑器”对话框

因为材质编辑器是一个浮动对话框，所以用户可将其停放在屏幕的任何位置，这有利于观察材质在场景中的效果。材质编辑器主要由菜单栏、示例窗、工具栏和参数控制区 4 个部分组成，下面分别对其进行介绍。

7.1.1　菜单栏

菜单栏主要由 材质(M) 、导航(N) 、选项(O) 和 工具(U) 4 个菜单选项组成，单击任一菜单项都可弹出其相应的下拉菜单，在其中可对材质进行相应的编辑操作。

7.1.2　工具栏

材质编辑器的工具栏包括横向工具栏和竖向工具栏，它们分别位于示例窗的底部和右侧。下面分别进行介绍。

1．横向工具栏

横向工具栏中包含了一些常用的对材质进行编辑操作的工具命令，其中各按钮的含义说明如下：

（1）“获取材质”按钮：单击该按钮时，将弹出如图 7.1.2 所示的 材质/贴图浏览器 对话框，在该对话框中可选择不同的材质和贴图类型。

1） 浏览自: ：在该参数设置区中主要可设置获取材质/贴图的途径。

2） 显示 ：用来设置列表中显示的对象类型。可选中 材质 或 贴图 复选框，也可以两者都选中。

（2）“将材质放入场景”按钮：单击该按钮将复制的材质重新指定给场景中的同名材质。

（3）“将材质指定给选定对象”按钮：单击该按钮将被激活的材质和贴图指定给物体。

（4）“重置贴图/材质为默认设置”按钮：单击该按钮将被激活的样本球恢复到默认设置。

（5）“复制材质”按钮：单击该按钮可将正在场景中使用的材质进行复制。

（6）“放入库”按钮：单击该按钮将设置好参数的材质（贴图）保存起来。

（7）“材质效果通道”按钮：用来选择材质的通道。当按住鼠标不放时，将弹出如图 7.1.3 所示的下拉列表。

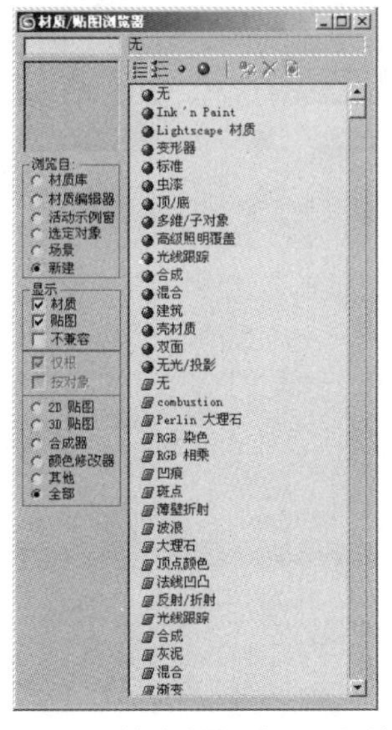

图 7.1.2　“材质/贴图浏览器”对话框　　图 7.1.3　“材质效果通道”下拉列表

（8）“在视图中显示贴图”按钮：单击此按钮可在当前视图中显示材质贴图效果，但只能显示一层贴图效果。

（9）“显示最终结果”按钮：单击此按钮后可显示材质的最终结果。

（10）“转到父对象”按钮：单击此按钮可转到材质编辑层级的上一级。

（11）“转到下一个同级项”按钮：单击此按钮可转到下一同级层。

2．竖向工具栏

竖向工具栏可用来改变样本视窗中的显示状态，其中各按钮的含义说明如下：

（1）“采样类型”按钮：按住该图标会弹出 3 个图标，分别是圆柱体、立方体和球体，如图 7.1.4 所示，选中其中一个图标，可以将当前被激活的样本球转变成该形状。

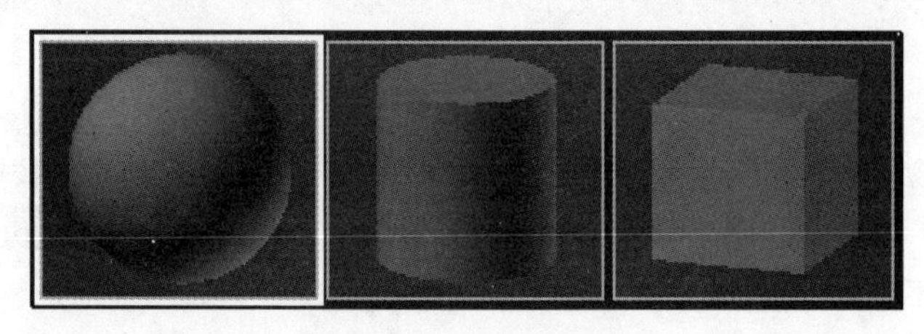

图 7.1.4　不同样本球形状

（2）“背光”按钮：每一个样本球都有两个光源照射，分别位于左上角和右下角，单击此按钮可打开或关闭背景光。

（3）“背景”按钮：该按钮主要用于观察透明物体的透明程度，单击该按钮，可以看到设有透明属性的样本球的背景图案。

（4）“采样 UV 平铺”按钮：可设置在示例窗观察贴图重复效果。

（5）“视频颜色检查”按钮：单击此按钮，检查材质颜色是否超过视频的限制范围。

（6）“生成预览”按钮：该按钮用于制作动画预览。单击该按钮，弹出创建材质预览对话框，如图 7.1.5 所示。

在该对话框中的预览范围参数设置区中有两个文本框，在其中可以确定制作动画预览的范围，制成的动画预览在默认情况下可以自动由 Windows 下的多媒体播放器播放。

（7）“选项”按钮：单击该按钮，弹出材质编辑器选项对话框，如图 7.1.6 所示。

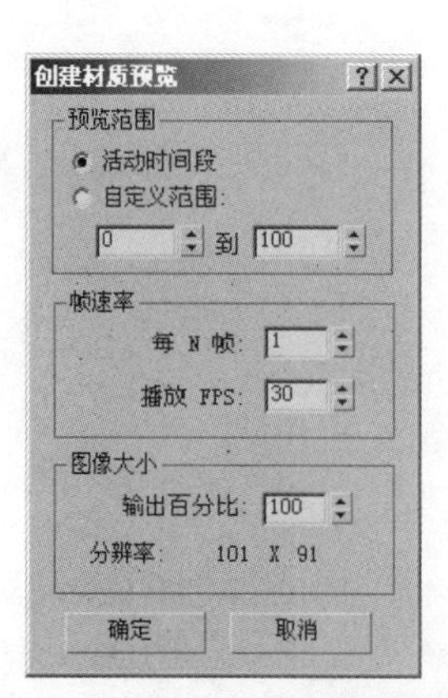

图 7.1.5　“创建材质预览”对话框

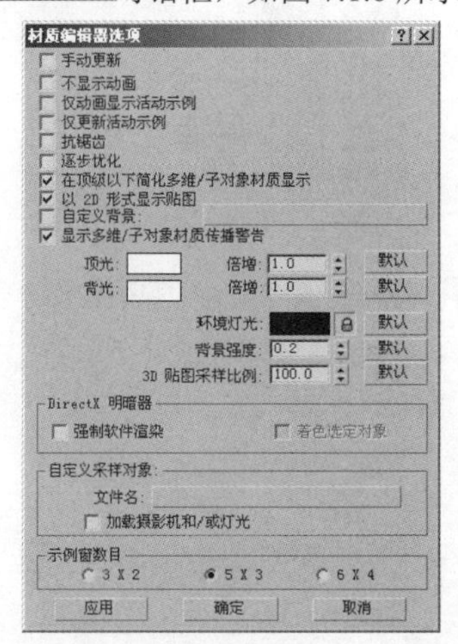

图 7.1.6　“材质编辑器选项”对话框

在该对话框中可以针对材质编辑器本身进行设置，例如设置示例窗数目、自定义背景、光强度、

样本球颜色以及环境灯光等。

（8）“按材质选择”按钮：单击该按钮，弹出材质/贴图导航器对话框，如图 7.1.7 所示。在该对话框中有 4 个按钮，分别代表 4 种表示材质结构的显示方式。

1）“查看列表”按钮：单击此按钮，显示方式如图 7.1.7 所示。

2）“查看列表＋图标”按钮：单击此按钮，显示方式如图 7.1.8 所示。

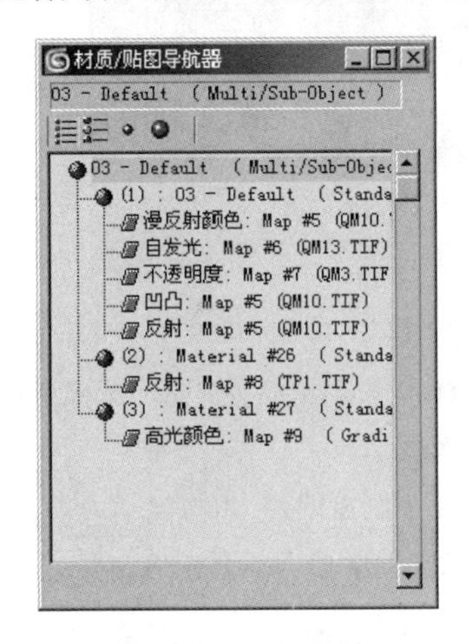

图 7.1.7　“材质/贴图导航器”对话框

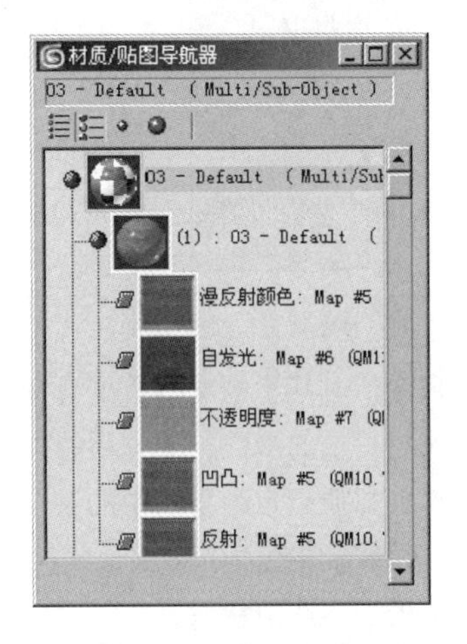

图 7.1.8　查看列表＋图标

3）“查看小图标”按钮：单击此按钮，将以小图标方式显示，如图 7.1.9 所示。

4）“查看大图标”按钮：单击此按钮，将以大图标方式显示，如图 7.1.10 所示。

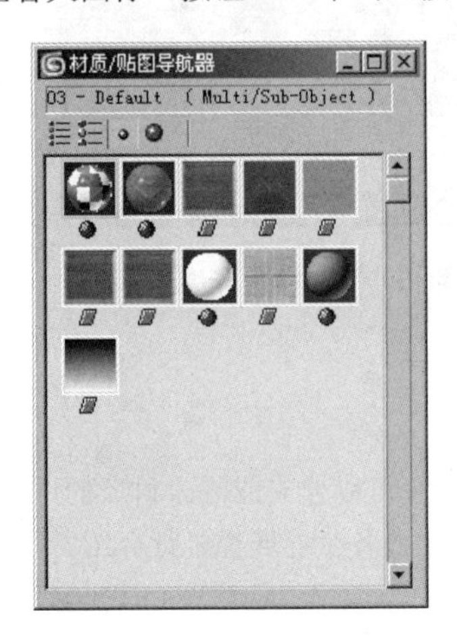

图 7.1.9　小图标显示方式

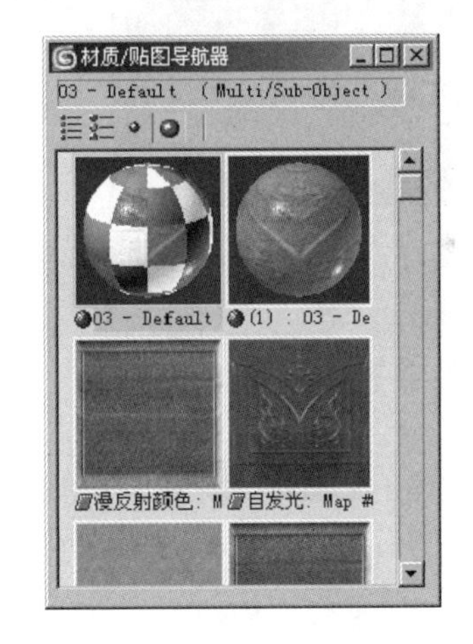

图 7.1.10　大图标显示方式

（9）“材质/贴图导航器”按钮：单击该按钮，可以以分层的方式展示被激活样本球所赋予的各种材质和贴图的层次关系。

7.1.3　示例窗

在示例窗中有 24 个可预览材质和贴图的样本球，单击其中任何一个即可激活材质样本，高亮显示边框的材质样本球为当前激活状态。在默认情况下，工作区中是全部显示的，但用户可改变其显示状况。在任意一个样本球上单击鼠标右键，可弹出一个快捷菜单，如图 7.1.11 所示，在其中用户可设置材质的显示方式、样本球的操作和显示样本球的数目等。

比如在样本球窗口快捷菜单中选择 5 X 3 示例窗 显示模式，则示例窗变成如图 7.1.12 所示。

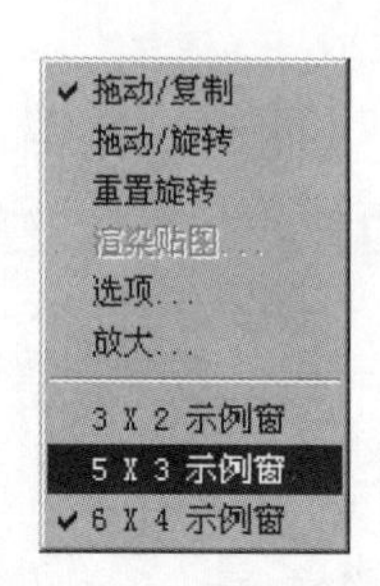

图 7.1.11 样本球窗口快捷菜单

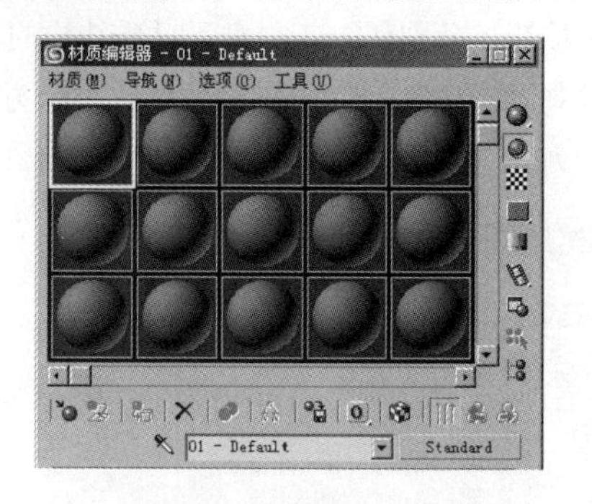

图 7.1.12 5×3 显示模式

当样本球被激活时其示例窗的边框会变成白色，双击样本球可放大示例窗，这样可以更加清晰、直观地编辑和调整材质的参数，放大后的样本球如图 7.1.13 所示。

当将样本球的材质指定给场景中的某个物体后，其所在示例窗的 4 角将显示为白色或灰色三角形，如图 7.1.14 所示。白色表示被赋予此材质的对象在场景中处于选中状态；灰色表示被赋予此材质的对象在场景中处于非选中状态。

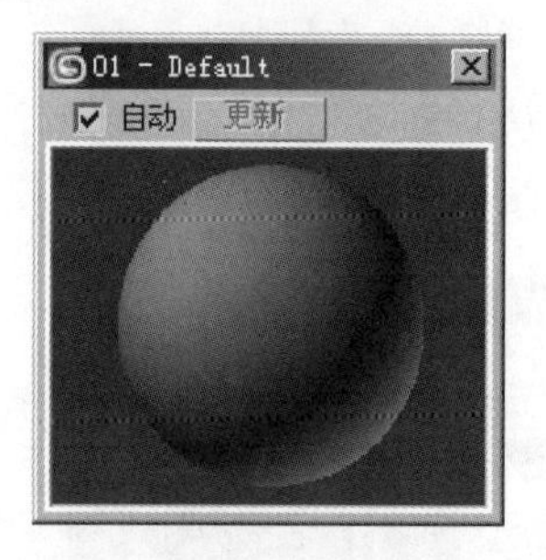

图 7.1.13 放大后的样本球

图 7.1.14 示例窗边角显示状态

7.1.4 参数控制区

参数控制区位于 材质编辑器 对话框的下部，其中包含了可以建立或修改材质的许多参数，这些参数影响着当前激活材质的显示。下面分别对参数控制区中的各个卷展栏进行介绍。

1. “明暗器基本参数”卷展栏

“明暗器基本参数”卷展栏如图 7.1.15 所示，在其中系统提供了 8 种着色类型：（A）各向异性、（B）Blinn、（M）金属、（ML）多层、（O）Oren-Nayar-Blinn、（P）Phong、（S）Strauss 和（T）半透明明暗器。单击 (B)Blinn 下拉列表框可显示各种着色类型，如图 7.1.16 所示。

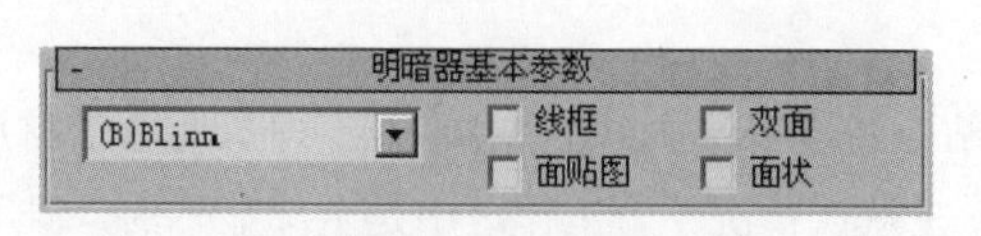

图 7.1.15 “明暗器基本参数”卷展栏

图 7.1.16 8 种着色类型

（1）（A）各向异性着色类型：该着色类型可使物体表面产生长形高光，一般用于玻璃器皿、头发、抛光物体等。

（2）（B）Blinn 着色类型：该着色类型将以光滑的方式进行渲染，是系统默认的着色类型，它与（P）Phong 着色类型非常相似。

（3）（P）Phong 着色类型：该着色类型为最常用的方式之一，它可用于除金属以外的硬性材料。

（4）（M）金属着色类型：该着色类型用于金属材料的制作。

（5）（ML）多层着色类型：该着色类型可以分别设置两层高光的参数。

（6）（O）Oren-Nayar-Blinn 着色类型：该着色类型一般用于没有反光的材质，如布料、陶土等。

（7）（S）Strauss 着色类型：该着色类型与金属着色类型相似，但它的操作要比金属着色类型要简单。

（8）（T）半透明明暗器：该着色类型一般用于制作半透明材质，如玉器、抛光玻璃等。

在着色类型的右边是 4 种不同的渲染方式：☑ 线框、☑ 双面、☑ 面贴图和☑ 面状，其含义说明如下：

（1）☑ 线框：选中该复选框，物体将以线框的形式渲染。

（2）☑ 双面：3DS MAX 8.0 默认只渲染面对摄影机的这一面。双面渲染主要用于渲染玻璃、线框等透明物体。

（3）☑ 面贴图：选中该复选框会在物体每个面上贴图。

（4）☑ 面状：选中该复选框将不对物体表面进行光滑处理。

2. “基本参数”卷展栏

在该卷展栏中可以设置漫反射颜色、高光级别、透明度等参数，当选择不同的着色方式时，该卷展栏中的参数显示也不一样。下面以最常用的（B）Blinn 方式为例来介绍其参数的功能，“Blinn 基本参数”卷展栏如图 7.1.17 所示。

（1）漫反射：用来控制在远离光源的阴暗区域显示的颜色。单击其后的颜色块，弹出颜色选择器对话框，如图 7.1.18 所示，在该对话框中可以对颜色参数进行设置。

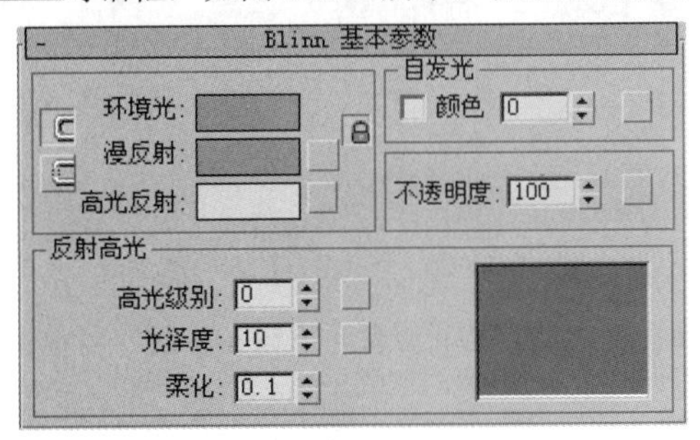

图 7.1.17　“Blinn 基本参数”卷展栏

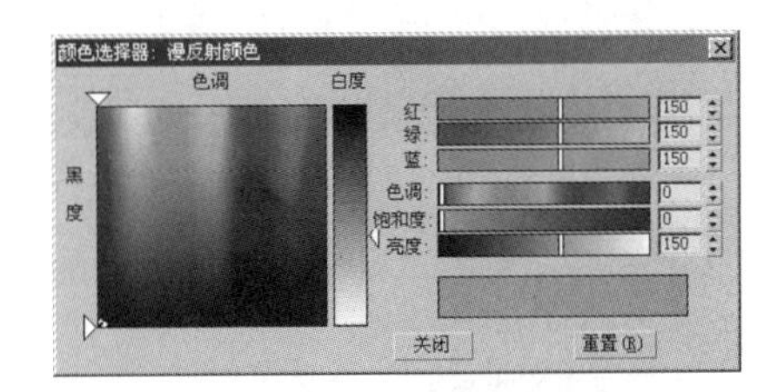

图 7.1.18　“颜色选择器”对话框

（2）环境光：指物体阴暗部分反射的颜色，样本球中指的是样本球右下角区域的颜色。

（3）高光反射：指物体表面强烈反射区域的颜色。

（4）高光级别：用来表现物体表面反光的程度，如玻璃表面高光强度很大，而泥土则没有高光强度。

（5）光泽度：用来表现物体表面的光滑程度，如毛玻璃的反光度很低，而一般玻璃的反光度很高。

（6）柔化：用来产生从高光区到表面色的柔和过渡。

（7）自发光：使物体在没有灯光的情况下也可看见，主要用来模拟像灯一类会发光的物体。但事实上它并不能发光影响周围的物体，除非与全局光效合用。

（8）不透明度：用来表现物体的透明程度。

3．“扩展参数”卷展栏

“扩展参数”卷展栏如图 7.1.19 所示，其中的参数是对材质的各种属性进行扩展和补充，下面将对其中的参数进行说明。

（1）高级透明：用来控制衰减的内外方式、指定数量，其中“内”选项用来增加透明度到物体内部更远的地方，“外”选项则与之相反。

（2）内：选中此单选按钮，将从边沿向中间增加透明度。

（3）外：选中此单选按钮，将从中间向边沿增加透明度。

（4）数量：用来设置衰减的程度。

（5）线框：用来设置物体以线框形式渲染时线框的粗细。如果在“明暗方式”卷展栏中使用线框模式，可以用像素或单位值来精确控制。

（6）反射暗淡：用来控制有反射特性的物体表面的反射强弱，可以使用应用选项。暗淡级别设置控制在阴影里的反射强度，反射强度用来设置所有不在阴影区范围内的反射强度。

4．“贴图”卷展栏

“贴图”卷展栏如图 7.1.20 所示，在其中包含了许多贴图通道，用来创建复杂材质贴图，如漫反射颜色、高光级别、自发光等。

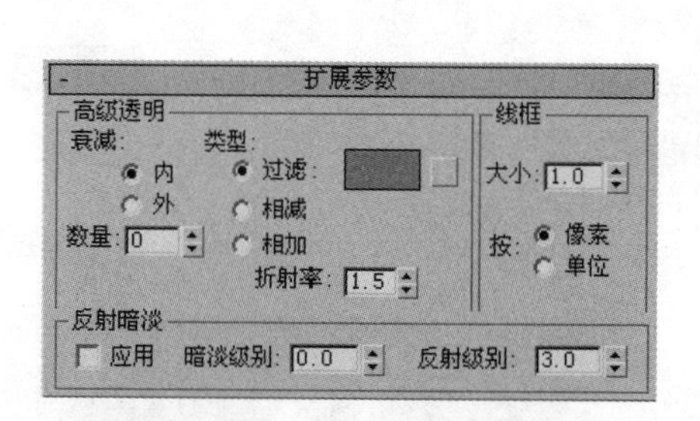

图 7.1.19 “扩展参数”卷展栏

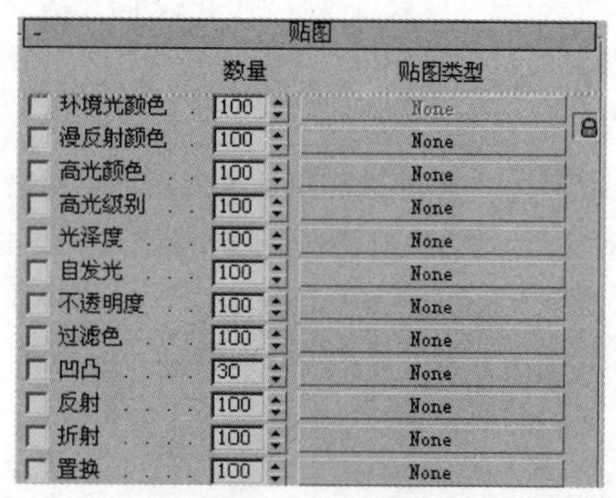

图 7.1.20 “贴图”卷展栏

（1）环境光颜色：贴图控制环境光的量和颜色，一般情况下与表面色锁在一起，可单击“锁定”按钮将它打开。

（2）漫反射颜色：贴图决定了物体表面的纹理和颜色，是最常用的贴图通道。

（3）高光颜色：贴图决定了材质高光部分的纹理和颜色，用来产生特殊效果。

（4）高光级别：用贴图的灰度值代替高光强度参数，可产生在同一物体上具有不同高光强度的特殊效果。

（5）光泽度：用贴图的灰度值代替反光度参数，可产生在同一物体上具有不同反光度的特殊效果。

（6）自发光：用贴图控制材质自发光的程度，可在同一物体上产生不同程度的发光。

（7）不透明度：用贴图的灰度值来控制物体的透明程度，可产生物体局部透明或过渡透明等

特殊效果。

（8）☑过滤色：用来给透明材质物体的某一区域加上纹理和颜色，常用来制作印花玻璃的效果。

（9）☑凹凸：用贴图的灰度来产生物体表面不同程度的凹凸。但这种材质仅能使物体表面看起来凹凸不平，实质上并没有使物体发生变形。

（10）☑反射：用贴图来表现物体表面的反射特性，如玻璃、金属、瓷器等。

（11）☑折射：用贴图来模拟光线穿过透明物体时所产生的折射效果，如玻璃、水等。

（12）☑置换：用贴图的灰度使物体表面产生真正的凹凸，使物体表面发生变形。

5．“超级采样”卷展栏

“超级采样”卷展栏如图 7.1.21 所示，它主要用来设置利用不同的样品影响材质的外观属性。

6．“动力学属性”卷展栏

“动力学属性”卷展栏如图 7.1.22 所示，它只有当进入动力学系统中时才起作用，其中包括反弹系数、静摩擦和滑动摩擦的设置。

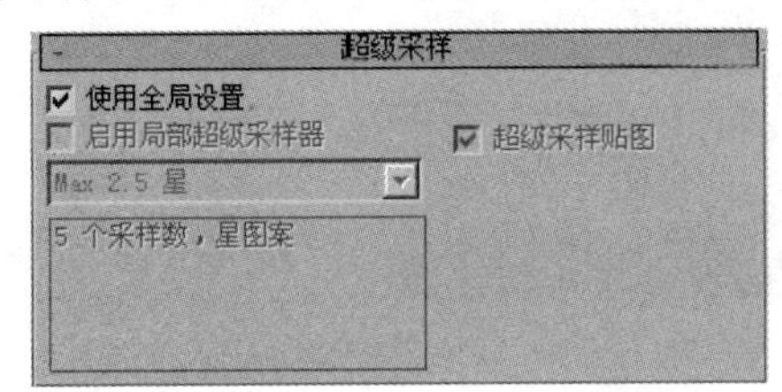

图 7.1.21　“超级采样”卷展栏

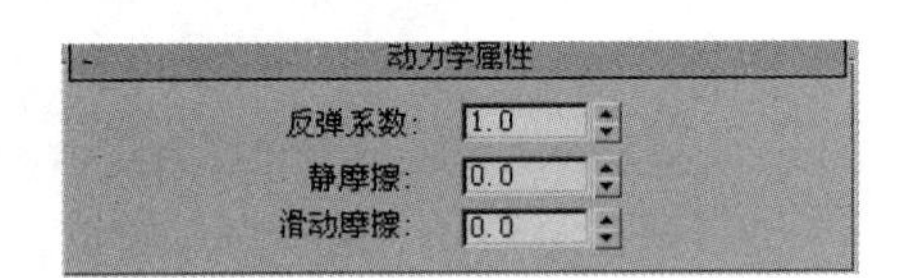

图 7.1.22　“动力学属性”卷展栏

7．“mental ray 连接”卷展栏

“mental ray 连接”卷展栏如图 7.1.23 所示，它是针对于 mental ray 渲染器而言的。只有当系统开启了 mental ray 渲染器时，“mental ray 连接”卷展栏中的参数设置才有意义。

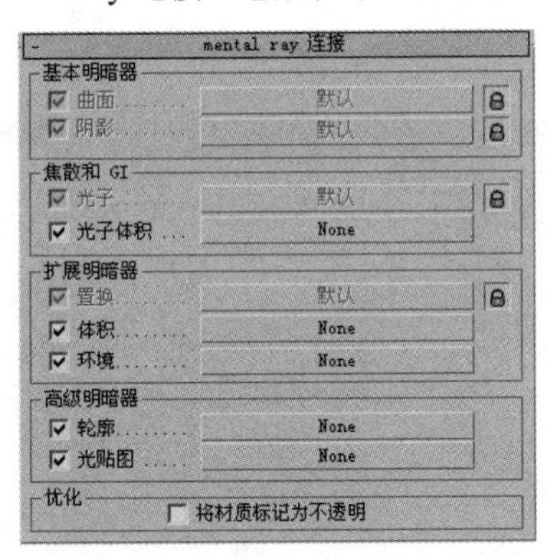

图 7.1.23　“mental ray 连接”卷展栏

7.2　贴图的使用

含有一个或几个贴图的材质称为贴图材质。根据需要可以更改材质的贴图，并按需要更改贴图的类型，对贴图而言最重要的就是要知道贴图在物体上的位置、大小、方向、比例等，这些在很大程度上影响了图像的渲染效果，这需要用贴图坐标来指定物体贴图的信息。

7.2.1 贴图坐标

贴图坐标可以控制贴图在物体表面如何放置，通过指定不同的贴图方式可以得到不同的效果，下面结合实例对贴图坐标进行调整。

1．调整贴图坐标参数

（1）选择 文件(F) → 重置(R) 命令，重新设置系统。

（2）单击“创建”按钮，进入创建命令面板。单击“几何体”按钮，进入几何体创建命令面板。在顶视图中分别创建一个立方体、一个圆柱体和一个球体，并调整它们的位置如图 7.2.1 所示。

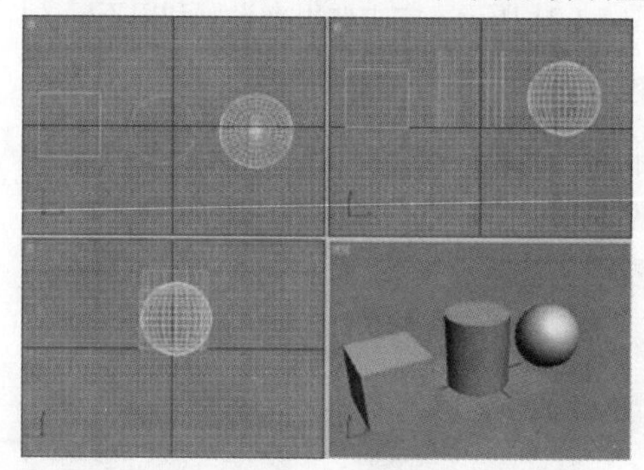

图 7.2.1 创建场景

（3）单击 Blinn 基本参数 卷展栏中 漫反射: 右面的按钮，弹出 材质/贴图浏览器 对话框，双击 位图 选项，弹出 选择位图图像文件 对话框，在其中选择一个贴图文件，然后单击 打开(O) 按钮。

（4）选中所有物体，单击 材质编辑器 对话框中的“将材质指定给选定对象”按钮，将材质指定给选定对象。

（5）激活透视图，单击工具栏中的“快速渲染”按钮进行渲染，效果如图 7.2.2 所示。

图 7.2.2 渲染效果

（6）展开 贴图 卷展栏，单击 ☑ 漫反射颜色 右面的 Map #1 (TP4.TIF) 按钮，进入该贴图参数设置面板。

（7）单击“在视口中显示贴图”按钮，被指定的材质效果将在透视图中显示出来，如图 7.2.3 所示。

图 7.2.3　在透视图中显示贴图

（8）在 坐标 参数卷展栏中设置 W: 向 角度 为 45，则物体上所有贴图将旋转 45°，效果如图 7.2.4 所示。

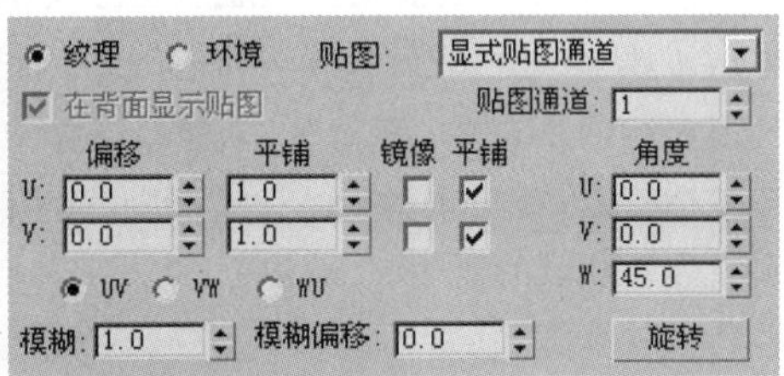

图 7.2.4　旋转贴图角度效果

同样，如果在 坐标 卷展栏中设置 U: 向 偏移 为 0.25，则材质上的贴图将向右平移；设置 V: 向 偏移 为 0.25，材质上的贴图将向上平移。

2．使用 UVW 贴图坐标

大部分的材质贴图都是指定到 3D 表面的二维贴图，用来描述贴图位置及其变化的坐标系与 3D 空间的三维坐标 X，Y，Z 有所不同，为了将其区分开来，贴图坐标使用 U，V，W 来表示坐标轴。

一般来说，U，V，W 坐标平行于 X，Y，Z 坐标，U 对应于 X 坐标，V 对应于 Y 坐标，W 对应于 Z 坐标。

在视图中选择需要添加 UVW 贴图坐标的物体后，单击“修改”按钮，进入修改命令面板，然后选择 修改器列表 下拉列表中的 UVW 贴图 命令，UVW 贴图 参数 卷展栏如图 7.2.5 所示。

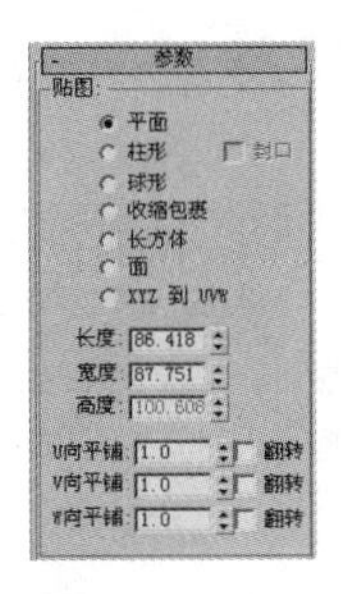

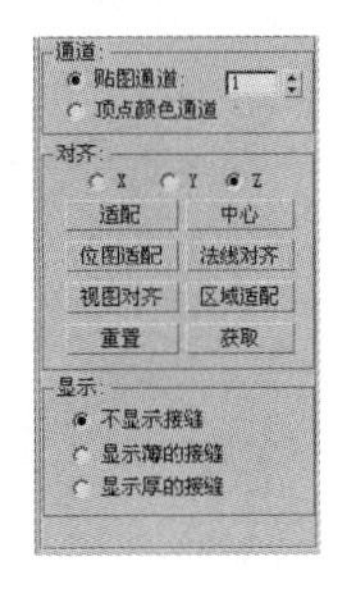

图 7.2.5　UVW 贴图“参数”卷展栏

在 参数 卷展栏中包含了 7 种放置贴图的方式，分别为平面、柱形、球形、收缩包裹、长方体、面和 XYZ 到 UVW。

（1）平面：平面映射方式贴图，用于物体只需一个面贴图的情况。

（2）柱形：投射在一个柱面上，环绕圆柱的侧面。

（3）球形：贴图坐标以球面方式环绕在物体表面。

（4）收缩包裹：类似于球形，但它收缩了贴图的四角，使贴图的边聚集在球的一点，使贴图不出现接缝。

（5）长方体：将贴图投射在 6 个面上，每一个面就是一个平面贴图。

（6）面：以物体自身的面为单位进行投射贴图。

（7）XYZ 到 UVW：贴图坐标的 XYZ 轴自动适配物体表面的 UVW 方向。

（8）长度：用来设置边界盒的长度。

（9）宽度：用来设置边界盒的宽度。

（10）高度：用来设置边界盒的高度。

在 UVW 贴图坐标的 - 参数 卷展栏中用户可为物体选择不同的贴图放置方式，另外在修改堆栈中单击 UVW 贴图前面的“+”号，展开其下拉列表，选择 Gizmo 选项，用户即可使用工具栏中的“选择并移动”工具、选择并旋转”工具以及“选择并均匀缩放”工具对 UVW 贴图坐标的边界盒进行移动、旋转和缩放，并且在移动、旋转和缩放边界盒的同时，物体上的贴图也会随之发生相应的变化。

7.2.2 贴图通道

在“贴图”卷展栏中共有 12 种不同的贴图通道，分别为环境光颜色贴图、漫反射颜色贴图、高光颜色贴图、高光级别贴图、光泽度贴图、自发光贴图、不透明度贴图、过滤色贴图、凹凸贴图、反射贴图、折射贴图、置换贴图。它们受材质和正在使用的着色类型影响。下面介绍几种常用的贴图通道。

1. 反射贴图

（1）单击“创建”按钮，进入创建命令面板。单击“几何体”按钮，进入几何体创建命令面板。在视图中创建一个长方体和一个茶壶，并将其移动至如图 7.2.6 所示的位置。

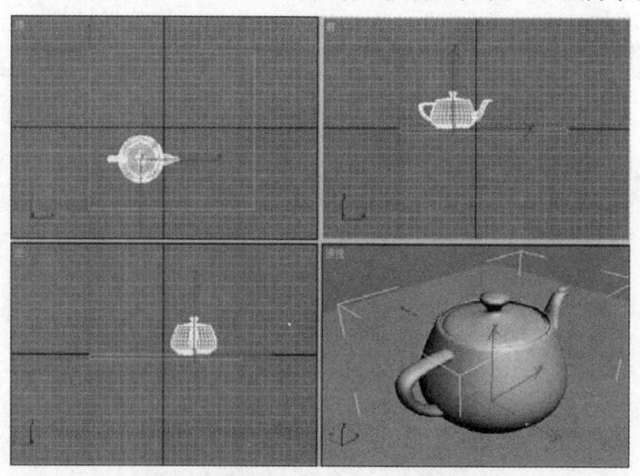

图 7.2.6　创建并移动长方体和茶壶

（2）单击工具栏中的“材质编辑器”按钮，弹出材质编辑器对话框，然后选择一个材质球，单击“将材质指定给选定对象”按钮，将材质指定给茶壶。

（3）打开“贴图”卷展栏，单击☑漫反射颜色右边的 None 按钮，弹出材质/贴图浏览器对话框，然后选择位图选项并单击确定按钮，在弹出的选择位图图像文件对话框中选择一张位图贴图图片，设置参数如图 7.2.7 所示。

（4）选择另一个材质球，并将其指定给长方体，将它的漫反射贴图设置为木纹贴图。打开“贴图”卷展栏，单击☑反射右边的 None 按钮，弹出材质/贴图浏览器对话框，选择光线跟踪选项，单击确定按钮，设置“光线跟踪”参数如图 7.2.8 所示，然后单击“转到父对象”按钮，设置反射的数量为 30。

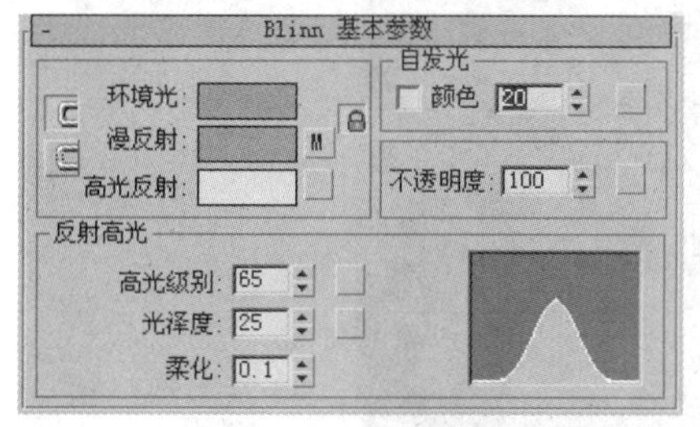

图 7.2.7 贴图参数设置

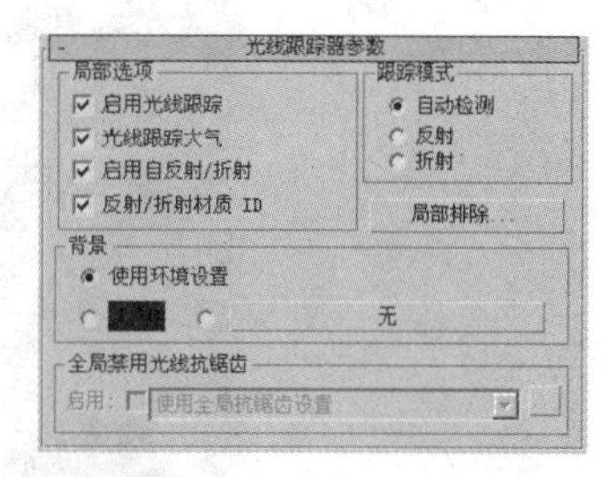

图 7.2.8 “光线跟踪”参数设置

（5）单击工具栏中的“快速渲染”按钮，反射贴图效果如图 7.2.9 所示。

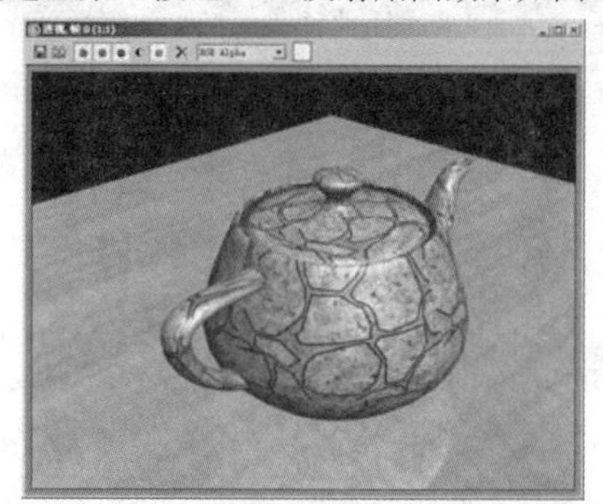

图 7.2.9 反射贴图效果

2．自发光贴图

（1）单击“创建”按钮，进入创建命令面板。单击“几何体”按钮，进入几何体创建命令面板。单击茶壶按钮，在视图中创建一个茶壶，如图 7.2.10 所示。

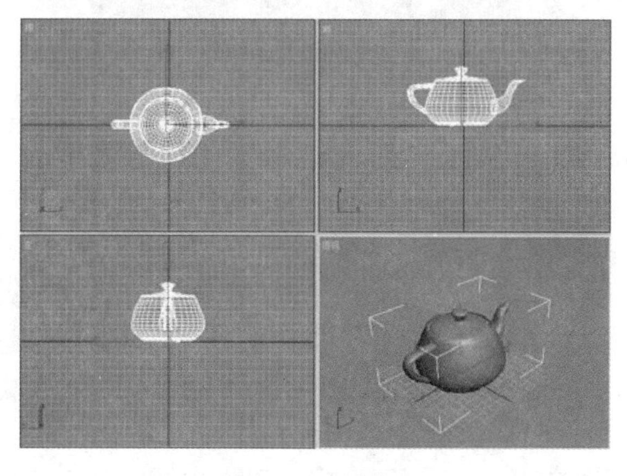

图 7.2.10 创建茶壶

（2）单击工具栏中的“材质编辑器”按钮，弹出材质编辑器对话框，选择一个材质球，单击“将材质指定给选定对象”按钮，将材质指定给茶壶。

（3）打开“贴图”卷展栏，单击☑自发光右边的None按钮，弹出材质/贴图浏览器对话框，然后选择位图选项并单击确定按钮，在弹出的选择位图图像文件对话框中选择一张位图图片。

（4）单击工具栏中的“快速渲染”按钮，自发光贴图效果如图 7.2.11 所示。

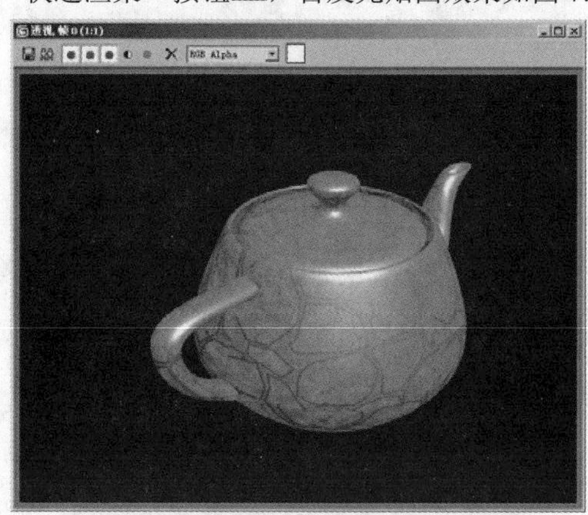

图 7.2.11　自发光贴图效果

3. 不透明度贴图

不透明度贴图用来决定哪个区域是可见的，哪个区域是透明的。在位图中，白色区域为完全不透明，黑色区域为完全透明。

（1）单击“创建”按钮，进入创建命令面板。单击“几何体”按钮，进入几何体创建命令面板。单击长方体按钮，在视图中创建一个高度为 0 的长方体，如图 7.2.12 所示。

图 7.2.12　创建长方体

（2）单击工具栏中的“材质编辑器”按钮，弹出材质编辑器对话框，选择一个材质球，单击“将材质指定给选定对象”按钮，将材质指定给长方体。

（3）打开“贴图”卷展栏，单击☑漫反射颜色复选框后的None按钮，弹出材质/贴图浏览器对话框，选择位图选项并单击确定按钮，在弹出的选择位图图像文件对话框中选择一张如图 7.2.13 所示的位图图片；单击☑不透明度复选框后的None按钮，弹出材质/贴图浏览器对话框，选择位图选项并单击确定按钮，在弹出的选择位图图像文件对话框中选择一张如图 7.2.14 所示的位图图片。

（4）单击工具栏中的“快速渲染”按钮，不透明贴图效果如图 7.2.15 所示。

图 7.2.13　位图图片 1

图 7.2.14　位图图片 2

图 7.2.15　不透明贴图效果

4．凹凸贴图

凹凸贴图使白色的区域隆起，使越暗的区域越低。

（1）单击“创建”按钮，进入创建命令面板。单击“几何体”按钮，进入几何体创建命令面板。单击按钮，在视图中创建一个长方体，如图 7.2.16 所示。

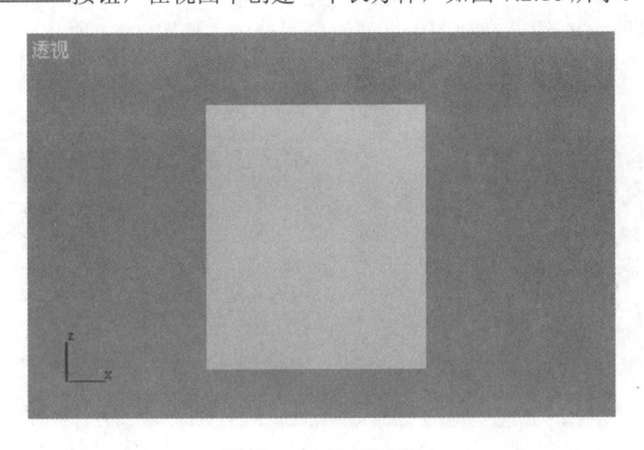

图 7.2.16　创建长方体

（2）单击工具栏中的“材质编辑器”按钮，弹出“材质编辑器”对话框，选择一个材质球，单击“将材质指定给选定对象”按钮，将材质指定给长方体。

（3）打开“贴图”卷展栏，单击“凹凸”右边的“None”按钮，弹出“材质/贴图浏览器”对话框，选择“位图”选项并单击“确定”按钮，在弹出的“选择位图图像文件”对话框中选择一张如图 7.2.17 所示的位图图片，然后将其复制给漫反射贴图。

（4）单击工具栏中的“快速渲染”按钮，凹凸贴图效果如图 7.2.18 所示。

图 7.2.17　凹凸贴图图片

图 7.2.18　凹凸贴图效果

7.3 高级材质和贴图

3DS MAX 中除了标准材质外，还有一些高级材质，用来产生一些特殊的效果，主要有以下几种：光线、无光/投影、多维/子对象材质、融合、双面、顶/底等。

7.3.1 多维/子对象材质

通常一个物体只能有一种材质，如果希望物体的不同部分有不同的材质，就需要使用"多维/子对象材质"，可通过次级对象的材质 ID 号将不同类型的子材质指定给同一个物体。下面结合实例进行说明。

（1）选择文件(F)→重设(R)命令，重新设置系统。

（2）单击"创建"按钮，进入创建命令面板，单击"几何体"按钮，进入几何体创建命令面板，单击圆柱体按钮，在视图中创建一个圆柱体，如图 7.3.1 所示。

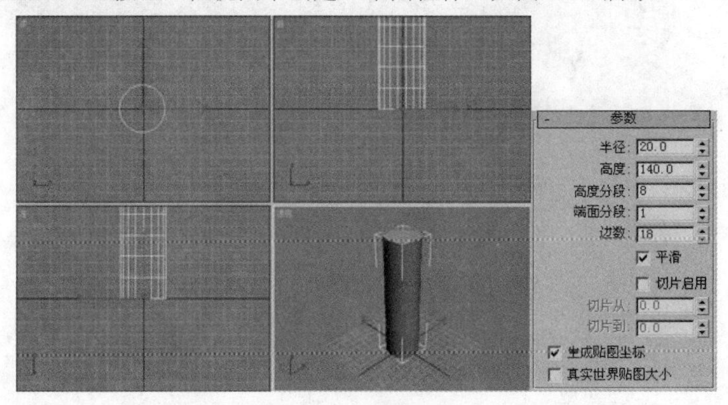

图 7.3.1　创建圆柱体

（3）在视图中选中圆柱体，单击"修改"按钮，进入修改命令面板，选择修改器列表下拉列表中的编辑网格命令，进入网格编辑属性面板，单击选择卷展栏中的"多边形"按钮，在前视图中选中如图 7.3.2 所示的多边形面，选中部分以红色显示。

（4）在曲面属性卷展栏中设置其 ID 号为 1，如图 7.3.3 所示。

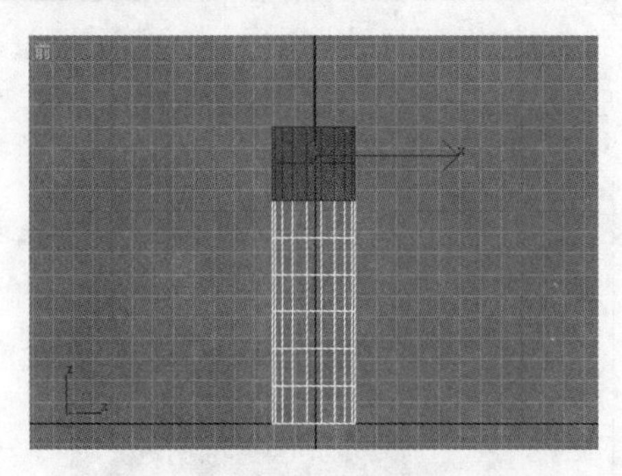

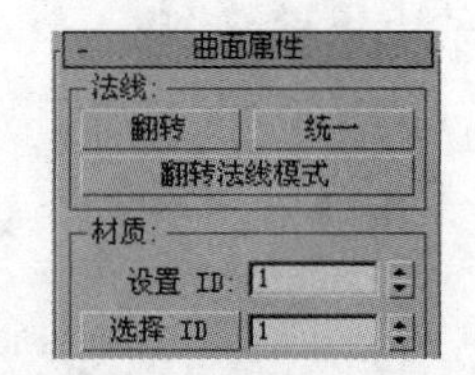

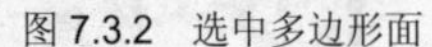

图 7.3.2　选中多边形面　　　　图 7.3.3　设置材质 ID 号为 1

（5）用同样的方法设置圆柱体其他部分的材质 ID 号，如图 7.3.4 和图 7.3.5 所示。

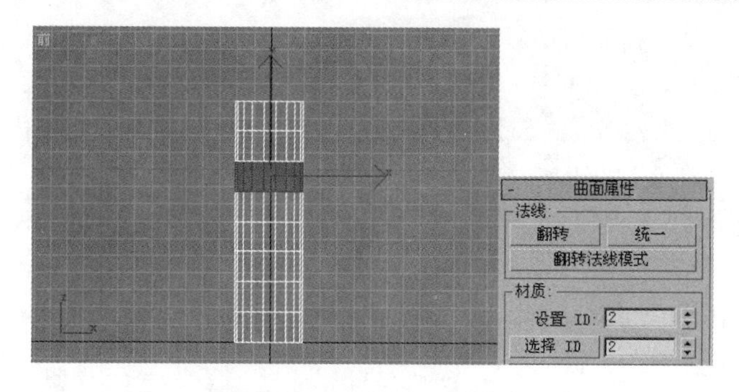

图 7.3.4　设置材质 ID 号为 2

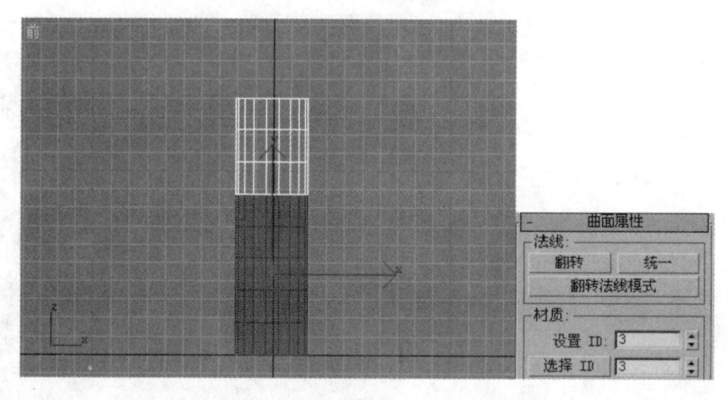

图 7.3.5　设置材质 ID 号为 3

（6）单击工具栏中的“材质编辑器”按钮，弹出材质编辑器对话框，选择一个样本球并命名为“多维/子对象材质”。

（7）单击 Standard 按钮，弹出材质/贴图浏览器对话框，双击多维/子对象选项，弹出替换材质对话框，如图 7.3.6 所示。

（8）单击确定按钮，进入多维/子对象材质设置面板，如图 7.3.7 所示。

替换材质

丢弃旧材质?

将旧材质保存为子材质?

确定　取消

图 7.3.6　“替换材质”对话框

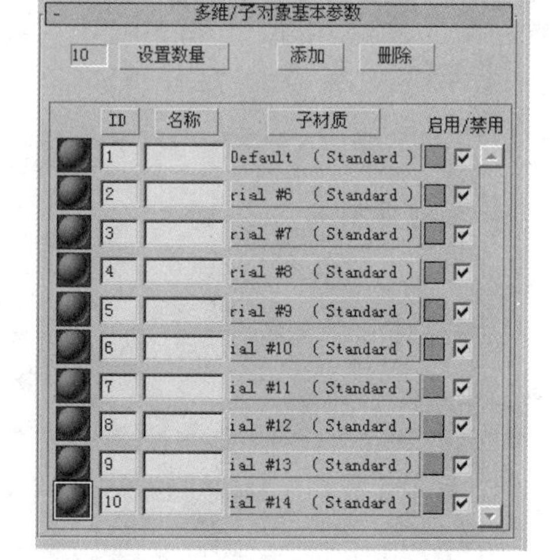

图 7.3.7　多维/子对象材质设置面板

（9）在多维/子对象基本参数卷展栏中单击设置数量按钮，弹出设置材质数量对话框，如图 7.3.8 所示，在其中设置材质数量:为 3，然后单击确定按钮。

（10）单击“材质 1”右面的 Default （Standard） 按钮，进入其材质设置面板，设置 漫反射 颜色为白色，单击“转到父对象”按钮，转到上一级面板。

（11）单击“材质 2”右面的 rial #3 （Standard） 按钮，进入其材质设置面板，设置 漫反射 颜色为黑色，单击“转到父对象”按钮，转到上一级面板。

（12）单击“材质 3”右面的 rial #3 （Standard） 按钮，进入其材质设置面板，设置 漫反射 颜色为蓝色。

（13）选中圆柱体，单击 材质编辑器 对话框中的“将材质指定给选定对象”按钮，将材质指定给圆柱体。

（14）单击工具栏中的“快速渲染”按钮，多维/子对象材质效果如图 7.3.9 所示。

图 7.3.8 “设置材质数量”对话框

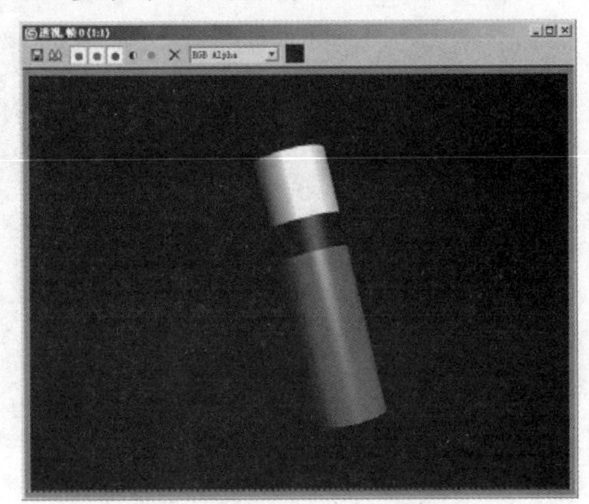

图 7.3.9 多维/子对象材质效果

7.3.2 双面材质

双面材质可以赋予物体正面和背面不同的材质。下面结合实例进行说明。

（1）选择 文件(F) → 重设(R) 命令，重新设置系统。

（2）单击 茶壶 按钮，在视图中创建一个茶壶体，并在 参数 卷展栏中取消选中 壶盖 复选框，如图 7.3.10 所示。

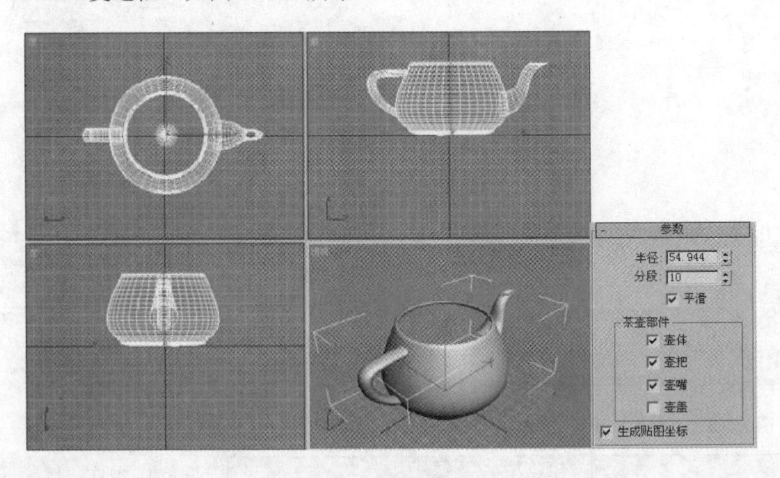

图 7.3.10 创建茶壶体

（3）单击工具栏中的“材质编辑器”按钮，弹出材质编辑器对话框，选择一个样本球并命名为“双面材质”。

（4）单击 Standard 按钮，弹出材质/贴图浏览器对话框，双击 双面 选项，弹出替换材质对话框，如图 7.3.11 所示。

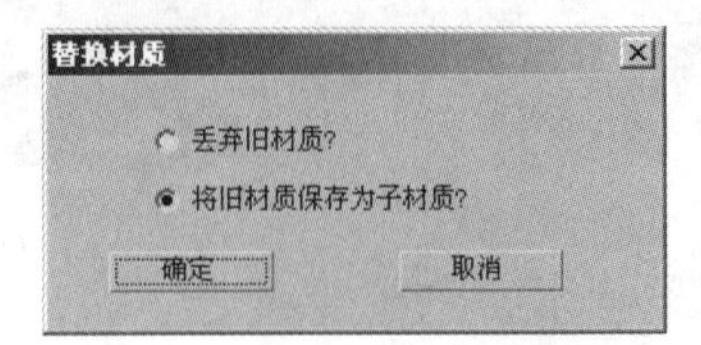

图 7.3.11　“替换材质”对话框

（5）单击 确定 按钮，进入双面材质参数设置面板，如图 7.3.12 所示。

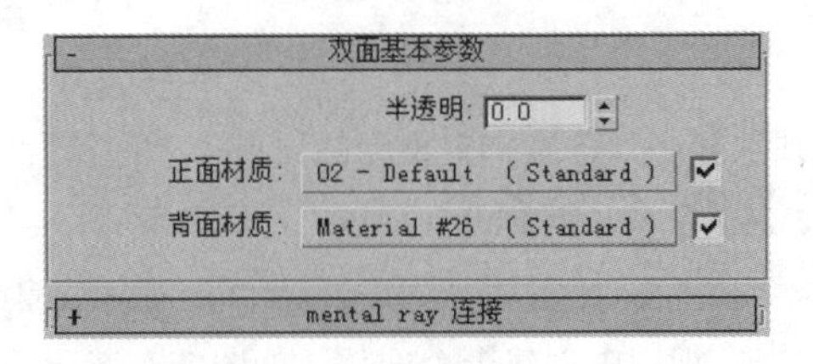

图 7.3.12　双面材质参数设置面板

（6）单击 正面材质: 右面的 02 - Default (Standard) 按钮，进入材质设置面板，为其指定一个材质后，单击“转到父对象”按钮，转到上一级面板；单击 背面材质: 右面的 Material #26 (Standard) 按钮，进入材质设置面板，为其设置另一材质。

（7）选中茶壶，单击“将材质指定给选定对象”按钮，将材质指定给茶壶。

（8）单击工具栏中的“快速渲染”按钮，双面材质效果如图 7.3.13 所示。

图 7.3.13　双面材质效果

7.3.3　无光/投影材质

无光/投影材质赋予物体后，物体不会被渲染出来，但物体投射的阴影是可以被渲染出来的，效果如图 7.3.14 所示。

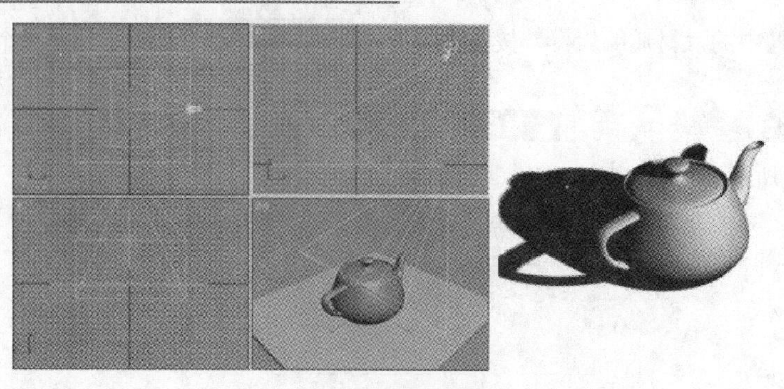

图 7.3.14　无光/投影材质效果

7.3.4　顶/底材质

顶/底材质能够为对象的顶部和底部分别指定不同的材质，下面结合实例进行说明。

（1）选择文件(F)→重设(R)命令，重新设置系统。

（2）单击“创建”按钮，进入创建命令面板。单击“几何体”按钮，进入几何体创建命令面板，单击球体按钮，在视图中创建一个球体，如图 7.3.15 所示。

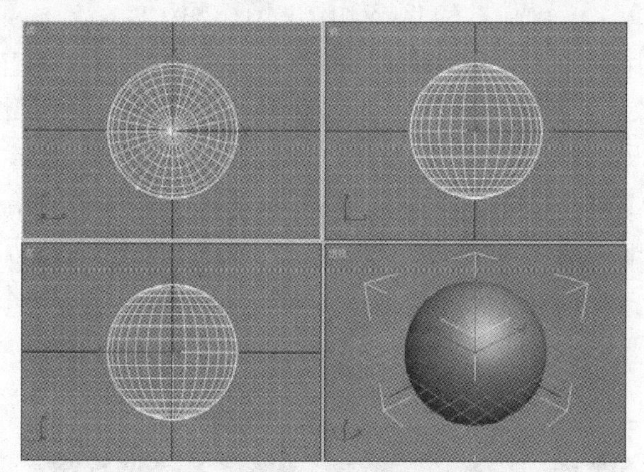

图 7.3.15　创建球体

（3）单击工具栏中的“材质编辑器”按钮，弹出材质编辑器对话框，在其中选择一个样本球，并命名为“顶/底材质”。

（4）单击 Standard 按钮，弹出材质/贴图浏览器对话框，双击顶/底选项，弹出替换材质对话框，如图 7.3.16 所示。

（5）单击确定按钮，进入顶/底材质设置面板，如图 7.3.17 所示。

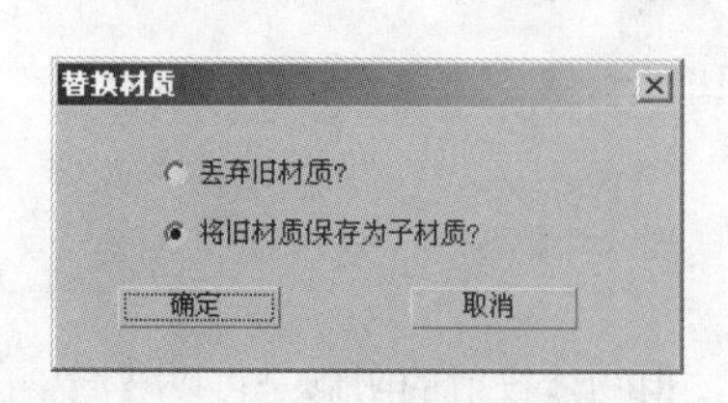

图 7.3.16　“替换材质”对话框

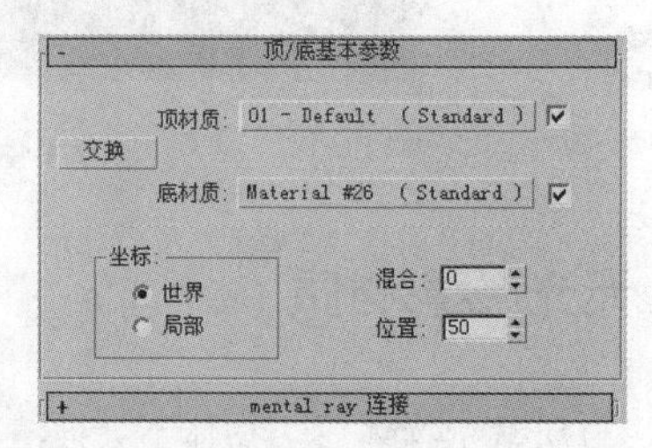

图 7.3.17　顶/底材质设置面板

（6）在 - 顶/底基本参数 卷展栏中单击 顶材质: 右侧的 01 - Default （Standard） 按钮，进入材质设置面板，设置材质参数后，单击“转到父对象”按钮，转到上一级面板。

（7）单击 底材质: 右侧的 Material #26 （Standard） 按钮，进入其材质设置面板，设置材质参数后，单击“转到父对象”按钮，转到上一级面板。

（8）在视图中选中球体，然后单击 材质编辑器 对话框中的“将材质指定给选定对象”按钮，将材质指定给球体。

（9）单击工具栏中的“快速渲染”按钮，顶/底材质效果如图 7.3.18 所示。

（10）在 - 顶/底基本参数 卷展栏中单击 交换 按钮，则顶/底材质相互交换，效果如图 7.3.19 所示。

图 7.3.18　顶/底材质效果

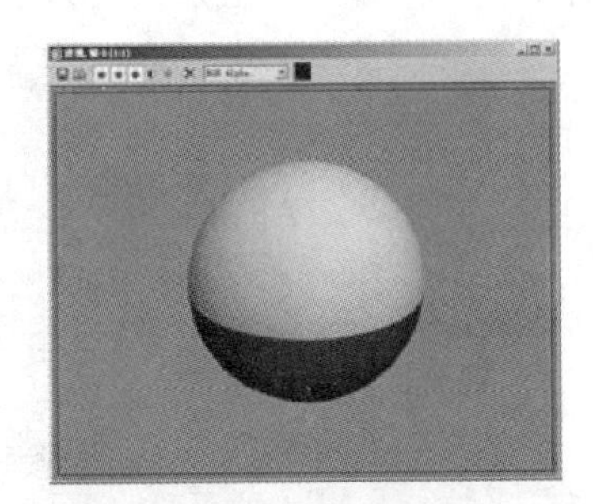

图 7.3.19　交换材质效果

7.4　课堂实战——为显示器制作材质

本节将结合本章所学知识为电脑显示器制作材质，具体操作步骤如下：

（1）选择 文件(F) → 打开(O)... 命令，打开电脑显示器场景，如图 7.4.1 所示。

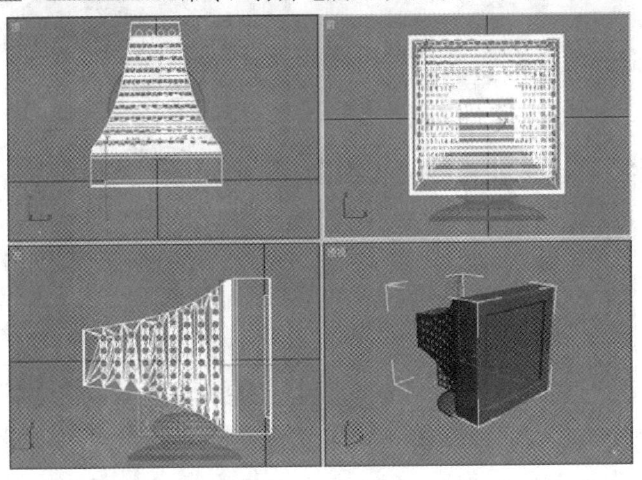

图 7.4.1　打开场景

（2）单击“修改”按钮，进入修改命令面板，单击 - 选择 卷展栏中的“多边形”按钮，在视图中选择如图 7.4.2 所示的多边形面，然后在 - 曲面属性 卷展栏中将材质 ID 号设置为 1。

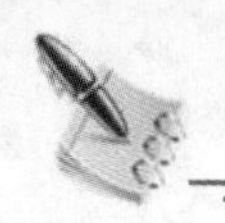

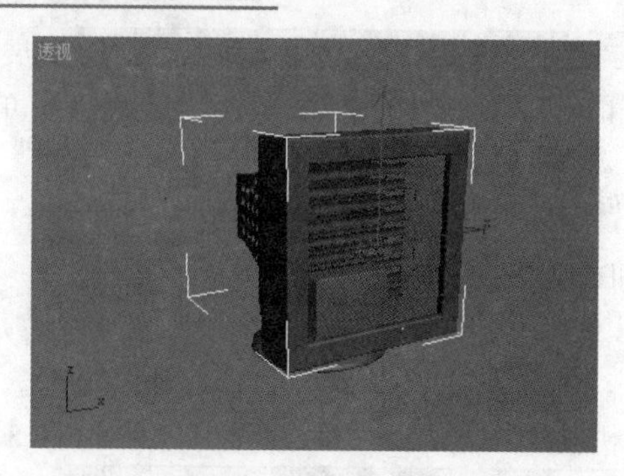

图 7.4.2　设置材质 ID 号为 1

（3）用同样的方法将如图 7.4.3 和图 7.4.4 所示的多边形面的材质 ID 号分别设置为 2 和 3。

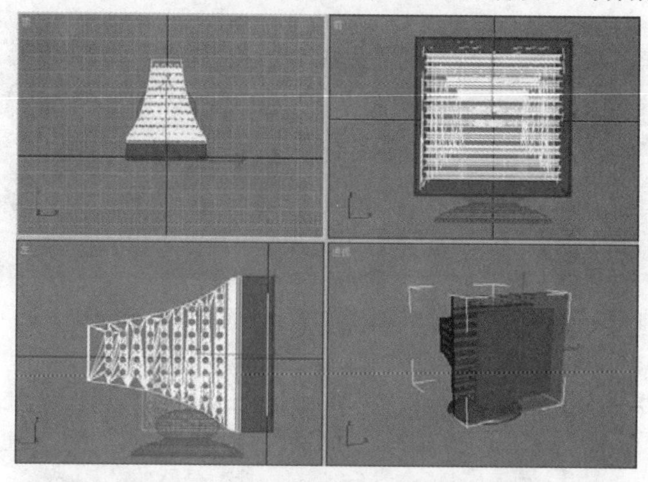

图 7.4.3　设置材质 ID 号为 2

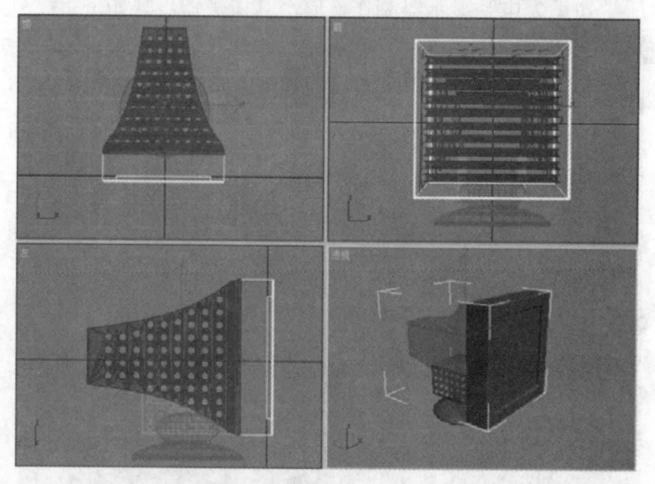

图 7.4.4　设置材质 ID 号为 3

（4）单击工具栏中的“材质编辑器”按钮，弹出“材质编辑器”对话框，选择一个样本球，单击 Standard 按钮，弹出“材质/贴图浏览器”对话框，选择其中的“多维/子对象”选项，然后单击 确定 按钮，弹出“替换材质”对话框，如图 7.4.5 所示，单击 确定 按钮，进入多维/子对象材质设置面板，如图 7.4.6 所示。

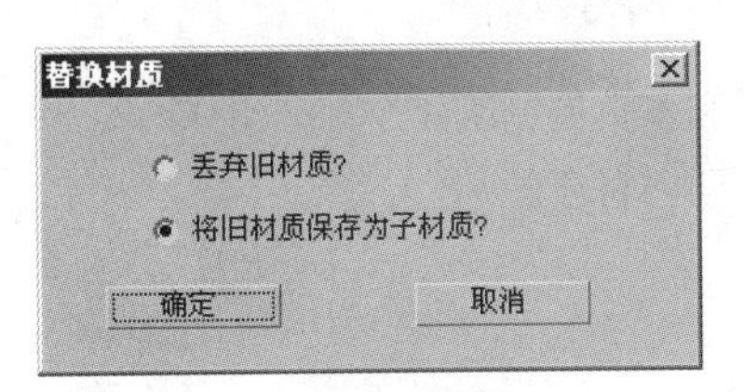

图 7.4.5　“替换材质”对话框

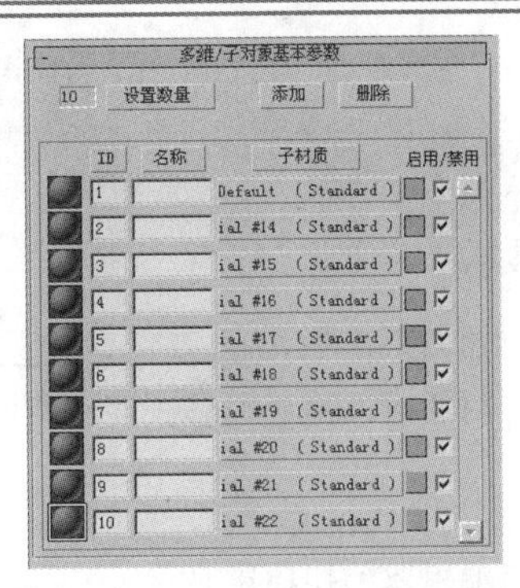

图 7.4.6　多维/子对象材质设置面板

（5）在 - 多维/子对象基本参数 卷展栏中设置材质的数量为 3，然后单击材质 1 后的 Default (Standard) 按钮，进入材质参数设置面板。单击 漫反射: 后的按钮，弹出 材质/贴图浏览器 对话框，将其设置为名为“人物 9.jpg”的位图贴图，设置 高光级别: 为 50，光泽度: 为 20，自发光 为 30。

（6）单击“转到父对象”按钮，返回上一层级，单击材质 2 后的 rial #3 (Standard) 按钮，进入材质参数设置面板，设置其漫反射的颜色为灰色，设置 高光级别: 为 80，光泽度: 为 40，自发光 为 25。

（7）单击“转到父对象”按钮，返回上一层级，单击材质 3 后的 rial #4 (Standard) 按钮，进入材质参数设置面板，设置其漫反射颜色为绿色（R：67，G：169，B：170），高光级别: 为 60，光泽度: 为 30。

（8）将材质指定给显示器，然后单击工具栏中的“快速渲染”按钮，显示器效果如图 7.4.7 所示。

图 7.4.7　显示器效果

本 章 小 结

本章主要介绍了材质编辑器、贴图和高级材质以及贴图的使用。通过本章的学习，用户应掌握为物体制作一些基本材质的方法，并进行参数调整。

操 作 练 习

一、填空题

1．材质编辑器由菜单栏、________、________和参数控制区 4 个部分组成。

2．________材质可以赋予物体正面和背面不同的材质。

二、选择题

1．打开材质编辑器的快捷键是（ ）。

（A）T　　（B）V

（C）G　　（D）M

2．材质编辑器工具栏中的按钮的功能是（ ）。

（A）获取材质　　（B）放置到材质库

（C）将材质指定给被选择物体　　（D）指定材质到场景

三、上机操作题

为电脑桌赋予不同的材质，效果如题图 7.1 所示。

题图 7.1　电脑桌效果

第 8 章　灯光和摄影机

灯光在场景中起着至关重要的作用，3DS MAX 8.0 的摄影机提供了多种视角，使用户使用起来更加方便，本章详细介绍灯光和摄影机的使用方法。

知识要点

⊙ 灯光
⊙ 摄影机

8.1　灯　　光

给场景添加灯光可以更好地表现物体和材质以及某些光线的特殊效果。在 3DS MAX 8.0 中，将灯光分为标准灯光和光度学灯光两类，本节对其进行详细介绍。

8.1.1　标准灯光

单击“创建”按钮，进入创建命令面板，单击“灯光”按钮，即可进入标准灯光创建命令面板，如图 8.1.1 所示。该面板中包括 8 种类型的灯光，分别为目标聚光灯、自由聚光灯、目标平行光、自由平行光、泛光灯、天光、mr 区域泛光灯和 mr 区域聚光灯。下面分别对其进行介绍。

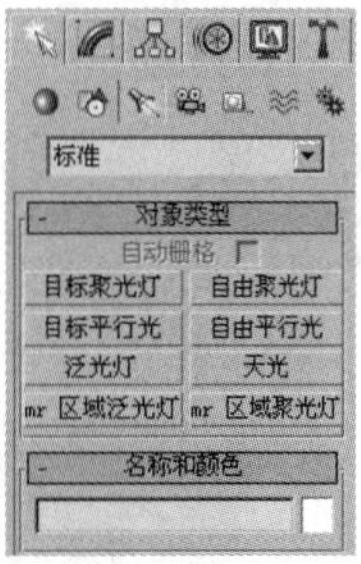

1．目标聚光灯

目标聚光灯可以用来投射光束，影响光束内被照射的物体，并且它具有目标点，可以方便地调节灯光的照射方向。

单击灯光创建命令面板中的目标聚光灯按钮，在前视图中单击确定投射点后，移动鼠标至合适位置，确定其目标点，即可创建一盏目标聚光灯，如图 8.1.2 所示。

图 8.1.1　标准灯光创建命令面板

2．自由聚光灯

自由聚光灯和目标聚光灯基本相同，但自由聚光灯没有目标点。单击灯光创建命令面板中的自由聚光灯按钮，在视图中单击并拖动鼠标即可创建一盏自由聚光灯，如图 8.1.3 所示。

3．目标平行光

目标平行光的照射区域是一个平行光柱，它一般用来模拟太阳光、月光等平行光束。单击目标平行光按钮，在前视图中单击确定投射点，移动鼠标至合适位置，确定其目标点即可创建目标平行光，如图 8.1.4 所示。

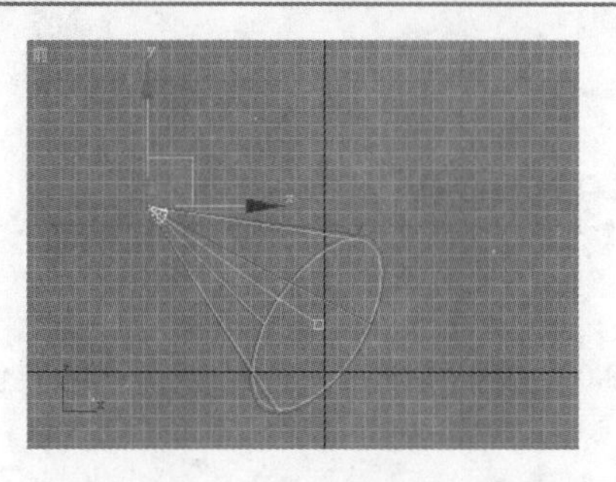

图 8.1.2　创建目标聚光灯

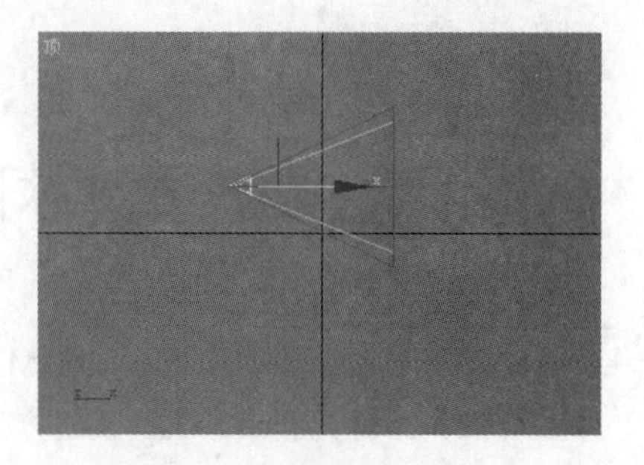

图 8.1.3　创建自由聚光灯

4．自由平行光

自由平行光与目标平行光类似，它的照射区域也是一个平行光柱，并且没有目标点。单击 自由平行光 按钮，在前视图中单击鼠标即可创建自由平行光，如图 8.1.5 所示。

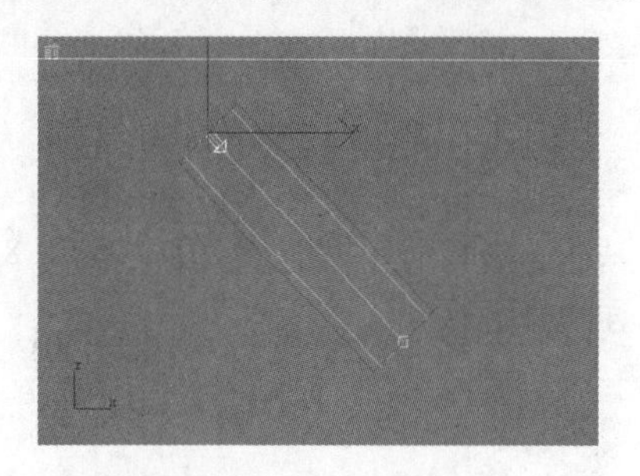

图 8.1.4　创建目标平行光

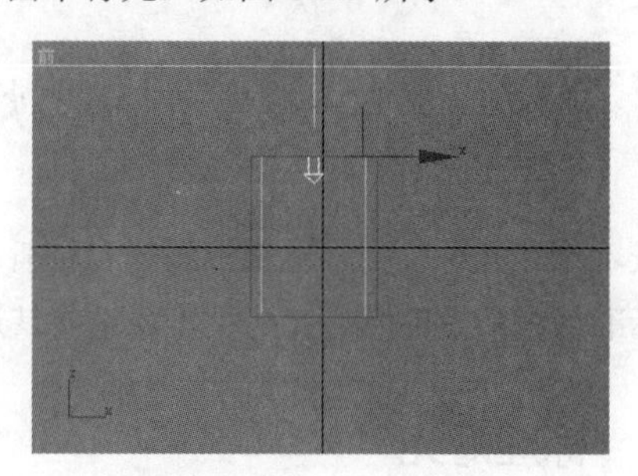

图 8.1.5　创建自由平行光

5．泛光灯

泛光灯是一种点光源，从一点发出向四周均匀发散的灯光，它是一种用途广泛、应用方便的灯光。单击 泛光灯 按钮，在前视图中单击鼠标即可创建一盏泛光灯，如图 8.1.6 所示。

6．天光

天光能表现出阳光通过大气散射后产生的光均匀地照射到物体各个面的效果。单击 天光 按钮，在前视图中单击鼠标即可创建天光，如图 8.1.7 所示。

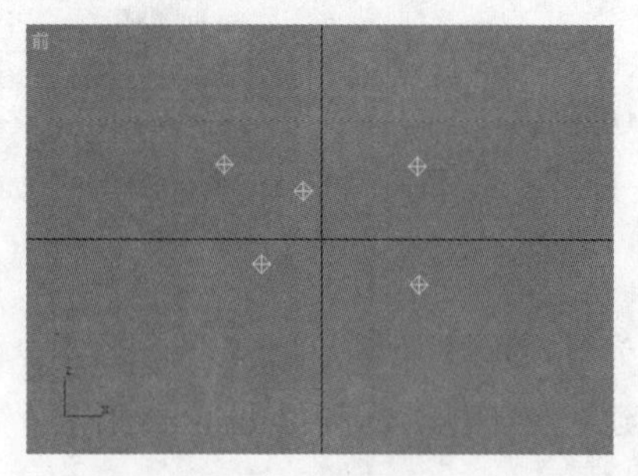

图 8.1.6　创建泛光灯

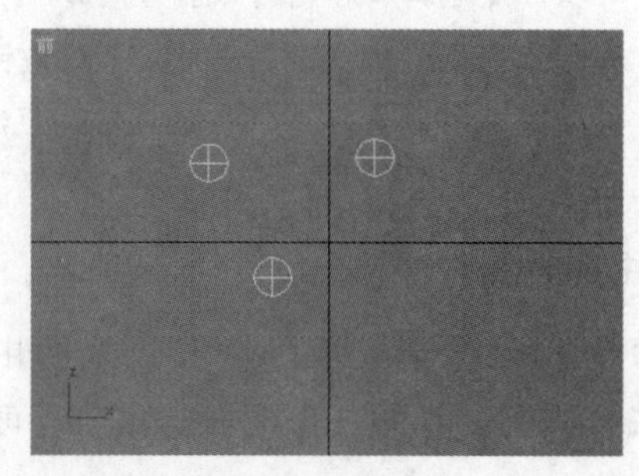

图 8.1.7　创建天光

7．mr 区域泛光灯

mr 区域泛光灯是 mr 渲染器中附带的点光源，它可以通过表面光照强度控制提供独立的高光、阴影和过渡色。单击 mr 区域泛光灯 按钮，在视图中单击鼠标即可创建一盏 mr 区域泛光灯，效果如图 8.1.8 所示。

8．mr 区域聚光灯

mr 区域聚光灯是 mr 渲染器中附带的目标光源，它可以用来模拟平面光源阴影效果，效果如图 8.1.9 所示。

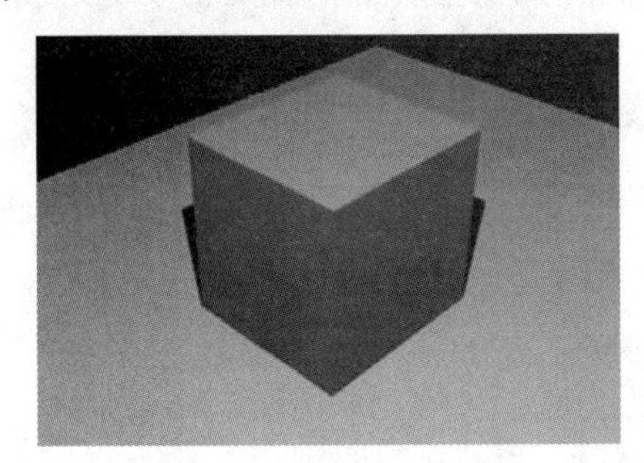

图 8.1.8　mr 区域泛光灯效果

图 8.1.9　mr 区域聚光灯效果

8.1.2　光度学灯光

在 3DS MAX 8.0 中，光度学是用于配合光能传递渲染的，光度学灯光和前面介绍的灯光不同，它通过光线的能量来确定灯光的亮度。

单击“创建”按钮，进入创建命令面板。单击“灯光”按钮，进入灯光创建命令面板。选择标准下拉列表中的光度学选项，即可进入光度学灯光光源创建命令面板，如图 8.1.10 所示。

图 8.1.10　光度学灯光光源创建命令面板

在光度学灯光光源创建命令面板中包括 8 种光度学灯光，分别为目标点光源、自由点光源、目标线光源、自由线光源、目标面光源、自由面光源、IES 太阳光和 IES 天光，它们的创建方法和标准灯光相同。这 8 种灯光又可分为 3 种不同的类型，分别为点光源、线光源和面光源，它们产生的效果如图 8.1.11 所示。

点光源

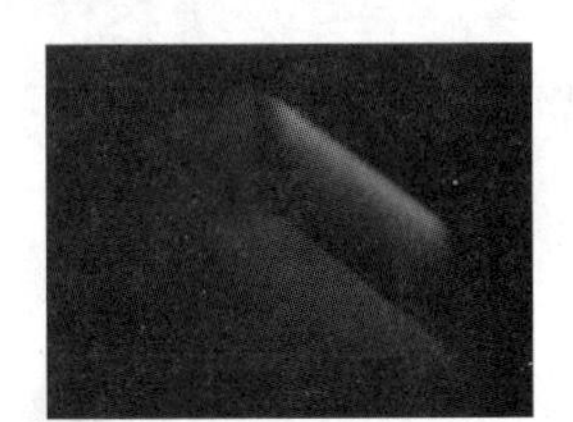

线光源

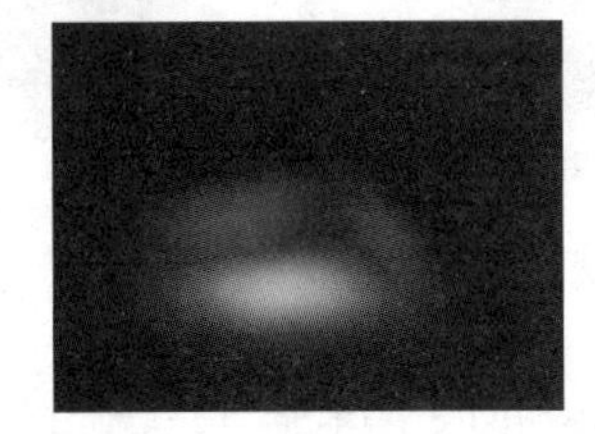

面光源

图 8.1.11　光度学灯光产生的效果

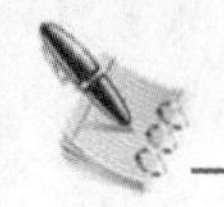

8.1.3 灯光参数设置

在 3DS MAX 8.0 中，各种灯光的参数设置基本相同，其中以目标聚光灯的参数设置最具有代表性，下面就以其为例对灯光的参数设置进行介绍。

1．“常规参数”卷展栏

[- 常规参数]卷展栏如图 8.1.12 所示，在其中主要对灯光的类型和阴影效果等常规参数进行设置。

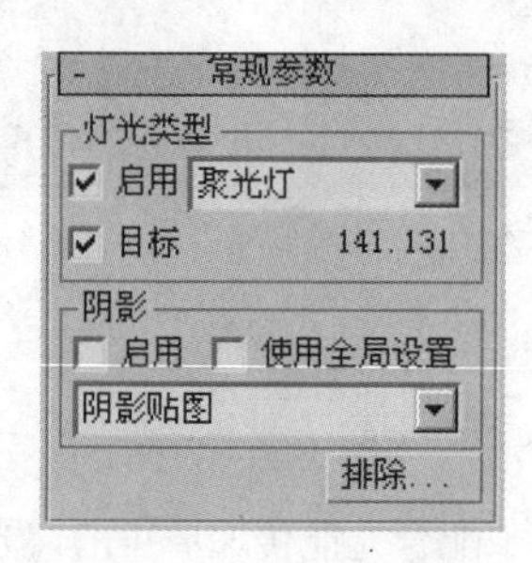

图 8.1.12 “常规参数”卷展栏

（1）[启用]：选中此复选框将启用当前灯光照明，取消选中则关闭灯光照明。

（2）[目标]：取消选中此复选框时可在其后的微调框中设置投射点和目标点之间的距离，选中后，其右边的数字表示投射点到目标点的距离。

（3）[启用]：选中此复选框将启用灯光的阴影效果。

（4）[使用全局设置]：选中此复选框后设置的参数将影响使用全局参数设置的灯光。

（5）[阴影贴图]：在此下拉列表中可选择阴影模式。在使用时应根据具体情况设置。

（6）[排除...]：单击此按钮，弹出[排除/包含]对话框，如图 8.1.13 所示。在该对话框中可排除场景中灯光照射的物体，其效果如图 8.1.14 所示。

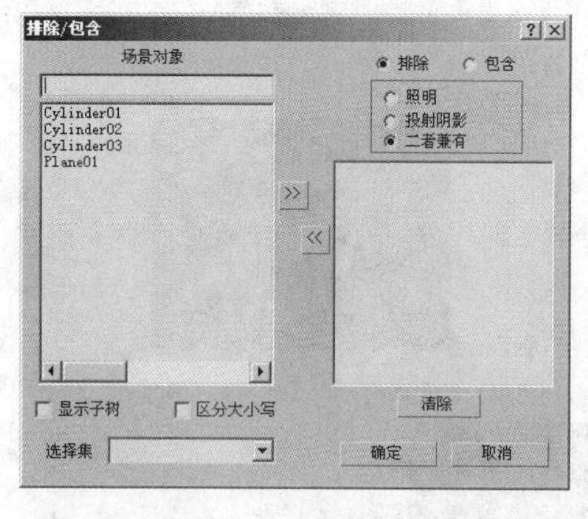

图 8.1.13 “排除/包含”对话框

图 8.1.14 排除照射效果

2．“强度/颜色/衰减”卷展栏

[- 强度/颜色/衰减]卷展栏如图 8.1.15 所示，在其中主要设置灯光的倍增值、衰退类型及灯光的远距离和近距离衰减参数的值。

（1）倍增: 1.0：在倍增微调框中可设置灯光的强度，倍增值越大灯光就越强。另外，在 3DS MAX 中的灯光值可以为负数，值为负数时产生吸光效果，即消减场景中其他光源在物体受光面的光照效果。

（2）类型:：用来设置灯光的衰减类型。在其右侧下拉列表中有 3 种灯光衰减类型，分别为无倒数衰减、倒数关系衰减和平方反比衰减。

（3）开始:：设置衰减的起始距离。

（4）☑ 显示：选中此复选框显示灯光的衰减效果。

（5）☑ 使用：选中此复选框设置使用灯光衰减。

（6）结束:：可设置衰减结束的位置。

3．“聚光灯参数”卷展栏

聚光灯参数 卷展栏如图 8.1.16 所示，在其中主要设置聚光灯的聚光区域、衰减区域和聚光灯光束的形状等参数。

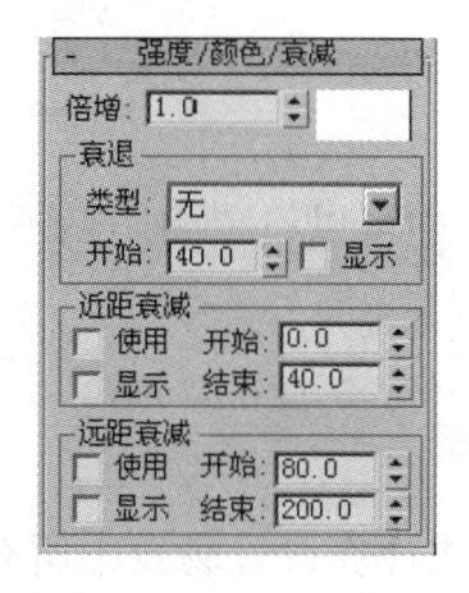

图 8.1.15　“强度/颜色/衰减”卷展栏

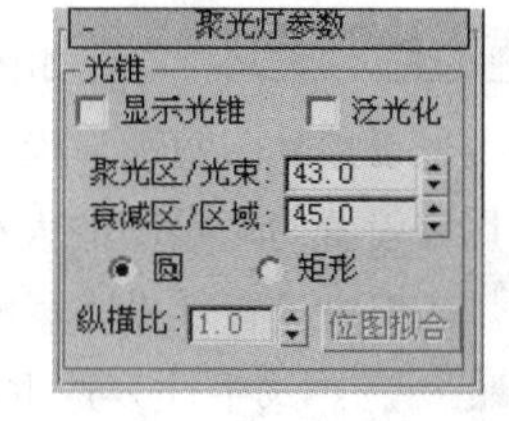

图 8.1.16　“聚光灯参数”卷展栏

（1）☑ 显示光锥：选中此复选框后在场景中显示灯光照明范围的形状。

（2）☑ 泛光化：选中此复选框后照明效果与泛光灯相似。

（3）聚光区/光束:：用来设置聚光灯光线强度的集中区域。

（4）衰减区/区域:：用来设置光线的衰减区域，值越大光线在照射范围的衰减速度越快。

（5）◉ 圆/◉ 矩形：用来设置光束的形状为圆形或矩形。

（6）纵横比:：选中 ◉ 矩形 单选按钮后可设置光束的长宽比例。

4．“高级效果”卷展栏

高级效果 卷展栏如图 8.1.17 所示，在其中主要设置影响曲面的对比度、柔化和投影贴图等参数。

（1）对比度:：用来设置场景中最亮区域和最暗区域的对比程度，值越大则明暗边界越明显。

（2）柔化漫反射边:：用来设置灯光边缘柔化效果。

（3）☑ 漫反射/☑ 高光反射/☑ 仅环境光：用来设置灯光的照射范围，分别是物体的亮部、高光区和暗部。

（4）☑ 贴图:：选中此复选框后可设置投影贴图。

5．“阴影参数”卷展栏

阴影参数 卷展栏如图 8.1.18 所示，在其中主要设置阴影颜色、贴图和大气阴影等参数。

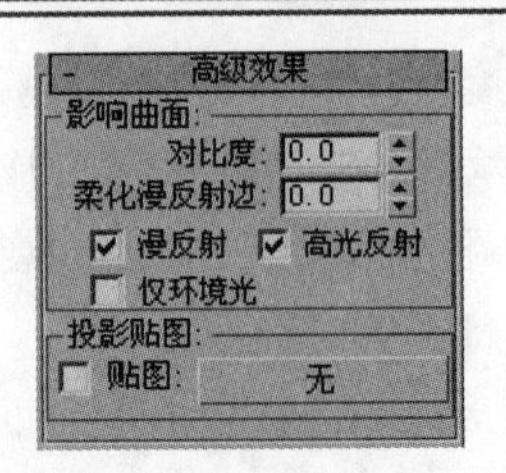

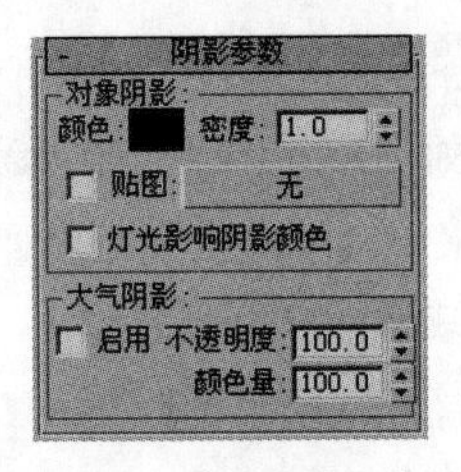

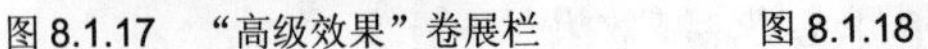

图 8.1.17 “高级效果”卷展栏　　图 8.1.18 “阴影参数”卷展栏

（1）颜色:：用来设置阴影颜色，系统默认为黑色。

（2）密度:：用来设置灯光的阴影密度，值为正时阴影变暗，值为负时阴影变亮。

（3）☑ 灯光影响阴影颜色：选中此复选框后灯光颜色将影响阴影的颜色。

（4）☑ 启用：选中此复选框后在对场景进行渲染时将显示大气的阴影效果。

（5）不透明度:：用来设置大气阴影的不透明度。

（6）颜色量:：用来设置对象阴影之间的混合程度。

6. “阴影贴图参数”卷展栏

- 阴影贴图参数 卷展栏如图 8.1.19 所示，在其中可以设置阴影贴图的一些参数。

（1）偏移:：用来设置贴图阴影与投射阴影之间的偏移距离。

（2）大小:：用来设置阴影贴图的大小。

（3）采样范围:：用来设置灯光阴影贴图的模糊程度。

（4）☑ 绝对贴图偏移：选中此复选框，则以绝对值的方式计算设置场景中所有对象的阴影贴图的偏移距离。

（5）☑ 双面阴影：选中此复选框将产生双面阴影贴图效果。

7. “大气和效果”卷展栏

- 大气和效果 卷展栏如图 8.1.20 所示，在其中可以对光的大气和效果（如体积光）等参数进行设置。

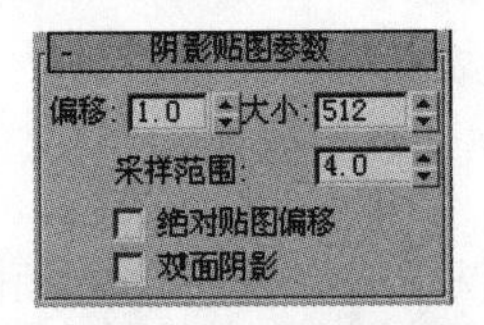

图 8.1.19 “阴影贴图参数”卷展栏

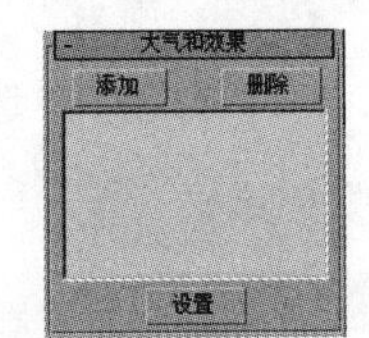

图 8.1.20 “大气和效果”卷展栏

（1）添加：单击此按钮，弹出添加大气或效果对话框，如图 8.1.21 所示，在其中可为灯光在场景的渲染过程中添加大气或效果。

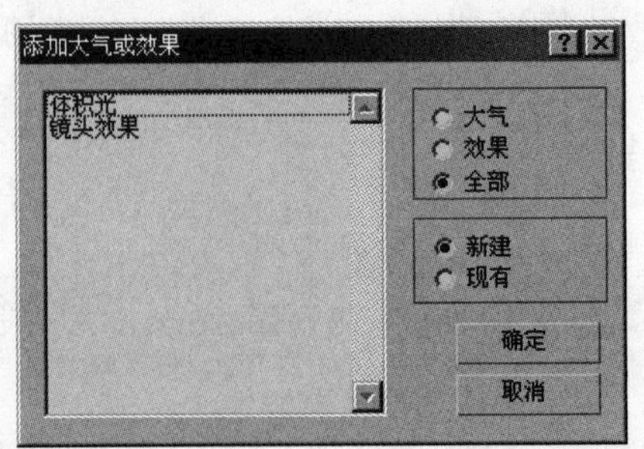

图 8.1.21 “添加大气或效果”对话框

（2）删除：单击此按钮可将已添加的大气或效果删除。

（3）设置：单击此按钮可弹出环境和效果对话框，对已添加的大气或效果进行参数设置。

8.2　摄　影　机

摄影机提供了多种视角，可以得到从不同视角观察场景的效果，下面将对其种类、创建以及参数设置进行介绍。

8.2.1　摄影机的种类

单击“创建”按钮，进入创建命令面板，单击“摄影机”按钮，即可进入摄影机创建命令面板，如图 8.2.1 所示。

3DS MAX 8.0 中的摄影机创建命令面板提供了两种摄影机：目标摄影机和自由摄影机。目标摄影机是场景中常用的一种摄影机，它有摄影机点和目标点，可以在场景中选择目标点，通过摄影机点的移动来选择任意的角度观看。自由摄影机和目标摄影机只有一个区别，即自由摄影机没有目标点。用这种摄影机可设置镜头沿着一定的轨迹移动的动画效果。

图 8.2.1　摄影机创建命令面板

8.2.2　摄影机的创建

下面以创建目标摄影机为例进行介绍。

（1）打开一个场景文件，如图 8.2.2 所示。

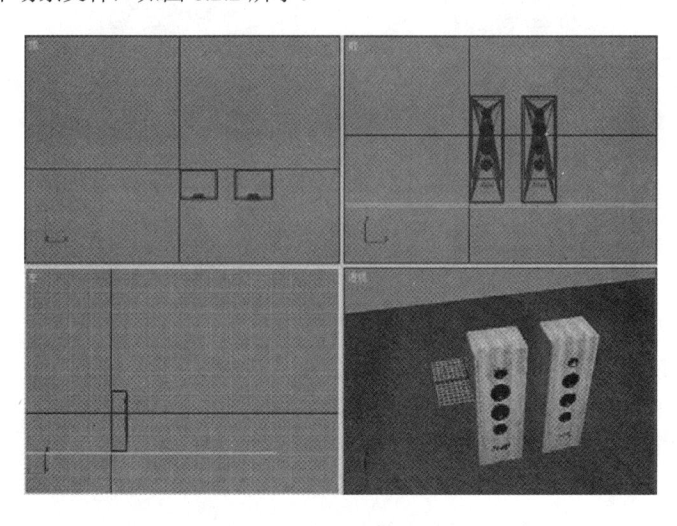

图 8.2.2　打开场景文件

（2）单击“创建”按钮，进入创建命令面板。单击“摄影机”按钮，进入摄影机创建命令面板，单击目标按钮，在视图中创建一架目标摄影机，激活透视图，然后按“C”键将其切换到摄影机视图，如图 8.2.3 所示。

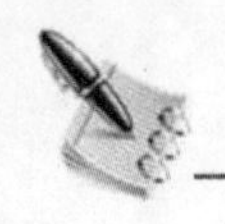

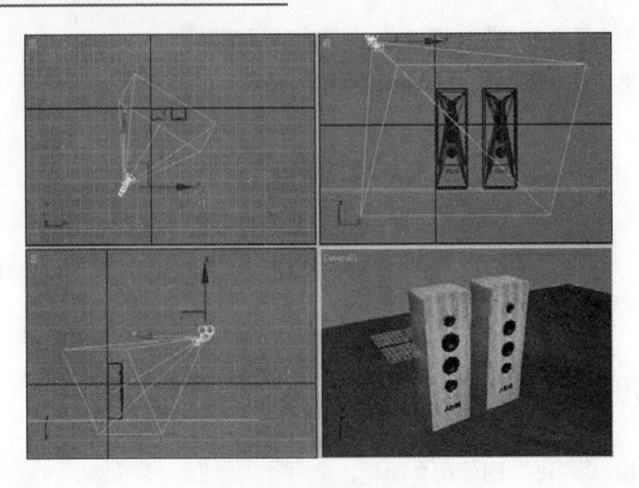

图 8.2.3　创建目标摄影机

8.2.3　摄影机参数的设置

在场景中创建了摄影机后，除了调整它的位置外，用户还可以通过设置镜头的各种参数改变摄影机视图的效果。

在视图中选中摄影机，然后单击“修改”按钮，进入摄影机参数设置面板，如图 8.2.4 所示。

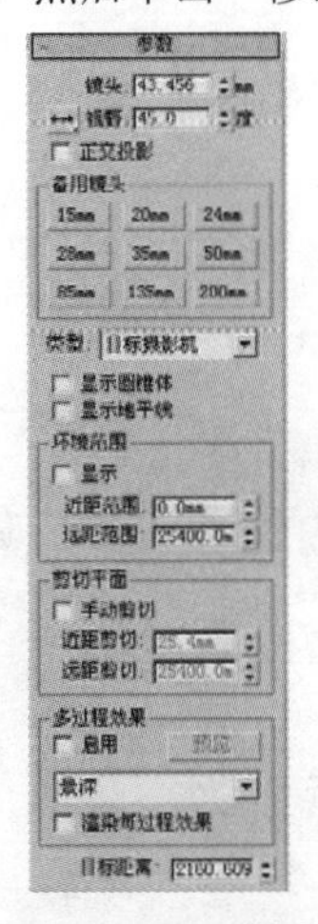

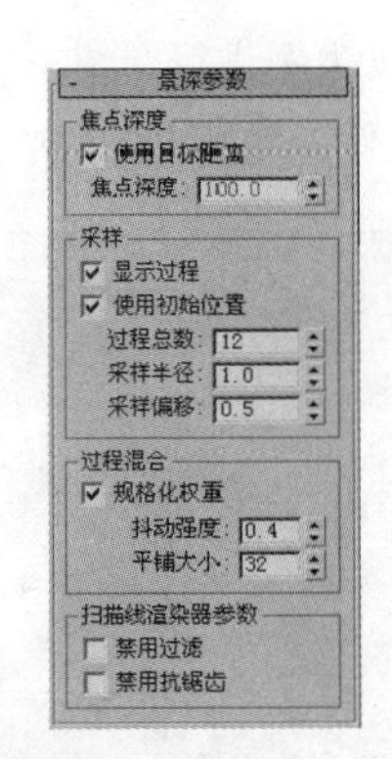

图 8.2.4　摄影机参数设置面板

（1）镜头:：用来设置摄影机镜头的焦距。

（2）视野:：用来设置摄影机在场景中摄影视角的大小。

（3）☑ 正交投影：选中此复选框，将产生像机械制图一样的正交投影效果，而不产生透视引起的变形。

（4）备用镜头：设置各种模拟实际常用镜头的类型：从 15 mm 到 20 mm 的广角镜头、50 mm 的标准镜头、200 mm 的长焦距镜头。选择一种镜头类型，3DS MAX 8.0 即将摄影机视图改为相应的镜头效果。

（5）☑ 显示圆锥体：选中此复选框，将显示出取景范围的锥形线框。

（6）☑ 显示地平线：选中此复选框，将显示出取景范围的地平线。

（7）环境范围：如果为场景设置了雾等环境效果，这一参数用来设置环境效果在摄影机视图中的影响范围。近距范围:和远距范围:分别设置摄影机镜头渲染环境的范围。☑ 显示复选框可在视图中用线框来表示环境范围。

（8）剪切平面：剖面图也为摄影机定出一个范围，但剖面是把场景在设置的范围剖开，渲染摄影机视图时，只渲染该范围内的物体。如果创建了一个被墙围住的室内场景，而摄影机又设置在室外，可以用剖面图来显示室内的景物。

（9）☑ 手动剪切：选中该复选框，即可通过调整近距剪切:和远距剪切:的值来定义剖面范围。

（10）☑ 启用：选中此复选框后可激活 预览 按钮，在视图中可预览多个进程渲染效果。

（11）目标距离:：用来设置摄影机的摄影机点与目标点的距离。

8.3　课堂实战——添加灯光和摄影机

本节将结合本章所学知识，练习为场景添加灯光和摄影机，具体步骤如下：

（1）选择 文件(F) → 打开(O)... 命令，打开计算机显示器场景，如图 8.3.1 所示。

图 8.3.1　打开场景

（2）单击“创建”按钮，进入创建命令面板，单击“灯光”按钮，即可进入标准灯光创建命令面板。

（3）单击 泛光灯 按钮，在视图中创建 3 盏泛光灯，并调整它们的位置，如图 8.3.2 所示。

图 8.3.2　创建泛光灯并调整位置

（4）单击“摄影机”按钮，进入摄影机创建命令面板，单击 目标 按钮，在视图中创建一架目标摄影机，并调整位置，如图 8.3.3 所示。

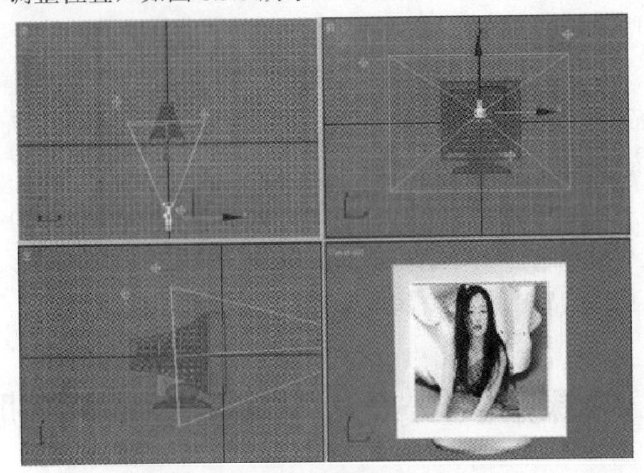

图 8.3.3 创建摄影机

（5）单击工具栏中的“快速渲染”按钮，渲染摄影机视图，效果如图 8.3.4 所示。

图 8.3.4 添加灯光和摄影机效果

本 章 小 结

本章主要介绍了灯光和摄影机的使用。通过本章的学习，用户应掌握灯光和摄影机的创建以及灯光和摄影机的参数调整。

操 作 练 习

一、填空题

1．在 3DS MAX 8.0 中，灯光分为______灯光和______灯光两大类。

2．在 3DS MAX 8.0 中，摄影机创建命令面板提供了两种摄影机：______摄影机和______摄影机。

二、选择题

1．下列属于标准灯光的选项是（　）。

（A）目标点光源　　（B）目标线光源

（C）自由点光源　　（D）天光

2．下列不属于自由灯光的选项是（　）。

（A）目标点光源　　（B）目标线光源

（C）自由点光源　　（D）泛光灯

三、上机操作题

1．练习灯光的创建及参数调整。

2．练习摄影机的创建及参数调整。

第9章 粒子系统

粒子系统是 3DS MAX 8.0 中一项非常重要的内容，它可通过粒子的空间运动来模拟现实中的物体运动，如烟雾、灰尘、礼花等效果，本章对粒子系统的创建、分类等进行介绍。

知识要点

- ⊙ 粒子系统的创建
- ⊙ 粒子系统的分类

9.1 粒子系统的创建

单击“创建”按钮，进入创建命令面板。单击“几何体”按钮，进入几何体创建命令面板，选择标准基本体下拉列表中的粒子系统选项，进入粒子系统创建命令面板，如图 9.1.1 所示，在其中包含了 7 种粒子系统，缺省情况下都以按钮的形式显示。

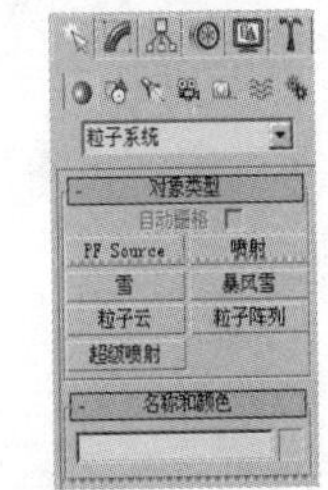

图 9.1.1 粒子系统

粒子系统的创建方法与创建几何体的方法相似，只须单击需要创建的粒子系统按钮，然后在视图中单击并拖动鼠标即可创建一个粒子系统发射器图标，如图 9.1.2 所示。这些图标可以通过工具栏中的工具对其进行移动、旋转和缩放。

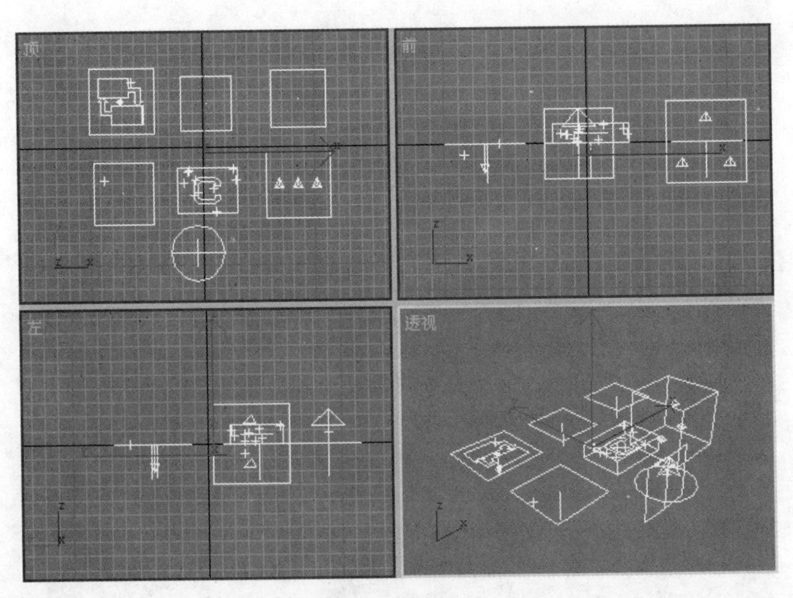

图 9.1.2 粒子系统发射器

创建粒子系统发射器图标后，单击“修改”按钮，进入修改参数面板，在其中可以对粒子的数量、形状、大小等参数进行调整。

9.2　粒子系统的分类

粒子系统是一种特殊的系统，在粒子系统创建命令面板中共有 7 种，分别是 PF Source 、 喷射 、 雪 、 暴风雪 、 粒子云 、 粒子阵列 和 超级喷射 。在 3DS MAX 8.0 中，通常又将粒子系统分为基本粒子系统和高级粒子系统，下面分别对其进行介绍。

9.2.1　基本粒子系统

在 3DS MAX 8.0 中，基本粒子系统包括 喷射 和 雪 ，下面分别对其进行介绍。

1. 喷射粒子系统

喷射 粒子系统 - 参数 卷展栏如图 9.2.1 所示，在其中用户可对喷射粒子系统的粒子大小、变化速度、粒子形状等进行调整。

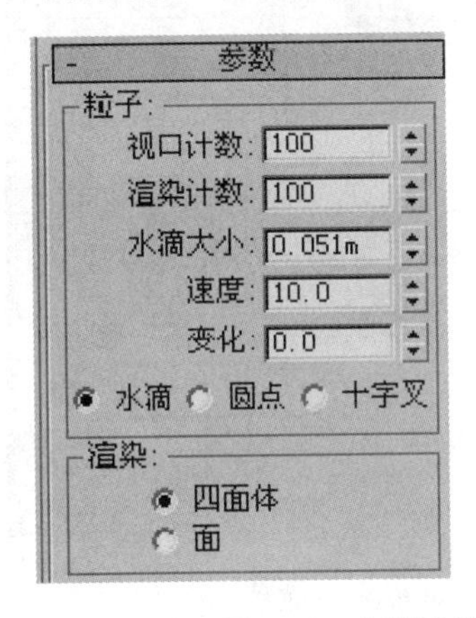

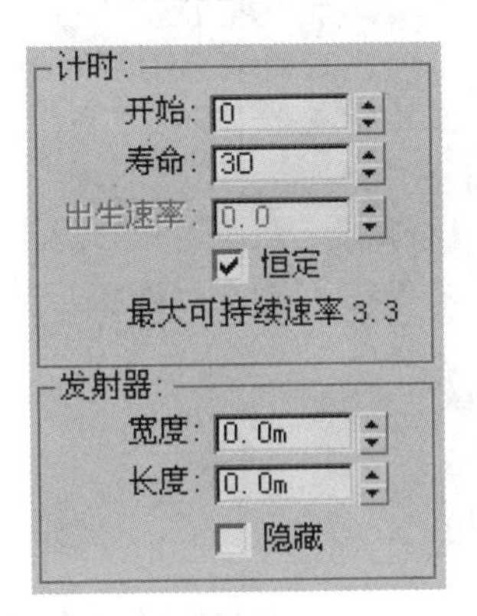

图 9.2.1　“喷射”粒子系统参数卷展栏

（1）粒子:：粒子参数设置区。

1）视口计数:：设置视图中的粒子数量。

2）渲染计数:：设置渲染时的粒子数量。

3）水滴大小:：设置粒子的大小。

4）速度:：设置粒子的移动速度。

5）变化:：设置粒子的移动速度和方向的改变程度。

6）水滴/圆点/十字叉：分别设置粒子的形状为条形水滴、圆形点或加号形状。

（2）渲染:参数设置区。

1）四面体：选中此单选按钮可设置以四面体形状来进行最后的渲染。

2）面：选中此单选按钮可设置以面片形状来进行最后的渲染。

（3）计时:参数设置区。

1）开始:：设置粒子系统的起始帧。

2）寿命:：设置粒子系统运动过程的总帧数。

3）出生速率:：设置每一帧产生的粒子总数。

4）恒定：选中此复选框后 出生速率: 参数将处于非激活状态，设定粒子的运动是匀速的，会产生一个均匀的粒子流。

(4) 发射器:参数设置区。

1) 宽度:设置发射器的宽度。

2) 长度:设置发射器的长度。

3) ☑ 隐藏:选中此复选框将隐藏发射器。

2. 雪粒子系统

雪 粒子系统可以用来模拟下雪的效果，其翻滚设置参数可以设定粒子在运动的同时进行翻滚，从而生成雪花纷飞的逼真效果。雪 粒子系统参数设置和 喷射 粒子系统基本相同，其 - 参数 卷展栏如图 9.2.2 所示。

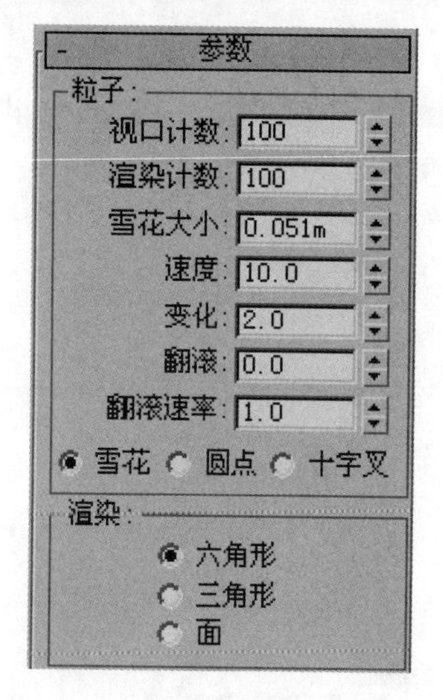

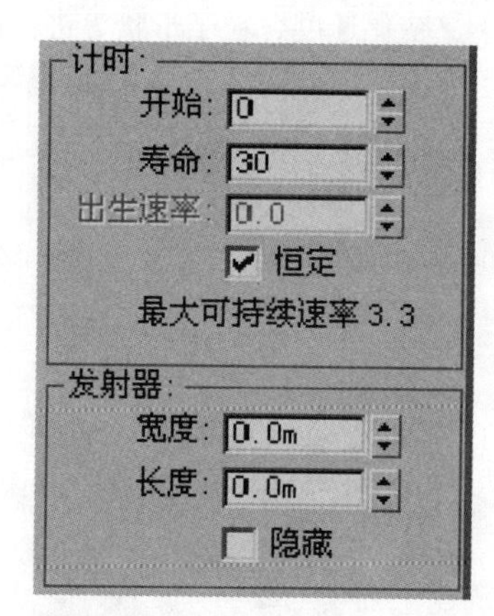

图 9.2.2 “雪”粒子系统参数卷展栏

(1) 粒子:参数设置区。

1) 雪花大小:设置雪花粒子的大小。

2) 翻滚:设置雪花是否翻滚。

3) 翻滚速率:设置雪花翻滚的频率。

4) ◉ 雪花:选中此单选按钮则设定粒子的形状是雪花状的。

(2) 渲染:参数设置区。

1) ◉ 六角形:选中此单选按钮可设置以六角形状来进行最后的渲染。

2) ◉ 三角形:选中此单选按钮可设置以三角形状来进行最后的渲染。

9.2.2 高级粒子系统

在 3DS MAX 8.0 中，高级粒子系统包括 PF Source 、 粒子云 、 粒子阵列 、 暴风雪 、 超级喷射 ，它们的控制参数基本相同。下面以 超级喷射 粒子系统为例对高级粒子系统的控制参数进行介绍。

1. “基本参数”卷展栏

基本参数 卷展栏如图9.2.3所示，其中包括 粒子分布 、 显示图标 和 视口显示 3个参数设置区。

（1） 粒子分布 参数设置区。

1） 轴偏离： ：设置粒子偏离发射器中心轴的角度。

2） 扩散： ：设置粒子在中心轴方向上的分散角度。

3） 平面偏离： ：设置粒子偏离发射器平面的角度。

4） 扩散： ：设置在发射器平面上分散的角度。

（2） 显示图标 参数设置区。

1） 图标大小： ：设置发射器图标大小。

2） 发射器隐藏 ：选中此复选框后将隐藏发射器。

（3） 视口显示 参数设置区。

1） 圆点 ：选中此单选按钮可设置粒子在视图中的显示方式为圆点。若选中 十字叉 、 网格 或 边界框 单选按钮，则设置粒子在视图中的显示方式为十字叉、网格或方框。

2） 粒子数百分比： ：设置粒子在视图中显示的比例。

2. “粒子生成”卷展栏

粒子生成 卷展栏如图9.2.4所示，其中包括 粒子数量 、 粒子运动 、 粒子计时 、 粒子大小 和 唯一性 5个参数设置区，在其中可对粒子生成的开始和结束时间等进行设置。

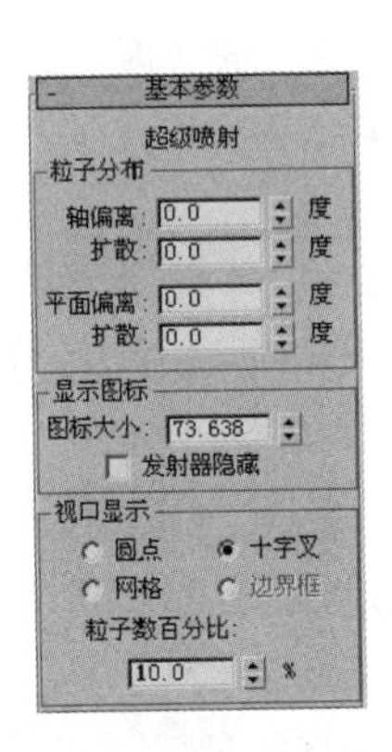

图9.2.3 “基本参数”卷展栏

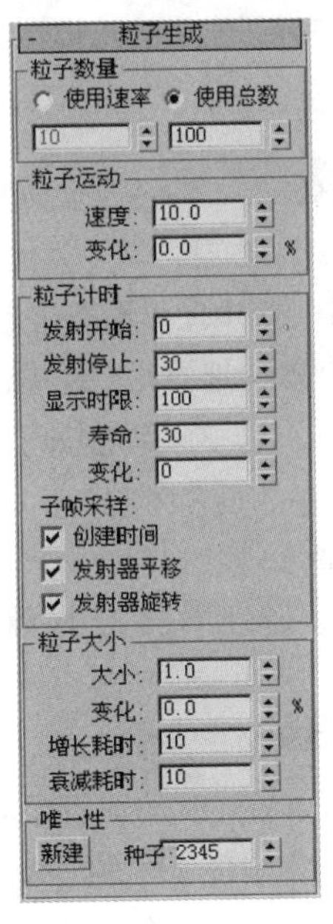

图9.2.4 “粒子生成”卷展栏

（1） 粒子数量 参数设置区。

1） 使用速率 ：选中此单选按钮可在下方的微调框中设置每帧产生的粒子数目。

2） 使用总数 ：选中此单选按钮可在下方的微调框中设置在粒子系统的整个运动过程中产生粒子的总数。

（2）粒子运动参数设置区。

1）速度：设置在粒子系统的整个运动过程中粒子的运动速度。

2）变化：设置粒子的移动速度和方向的改变程度。

（3）粒子计时参数设置区。

1）发射开始：设置发射粒子的起始帧。

2）发射停止：设置发射粒子的结束帧。

3）显示时限：设置粒子在视图中的显示时间。

4）寿命：设置粒子系统运动过程的总帧数。

5）变化：设置粒子在运动过程中的变化。

6）创建时间：选中此复选框后可对时间进行偏移处理，避免时间堆积。

7）发射器平移：选中此复选框后可使发射器在移动过程中不会产生粒子的堆积。

8）发射器旋转：选中此复选框后可使发射器在旋转过程中不会产生粒子的堆积。

（4）粒子大小参数设置区。

1）大小：设置粒子的大小。

2）变化：设置粒子大小的变化。

3）增长耗时：设置粒子从最小到正常大小的变化时间。

4）衰减耗时：设置粒子从正常大小到消失的变化时间。

（5）唯一性参数设置区。

1）新建：重新设置一个种子值。

2）种子：设置粒子发生的随机性。

3. “粒子类型”卷展栏

粒子类型卷展栏如图 9.2.5 所示。

（1）粒子类型参数设置区。

1）标准粒子：选中此单选按钮后将激活标准粒子参数设置区。

2）变形球粒子：选中此单选按钮后将激活变形球粒子参数设置区。

3）实例几何体：选中此单选按钮后将激活实例几何体粒子参数设置区。

（2）标准粒子：参数设置区。

三角形：选中此单选按钮后将设置粒子的形状为三角形，若选中立方体、特殊、面、恒定、四面体、六角形或球体单选按钮，则设置粒子的形状为立方体、特殊面、面片状、圆片状、四面体、六角形或球体。

（3）变形球粒子参数参数设置区。

1）张力：设置粒子的张力，设定的值越大，粒子越小并且越容易合成。

2）变化：设置影响粒子张力的百分比。

3）计算粗糙度：设置粒子的光滑程度，可以在渲染微调框和视口微调框中进行调节。

4）自动粗糙：系统默认选中此复选框，若不选中则激活计算粗糙度参数设置区中的参数。

（4）实例参数参数设置区。

1）拾取对象：单击此按钮后可在视图区中把拾取物体作为一个粒子。

2）且使用子树：选中此复选框后可把拾取物体的子物体作为一个粒子。

3）无：选中此单选按钮则不会产生动画偏移。

4）出生：选中此单选按钮则第一个出生的粒子是粒子出生时源对象当前动画的实例。

5）随机：选中此单选按钮则激活帧偏移：微调框，可设定动画起始帧的偏移数目。

（5）材质贴图和来源参数设置区。

1）时间：选中此单选按钮可设定将一个完整的材质贴图贴在粒子表面所需的时间。

2）距离：选中此单选按钮可设定间隔多长时间将一个完整的材质贴图贴在粒子表面。注意四面状的粒子有其自己的贴图坐标。

3）材质来源：选取材质来源。

4）图标：选中此单选按钮则默认为系统赋予粒子的材质。在选中此单选按钮后时间和距离的参数微调框才会起作用。

5）实例几何体：选中此单选按钮，粒子使用为实例几何体指定的材质。

4．“旋转和碰撞”卷展栏

旋转和碰撞卷展栏如图 9.2.6 所示，其中包括自旋速度控制、自旋轴控制和粒子碰撞 3 个参数设置区。

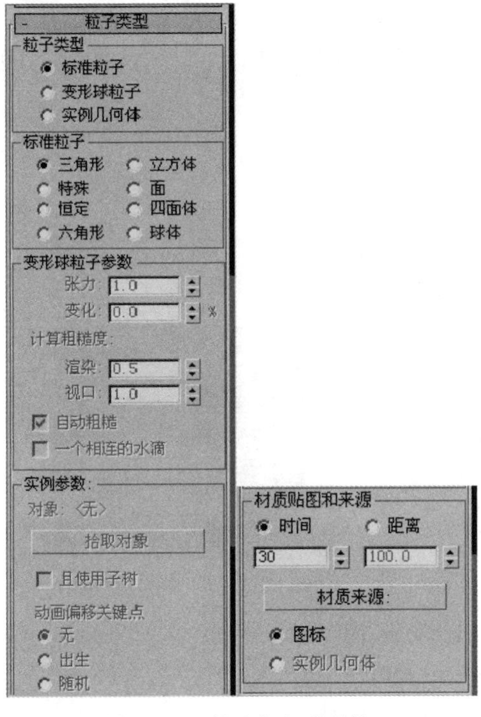

图 9.2.5　“粒子类型”卷展栏

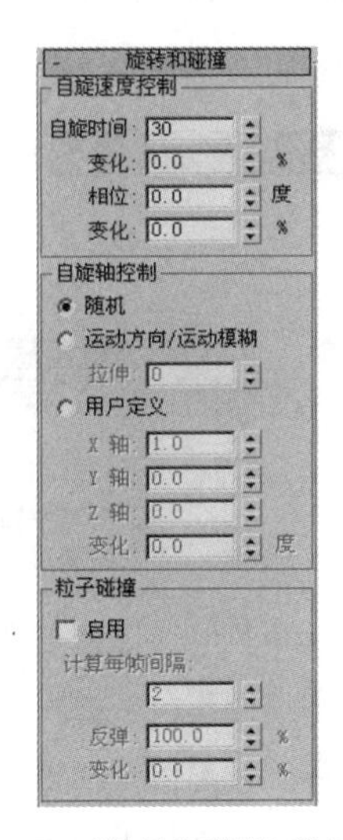

图 9.2.6　“旋转和碰撞”卷展栏

（1）自旋速度控制参数设置区。

1）自旋时间：设置粒子自身旋转一周所需的时间。

2）变化：设置粒子旋转时变化的比率。

3）相位：设置粒子生成时的角度。

4）变化：设置粒子相位变化的比率。

（2）自旋轴控制参数设置区。

1）随机：选中此单选按钮后粒子的旋转轴方向是随机的。

2）运动方向/运动模糊：选中此单选按钮后粒子的旋转轴方向是粒子发散的方向，可产生放射状的粒子流效果。

3）拉伸：设置粒子外形在粒子发散方向被拉伸的程度。

4）用户定义：选中此单选按钮后可以自行设置粒子在X轴、Y轴和Z轴 3 个轴向进行旋转的角度。

5）变化：设置粒子在X轴、Y轴和Z轴 3 个轴向进行旋转时变化的程度。

（3）粒子碰撞参数设置区。

1）启用：选中此复选框后将激活计算每帧间隔、反弹和变化微调框，可以设置粒子间进行碰撞的相关参数。

2）计算每帧间隔：设置每帧中粒子间碰撞的间隔时间。

3）反弹：设置粒子间碰撞后反弹力的大小。

4）变化：设置粒子间碰撞后变化的大小。

5．“对象运动继承”卷展栏

对象运动继承卷展栏如图 9.2.7 所示。

（1）影响：设置粒子发射器在运动时对粒子运动的影响程度。默认设定值是 100%，此时发射器的运动决定粒子的运动。

（2）倍增：设置增强粒子发射器在运动时对粒子运动的影响程度。

（3）变化：设置倍增的变化比率。

6．“气泡运动”卷展栏

气泡运动卷展栏如图 9.2.8 所示。

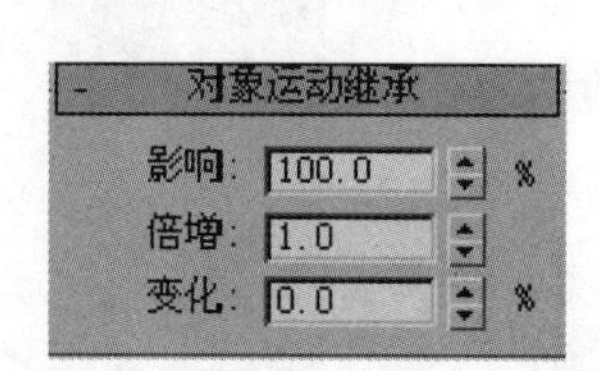

图 9.2.7 “对象运动继承”卷展栏

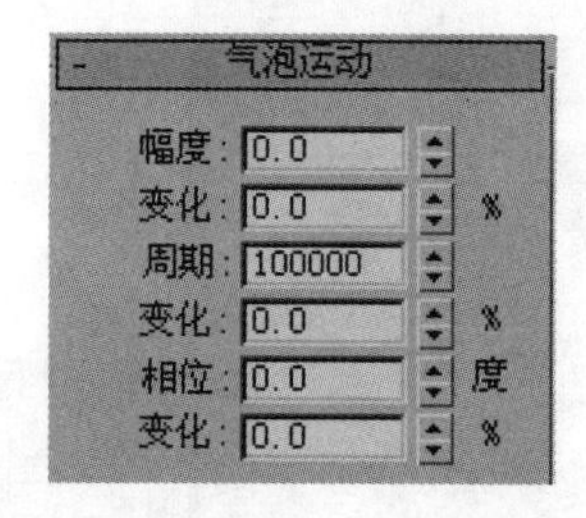

图 9.2.8 “气泡运动”卷展栏

（1）幅度：设置粒子在振动时偏离其运动轨迹的距离。

（2）变化：设置粒子在振动时幅度的变化程度。

（3）周期：设置粒子沿运动轨迹完成一次振动的时间。

（4）变化：设置粒子周期变化的程度。

（5）相位：设置粒子振动的起始位置。

（6）变化：设置粒子相位变化的程度。

7．“粒子繁殖”卷展栏

粒子繁殖卷展栏如图 9.2.9 所示，其中包括粒子繁殖效果、方向混乱、速度混乱、缩放混乱、寿命值队列和对象变形队列 6 个参数设置区。

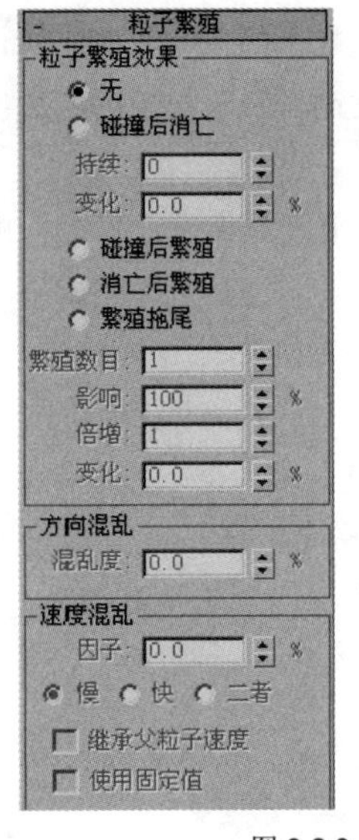

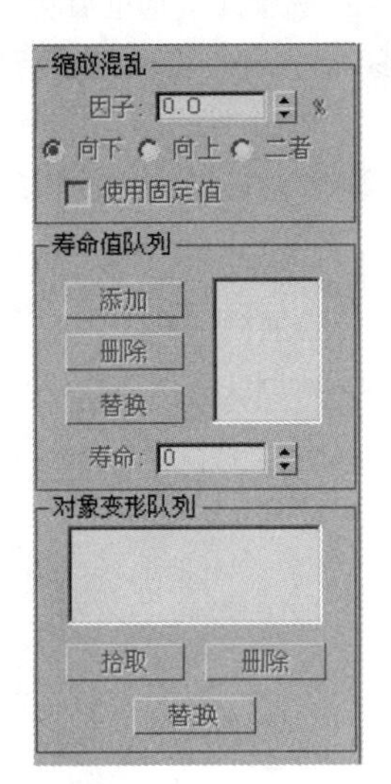

图 9.2.9　“粒子繁殖”卷展栏

（1）粒子繁殖效果参数设置区。

1）无：选中此单选按钮后将不进行粒子繁殖参数设置。

2）碰撞后消亡：选中此单选按钮后将设定粒子在碰撞到拾取物体后消失，并激活持续:和变化:两个微调框。

3）持续:：设置粒子碰撞后消失的持续时间。

4）变化:：设置粒子碰撞后消失的百分比。

5）碰撞后繁殖：选中此单选按钮后将设定粒子在碰撞到拾取物体后进行繁殖，并激活下面的参数。

6）消亡后繁殖：选中此单选按钮后将设定粒子在碰撞到拾取物体后消失的同时进行繁殖，并激活下面的参数。

7）繁殖拖尾：选中此单选按钮后将设定粒子在沿运动轨迹运动的同时进行繁殖。

8）繁殖数目:：设置粒子每一次繁殖的数目。

9）影响:：设置新繁殖的粒子所占的比率。

10）倍增:：设置粒子繁殖时的倍率。

11）变化:：设置粒子繁殖时进行倍增的变化。

（2）方向混乱参数设置区。

混乱度:：设置新繁殖的粒子在原粒子方向上的变化度。当设定为 0 时不会发生变化，设定为 100 时将产生随机变化。

（3）速度混乱参数设置区。

1）因子:：设置新繁殖的粒子的速度与原粒子的速度的比率，可以设定为快、慢或快慢两者兼有。

2）继承母体速度：选中此复选框后将设定新繁殖的粒子的速度继承原粒子的速度。

3）使用固定值：选中此复选框后将设定新繁殖粒子的速度决定于因子:中的参数设置。

（4）缩放混乱参数设置区。

1）因子:：设置新繁殖的粒子的大小与原粒子大小的比率。

2）使用固定值：选中此复选框后将设定新繁殖粒子的大小决定于因子：中的参数设置。

（5）寿命值队列参数设置区：此参数设置区可以设定新繁殖粒子的生命值，不继承原粒子的生命值。

（6）对象变形队列参数设置区：在此参数设置区中的对象变形列表中可以给拾取物体和新繁殖的粒子建立变形关联。

8．"加载/保存预设"卷展栏

加载/保存预设卷展栏如图 9.2.10 所示。

图 9.2.10　"加载/保存预设"卷展栏

（1）预设名：在其后可以输入名称，为当前参数设置名称。

（2）保存预设：列出已保存的所有参数设置。

（3）加载：加载在列表框中选中的参数设置，并将其应用于当前粒子系统。

（4）保存：将当前参数设置以设置名称框中的名称进行保存，保存后将出现在保存预设列表框中。

（5）删除：删除在保存预设列表中被选中的参数设置。

9.3　课堂实战——制作下雪效果

本节结合本章所学知识制作下雪效果，具体操作步骤如下：

（1）选择文件(F)→重置(R)命令，重新设置系统。

（2）在视图中创建一个窗户，如图 9.3.1 所示。

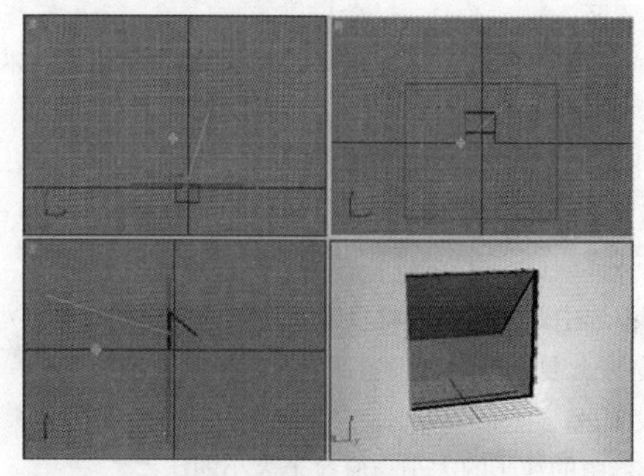

图 9.3.1　创建窗户

（3）单击“创建”按钮，进入创建命令面板。单击“几何体”按钮，选择标准基本体下拉列表中的粒子系统选项，在 - 对象类型卷展栏中单击 雪 按钮，在顶视图中按住鼠标左键并拖动形成一个矩形（即雪粒子发射器）后释放鼠标，即可创建雪粒子，调整其位置如图 9.3.2 所示。

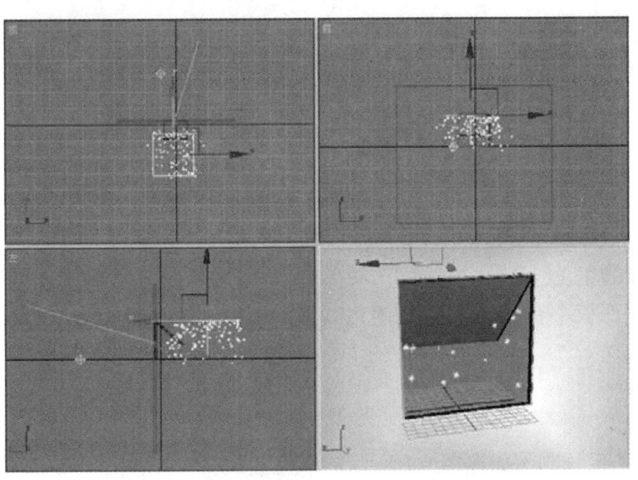

图 9.3.2　创建雪粒子

（4）在视图中选中雪粒子系统发射器图标，单击“修改”按钮，进入修改命令面板，在雪粒子参数面板中设置参数如图 9.3.3 所示。

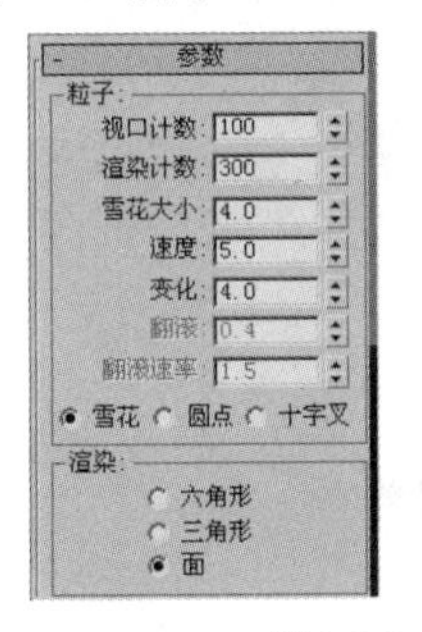

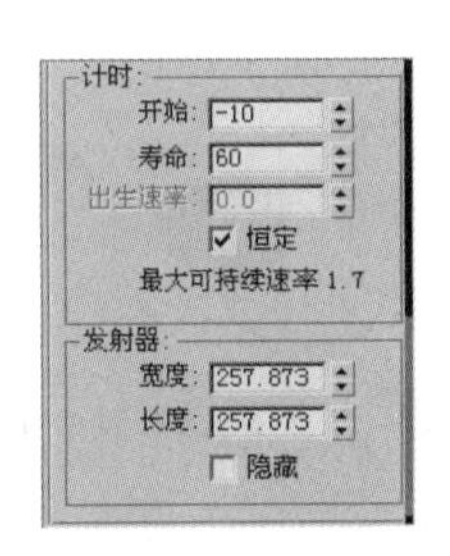

图 9.3.3　设置雪粒子参数

（5）为场景指定材质后，单击工具栏中的“快速渲染”按钮，下雪效果如图 9.3.4 所示。

图 9.3.4　下雪效果

本 章 小 结

本章主要介绍了粒子系统的创建和分类。通过本章的学习，用户应掌握粒子系统的创建方法以及基本粒子系统和高级粒子系统的参数设置方法，并能应用于实践，亲自动手制作一些实例。

操 作 练 习

一、填空题

1．粒子系统可分为_______和_______两类。

2．粒子系统创建面板中有 PF Source、喷射、雪、________、粒子云、________和________7 种不同类型的粒子系统。

二、上机操作题

使用超级喷射粒子系统制作如题图 9.1 所示的水流效果。

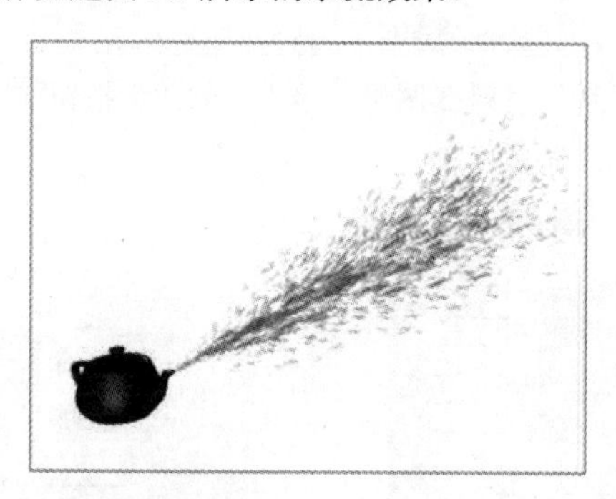

题图 9.1　水流效果

第 10 章　环境控制和渲染

环境控制可为场景添加各种环境效果，渲染可将场景进行渲染输出，本章详细介绍环境和渲染的设置及使用方法。

知识要点

⊙ 环境控制

⊙ 渲染

10.1　环 境 控 制

环境控制是 3DS MAX 中的一个重要环节，可以对环境光颜色、背景贴图、全局光照明等进行设置，也可为场景添加雾、体积雾、体积光和火焰等效果。

10.1.1　“环境和效果”对话框

选择 渲染(R) → 环境(E)... 命令或直接按键盘上的“8”键，都可弹出 环境和效果 对话框，如图 10.1.1 所示，在该对话框中可以进行各种环境设置。

在该对话框中包括 环境 和 效果 两个选项卡，在 环境 选项卡中包括公用参数、曝光控制和大气 3 个卷展栏。

1. “公用参数”卷展栏

在“公用参数”卷展栏中包含了 背景: 参数设置区和 全局照明: 参数设置区，下面分别进行介绍。

（1）在 背景: 参数设置区中可以设置场景渲染的背景颜色和环境贴图。

1）颜色：用来设置渲染场景的背景颜色，系统默认为黑色。

2）环境贴图：单击其下方的 无 按钮，弹出 材质/贴图浏览器 对话框，在其中可以选择不同的贴图类型。

3）☑ 使用贴图：设置是否使用环境贴图。设置环境贴图后系统会自动选中复选框。

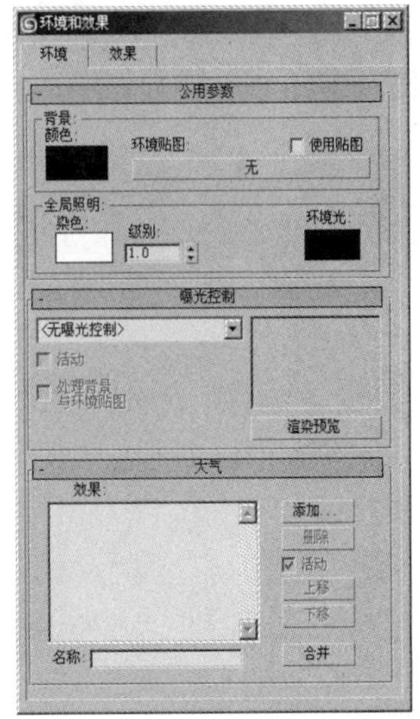

图 10.1.1　“环境和效果”对话框

（2）在 全局照明: 参数设置区中可以设置全局光颜色和环境光颜色。

1）染色：用来对所有的灯光进行染色。

2）级别：用来设置全局照明中的灯光级别。

3）环境光：用来设置环境光的颜色。

2．“曝光控制”卷展栏

（1）<无曝光控制>：设置曝光控制类型，单击其右面的三角按钮，弹出下拉列表，如图 10.1.2 所示，在其中可选择所需的选项。

（2）渲染预览：单击该按钮可预览渲染效果。

3．“大气”卷展栏

（1）添加...：单击该按钮，弹出添加大气效果对话框，如图 10.1.3 所示。

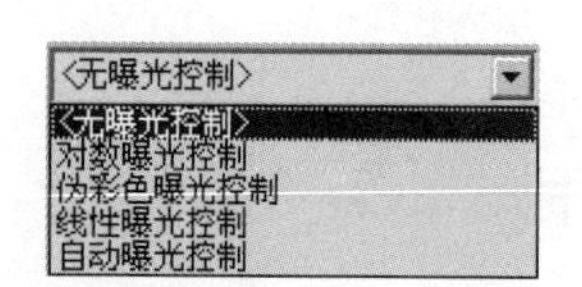

图 10.1.2　“无曝光控制”下拉列表

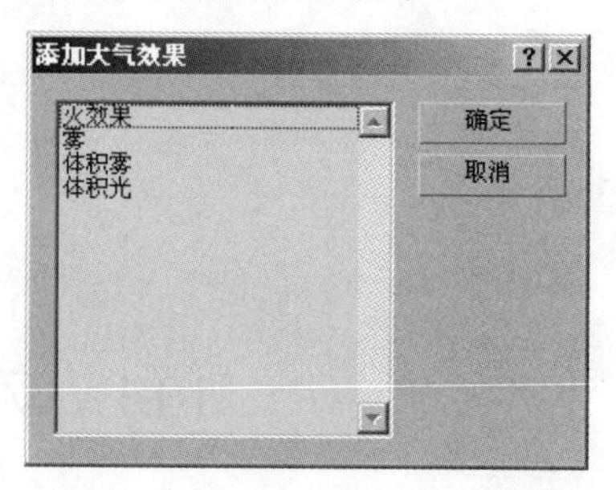

图 10.1.3　“添加大气效果”对话框

（2）删除：单击此按钮删除选定的大气效果项目。

（3）上移/下移：改变大气效果项目的顺序。

（4）合并：合并其他文件中的大气效果到当前场景。

10.1.2　雾

在环境和效果对话框中单击添加...按钮，弹出添加大气效果对话框，选择雾选项，并单击确定按钮，即可进入“雾参数”卷展栏，如图 10.1.4 所示。

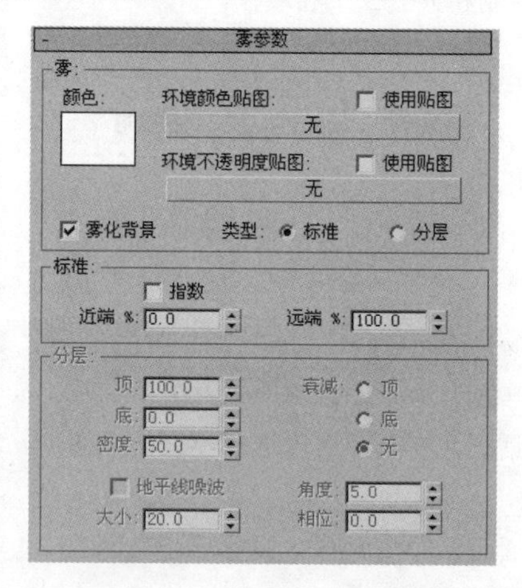

图 10.1.4　“雾参数”卷展栏

在“雾参数”卷展栏中包括 3 个参数设置区，分别为雾:参数设置区、标准:参数设置区和分层:参数设置区，其中各参数说明如下：

（1）颜色:：设置雾的颜色。

（2）环境颜色贴图:：单击其下边的无按钮，弹出材质/贴图浏览器

对话框，在其中可对环境颜色的贴图进行设置。

（3）环境不透明度贴图:：设置环境不透明贴图。

（4）☑ 雾化背景：选中该复选框，可设置雾背景。

（5）类型:：设置雾的类型，分为◉ 标准和◉ 分层两种。

（6）☑ 指数：选中该复选框，表示按距离指数增加标准雾的密度。

（7）近端 %:：设置标准雾在摄影机近范围内的密度百分比。

（8）远端 %:：设置标准雾在摄影机远范围内的密度百分比。

（9）顶:：设置分层雾的顶层范围。

（10）底:：设置分层雾的底层范围。

（11）密度:：设置分层雾的密度。

（12）◉ 顶：选中该单选按钮，设置分层雾顶层的衰减范围。

（13）◉ 底：选中该单选按钮，设置分层雾底面的衰减范围。

（14）◉ 无：选中该单选按钮，无衰减范围。

（15）☑ 地平线噪波：选中该复选框，系统将打开水平噪波系统，该效果将在分层雾的水平方向上增加噪波效果。

（16）大小:：设置水平噪波的大小值。

（17）角度:：设置水平噪波的角度。

（18）相位:：设置水平噪波的相对位移。

10.1.3　火焰

在环境和效果对话框中单击添加...按钮，弹出添加大气效果对话框，在其中选择火效果选项，单击确定按钮，即可打开“火效果参数”卷展栏，如图 10.1.5 所示，火效果如图 10.1.6 所示。

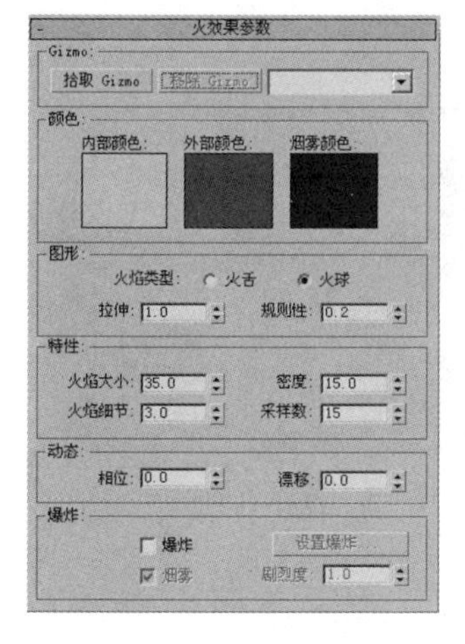

图 10.1.5　“火效果参数”卷展栏

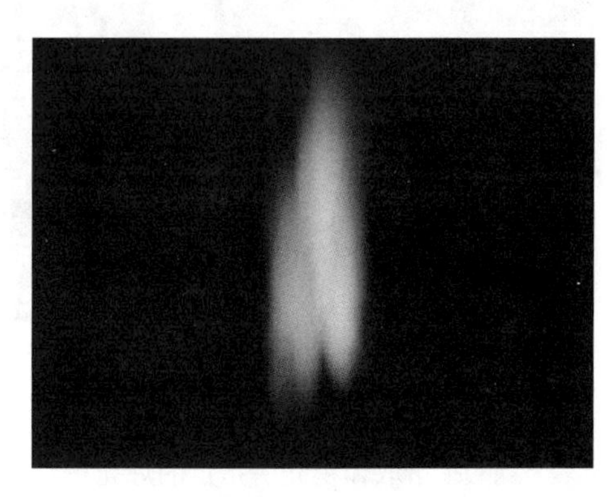

图 10.1.6　火效果

“火效果参数”卷展栏中参数说明如下：

（1）拾取 Gizmo：拾取火焰指定的线框。

（2）移除 Gizmo：删除火焰所指定的线框。

（3）内部颜色:：设置火焰的内部颜色。

（4）外部颜色：设置火焰的外部颜色。

（5）烟雾颜色：设置火焰的烟雾颜色。

（6）火焰类型：设置火焰的类型，有 火舌 和 火球 两种类型。

（7）拉伸：设置火焰的拉伸度。

（8）规则性：设置规则性的数值。

（9）火焰大小：设置火焰的大小。

（10）火焰细节：设置每个火焰中可见的颜色数量与边缘锐化。

（11）密度：设置火焰效果的密度。

（12）动态：设置火焰的相位与漂移参数。

（13）爆炸：选中该复选框，设置爆炸效果。

（14）设置爆炸...：单击该按钮，弹出设置爆炸相位曲线对话框，如图 10.1.7 所示。

（15）烟雾：选中该复选框，设置烟雾效果。

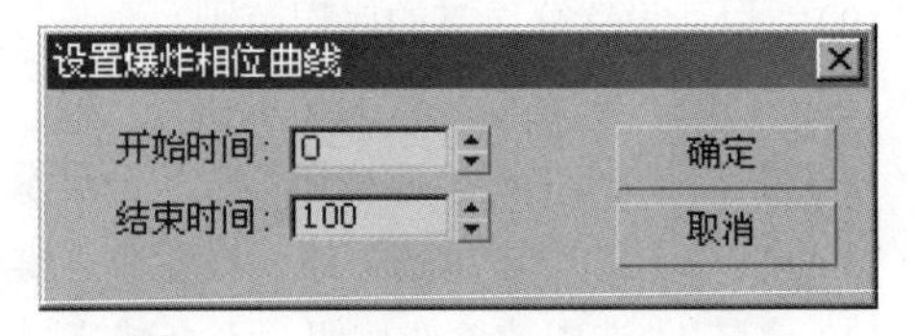

图 10.1.7 “设置爆炸相位曲线”对话框

10.1.4 体积光

体积光是由光线与大气的交互作用产生的灯光效果。在环境和效果对话框中单击添加...按钮，弹出添加大气效果对话框，在其中选择体积光选项，单击确定按钮，即可进入“体积光参数”卷展栏，如图 10.1.8 所示，体积光效果如图 10.1.9 所示。

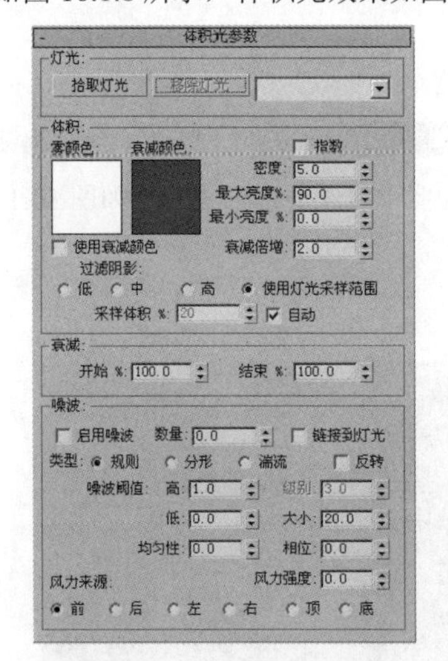

图 10.1.8 “体积光参数”卷展栏

图 10.1.9 体积光效果

“体积光参数”卷展栏中各参数含义说明如下：

（1）拾取灯光：拾取体积光所指定的灯光。

（2）移除灯光：删除体积光所指定的灯光。

（3）雾颜色：设置雾的颜色，这种颜色将和体积光的颜色融合，通常使用默认值。

（4）衰减颜色：设置雾的衰减颜色。

（5）指数：选中该复选框，可在渲染场景中的透明对象时使用。

（6）密度：设置雾的密度，数值越大，在光的体积内反射的光线越多。

（7）最大亮度%：设置光的最大亮度，数值越大，光线亮度越高。

（8）最小亮度%：设置光的最小亮度，数值越小，光线亮度越低。

（9）衰减倍增：设置光的衰减程度。

（10）☑ 使用衰减颜色：选中该复选框，可使用光的衰减颜色。

（11）过滤阴影：设置过滤阴影，提高阴影质量。

（12）衰减：设置光的衰减范围，即设置开始%和结束%两个参数。

（13）噪波：设置体积光中的噪波效果。

10.2　渲　　染

创建场景的最终目的就是通过渲染，输出静态的图像格式或动画格式。在进行渲染输出前，用户可在“场景”对话框中对一些基本参数进行设置，下面将对渲染的参数进行介绍。

单击工具栏中的“渲染场景对话框”按钮或按快捷键“F10”，弹出渲染场景对话框，如图 10.2.1 所示。

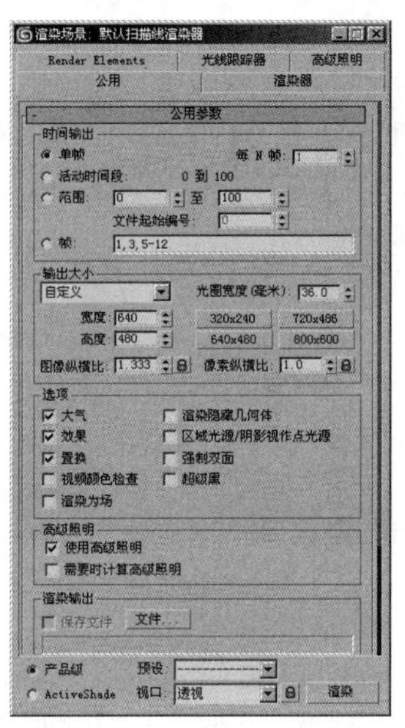

图 10.2.1　“渲染场景”对话框

“渲染场景”对话框中包括“公用”“Render Elements（元素渲染）”“光线跟踪器”“高级照明”和“渲染器”共 5 个选项卡。下面对“公用”选项卡中的参数进行说明。

10.2.1　“时间输出”参数设置区

“时间输出”参数设置区主要用来设置动画的时间输出形式。

（1）单帧：选中后将渲染当前所在的单帧。

（2）活动时间段：选中后将渲染时间滑块指定的渲染帧范围。

（3）每 N 帧：当选中活动时间段单选按钮时，可设置渲染范围内每帧之间的间隔渲染帧数。

（4）范围：选中该单选按钮后将渲染指定的渲染范围。

（5）文件起始编号：从当前的帧数增加或减去数字作为每个图形文件的结尾参考数字。

（6）◉ 帧：选中后将渲染指定的不连续帧，帧与帧之间用逗号或短横线隔开。

10.2.2 “输出大小”参数设置区

“输出大小”参数设置区主要用来设置输出图像或动画的分辨率，系统在其中预设了 4 种分辨率。

（1）光圈宽度(毫米)：定义摄影机镜头和视图区域之间的关系。

（2）宽度：设置输出图像的宽度。

（3）高度：设置输出图像的高度。

（4）图像纵横比：设置输出图像的纵横比例。

（5）像素纵横比：设置输出图像像素的纵横比例。

10.2.3 “选项”参数设置区

“选项”参数设置区中包含了 9 个复选框，分别用来显示不同的效果。

（1）☑ 大气：选中后将对大气效果进行渲染。

（2）☑ 效果：选中后将渲染创建的全部渲染效果。

（3）☑ 置换：选中后将对应用置换贴图并引起偏移的表面进行渲染。

（4）☑ 视频颜色检查：选中后将检查不可靠的颜色，使其在显示时不失真。

（5）☑ 渲染为场：选中后视频动画包括使用每根奇数扫描线场和使用每根偶数扫描线场。

（6）☑ 渲染隐藏几何体：选中后将渲染所有对象，包括隐藏的对象。

（7）☑ 区域光源/阴影视作点光源：选中后将所有区域光源都当做发光点进行渲染。

（8）☑ 强制双面：选中后将使每个面的双面都被渲染。

（9）☑ 超级黑：选中后背景图像将被渲染成黑色。

10.2.4 “高级照明”参数设置区

“高级照明”参数设置区用来设置高级光照属性。

（1）☑ 使用高级照明：选中后渲染时将使用光影追踪器或光能传递。

（2）☑ 需要时计算高级照明：选中后系统将根据需要计算光能传递。

10.2.5 “渲染输出”参数设置区

“渲染输出”参数设置区用来设置输出文件的路径、格式、设备等参数。

（1）文件...：单击此按钮后将弹出渲染输出文件对话框，在该对话框中可以设置输出文件的文件名、文件格式以及保存路径等。

（2）设备...：单击此按钮后可以选择计算机已连接的视频输出设备，直接进行输出。

（3）☑ 渲染帧窗口：选中后将在渲染帧窗口中显示渲染的图像。

（4）☑ 网络渲染：选中后可利用网络中的多台计算机同时进行渲染。

（5）☑ 跳过现有图像：选中后将使系统忽略保存在文件夹中已存在的帧，并不再对其进行渲染。

10.3　课堂实战——设置环境贴图

本节结合本章所学知识，为场景设置环境贴图，具体操作步骤如下：

（1）选择文件(F)→重置(R)命令，重新设置系统。

（2）选择文件(F)→打开(O)...命令，弹出打开文件对话框，在其中选择一个文件后，单击打开(O)按钮，打开一个场景，如图 10.3.1 所示。

（3）选择渲染(R)→环境(E)...命令或按快捷键“8”，弹出环境和效果对话框，如图 10.3.2 所示，在该对话框中可设置环境贴图。

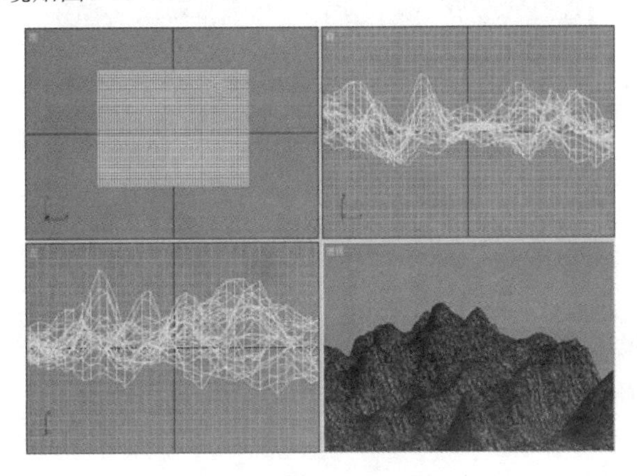

图 10.3.1　打开场景

（4）单击环境贴图:下方的无按钮，弹出材质/贴图浏览器对话框，如图 10.3.3 所示。

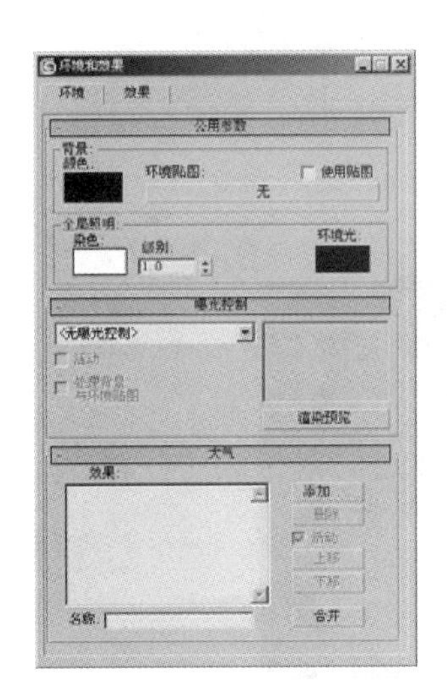

图 10.3.2　“环境和效果”对话框

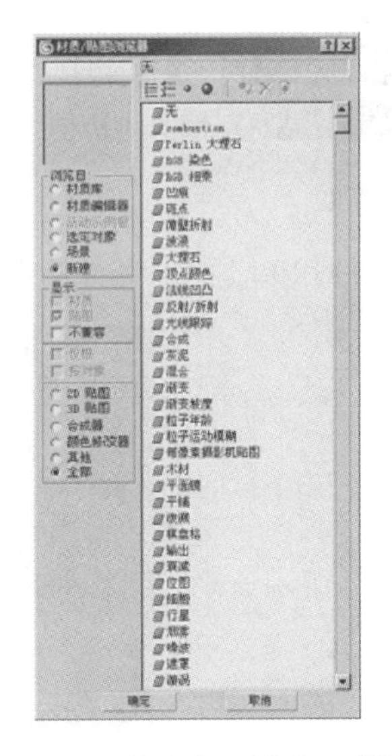

图 10.3.3　“材质/贴图浏览器”对话框

（5）在材质/贴图浏览器对话框中选择位图选项，然后单击确定按钮，弹出选择位图图像文件对话框，在其中选择一张名为“SKY.jpg”的天空图片。

（6）激活透视图，然后单击工具栏中的“快速渲染”按钮，山丘最终效果如图 10.3.4 所示。

图 10.3.4　山丘最终效果

本 章 小 结

本章主要介绍了环境控制和渲染。通过本章的学习，用户应掌握环境和效果的参数设置，雾效果、火焰效果、体积光效果的参数设置以及渲染输出的参数设置。

操 作 练 习

一、填空题

1. 打开环境和效果对话框的快捷键为________。
2. 打开渲染场景对话框的快捷键为________。

二、上机操作题

练习制作如题图 10.1 所示的蜡烛燃烧效果。

题图 10.1　蜡烛燃烧效果

第 11 章 基 础 实 例

通过前面几章的学习，用户应该能够熟练使用 3DS MAX 8.0，本章综合运用前面所学的知识，通过制作几个实例来巩固学习的内容。

知识要点

- 制作电脑机箱
- 制作沙发
- 制作落地灯
- 制作茶几
- 制作客厅效果图

实例 1 制作电脑机箱

1．实例说明

通过制作电脑机箱进一步掌握三维物体和二维图形的创建方法以及编辑样条线、挤出等二维修改命令的使用方法。

电脑机箱最终效果如图 11.1.1 所示。

图 11.1.1 电脑机箱效果

2．操作步骤

（1）选择 文件(F) → 重置(R) 命令，重新设置系统。

（2）单击“创建”按钮，进入创建命令面板。单击“几何体”按钮，进入几何体创建命令面板，选择 标准基本体 下拉列表中的 扩展基本体 选项，然后单击其中的 切角长方体 按钮，在视图中创建一个切角长方体，如图 11.1.2 所示。

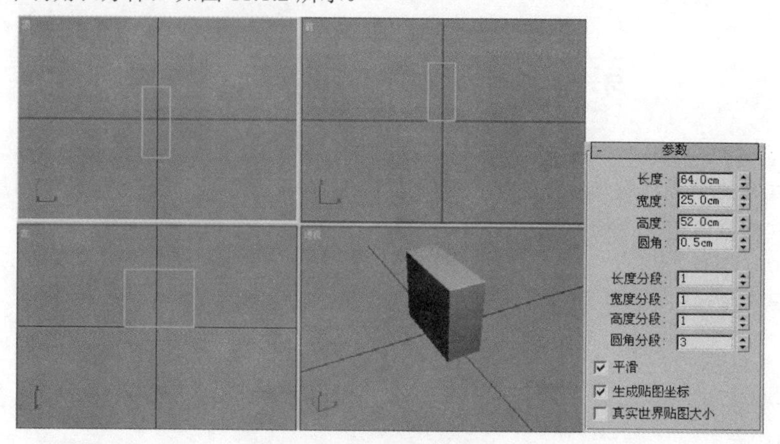

图 11.1.2　创建切角长方体

（3）单击“创建”按钮，进入创建命令面板。单击“图形”按钮，进入图形创建命令面板，单击 矩形 按钮，在左视图中创建一个矩形，并命名为“Rectangle01”，如图 11.1.3 所示。

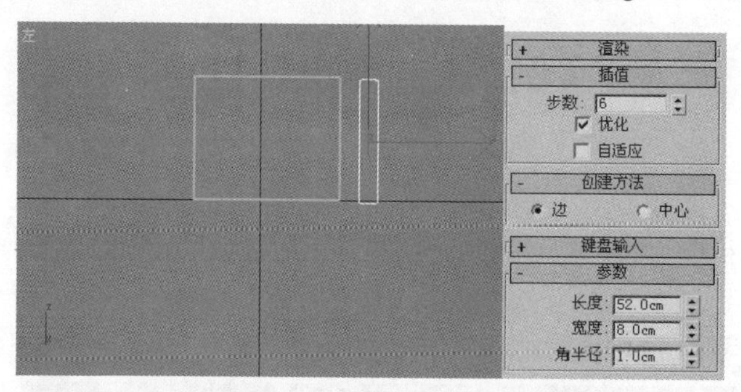

图 11.1.3　创建矩形 Rectangle01

（4）单击“修改”按钮，进入修改命令面板，选择 修改器列表 下拉列表中的 编辑样条线 命令，单击 选择 卷展栏中的“分段”按钮，然后在左视图中选择如图 11.1.4 所示的线段。

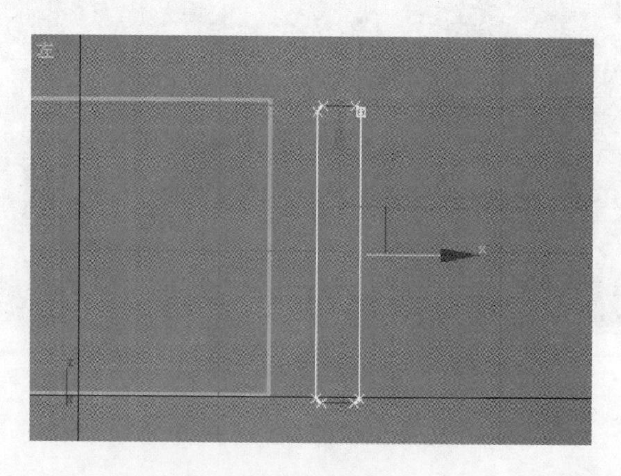

图 11.1.4　选择线段

（5）在 几何体 卷展栏中 拆分 按钮后的微调框中设置拆分的数量为 1，

然后单击 拆分 按钮，将选择的线段拆分为两段，如图 11.1.5 所示。

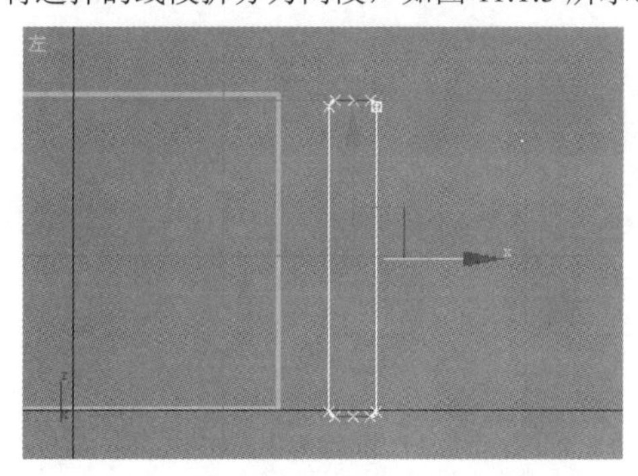

图 11.1.5　拆分线段效果

（6）在左视图中选择如图 11.1.6 所示的线段，并按“Delete”键将其删除，然后单击 选择 卷展栏中的“顶点”按钮，进入顶点编辑状态，单击 几何体 卷展栏中的 连接 按钮将矩形“Rectangle01”的两个顶点连接起来，效果如图 11.1.7 所示。

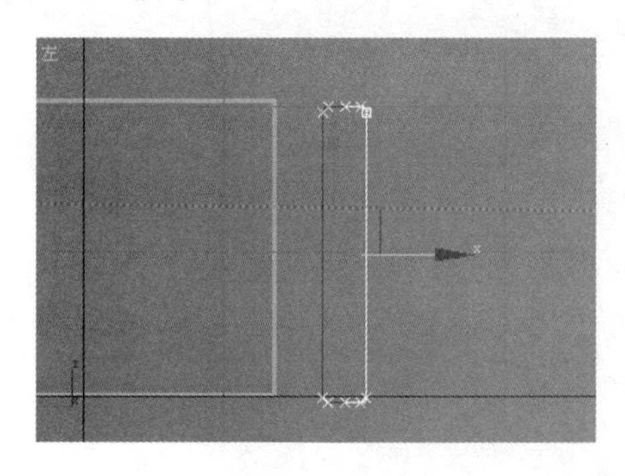

图 11.1.6　选择线段

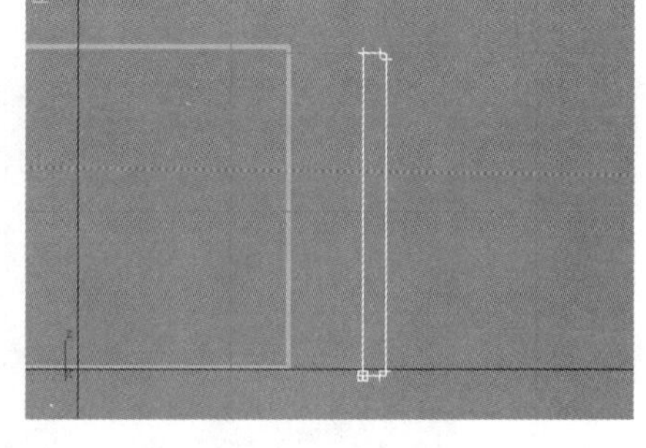

图 11.1.7　连接顶点效果

（7）选择 修改器列表 下拉列表中的 挤出 命令，设置挤出的数量为 21，效果如图 11.1.8 所示。

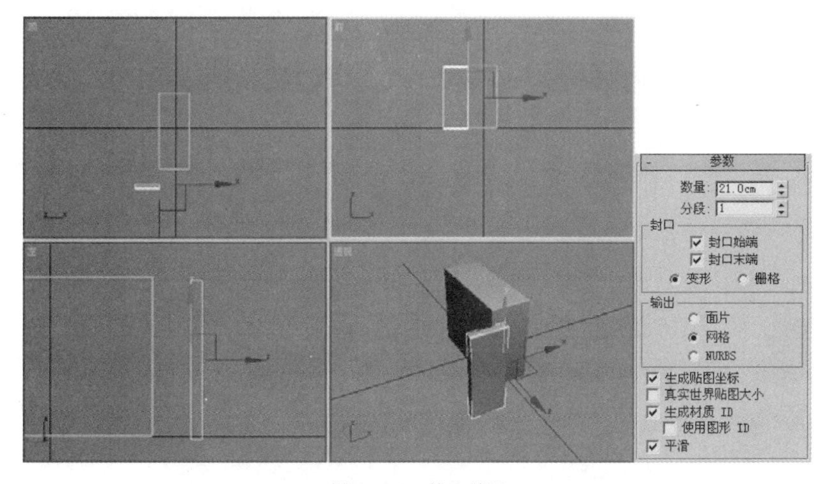

图 11.1.8　挤出效果

（8）单击工具栏中的“对齐”按钮，在视图中拾取切角长方体，弹出 对齐当前选择 对话框，设

置参数如图 11.1.9 所示，然后单击应用按钮，效果如图 11.1.10 所示。

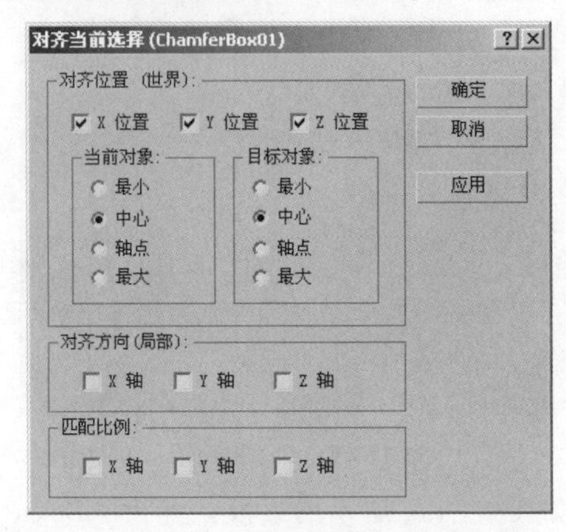

图 11.1.9 “对齐当前选择”对话框

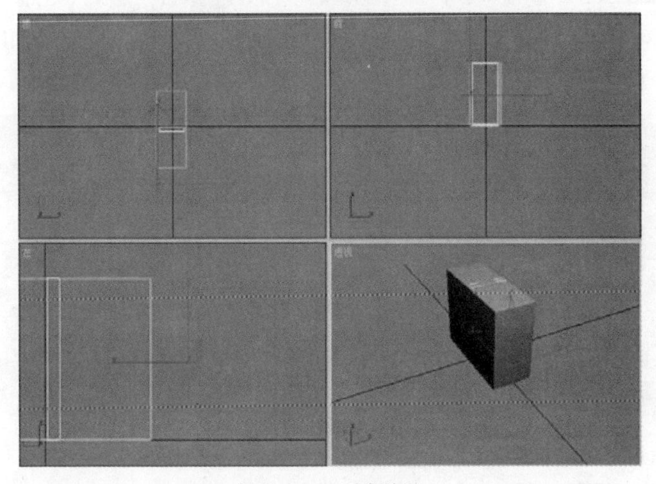

图 11.1.10 对齐效果

（9）在对齐当前选择对话框中设置对齐参数如图 11.1.11 所示，然后单击确定按钮，效果如图 11.1.12 所示。

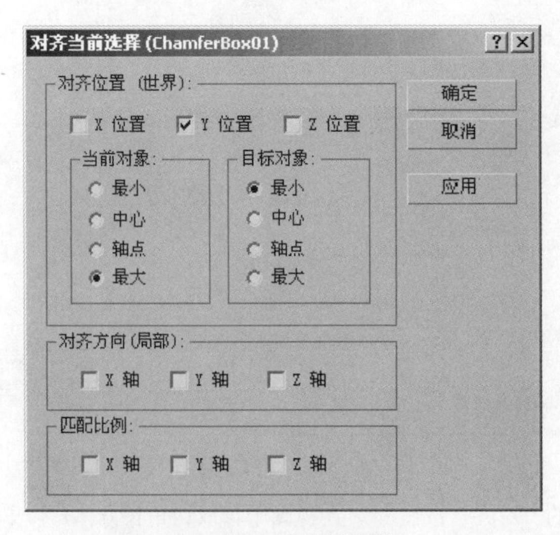

图 11.1.11 设置对齐参数

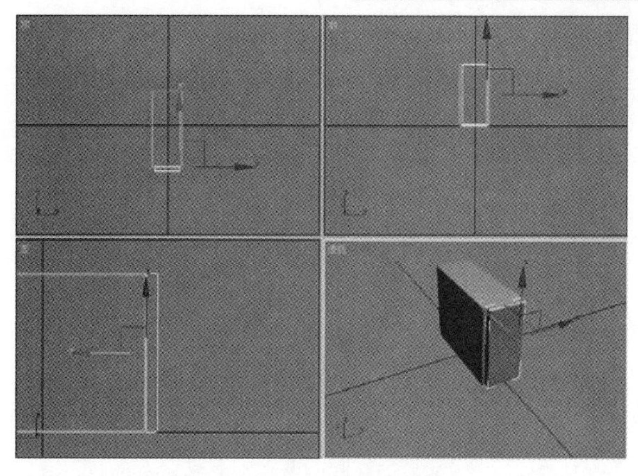

图 11.1.12　对齐效果

（10）单击“几何体”按钮，进入几何体创建命令面板，选择扩展基本体下拉列表中的标准基本体选项，进入标准几何体创建命令面板，单击球体按钮，在视图中创建一个半径为 2.5 的球体，并命名为“Sphere01”，如图 11.1.13 所示。

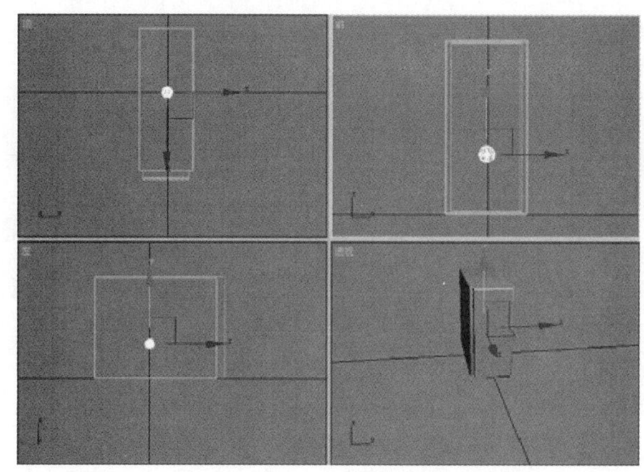

图 11.1.13　创建球体

（11）单击工具栏中的“选择并均匀缩放”按钮，在前视图中锁定 Y 轴对球体进行缩放，然后在顶视图中锁定 Y 轴对球体进行缩放，调整球体的位置，效果如图 11.1.14 所示。

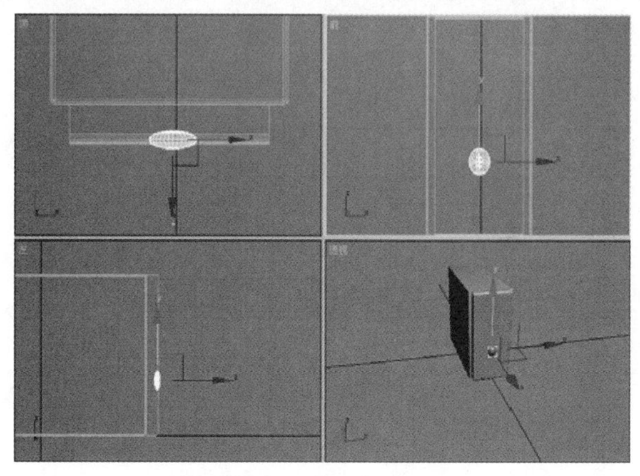

图 11.1.14　缩放球体并调整位置效果

（12）按“Ctrl＋V”键将球体原地复制一个，并命名为“Sphere02”，然后单击工具栏中的“选

择并均匀缩放”按钮，将其稍微放大，如图 11.1.15 所示。

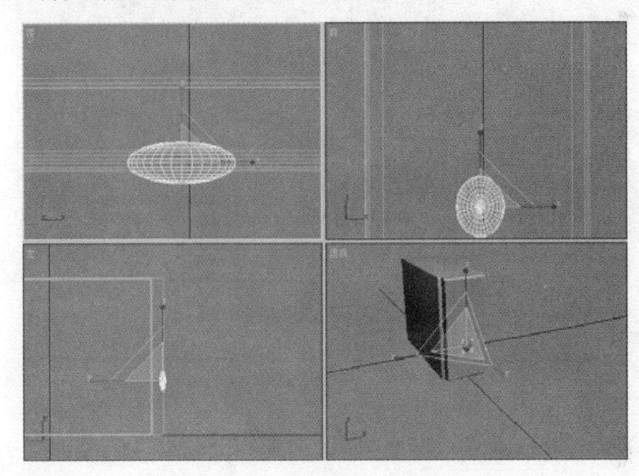

图 11.1.15　复制并缩放球体

（13）单击 圆环 按钮，在前视图中创建一个圆环，然后将其移动至如图 11.1.16 所示的位置。

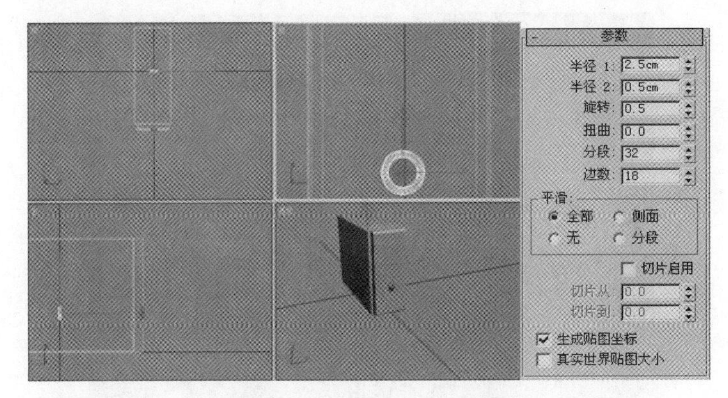

图 11.1.16　创建圆环并移动位置

（14）用同样的方法对圆环进行缩放，然后改变圆环的位置，效果如图 11.1.17 所示。

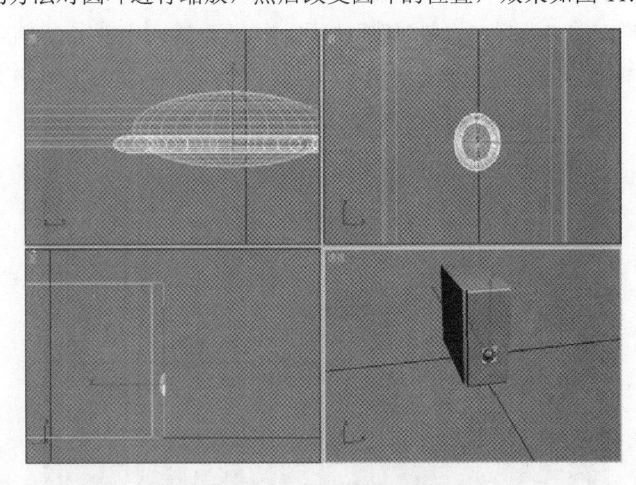

图 11.1.17　缩放圆环并调整其位置

（15）选择 标准基本体 下拉列表中的 扩展基本体 选项，进入扩展几何体创建命令面板。

单击切角长方体按钮，在前视图中创建一个切角长方体，并将其移动至如图 11.1.18 所示的位置。

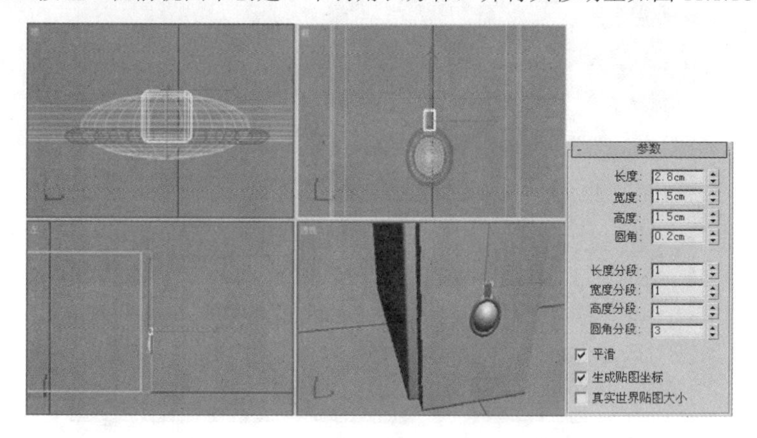

图 11.1.18　创建切角长方体

（16）单击切角长方体按钮，在前视图中再创建一个切角长方体，并将其移动至如图 11.1.19 所示的位置。

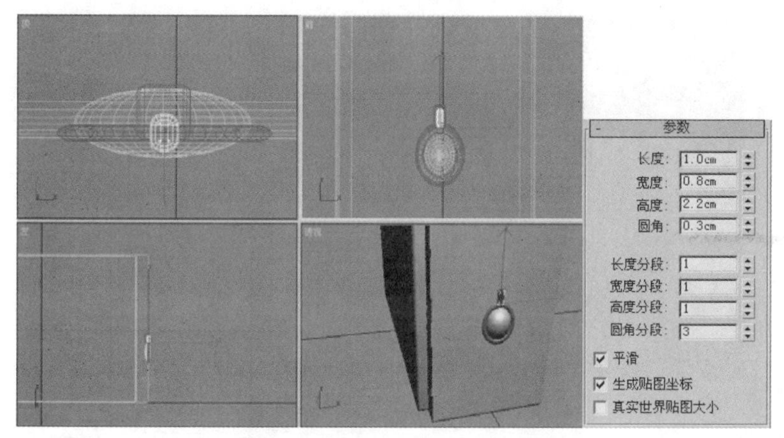

图 11.1.19　创建并调整切角长方体的位置

（17）在前视图中选择前两步创建的切角长方体，然后单击工具栏中的“镜像”按钮，弹出镜像对话框，设置参数如图 11.1.20 所示，然后单击确定按钮，调整复制对象的位置后，效果如图 11.1.21 所示。

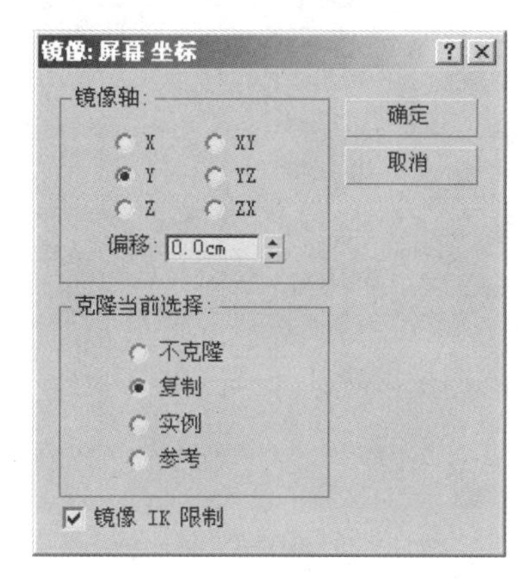

图 11.1.20　“镜像”对话框

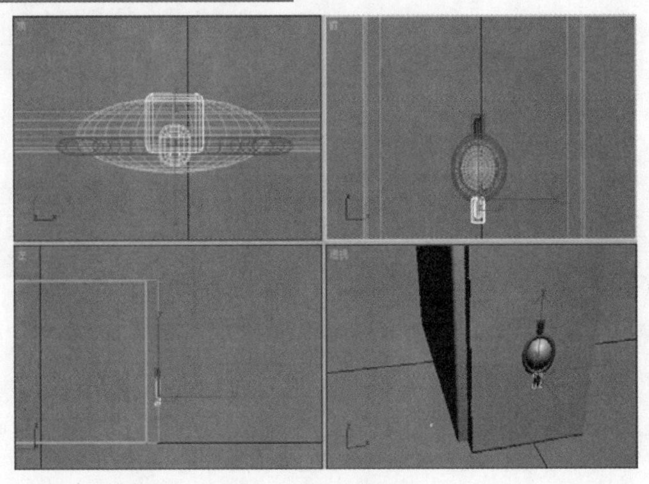

图 11.1.21　镜像效果

（18）单击 长方体 按钮，在前视图中创建一个长方体，并将其移动至如图 11.1.22 所示的位置。

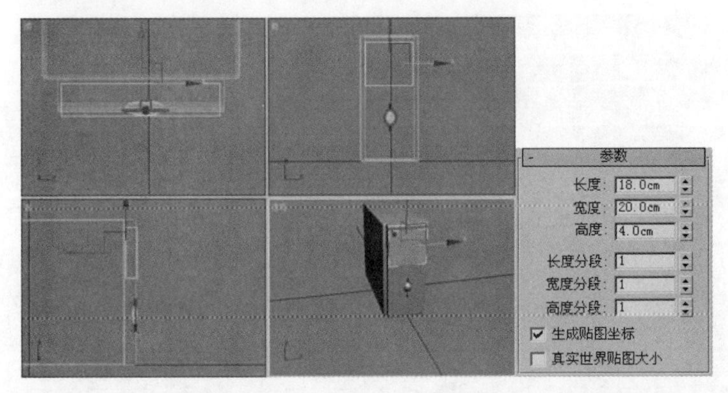

图 11.1.22　创建长方体并移动位置

（19）单击 长方体 按钮，在前视图中再创建一个长方体，并设置其 长度: 为 6， 宽度: 为 20， 高度: 为 4，调整其位置后，将其和上一步创建的长方体连接在一起，如图 11.1.23 所示。

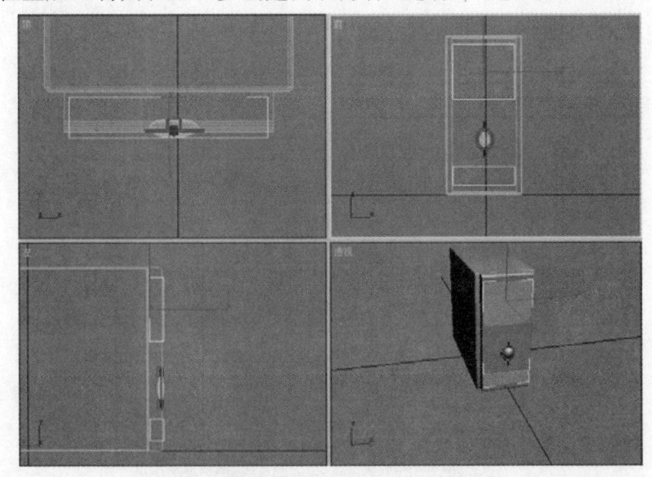

图 11.1.23　创建并连接长方体

（20）在视图中选择矩形“Rectangle01”，然后单击“几何体”按钮，进入几何体创建命令面

板。选择标准基本体下拉列表中的复合对象选项，单击布尔按钮，进入布尔运算属性面板，在参数卷展栏中的操作参数设置区中选中差集(A-B)单选按钮，然后单击拾取布尔卷展栏中的拾取操作对象 B按钮，在视图中拾取长方体，效果如图 11.1.24 所示。

图 11.1.24　布尔运算效果

（21）选择复合对象下拉列表中的标准基本体选项，然后单击长方体按钮，在前视图中创建一个长度:为 6，宽度:为 20，高度:为 1 的长方体，并将其复制两个，效果如图 11.1.25 所示。

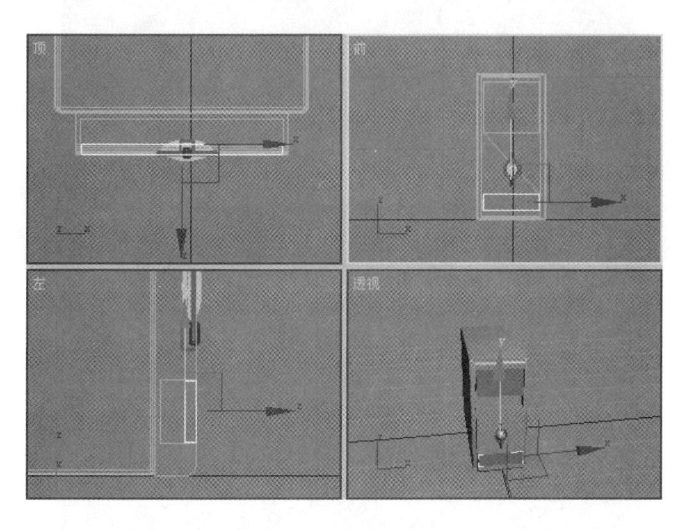

图 11.1.25　创建并复制长方体

（22）单击“图形”按钮，进入图形创建命令面板，单击矩形按钮，在前视图中创建一个矩形，如图 11.1.26 所示。

（23）单击“修改”按钮，进入修改命令面板，选择修改器列表下拉列表中的编辑样条线命令，单击选择卷展栏中的“顶点”按钮，进入顶点编辑状态，然后单击几何体卷展栏中的优化按钮，在矩形上插入 4 个顶点，并调整顶点至如图 11.1.27 所示的位置。

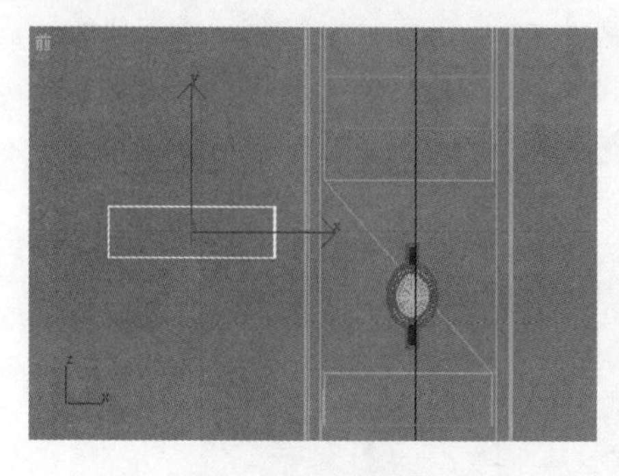

图 11.1.26　创建矩形

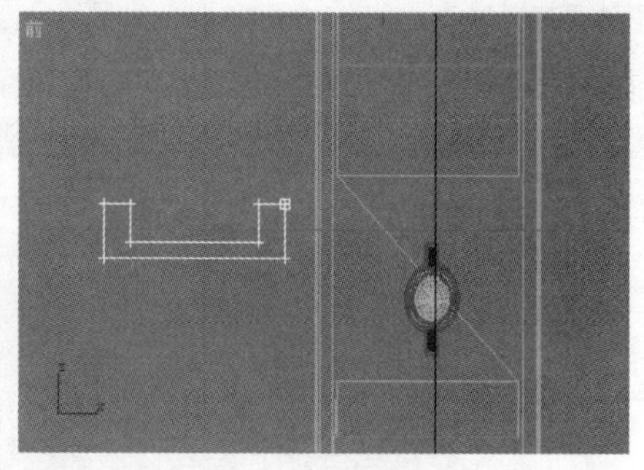

图 11.1.27　编辑矩形

（24）选择修改器列表下拉列表中的挤出命令，并设置挤出的数量为 1，然后将其移动至如图 11.1.28 所示的位置。

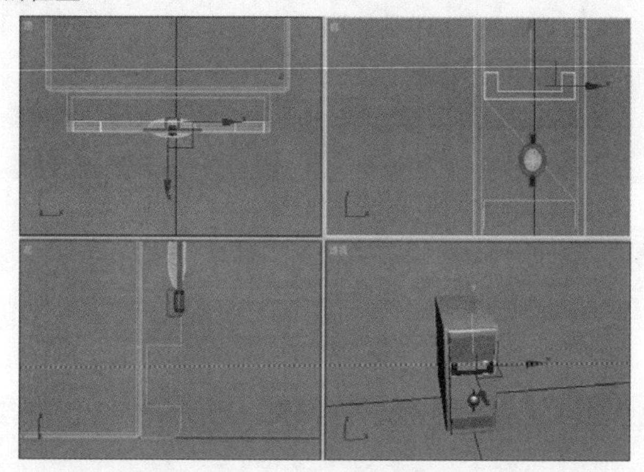

图 11.1.28　挤出并调整矩形位置

（25）单击“几何体”按钮，进入几何体创建命令面板，单击长方体按钮，在前视图中创建两个长方体，并调整它们的位置如图 11.1.29 所示。

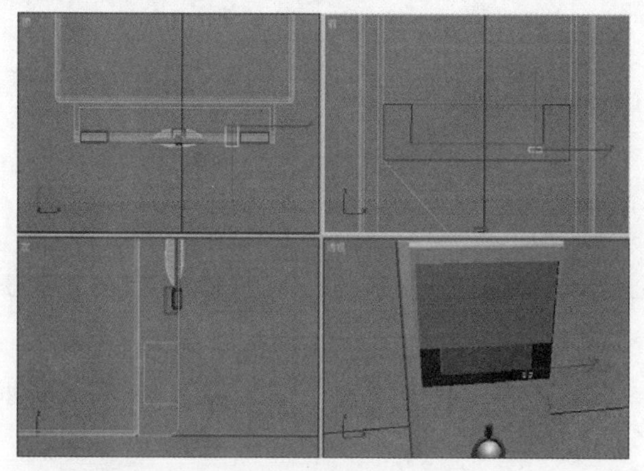

图 11.1.29　创建并调整长方体位置

（26）单击“图形”按钮，进入图形创建命令面板，单击矩形按钮，在左视图中创建一个矩形，如图 11.1.30 所示。

（27）单击“修改”按钮，进入修改命令面板，选择修改器列表下拉列表中的编辑样条线命令，单击选择卷展栏中的“顶点”按钮，进入顶点编辑状态，

然后单击 - 几何体 卷展栏的 优化 按钮，在矩形上插入两个顶点，如图 11.1.31 所示。

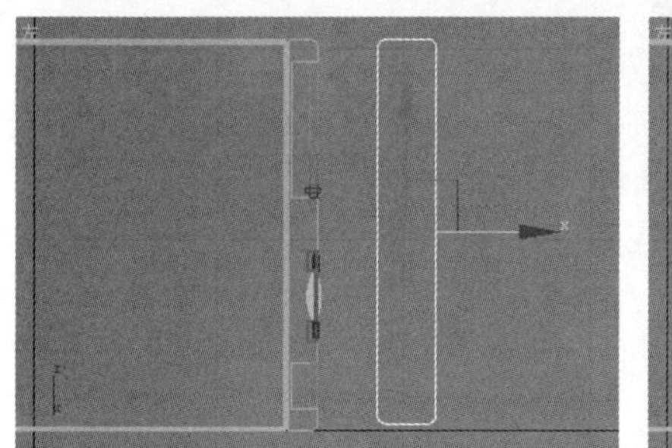

图 11.1.30　创建矩形

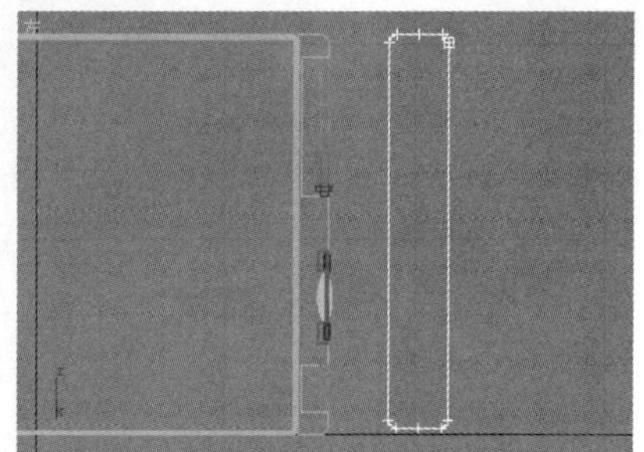

图 11.1.31　插入顶点

（28）选择 修改器列表 下拉列表中的 倒角 命令，设置倒角参数后，效果如图 11.1.32 所示。

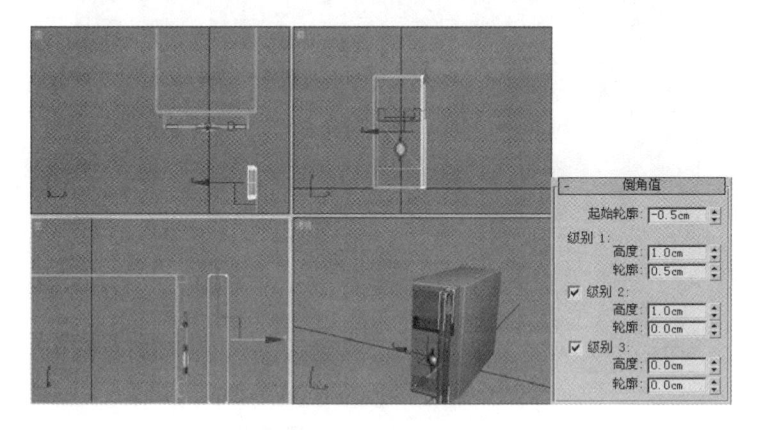

图 11.1.32　倒角效果

（29）选择 修改器列表 下拉列表中的 编辑网格 命令，单击 - 选择 卷展栏中的“顶点”按钮，进入顶点编辑状态，在视图中删除多余的顶点后，调整矩形的位置如图 11.1.33 所示。

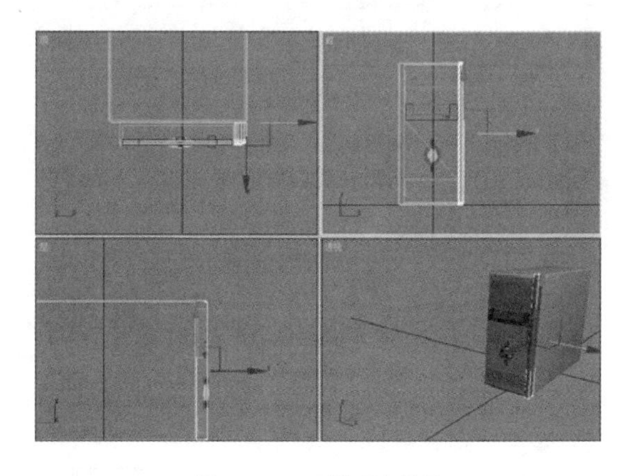

图 11.1.33　删除顶点效果

（30）单击工具栏中的“镜像”按钮，弹出 镜像 对话框，设置参数如图 11.1.34 所示，单击 确定 按钮，效果如图 11.1.35 所示。

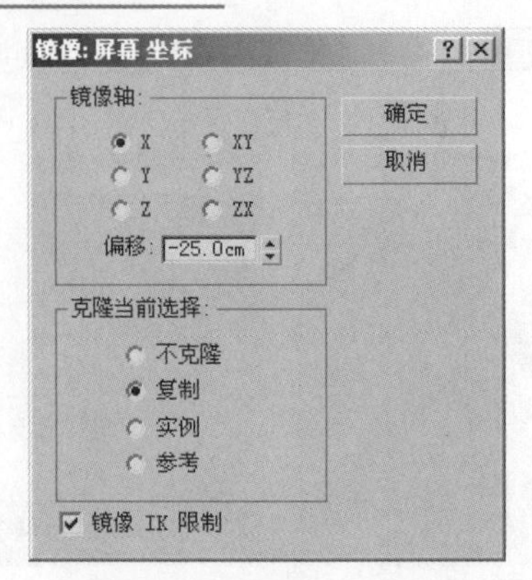

图 11.1.34 “镜像”对话框

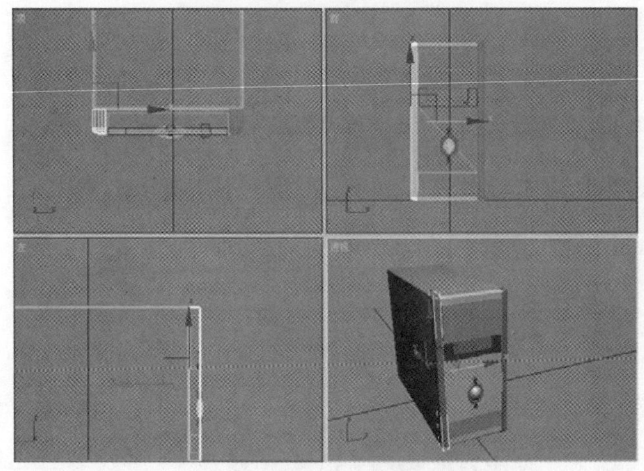

图 11.1.35 镜像复制效果

（31）单击工具栏中的“材质编辑器”按钮，弹出材质编辑器对话框，在其中选择一个样本球，单击漫反射后的颜色块，弹出颜色选择器对话框，在其中设置颜色参数如图 11.1.36 所示，然后设置高光级别为 96，光泽度为 18。

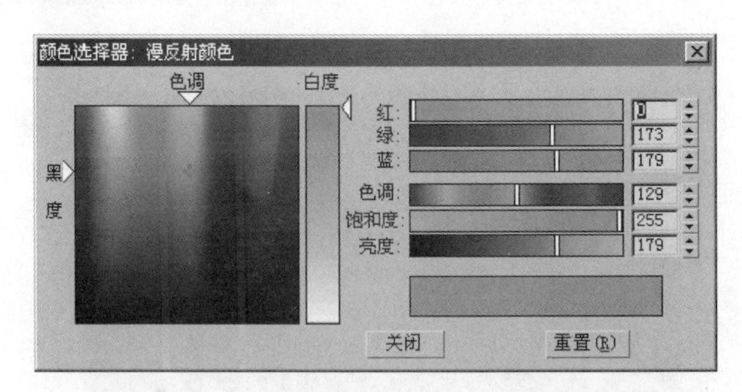

图 11.1.36 “颜色选择器”对话框

（32）在视图中选择如图 11.1.37 所示的物体，然后单击材质编辑器对话框中的“将材质指定给选定对象”按钮，将材质指定给选定对象。

（33）选择另一个样本球，单击漫反射后的颜色块，弹出颜色选择器对话框，在其中设置颜色参数如图 11.1.38 所示，然后设置高光级别为 50，光泽度为 28，并将其指定给机箱两侧物体。

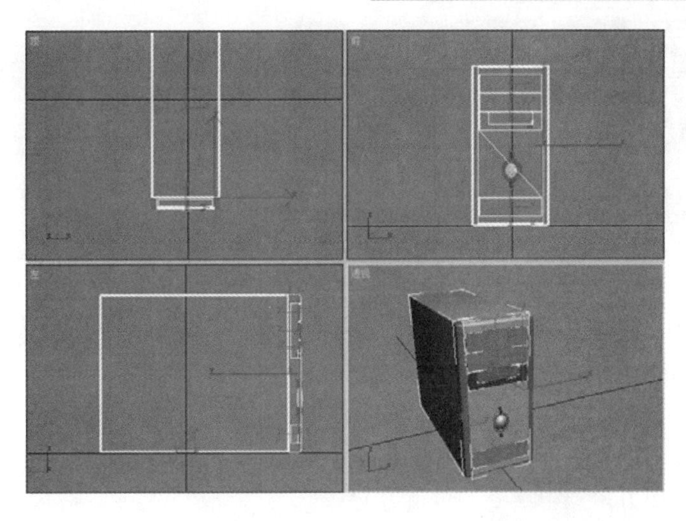

图 11.1.37　选择物体

（34）选择另一个样本球，单击 Standard 按钮，弹出 材质/贴图浏览器 对话框，选中 浏览自 参数设置区中的 材质库 单选按钮，单击 文件 参数设置区中的 打开... 按钮，弹出 打开材质库 对话框，选择其中的 Metal 选项，然后单击 打开(O) 按钮。

（35）选择其中的一个金属材质球，如图 11.1.39 所示，单击 确定 按钮，然后将其指定给机箱的两个按钮。

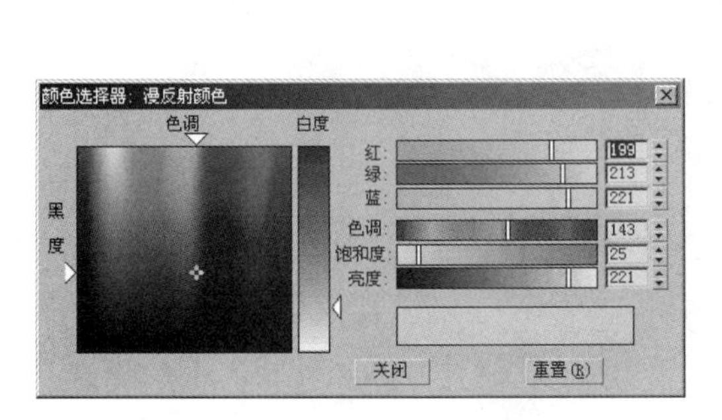

图 11.1.38　“颜色选择器”对话框

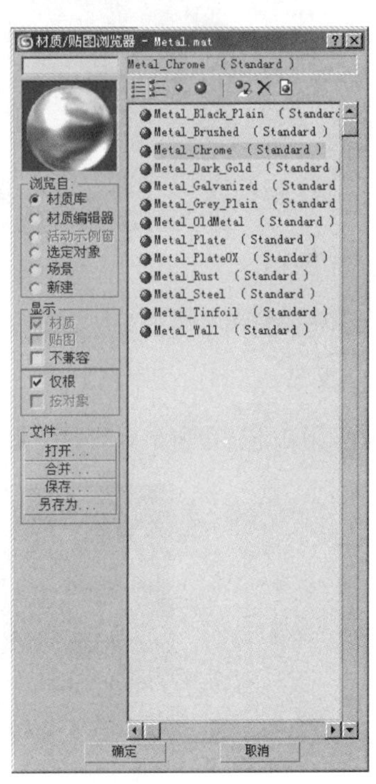

图 11.1.39　选择金属材质球

（36）选择另一个样本球，单击 漫反射: 后的颜色块，弹出 颜色选择器 对话框，在其中设置颜色参数如图 11.1.40 所示，然后设置其他参数如图 11.1.41 所示。

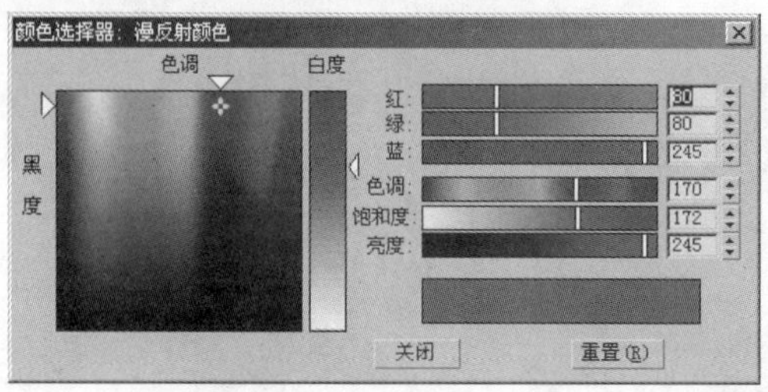

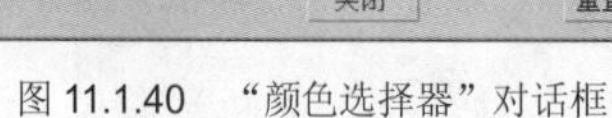
图 11.1.40 “颜色选择器”对话框

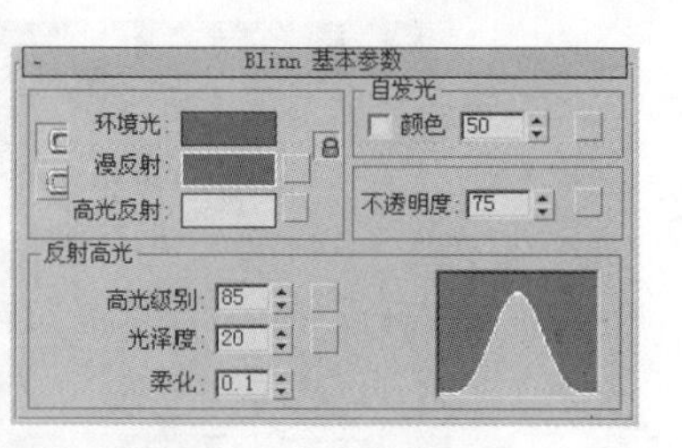

图 11.1.41 设置其他参数

（37）在视图中选择较小的球体，然后单击材质编辑器对话框中的“将材质指定给选定对象”按钮，将材质指定给选定对象。

（38）将上一步制作的材质复制一份，选中线框复选框，然后将其指定给较大的球体。

（39）在视图中创建一个平面，并将其移动至如图 11.1.42 所示的位置，然后为其指定一个木纹材质，并设置反射贴图为光线跟踪，反射值为 15。

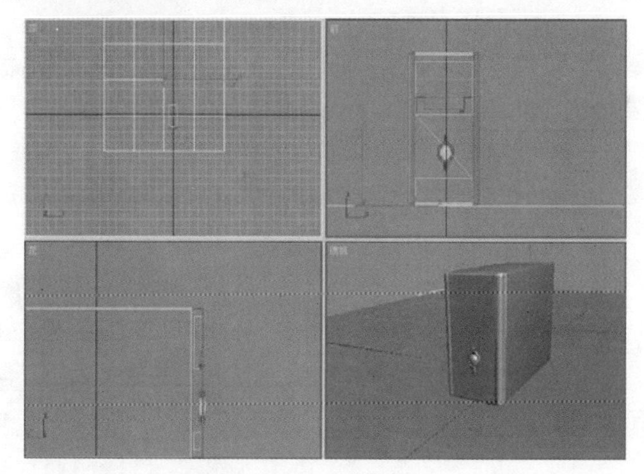

图 11.1.42 创建并移动平面

（40）激活透视图，单击工具栏中的“快速渲染”按钮，电脑机箱最终效果如图 11.1.1 所示。

3．举一反三

下面请应用在本例中所学到的知识制作出另外一种机箱效果图，如图 11.1.43 所示。

图 11.1.43 机箱效果图

提示：本例中的机箱与前面实例中机箱的制作方法和步骤几乎相同，用户可参考实例中的制作方法进行制作。

实例 2　制 作 沙 发

1．实例说明

通过制作沙发进一步掌握二维图形的创建和编辑方法，以及放样建模的使用方法和放样变形，另外通过本例的制作，用户应熟练掌握对象的变换和复制。

沙发最终效果如图 11.2.1 所示。

图 11.2.1　沙发效果

2．操作步骤

（1）选择 文件(F) → 重置(R) 命令，重新设置系统。

（2）单击“创建”按钮，进入创建命令面板。单击“图形”按钮，进入图形创建命令面板，单击 线 按钮，在前视图中创建一条曲线，命名为 Line01，如图 11.2.2 所示。

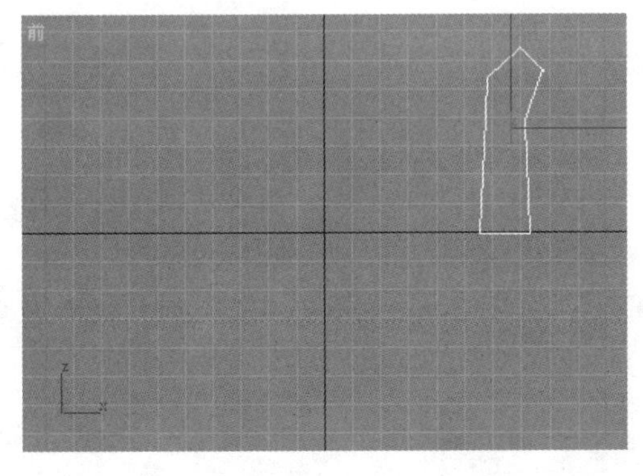

图 11.2.2　创建曲线 Line01

（3）单击“修改”按钮，进入修改命令面板，单击 - 选择 卷展栏中的“顶点”按钮，进入顶点编辑状态。在视图中选中所有的顶点，然后单击鼠标右键，在弹出的快捷菜单中选择 Bezier 角点 命令，将其转换为 Bezier 角点，如图 11.2.3 所示，然后将曲线编辑成如图 11.2.4

所示的形状。

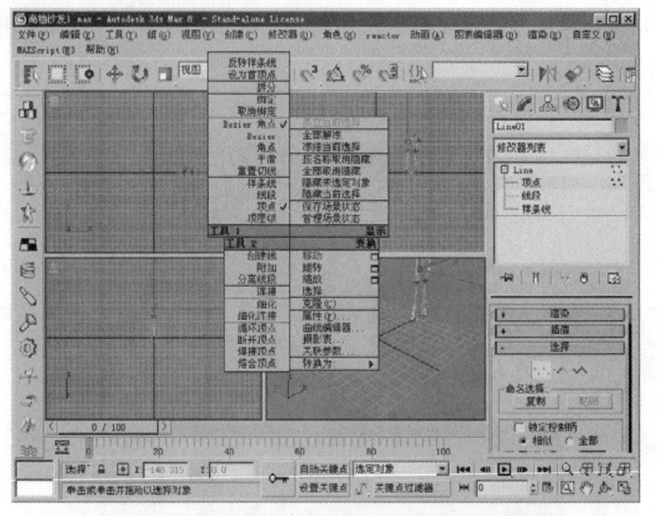

图 11.2.3　转换为 Bezier 角点

（4）单击“创建”按钮，进入创建命令面板。单击 线 按钮，在顶视图中创建一条曲线，命名为 Line02，如图 11.2.5 所示。

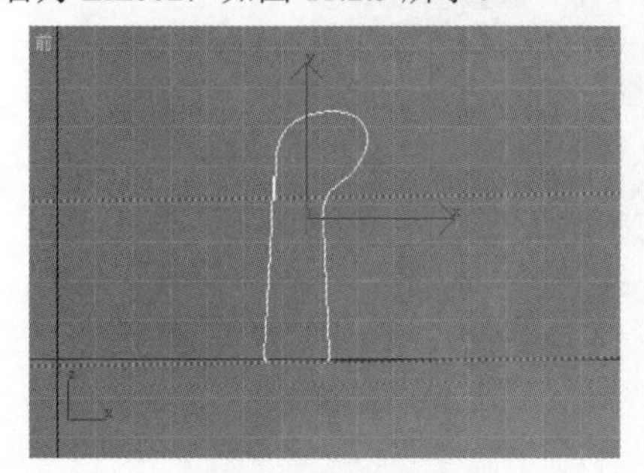

图 11.2.4　编辑曲线

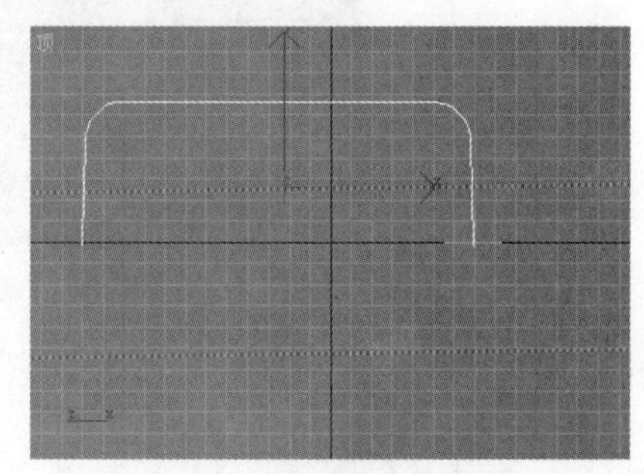

图 11.2.5　创建曲线 Line02

（5）单击“几何体”按钮，进入几何体创建命令面板，选择 标准基本体 下拉列表中的 复合对象 选项。

（6）单击 放样 按钮，进入放样属性面板，单击 - 创建方法 卷展栏中的 获取图形 按钮，在视图中拾取曲线 Line01，效果如图 11.2.6 所示。

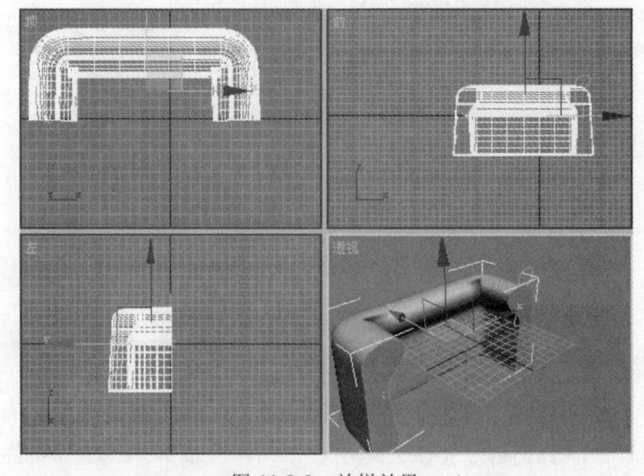

图 11.2.6　放样效果

（7）单击“修改”按钮，进入修改命令面板，单击 Loft 中的“+”号，在其下拉列表中选择图形选项，然后在前视图中选中放样截面图形，单击工具栏中的“选择并旋转”按钮，将其绕 Y 轴旋转 180°，效果如图 11.2.7 所示。

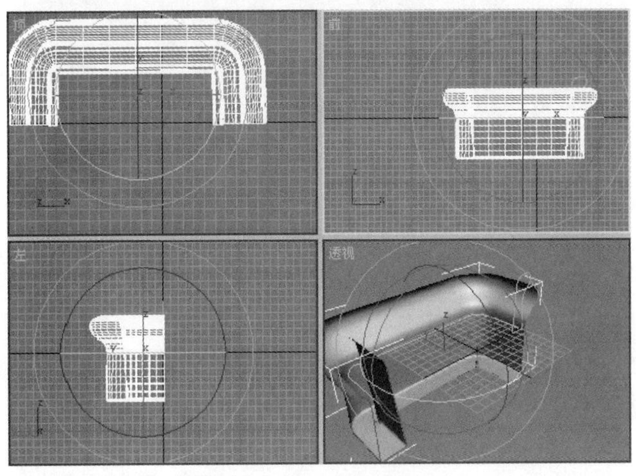

图 11.2.7　调整放样截面图形

（8）选择修改器列表下拉列表中的法线命令，将法线翻转，效果如图 11.2.8 所示。

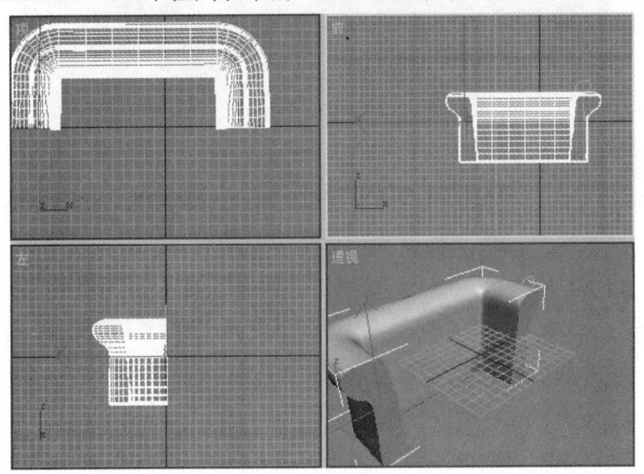

图 11.2.8　翻转法线效果

（9）打开放样物体的 - 变形 卷展栏，单击缩放按钮，弹出缩放变形 (X) 对话框，调整缩放变形曲线如图 11.2.9 所示，效果如图 11.2.10 所示。

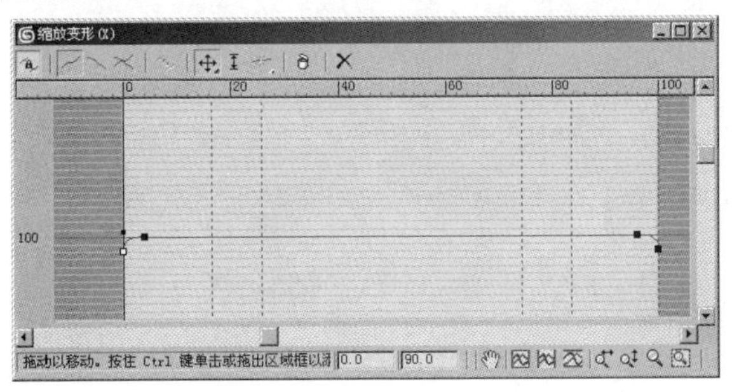

图 11.2.9　“缩放变形”对话框

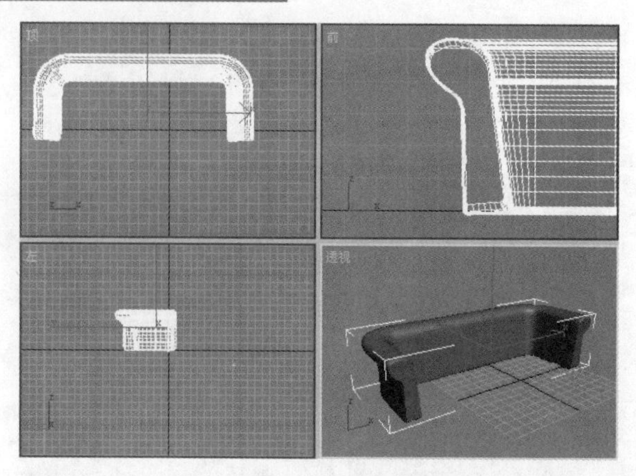

图 11.2.10　缩放变形效果

（10）单击“创建”按钮，进入创建命令面板。选择复合对象下拉列表中的扩展基本体选项，单击切角长方体按钮，在顶视图中创建一个切角长方体，并将其移动至如图 11.2.11 所示的位置。

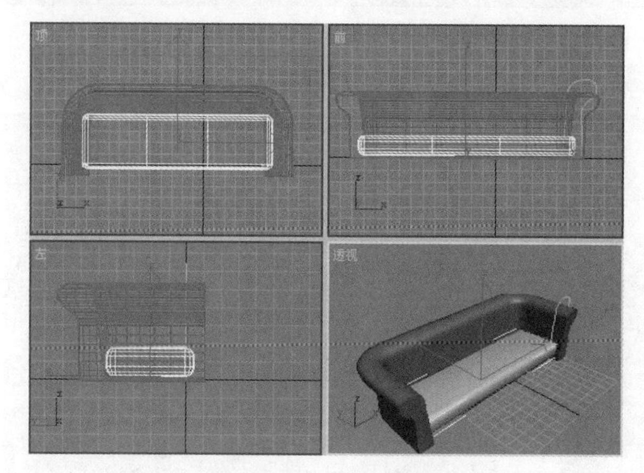

图 11.2.11　创建并移动切角长方体

（11）选择放样物体，按“Ctrl+V”键，将放样物体复制一个，并对其截面图形进行调整，调整后效果如图 11.2.12 所示。

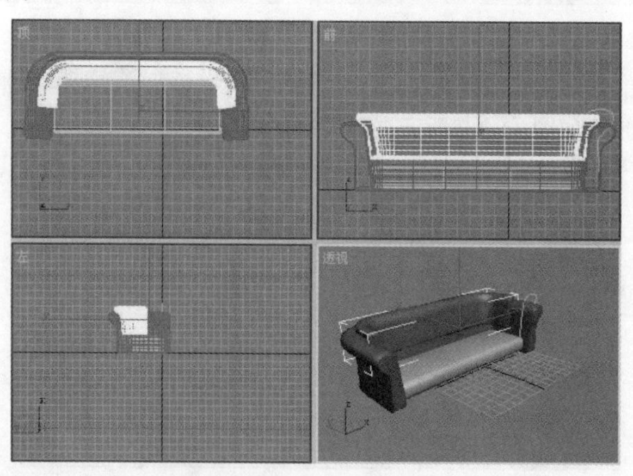

图 11.2.12　复制并调整放样物体

（12）单击切角长方体按钮在视图中创建一个切角长方体。并将其移动至如图 11.2.13 所示的

位置。

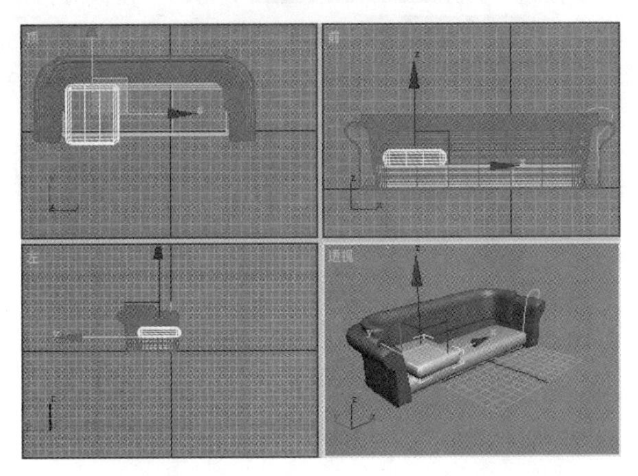

图 11.2.13　创建并移动切角长方体

（13）单击“修改”按钮，在进入修改命令面板，选择 修改器列表 下拉列表中的 FFD 4x4x4 命令，然后对其控制点进行调整，效果如图 11.2.14 所示。

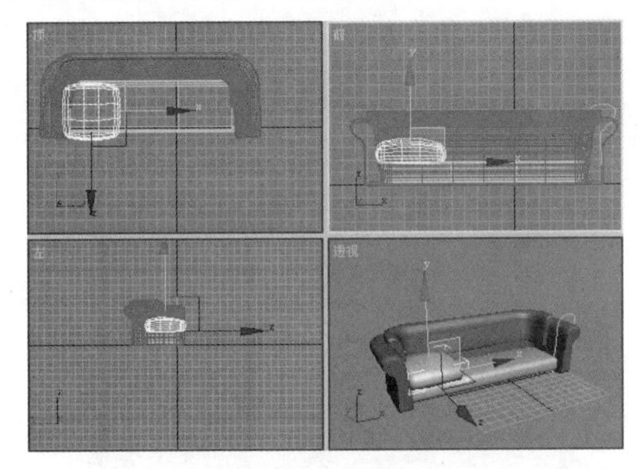

图 11.2.14　自由变形效果

（14）激活前视图，在按住“Shift”键的同时沿 X 轴正方向拖动鼠标至适当位置松开，弹出 克隆选项 对话框，设置 副本数: 为 2，然后单击 确定 按钮，效果如图 11.2.15 所示。

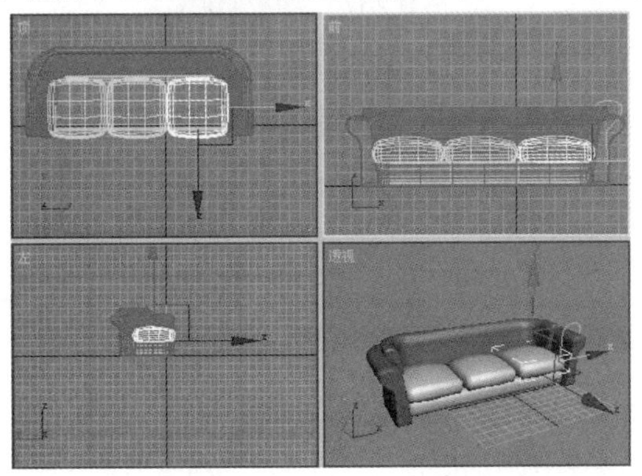

图 11.2.15　复制切角长方体效果

（15）单击工具栏中的“材质编辑器”按钮，弹出 材质编辑器 对话框。选择一个材质球，单

击 漫反射: 参数设置区后的 按钮，弹出 材质/贴图浏览器 对话框，在该对话框中选择 位图 选项，然后单击 确定 按钮，弹出 选择位图图像文件 对话框，在该对话框中选择一张名为“bu26.tif”的图片作为位图贴图，然后返回 材质编辑器 对话框，设置其他参数如图 11.2.16 所示。

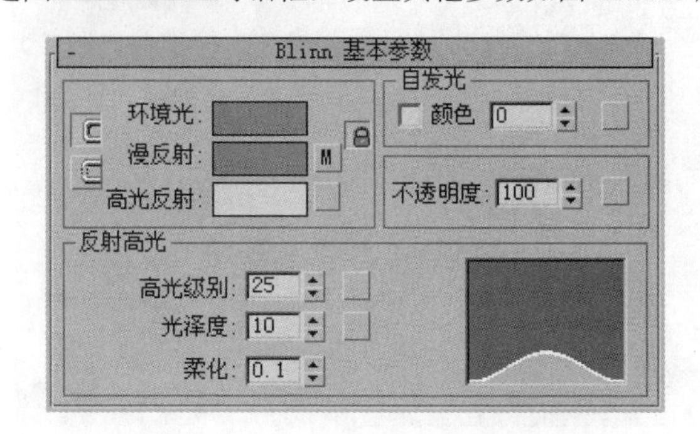

图 11.2.16 “Blinn 基本参数”卷展栏

（16）在视图中选中所有三维物体，然后单击 材质编辑器 对话框中的“将材质指定给选定对象”按钮，将材质指定给选定对象。

（17）激活透视图，单击工具栏中的“快速渲染”按钮，沙发最终效果如图 11.2.1 所示。

3．举一反三

下面请应用在本例中所学到的知识制作出另外一种沙发效果图，如图 11.2.17 所示。

图 11.2.17 沙发效果图

提示：本例中的沙发与前面实例中沙发的制作方法和步骤几乎相同，用户可参考实例中的制作方法进行制作。

实例 3 制作落地灯

1．实例说明

通过制作落地灯进一步掌握使用二维转三维命令将二维图形转变成三维实体，以及轮廓、车削和锥化命令的使用方法。

落地灯的最终效果如图 11.3.1 所示。

图 11.3.1　落地灯效果

2．操作步骤

（1）选择 文件(F) → 重置(R) 命令，重新设置系统。

（2）单击“创建”按钮，进入创建命令面板。单击“图形”按钮，进入图形创建命令面板，单击 线 按钮，在前视图中创建一条曲线，命名为“灯罩”，如图 11.3.2 所示。

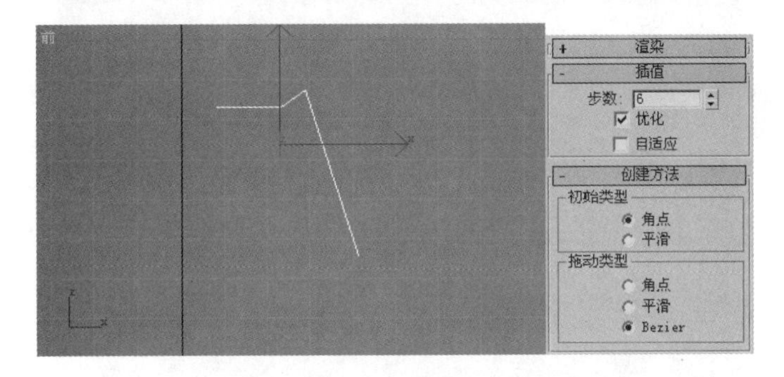

图 11.3.2　创建曲线

（3）单击“修改”按钮，进入修改命令面板，单击 选择 卷展栏中的“样条线”按钮，进入样条线编辑状态，在 几何体 卷展栏中的 轮廓 按钮后的微调框中输入 1.5，然后单击 轮廓 按钮，效果如图 11.3.3 所示。

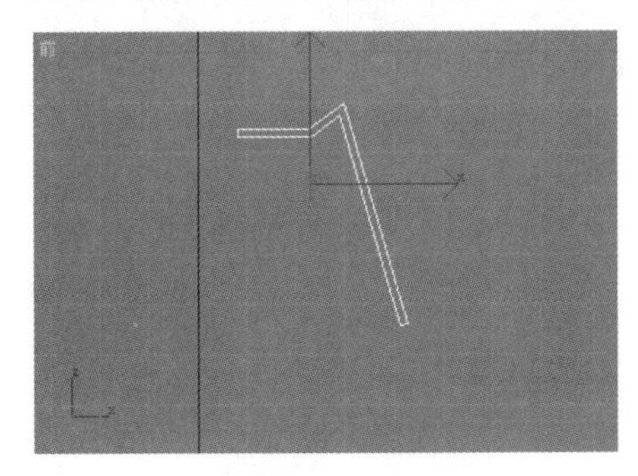

图 11.3.3　轮廓效果

（4）选择 修改器列表 下拉列表中的 车削 命令，单击 对齐 参数设置区中的 最小 按钮，并设置车削 分段: 为 32，效果如图 11.3.4 所示。

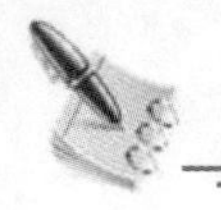

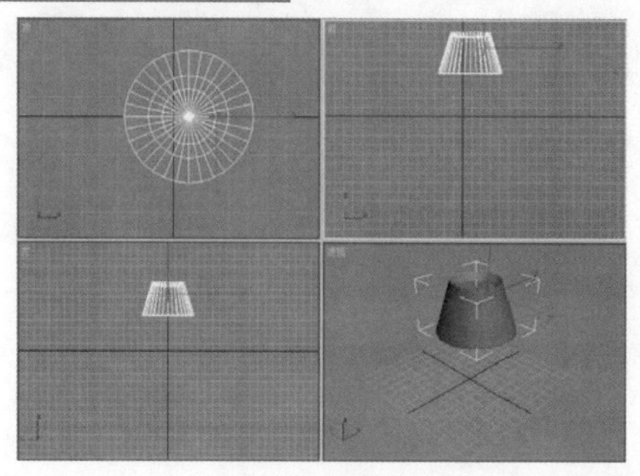

图 11.3.4　车削效果

（5）单击“创建”按钮，进入创建命令面板。单击“几何体”按钮，进入几何体创建命令面板，单击 球体 按钮，在视图中创建一个球体，命名为“灯泡”，并将其移动至如图 11.3.5 所示的位置。

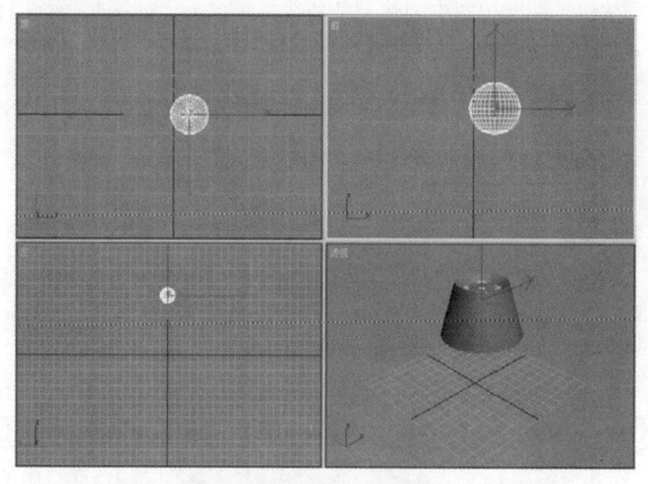

图 11.3.5　创建并移动球体

（6）单击“修改”按钮，进入修改命令面板，选择 修改器列表 下拉列表中的 锥化 命令，设置锥化参数如图 11.3.6 所示，效果如图 11.3.7 所示。

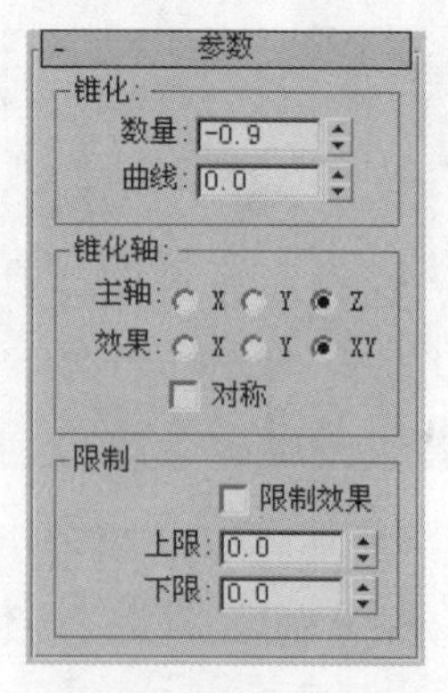

图 11.3.6　设置锥化参数

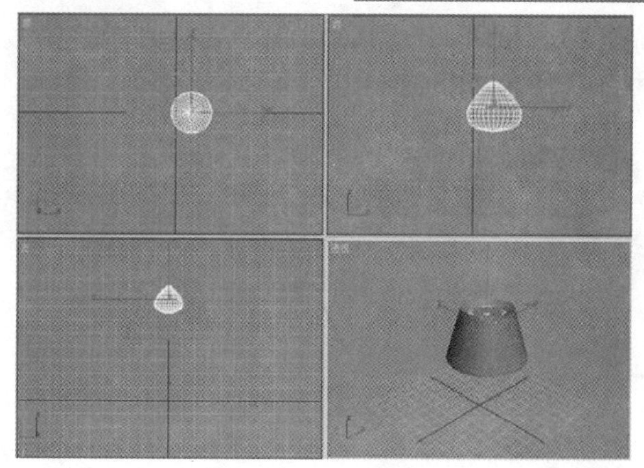

图 11.3.7　锥化效果

（7）单击“图形”按钮，进入图形创建命令面板。单击线按钮，在前视图中创建一条曲线，命名为“灯架”，如图 11.3.8 所示。

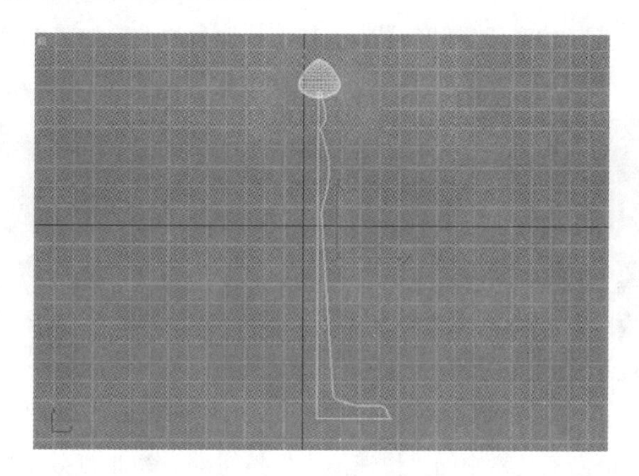

图 11.3.8　创建灯架

（8）单击“修改”按钮，进入修改命令面板，选择修改器列表下拉列表中的车削命令，单击对齐参数设置区中的最小按钮，并设置车削分段:为 32，效果如图 11.3.9 所示。

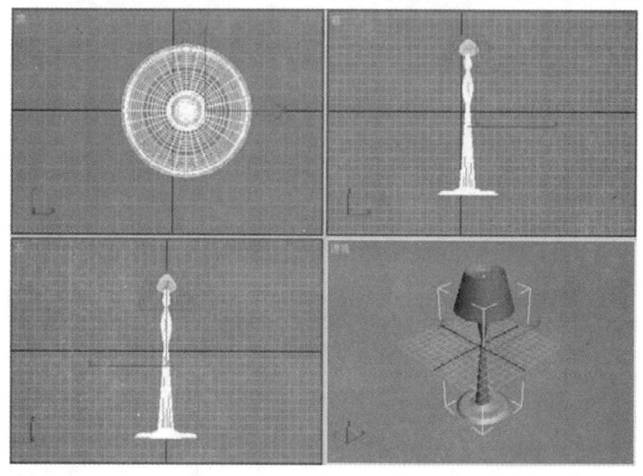

图 11.3.9　车削效果

（9）单击工具栏中的“材质编辑器”按钮，弹出材质编辑器对话框，选择一个材质球，单击漫反射参数设置区后的颜色块，弹出颜色选择器对话框，设置颜色参数如图 11.3.10 所示。

（10）将高光级别设置为 65，光泽度设置为 35，其他参数设置如图 11.3.11 所示，然后将其指定给灯罩和灯泡。

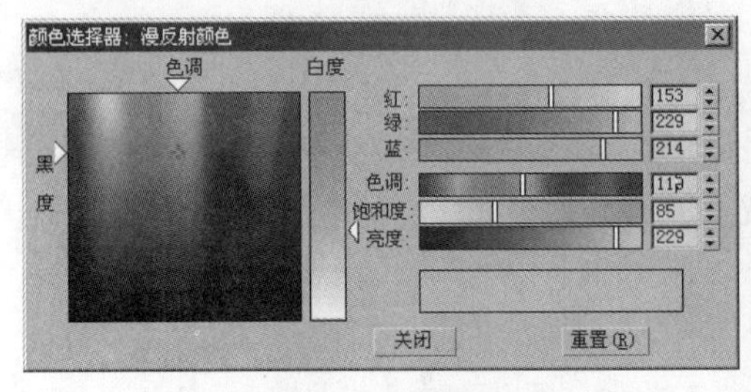

图 11.3.10 “颜色选择器”对话框

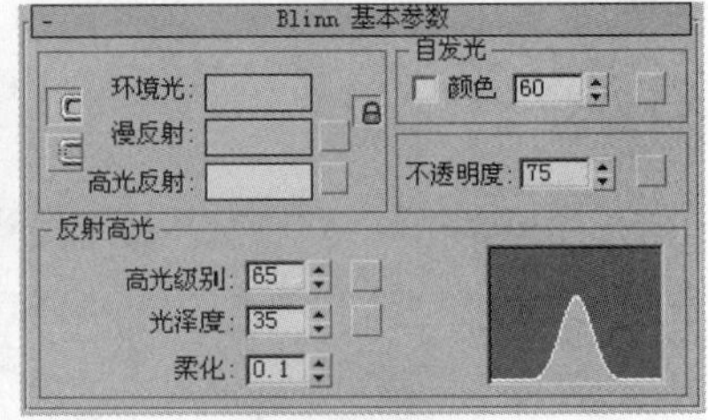

图 11.3.11 “Blinn 基本参数”卷展栏

（11）选择另一个材质球，在“明暗器基本参数”卷展栏中选择(B)Blinn下拉列表中的(M)金属选项，然后单击漫反射参数设置区后的颜色块，弹出颜色选择器对话框，设置颜色参数如图 11.3.12 所示。

（12）将高光级别设置为 120，光泽度设置为 35，其他参数设置如图 11.3.13 所示，然后将其指定给灯架。

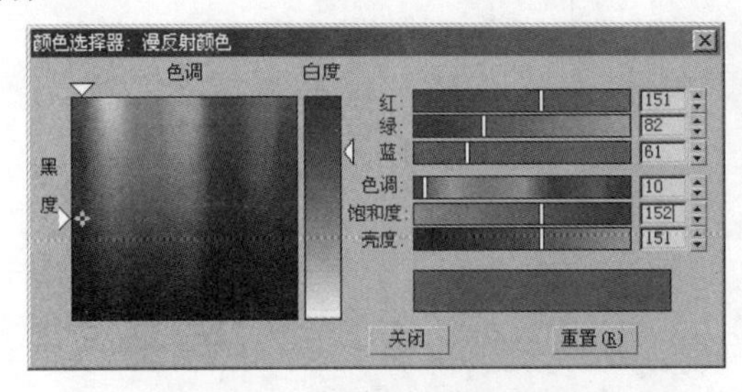

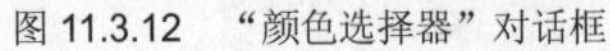
图 11.3.12 “颜色选择器”对话框

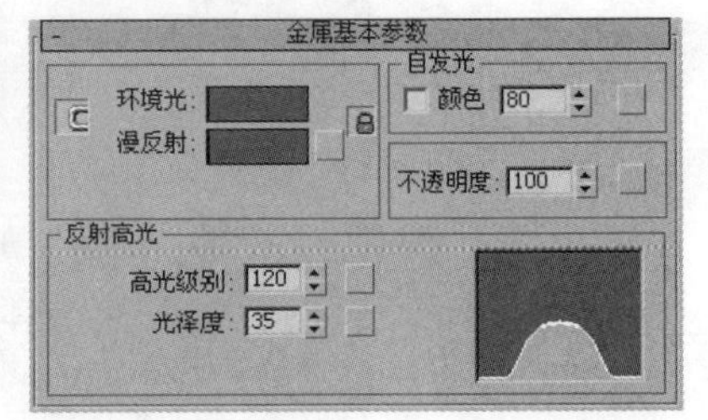

图 11.3.13 “金属基本参数”卷展栏

（13）激活透视图，单击工具栏中的“快速渲染”按钮，落地灯效果如图 11.3.1 所示。

3. 举一反三

下面请应用在本例中所学到的知识制作出另外一种台灯效果，如图 11.3.14 所示。

图 11.3.14 台灯效果图

提示：本例中的台灯与前面实例中落地灯的制作方法和步骤几乎相同，用户可参考实例中

的制作方法进行制作。

实例 4　制 作 茶 几

1．实例说明

通过制作茶几进一步掌握阵列、变换轴心等命令的使用，另外，通过本例的制作用户应掌握标准材质的制作及渲染环境的设置。

茶几最终效果如图 11.4.1 所示。

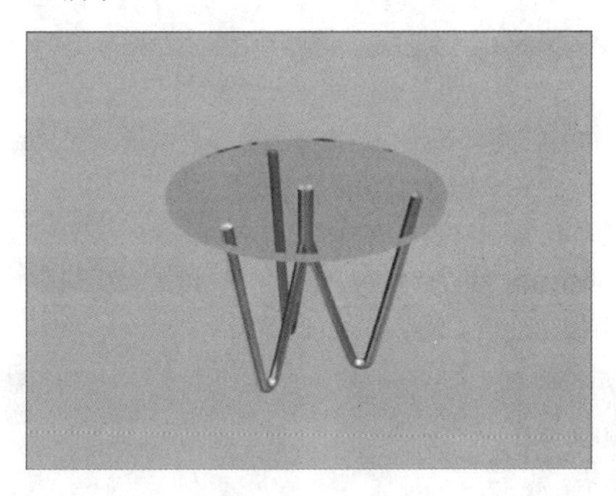

图 11.4.1　茶几效果

2．操作步骤

（1）选择 文件(F) → 重置(R) 命令，重新设置系统。

（2）单击“创建”按钮，进入创建命令面板。单击“几何体”按钮，进入几何体创建命令面板，单击 圆柱体 按钮，在透视图中创建一个圆柱体，命名为“玻璃”，如图 11.4.2 所示。

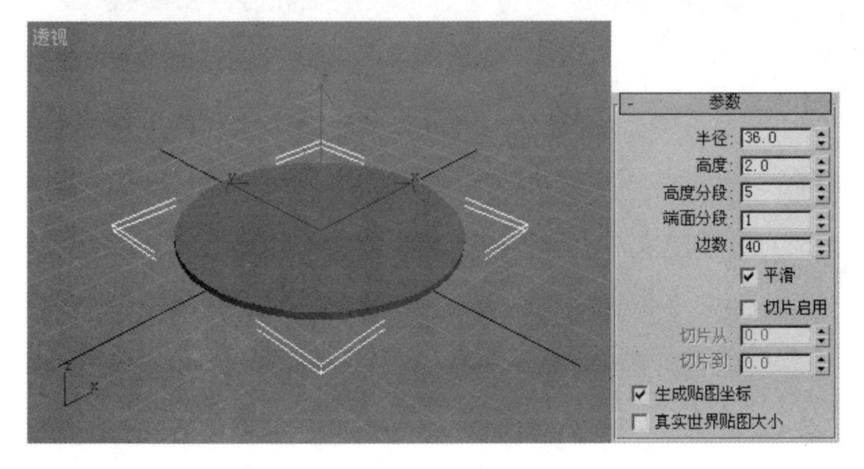

图 11.4.2　创建玻璃

（3）单击 圆柱体 按钮，在视图中创建一个圆柱体，并将其移动至如图 11.4.3 所示的位置。

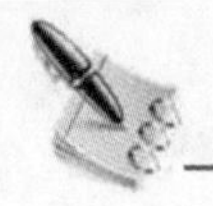

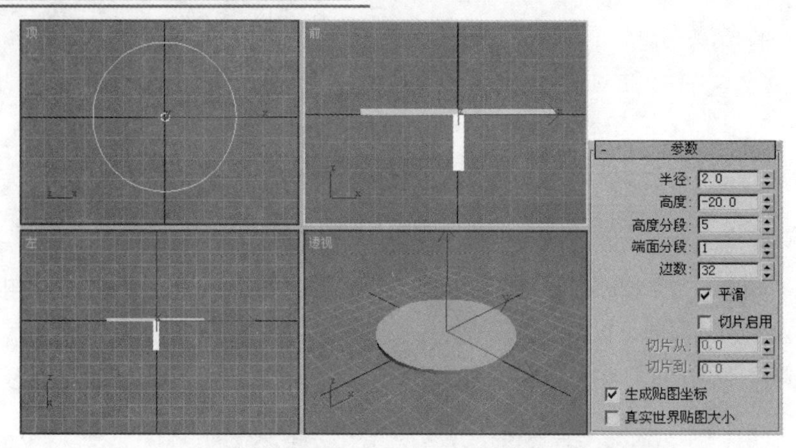

图 11.4.3　创建并移动圆柱体

（4）单击“图形”按钮，进入图形创建命令面板，单击 线 按钮，在前视图中创建一条折线，如图 11.4.4 所示。

（5）单击“修改”按钮，进入修改命令面板，单击 选择 卷展栏中的“顶点”按钮，进入顶点编辑状态，然后选择拐角顶点，单击 几何体 卷展栏中的 圆角 按钮，对其进行圆角处理，效果如图 11.4.5 所示。

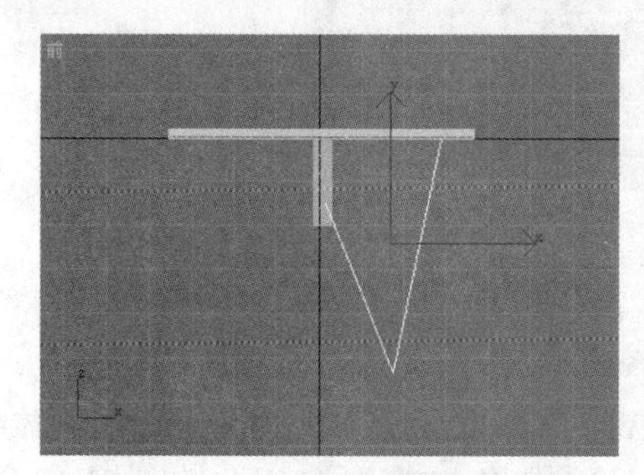

图 11.4.4　创建折线

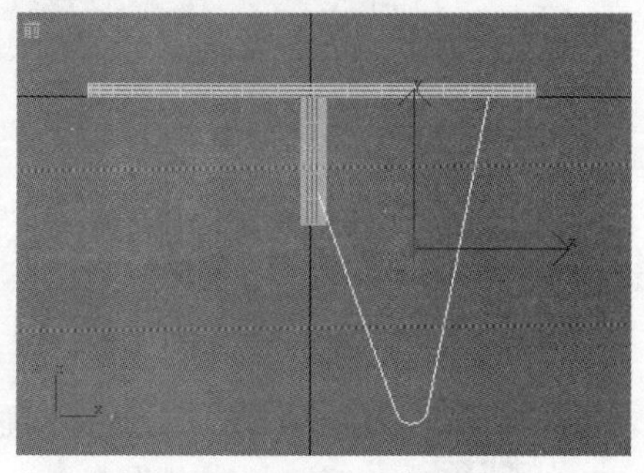

图 11.4.5　“圆角”效果

（6）单击“创建”按钮，进入创建命令面板。单击“图形”按钮，进入图形创建命令面板，单击 圆 按钮，在前视图中创建一个半径为 1.5 的小圆，如图 11.4.6 所示。

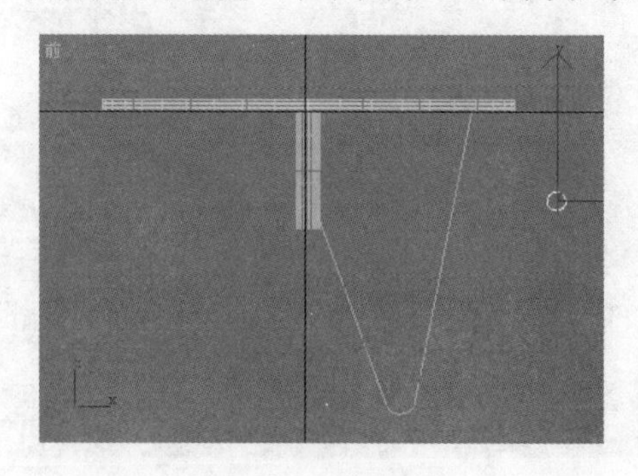

图 11.4.6　创建圆

（7）单击“几何体”按钮，进入几何体创建命令面板，选择 标准基本体 下拉列表中的 复合对象 选项。

（8）在视图中选中曲线，单击 放样 按钮，进入放样属性面板，如图 11.4.7 所示。

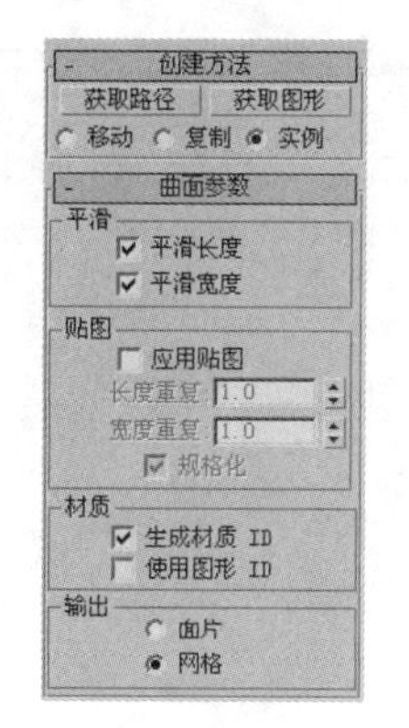

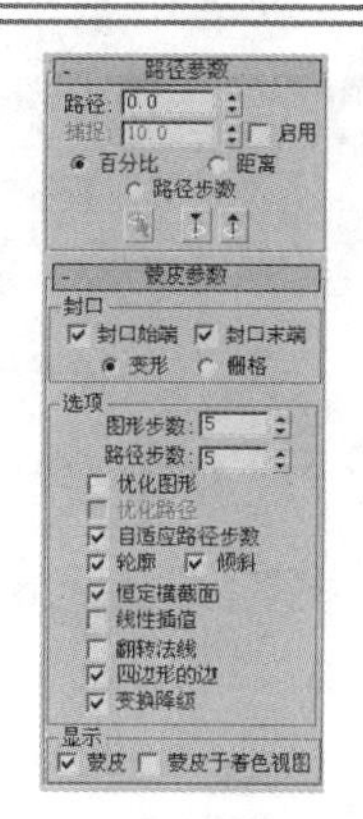

图 11.4.7　放样属性面板

（9）单击 创建方法 卷展栏中的 获取图形 按钮，在前视图中拾取小圆，效果如图 11.4.8 所示。

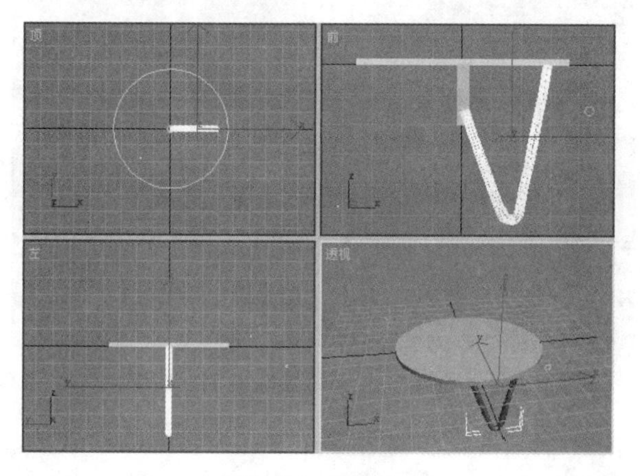

图 11.4.8　放样效果

（10）单击“层次”按钮，进入层次命令面板。单击 调整轴 卷展栏中的 仅影响轴 按钮，然后单击工具栏中的“对齐”按钮，在视图中拾取圆柱体，将其与圆柱体的轴心对齐，效果如图 11.4.9 所示。

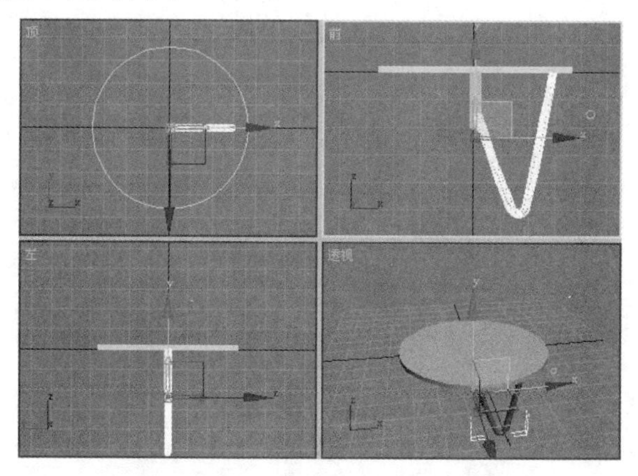

图 11.4.9　调整轴心

（11）激活顶视图，选择 工具(T) → 阵列(A)... 命令，弹出 阵列 对话框，设置参数如图 11.4.10 所示，单击 确定 按钮，阵列效果如图 11.4.11 所示。

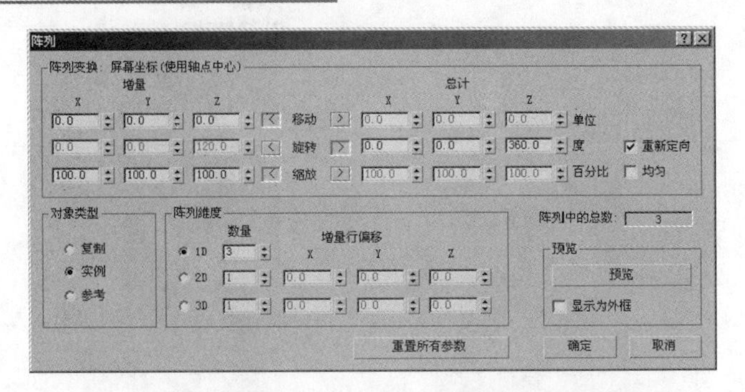

图 11.4.10 “阵列”参数设置

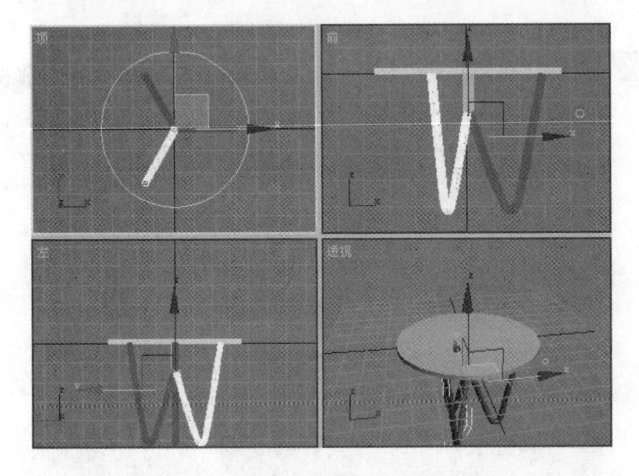

图 11.4.11 阵列效果

（12）单击工具栏中的“材质编辑器”按钮，弹出材质编辑器对话框，选择一个材质球，将其指定给“玻璃”。

（13）单击 Standard 按钮，弹出材质/贴图浏览器对话框，如图 11.4.12 所示，选中浏览自参数设置区中的材质库单选按钮，单击文件参数设置区中的打开...按钮，弹出打开材质库对话框，如图 11.4.13 所示。选择其中的 RayTraced_01 选项，然后单击打开(O)按钮。

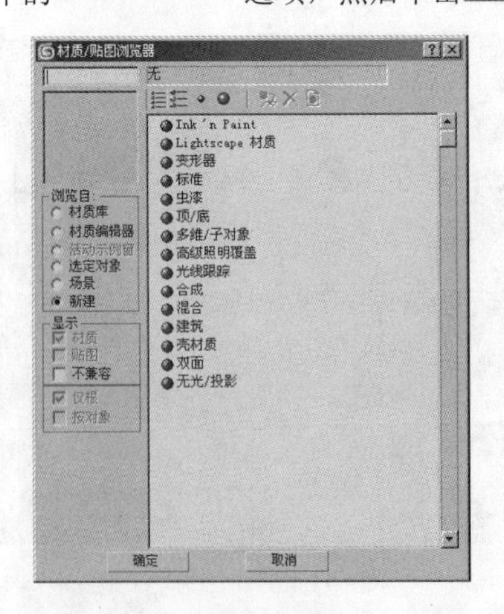

图 11.4.12 “材质/贴图浏览器”对话框

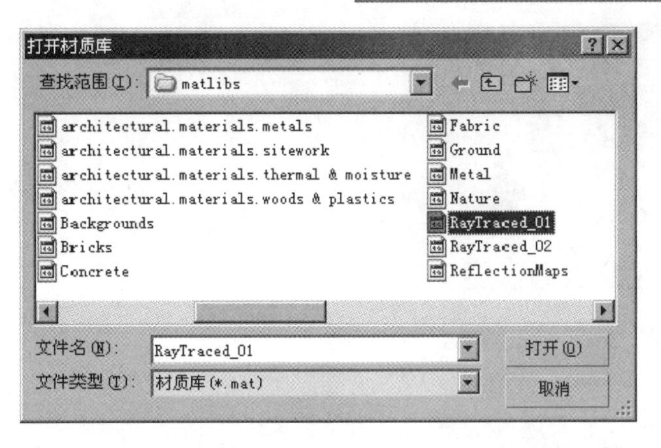

图 11.4.13　“打开材质库”对话框

（14）选择其中的一个透明玻璃材质球，如图 11.4.14 所示，然后单击确定按钮。

（15）选择另一个材质球，单击 Standard 按钮，弹出材质/贴图浏览器对话框，选中浏览自：参数设置区中的材质库单选按钮，单击文件参数设置区中的打开...按钮，弹出打开材质库对话框，选择其中的 Metal 选项，然后单击打开(O)按钮。

（16）选择其中的一个金属材质球，如图 11.4.15 所示，单击确定按钮，然后将其指定给剩余物体。

图 11.4.14　选择透明玻璃材质球

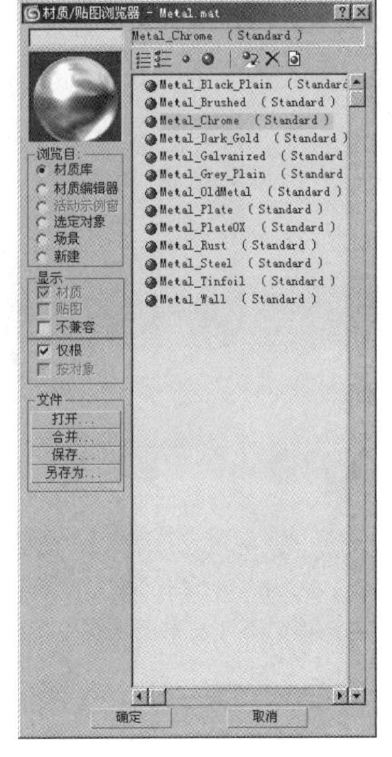

图 11.4.15　选择金属材质球

（17）选择渲染(R)→环境(E)...命令，弹出环境和效果对话框，如图 11.4.16 所示，单击背景：参数设置区中的颜色块，弹出颜色选择器对话框，将颜色设置为绿色，如图 11.4.17 所示。

图 11.4.16 “环境和效果”对话框

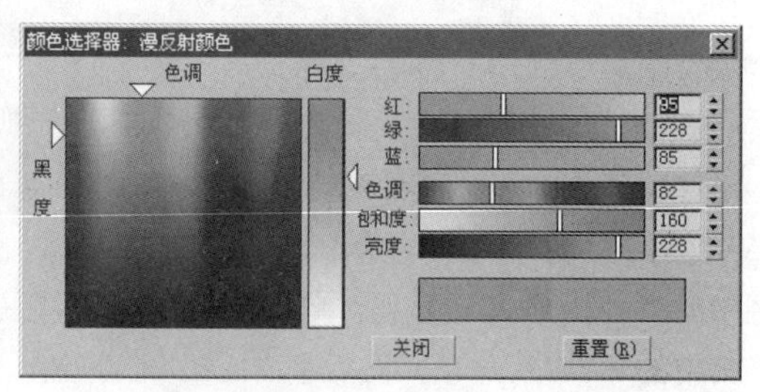

图 11.4.17 “颜色选择器”对话框

（18）激活透视图，单击工具栏中的“快速渲染”按钮，茶几效果如图 11.4.1 所示。

3．举一反三

下面请应用在本例中所学到的知识制作出另外一种茶几效果，如图 11.4.18 所示。

图 11.4.18 茶几效果图

提示：本例中的茶几与前面实例中茶几的制作方法和步骤几乎相同，用户可参考实例中的制作方法进行制作。

实例 5 制作客厅效果图

1．实例说明

通过制作客厅效果图使用户进一步掌握基本建模和高级建模的方法，另外，通过本例的制作用

户还应熟练掌握灯光和摄影机的使用方法。

客厅最终效果如图 11.5.1 所示。

图 11.5.1　客厅效果

2．操作步骤

（1）选择 文件(F) → 重置(R) 命令，重新设置系统。

（2）单击“创建”按钮，进入创建命令面板。单击“几何体”按钮，进入几何体创建命令面板，单击 平面 按钮，在顶视图中创建一个平面，如图 11.5.2 所示。

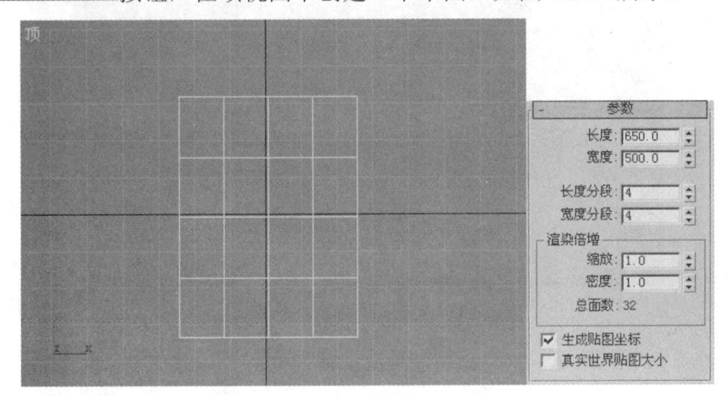

图 11.5.2　创建平面

（3）单击 长方体 按钮，在视图中创建一个长方体，并将其移动至如图 11.5.3 所示的位置。

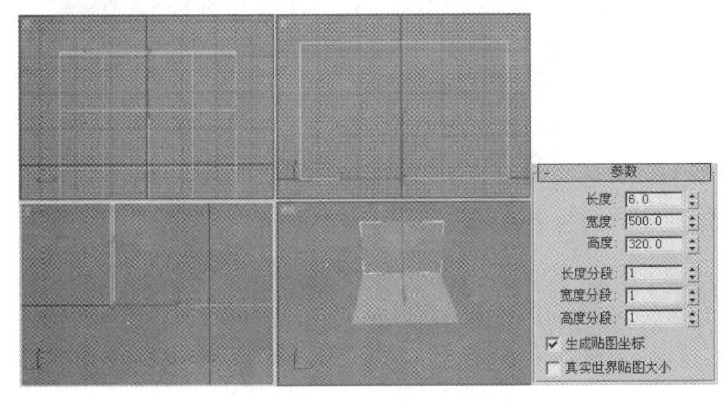

图 11.5.3　创建并移动长方体

（4）单击 长方体 按钮，在视图中创建一个长方体，并将其复制一个，移动至如图 11.5.4 所示的位置。

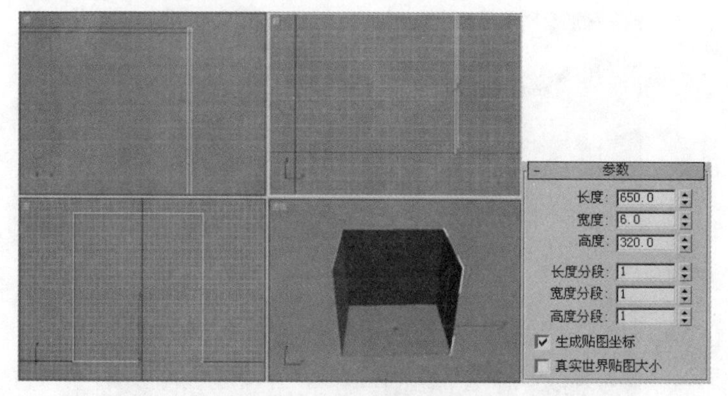

图 11.5.4　复制并移动长方体

（5）在视图中选中平面，单击工具栏中的“选择并移动”按钮，按住“Shift”键，在前视图中锁定 Y 轴向上移动并将其复制一个，然后调整它的位置，如图 11.5.5 所示。

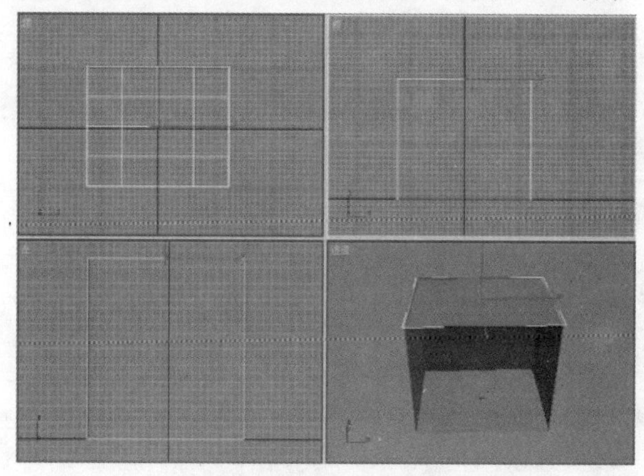

图 11.5.5　复制并移动平面

（6）单击“修改”按钮，进入修改命令面板，选择 修改器列表 下拉列表中的 法线 命令，将平面的法线反转。

（7）单击“创建”按钮，进入创建命令面板，单击“灯光”按钮，进入灯光创建命令面板，然后单击 泛光灯 按钮，在视图中创建一盏泛光灯，如图 11.5.6 所示。

图 11.5.6　创建泛光灯

（8）单击“摄影机”按钮，进入摄影机创建命令面板，单击 目标 按钮，在视图中创建一个目标摄影机，激活透视图并按“C”键，将透视图切换到摄影机视图，然后将其移动至如图 11.5.7 所示的位置。

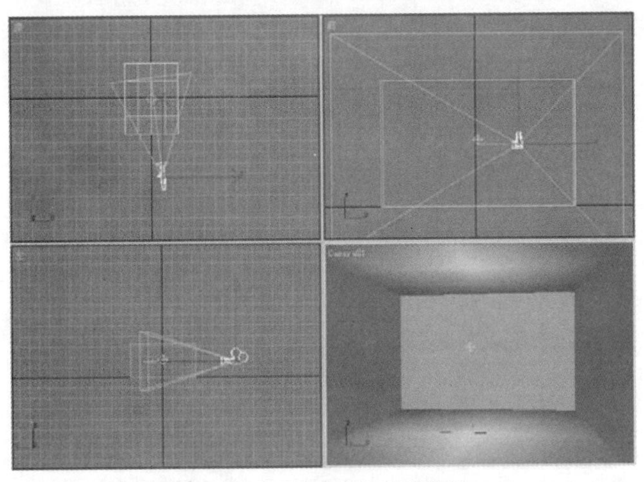

图 11.5.7　创建并移动目标摄影机

（9）选择目标摄影机和泛光灯，单击鼠标右键，在弹出的快捷菜单中选择 隐藏当前选择 命令，将目标摄影机和泛光灯隐藏。

（10）单击图形创建命令面板中的 矩形 按钮，在左视图中创建一个矩形，命名为 Rectangle01，并将其调整成如图 11.5.8 所示的形状。

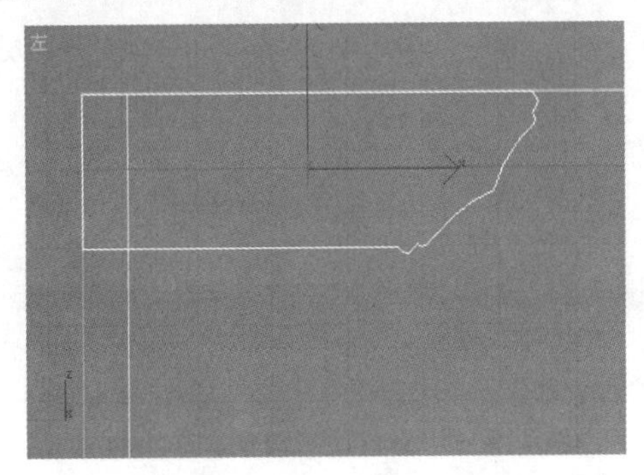

图 11.5.8　创建并调整矩形形状

（11）单击图形创建命令面板中的 矩形 按钮，在顶视图中创建一个矩形，命名为 Rectangle02，并移动其位置，如图 11.5.9 所示。

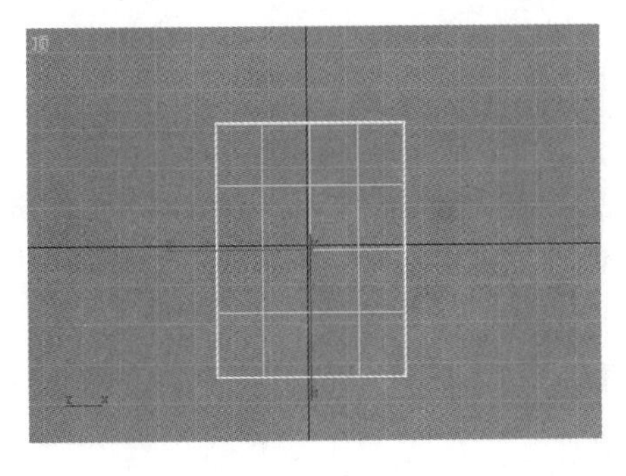

图 11.5.9　创建并移动矩形

（12）单击“创建”按钮，进入创建命令面板。单击“几何体”按钮，进入几何体创建命令面板，选择 标准基本体 下拉列表中的 复合对象 选项，单击 放样 按钮，然后单击 - 创建方法 卷展栏中的 获取图形 按钮，在视图中拾取矩形 Rectangle01，生成放样物体，并命名为“吊顶”，接着移动放样物体至适当位置，效果如图 11.5.10 所示。

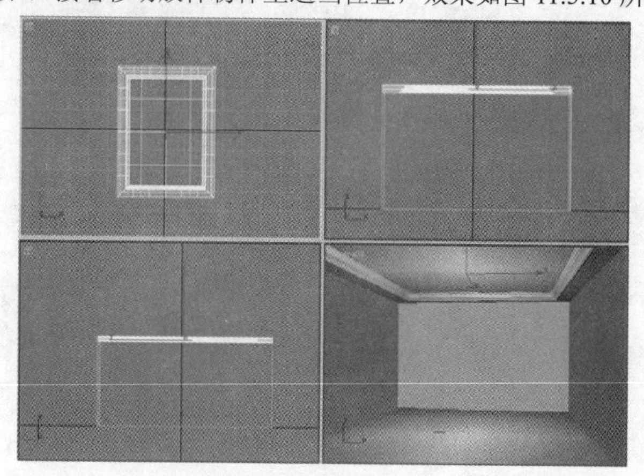

图 11.5.10　吊顶效果

（13）在视图中创建一个管状体和一个圆柱体，并将其移动至如图 11.5.11 所示的位置。

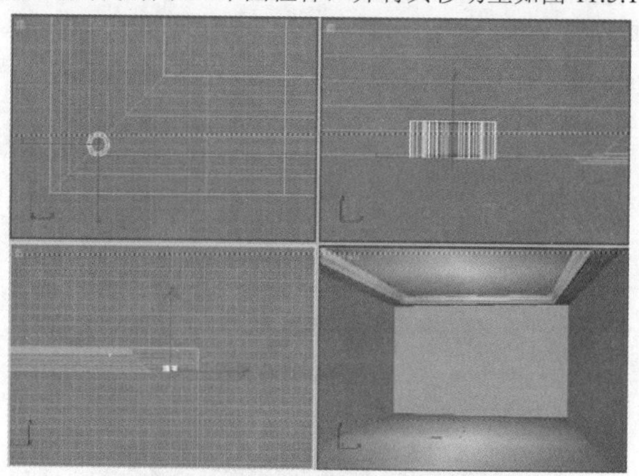

图 11.5.11　创建并移动管状体和圆柱体

（14）单击“材质编辑器”按钮，弹出 材质编辑器 对话框，在该对话框中将材质球分别命名为“金属”和“灯片”，然后将其分别指定给管状体和圆柱体。选择 组(G) → 成组(G) 命令，并将组命名为“筒灯 01”，效果如图 11.5.12 所示。

图 11.5.12　创建筒灯

（15）复制筒灯，效果如图 11.5.13 所示。

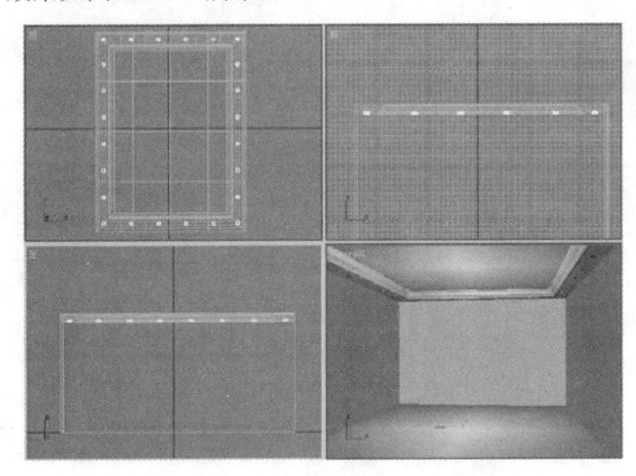

图 11.5.13　复制筒灯效果

（16）单击几何体创建命令面板中的 长方体 按钮，在视图中创建一个长方体，并将其移动至如图 11.5.14 所示的位置。

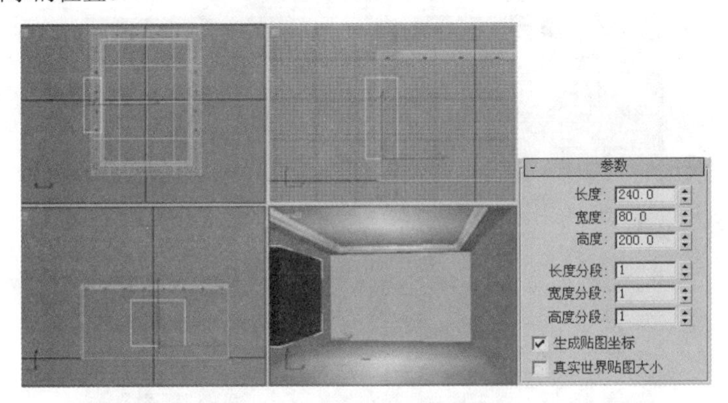

图 11.5.14　创建并移动长方体

（17）选择 标准基本体 下拉列表中的 复合对象 选项，单击 布尔 按钮，打开布尔属性面板，在 - 参数 卷展栏中的 操作 参数设置区中选中 差集(B-A) 单选按钮，然后单击 - 拾取布尔 卷展栏中的 拾取操作对象 B 按钮，在视图中拾取长方体，效果如图 11.5.15 所示。

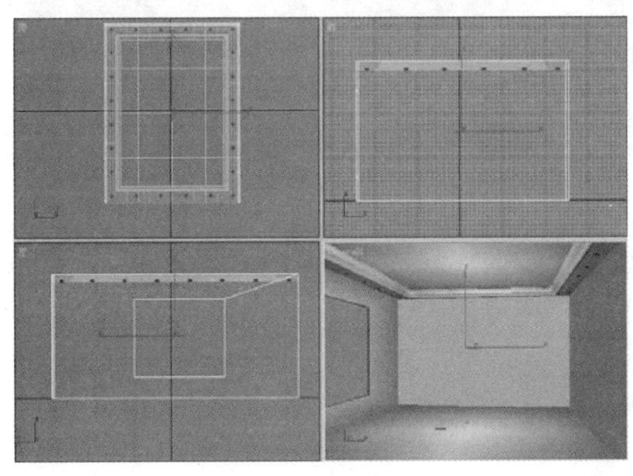

图 11.5.15　布尔运算效果

（18）单击“图形”按钮，进入图形创建命令面板，单击矩形按钮，在左视图中创建一个矩形，如图 11.5.16 所示。

（19）单击矩形按钮，在左视图中创建 4 个矩形，并将其连接成一个图形，如图 11.5.17 所示。

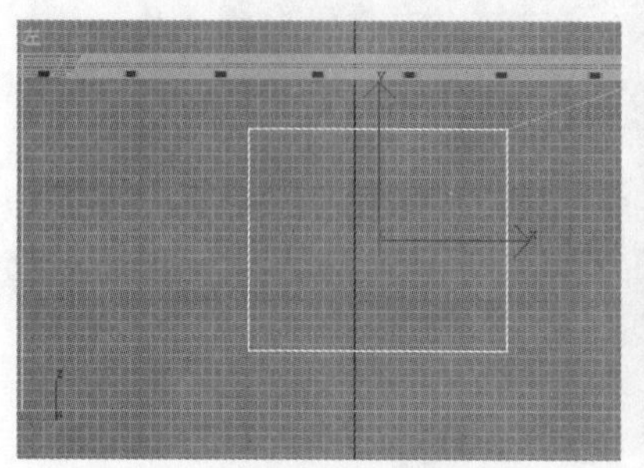

图 11.5.16　创建矩形

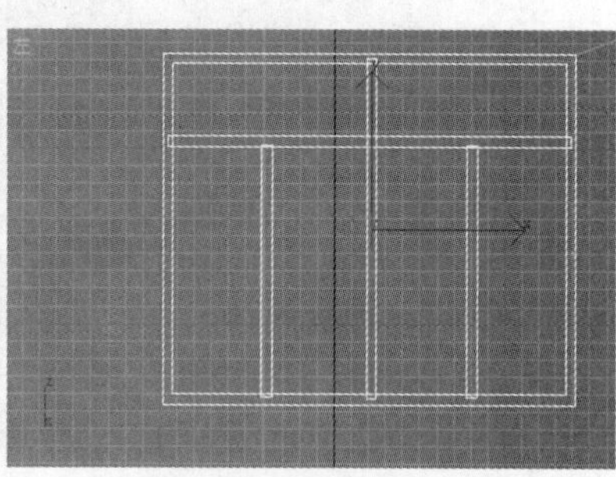

图 11.5.17　创建矩形并连接

（20）单击“修改”按钮，进入修改命令面板，选择修改器列表下拉列表中的挤出命令，并设置挤出的数量为 8，然后将其命名为“窗框”并移动至如图 11.5.18 所示的位置。

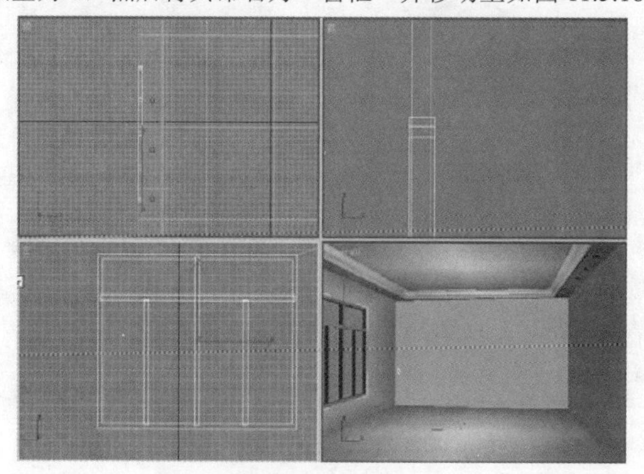

图 11.5.18　挤出并移动窗框的位置

（21）单击几何体创建命令面板中的长方体按钮，在左视图中创建一个长方体，命名为“玻璃”，并将其移动至如图 11.5.19 所示的位置。

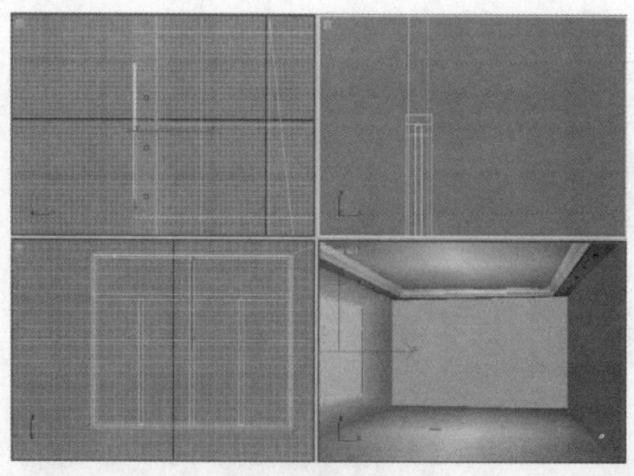

图 11.5.19　创建并移动玻璃

（22）单击图形创建命令面板中的 矩形 按钮，在前视图中创建一个矩形，并将其调整至如图 11.5.20 所示的形状。

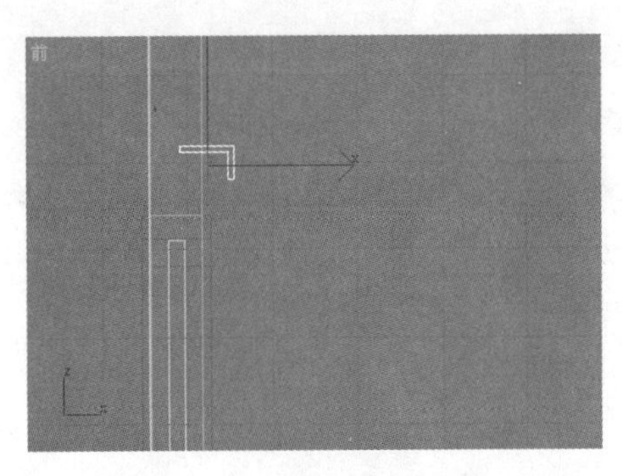

图 11.5.20　创建并调整矩形

（23）选择 修改器列表 下拉列表中的 挤出 命令，设置挤出的数量为 250，然后将其命名为“窗帘盒”，并将其移动至如图 11.5.21 所示的位置。

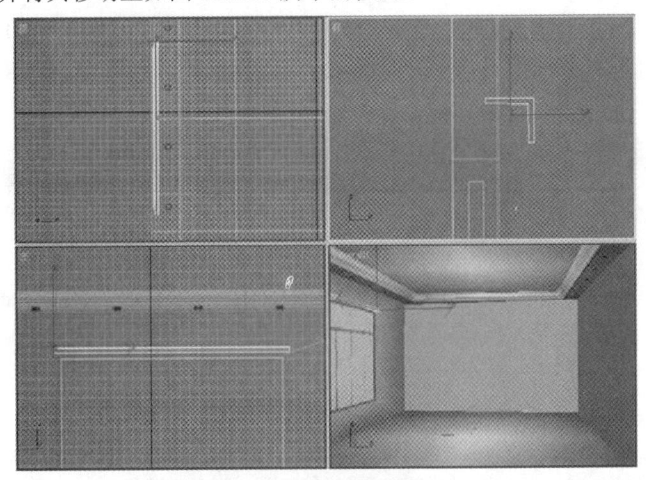

图 11.5.21　创建窗帘盒

（24）单击图形创建命令面板中的 长方体 按钮，在前视图中创建两个长方体，并移动至如图 11.5.22 所示的位置。

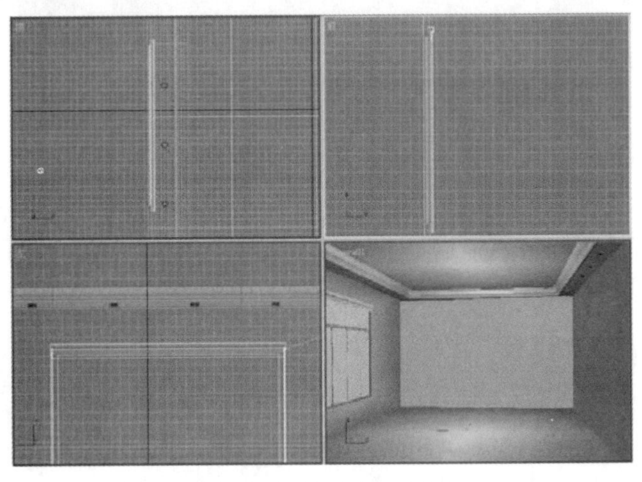

图 11.5.22　创建并移动长方体

（25）复制长方体并将其成组，然后将组命名为“窗帘”，效果如图 11.5.23 所示。

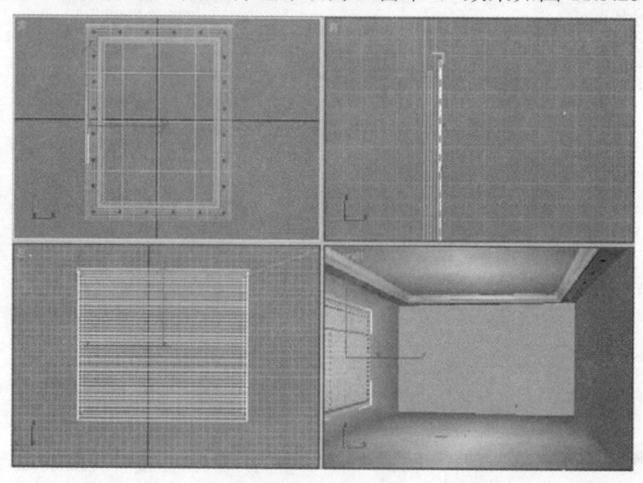

图 11.5.23　窗帘效果

（26）选择如图 11.5.24 所示的长方体，然后选择 组(G) → 成组(G) 命令，将其成组，并将组命名为“墙体”。

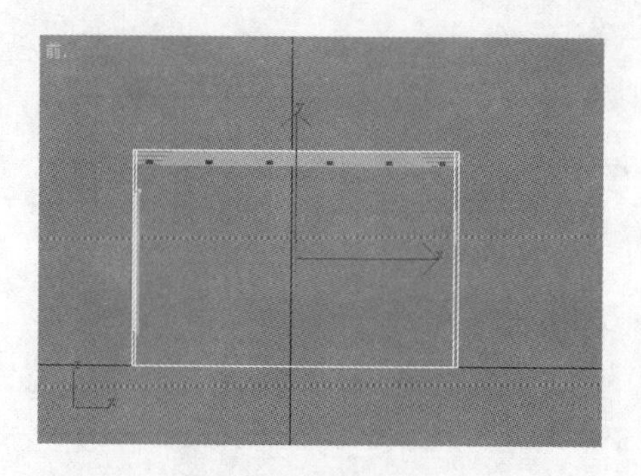

图 11.5.24　选择长方体

（27）单击几何体创建命令面板中的 长方体 按钮，在视图中创建两个长方体，并将其分别命名为“画 01”和“画 02”，然后移动至如图 11.5.25 所示的位置。

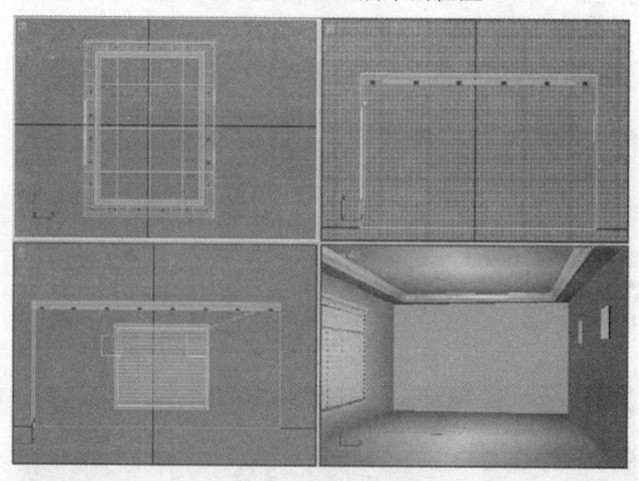

图 11.5.25　创建并移动画

（28）选择 文件(F) → 合并(M)... 命令，弹出 合并文件 对话框，如图 11.5.26 所示。在该对话框中选择“餐桌”，单击 打开(O) 按钮，弹出 合并 对话框，如图 11.5.27 所示，在该对话框中选择需要合并的物体，然后单击 确定 按钮。

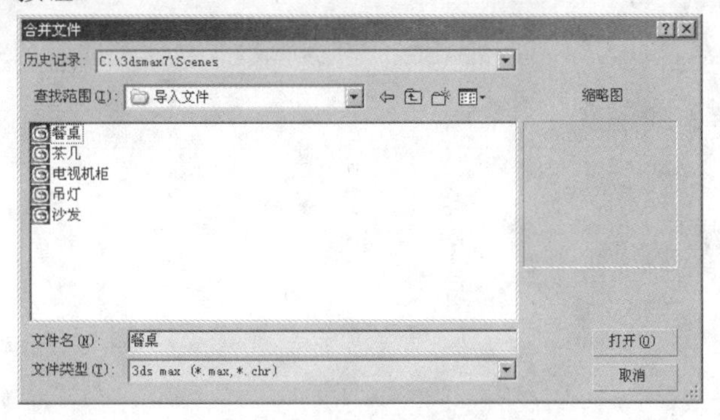

图 11.5.26　“合并文件”对话框

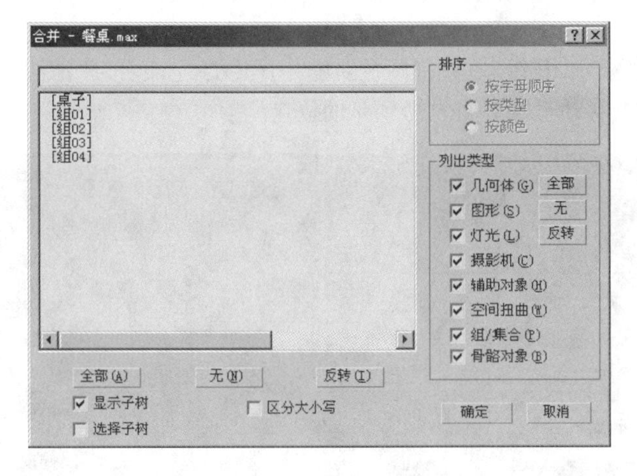

图 11.5.27　“合并”对话框

（29）单击工具栏中的“选择并均匀缩放”按钮，将餐桌缩放至合适大小，然后将其移动至如图 11.5.28 所示的位置。

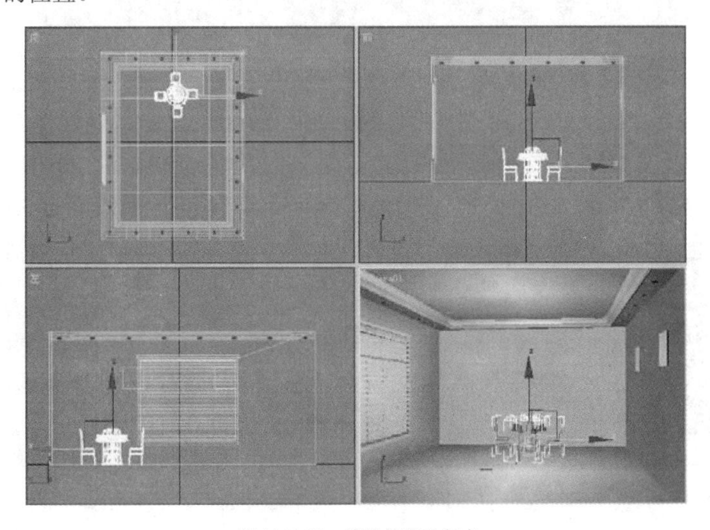

图 11.5.28　缩放并移动餐桌

（30）用同样的方法合并其他的物体，效果如图 11.5.29 所示。

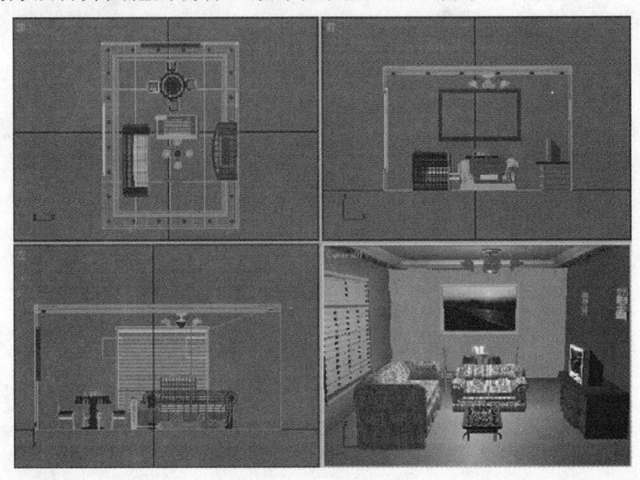

图 11.5.29　合并效果

（31）单击 长方体 按钮，在顶视图中创建一个长方体，命名为“地毯”，并设置 长度: 为 200，宽度: 为 180，然后将其移动至如图 11.5.30 所示的位置。

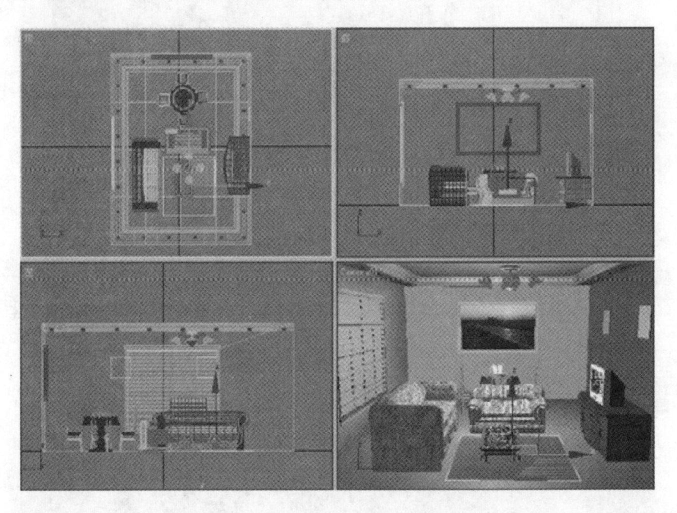

图 11.5.30　创建并移动长方体

（32）单击工具栏中的“材质编辑器”按钮，弹出 材质编辑器 对话框。选择“灯片”材质球，单击 漫反射: 后的颜色块，弹出 颜色选择器 对话框，设置颜色参数如图 11.5.31 所示。

（33）选中 自发光 参数设置区中的 颜色 复选框，并设置其颜色参数如图 11.5.32 所示。

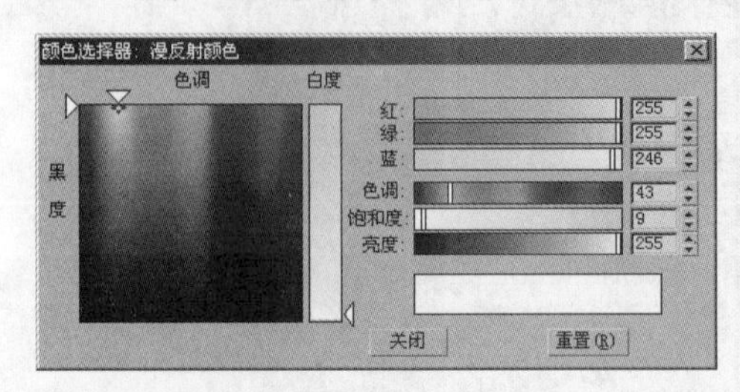

图 11.5.31　“颜色选择器”对话框（一）

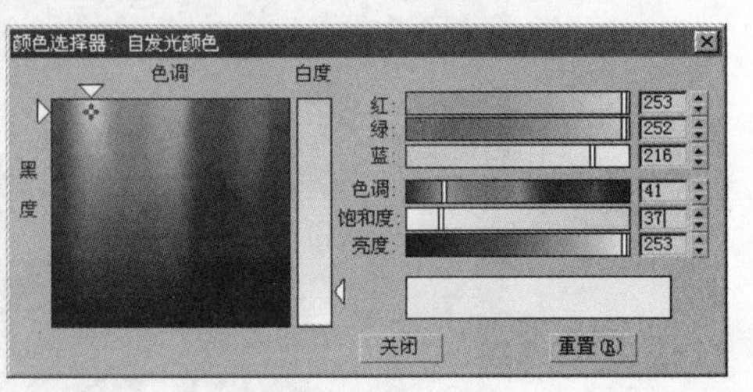

图 11.5.32　“颜色选择器”对话框（二）

（34）选择“金属”材质球，单击 Standard 按钮，弹出 材质/贴图浏览器 对话框，选中 浏览自: 参数设置区中的 材质库 按钮，选择如图 11.5.33 所示的金属材质球，单击 确定 按钮。

（35）选择另一个材质球，将其命名为“乳胶漆”，设置其颜色参数如图 11.5.34 所示，然后将其指定给“墙体”和“吊顶”。

图 11.5.33　“材质/贴图浏览器”对话框

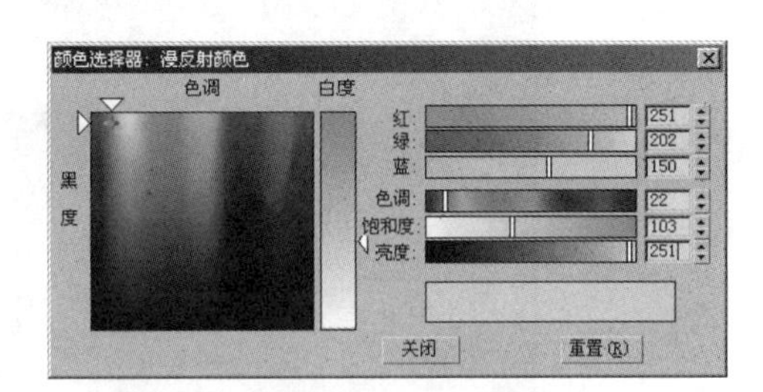

图 11.5.34　“颜色选择器”对话框（三）

（36）选择另一个材质球，将其命名为“窗框”，设置其颜色参数如图 11.5.35 所示，设置高光级别为 80，光泽度为 50，然后将其指定给“窗框”。

（37）选择另一个材质球，将其命名为“玻璃”，设置其颜色参数如图 11.5.36 所示，设置高光级别为 90，光泽度为 80，不透明度为 70，然后将其指定给“玻璃”。

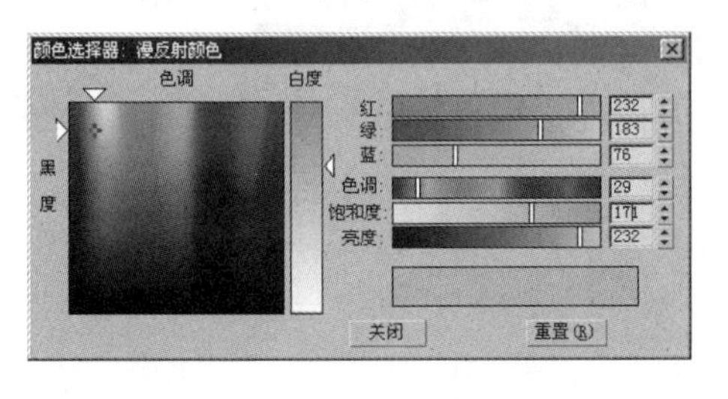

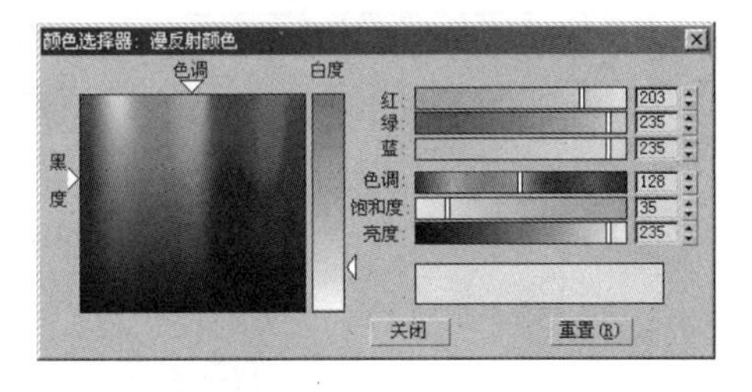

图 11.5.35　“颜色选择器”对话框（四）

图 11.5.36　“颜色选择器”对话框（五）

（38）选择另一个材质球，将其命名为“窗帘”，设置其颜色参数如图 11.5.37 所示，设置高光级别为 45，设置光泽度为 10，然后将其指定给“窗帘”。

（39）选择另一个材质球，将其命名为“地板砖”，设置其漫反射贴图名为“地毯”的位图贴图，然后将其指定给地面。

（40）选择另一个材质球，将其命名为“画”，设置其漫反射贴图名为“装饰画”的位图贴图，然后将其指定给“画 01”和“画 02”。

（41）选择另一个材质球，将其命名为“地毯”，设置其漫反射贴图名为“Dt72.tif”的位图贴图，然后将其指定给“地毯”。

（42）单击“创建”按钮，进入创建命令面板。单击“灯光”按钮，进入灯光创建命令面板，单击 目标聚光灯 按钮，在视图中创建一盏目标聚光灯，命名为“筒灯 1”，并将其移动至如图 11.5.38 所示的位置。

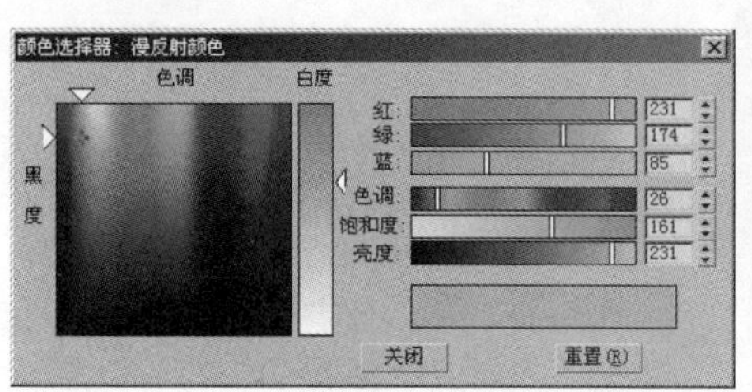

图 11.5.37　“颜色选择器”对话框（六）

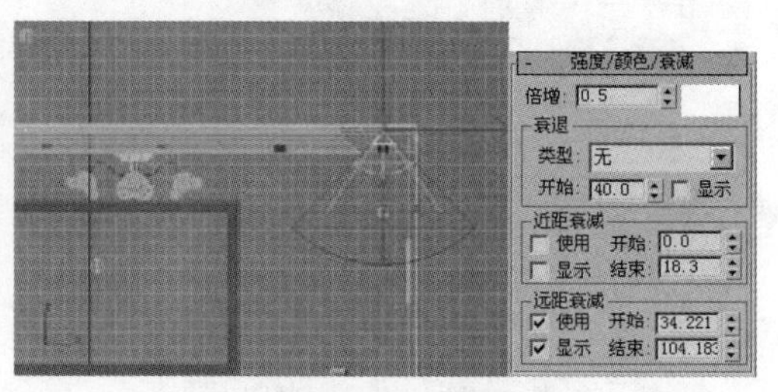

图 11.5.38　创建“筒灯 1”

（43）复制筒灯，效果如图 11.5.39 所示。

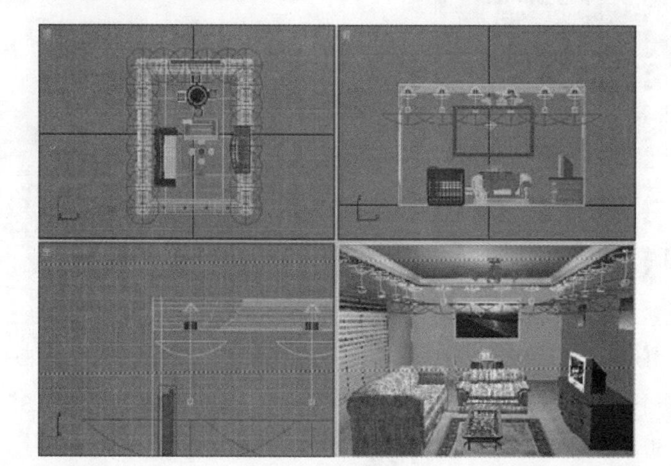

图 11.5.39　复制筒灯效果

（44）单击 泛光灯 按钮，在视图中创建一盏泛光灯。单击“修改”按钮，进入修改命令面板，单击 - 常规参数 卷展栏中的 排除... 按钮，弹出 排除/包含 对话框，如图 11.5.40 所示，在“场景对象”列表框中选择“吊灯”，单击 >> 按钮，然后选中 包含 单选按钮，单击 确定 按钮。

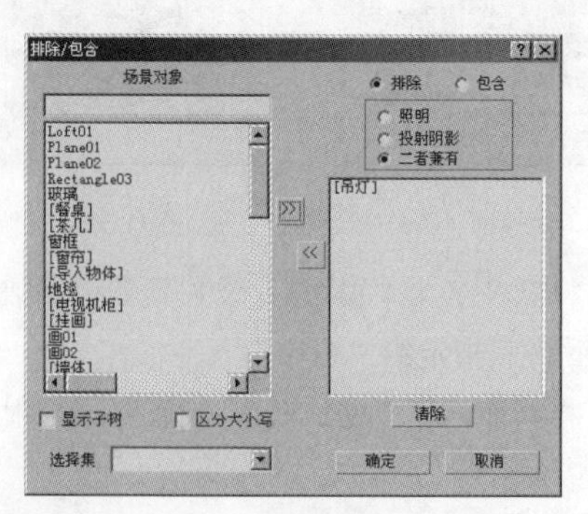

图 11.5.40　“排除/包含”对话框

（45）用同样的方法为其他物体添加灯光，效果如图 11.5.41 所示。

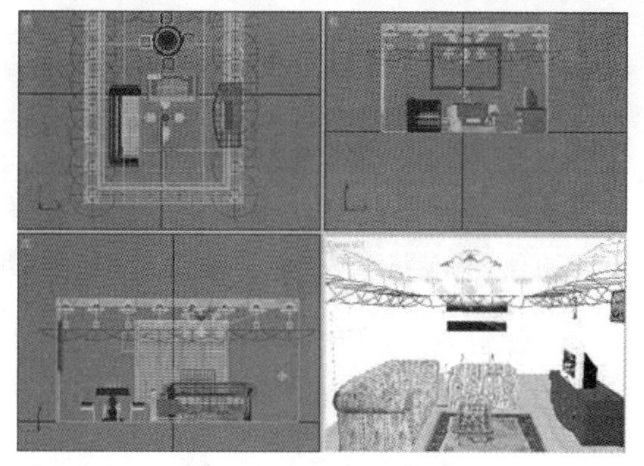

图 11.5.41　添加灯光效果

（46）选择 渲染(R) → 环境(E)... 命令，弹出 环境和效果 对话框，单击 环境贴图: 参数设置区中的 无 按钮，弹出 材质/贴图浏览器 对话框，在该对话框中选择 位图 选项，并将其设置为名为 88.jpg 的图片。

（47）适当调整摄影机视图，单击工具栏中的“快速渲染”按钮，客厅效果如图 11.5.42 所示。

图 11.5.42　客厅效果

（48）接下来对客厅效果进行简单的后期处理，最终效果如图 11.5.1 所示。

3．举一反三

下面请大家应用在本例中所学到的知识制作出一个餐厅效果图，如图 11.5.43 所示。

图 11.5.43　餐厅效果图

提示：本例中的餐厅效果图与前面实例中客厅效果图的制作方法和步骤几乎相同，用户可参考实例中的制作方法进行制作。

第 12 章　综合应用实例

通过前面几章的学习，用户应能熟练使用 3DS MAX 8.0，本章综合运用前面所学的知识，通过制作几个行业实例来巩固学习的内容。

知识要点

- ⊙ 室内装潢设计
- ⊙ 室外效果图设计
- ⊙ 动画演示设计

综合实例 1　室内装潢设计

实例内容

本例制作走廊效果，效果如图 12.1.1 所示。

图 12.1.1　走廊效果

设计思想

在制作的过程中将应用到二维图形建模方法、挤出建模方法以及布尔运算等命令。

操作步骤

（1）选择 文件(F) → 重置(R) 命令，重新设置系统。

（2）单击“创建”按钮，进入创建命令面板。单击“图形”按钮，进入图形创建命令面板，单击 矩形 按钮，在左视图中创建一个矩形，并设置矩形的长度为 90，宽度为 380，如图 12.1.2 所示。

（3）单击“修改”按钮，进入修改命令面板，选择 修改器列表 下拉列表中的 编辑样条线 命令，将矩形转换为可编辑的样条线，单击 - 选择 卷展栏中的“顶点”按钮，进入顶点子对象编辑状态，然后单击 - 几何体 卷展栏中的 优化 按钮，在矩形上单击插入几个顶点，然后对顶点的位置进行调整，效果如图 12.1.3 所示。

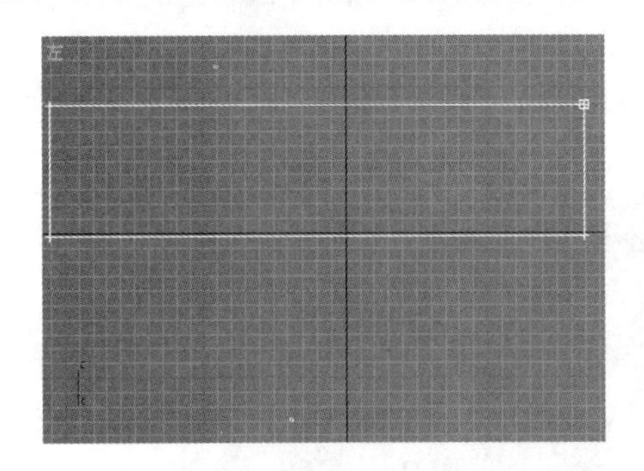

图 12.1.2　创建矩形

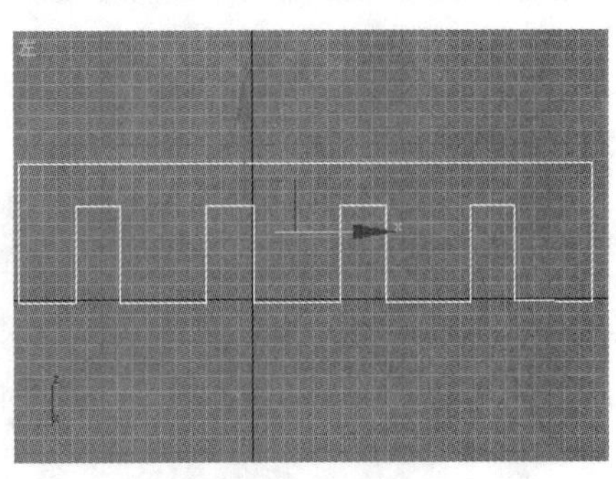

图 12.1.3　编辑矩形

（4）选择 修改器列表 下拉列表中的 挤出 命令，并设置挤出的数量为 8，效果如图 12.1.4 所示。

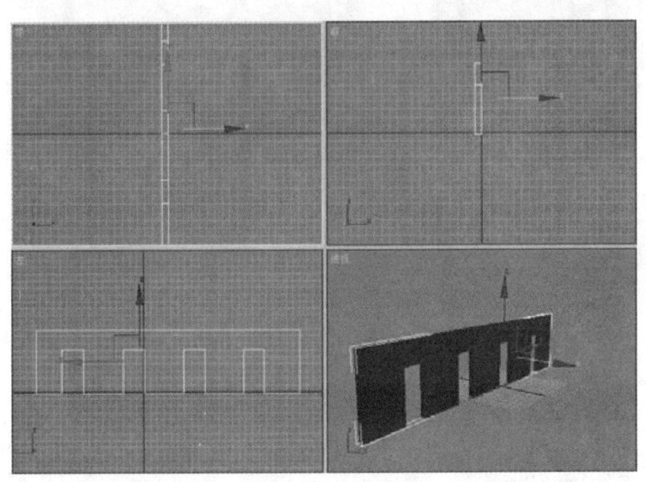

图 12.1.4　挤出效果

（5）单击“创建”按钮，进入创建命令面板。单击“图形”按钮，进入图形创建命令面板，单击 矩形 按钮，在左视图中捕捉创建一个矩形，如图 12.1.5 所示。

（6）单击“修改”按钮，进入修改命令面板，选择 修改器列表 下拉列表中的 编辑样条线 命令，将矩形转换为可编辑的样条线。单击 - 选择 卷展栏中的“线段”按钮，进入线段子对象编辑状态，并删除矩形下方的一条线段，然后在样条线子对象编辑状态下单击 - 几何体 卷展栏中的 轮廓 按钮，进行轮廓处理，并设置轮廓值为 2，如图 12.1.6 所示。

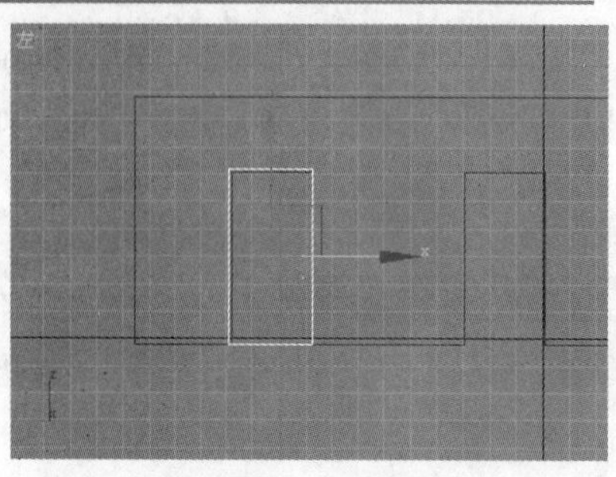

图 12.1.5　创建矩形

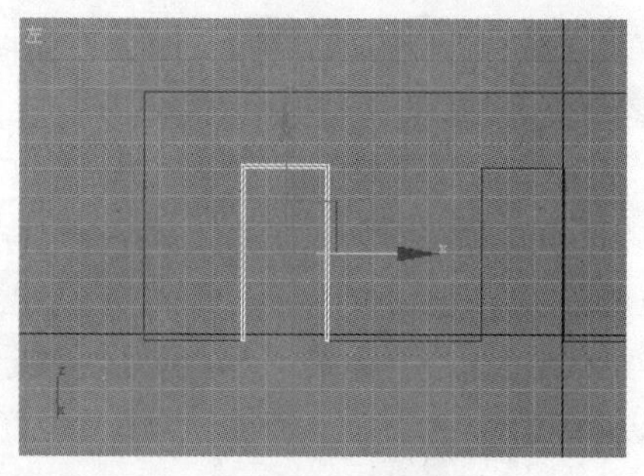

图 12.1.6　轮廓效果

（7）选择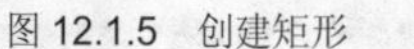下拉列表中的 挤出 命令，并设置挤出的数量为 9，然后调整其位置如图 12.1.7 所示。

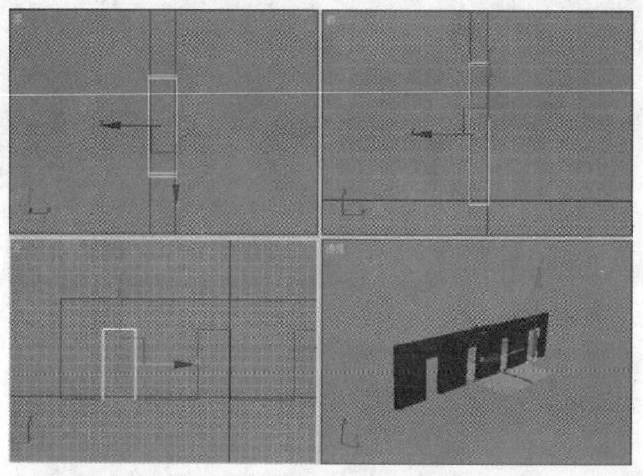

图 12.1.7　挤出并调整对象位置效果

（8）单击“创建”按钮，进入创建命令面板。单击“图形”按钮，进入图形创建命令面板，单击 矩形 按钮，在左视图中捕捉创建一个矩形，然后在其中创建 5 个矩形，效果如图 12.1.8 所示。

（9）将一个矩形转换为可编辑样条线，然后将它们连接成一个整体，并对图形进行调整，效果如图 12.1.9 所示。

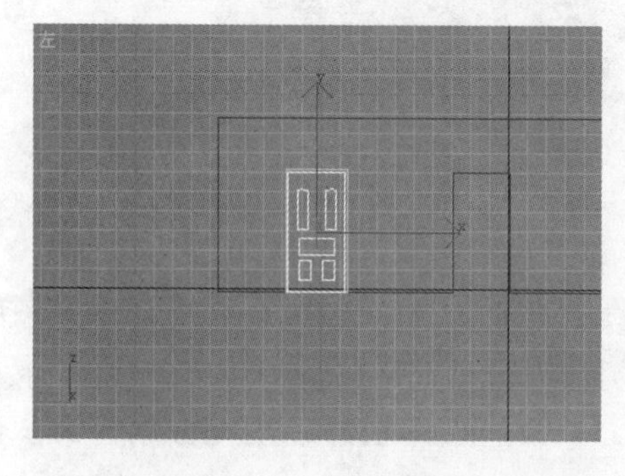

图 12.1.8　创建矩形

图 12.1.9　编辑矩形

（10）选择 修改器列表 下拉列表中的 倒角 命令，并设置倒角参数如图 12.1.10 所示，倒角效果如图 12.1.11 所示。

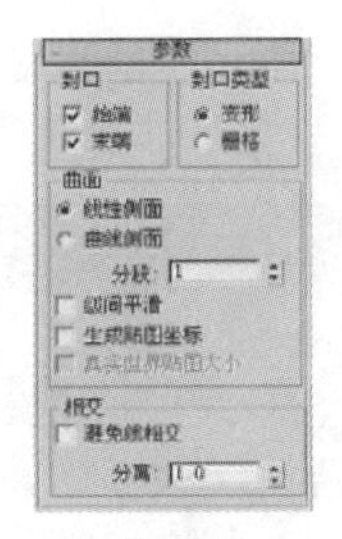

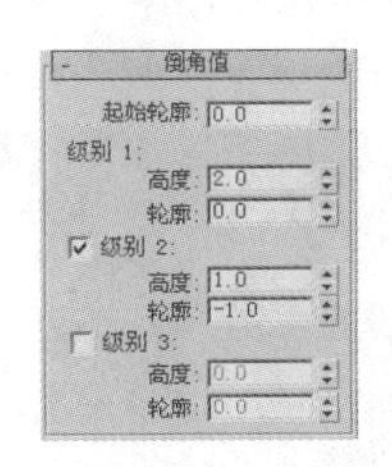

图 12.1.10　设置倒角参数

图 12.1.11　倒角效果

（11）按“Ctrl＋V”键将倒角物体原地复制一份，然后单击“修改”按钮，进入修改命令面板，在修改堆栈中选择“样条线”子对象层级，如图 12.1.12 所示。

（12）在视图中选择如图 12.1.13 所示的样条线，然后将其删除，返回 倒角 层级，效果如图 12.1.14 所示，完成门的创建。

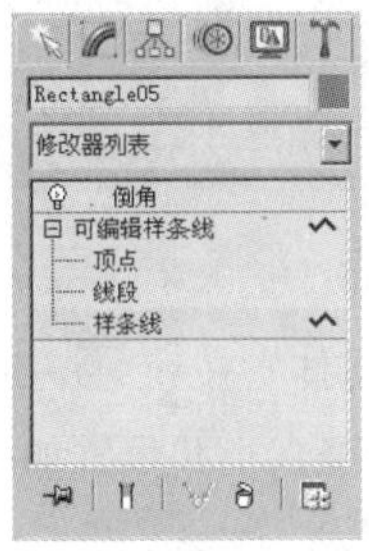

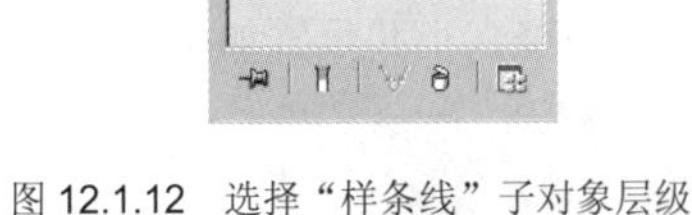

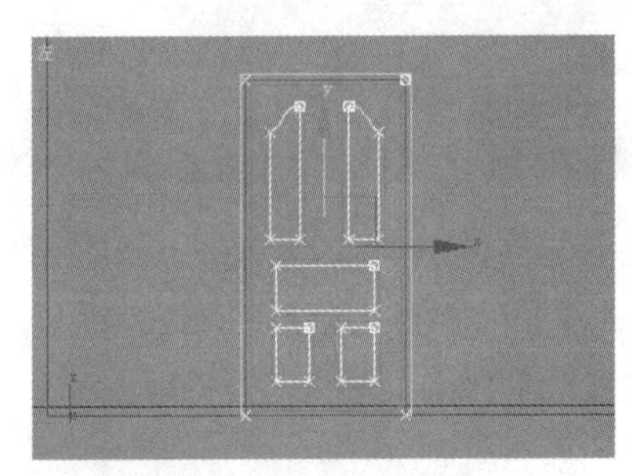

图 12.1.12　选择“样条线”子对象层级　　　　图 12.1.13　选择样条线

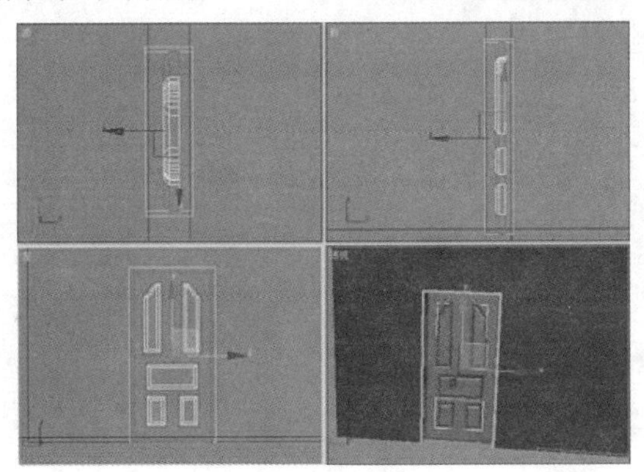

图 12.1.14　门效果

（13）在左视图中选择创建的门和门框，然后按住“Shift”键将其沿 X 轴向右进行复制，效果如图 12.1.15 所示。

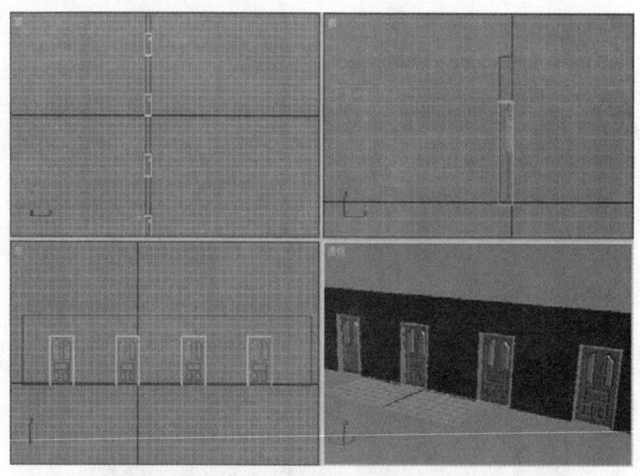

图 12.1.15　复制效果

（14）在视图中选择挤出物体，将其复制一份，并对其进行编辑，如图 12.1.16 所示，然后在修改命令面板中调整挤出的数量为 8.2，生成踢脚线，如图 12.1.17 所示。

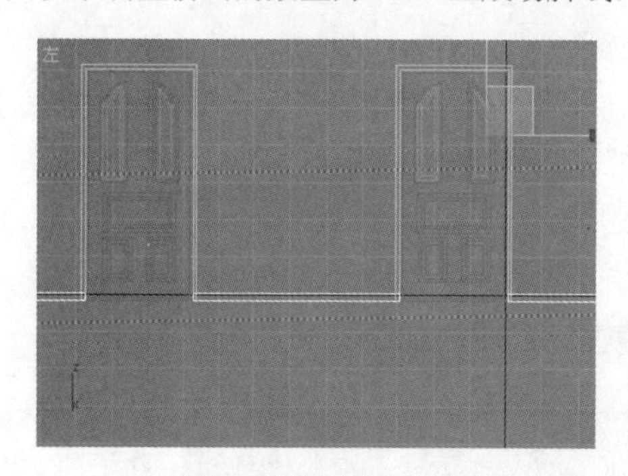

图 12.1.16　编辑图形

图 12.1.17　生成踢脚线

（15）单击“创建”按钮，进入创建命令面板。单击“几何体”按钮，进入几何体创建命令面板，单击 长方体 按钮，在视图中创建一个长方体，并调整大小和位置如图 12.1.18 所示。

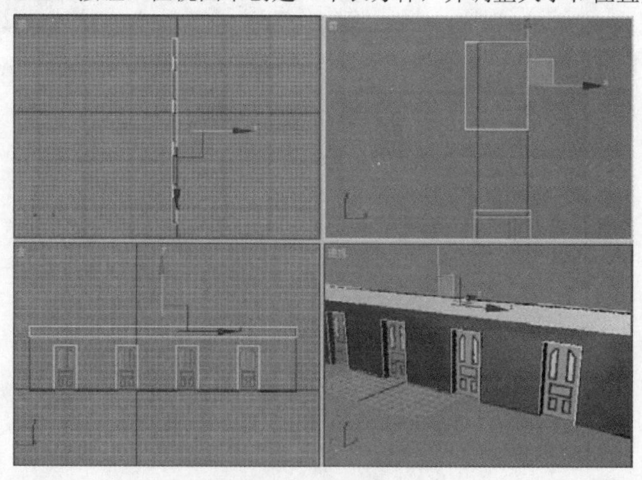

图 12.1.18　创建并调整长方体

（16）单击“图形”按钮，进入图形创建命令面板。单击 矩形 按钮，在前视图中创建一个长度为 3，宽度为 1，角半径为 0.5 的矩形，如图 12.1.19 所示。

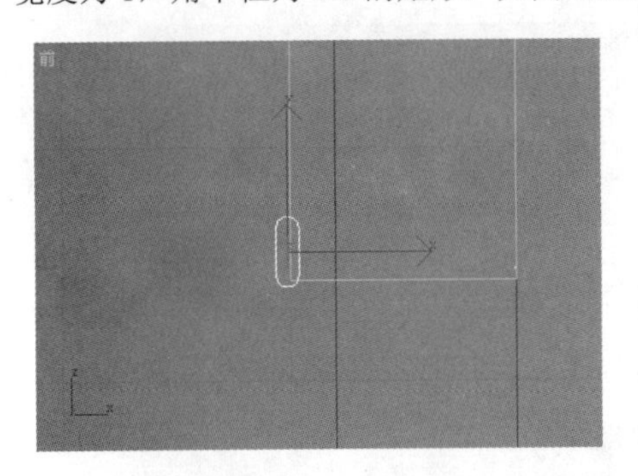

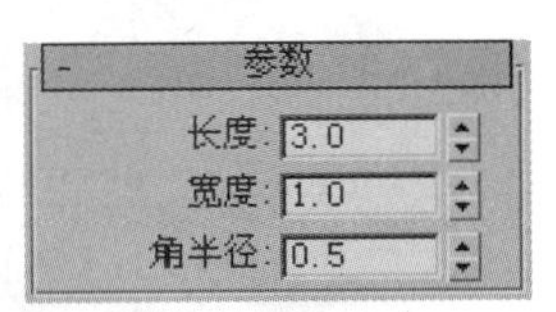

图 12.1.19　创建矩形

（17）单击“修改”按钮，进入修改命令面板，选择 修改器列表 下拉列表中的 挤出 命令，挤出压角线，设置挤出的数量后效果如图 12.1.20 所示。

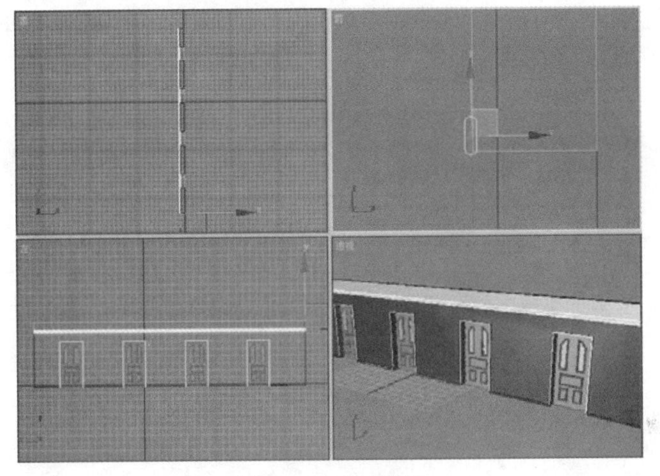

图 12.1.20　挤出效果

（18）单击“创建”按钮，进入创建命令面板。单击“几何体”按钮，进入几何体创建命令面板，选择 标准基本体 下拉列表中的 扩展基本体 选项，进入扩展几何体创建命令面板，单击 切角长方体 按钮，在视图中创建一个切角长方体，设置参数后，如图 12.1.21 所示。

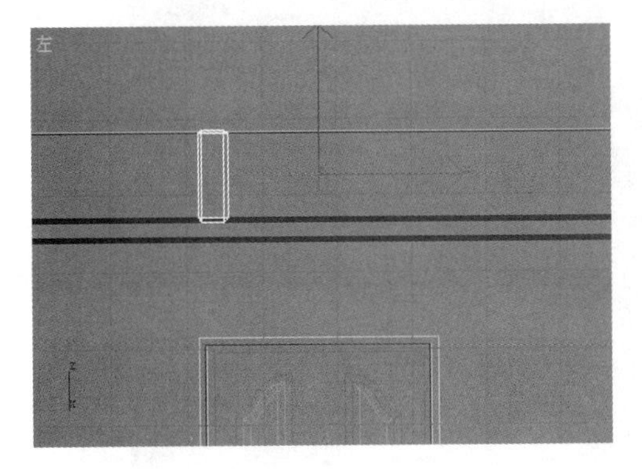

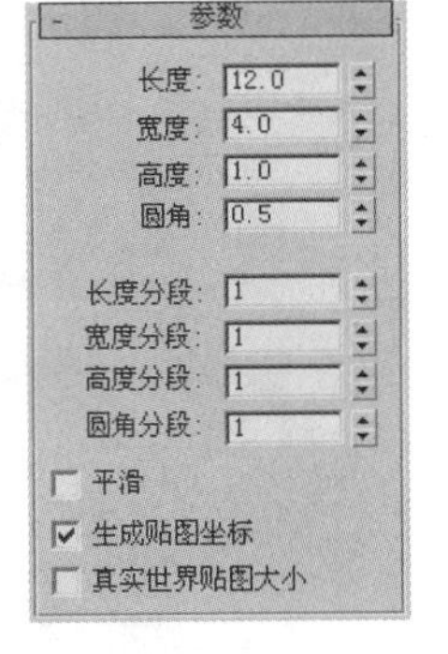

图 12.1.21　创建切角长方体

（19）单击工具栏中的“选择并移动”按钮，在左视图中按住“Shift”键，然后将切角长方体沿 X 轴进行复制，效果如图 12.1.22 所示。

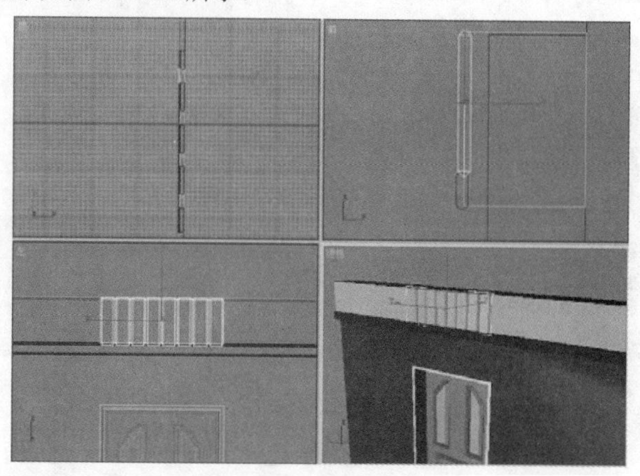

图 12.1.22　复制切角长方体

（20）在视图中选择创建的切角长方体，并将它们成组，然后进行复制，效果如图 12.1.23 所示。

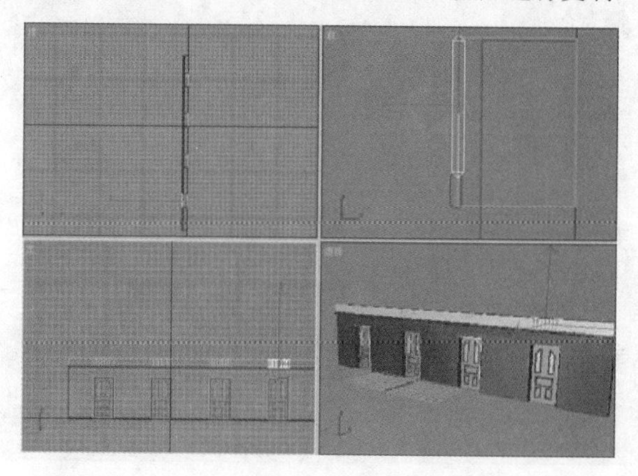

图 12.1.23　成组复制切角长方体

（21）在视图中选择所有物体，然后单击工具栏中的“镜像”按钮，弹出镜像对话框，在其中设置镜像的偏移距离为 110，然后单击确定按钮，效果如图 12.1.24 所示。

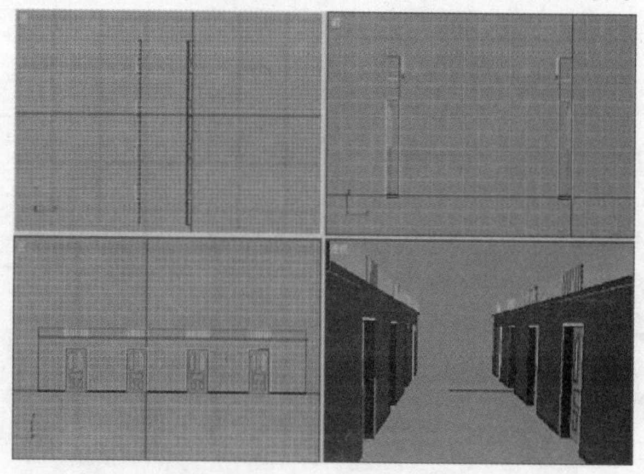

图 12.1.24　镜像复制效果

（22）单击“图形”按钮，进入图形创建命令面板。单击 矩形 按钮，在前视图中创建两个矩形，如图 12.1.25 所示。

（23）选择其中的一个矩形，并将其转换为可编辑样条线，然后将其和另一个矩形连接成一个整体，如图 12.1.26 所示。

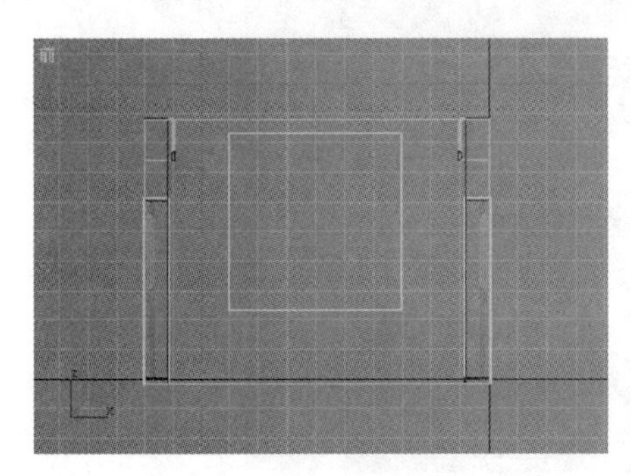

图 12.1.25　创建矩形

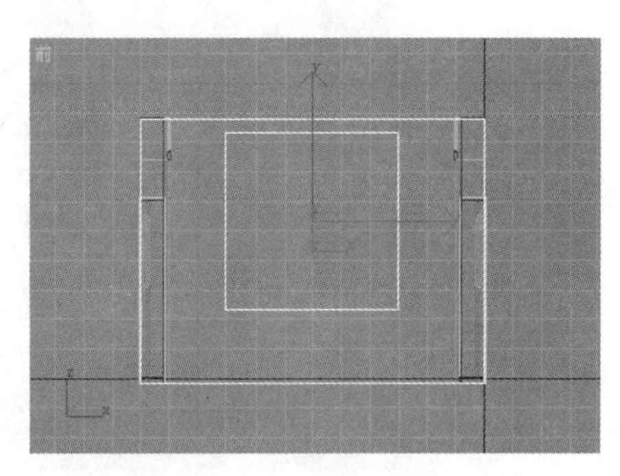

图 12.1.26　连接矩形

（24）选择 修改器列表 下拉列表中的 挤出 命令，并设置挤出的数量为 8，然后调整其位置如图 12.1.27 所示。

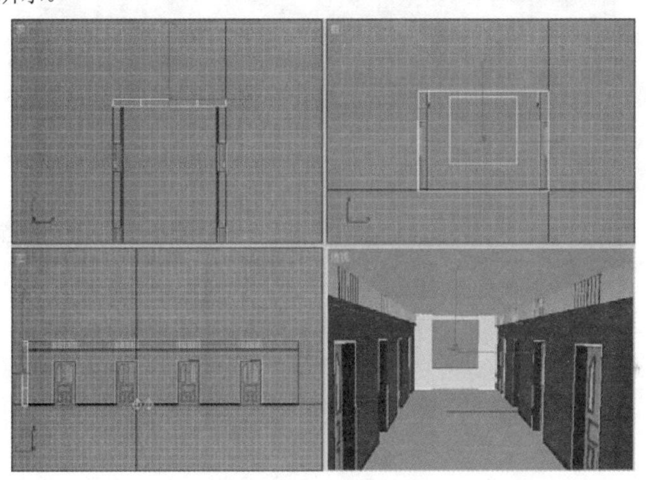

图 12.1.27　挤出并调整对象位置

（25）单击图形创建命令面板中的 矩形 按钮，在前视图中捕捉绘制一个矩形，如图 12.1.28 所示，然后将其转换为可编辑样条线，并对其进行轮廓处理，效果如图 12.1.29 所示。

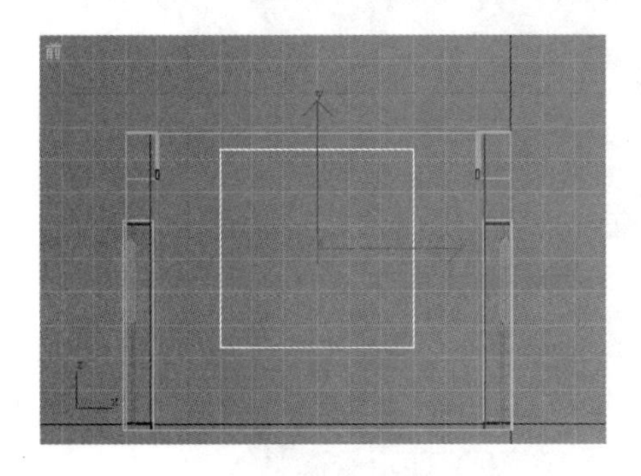

图 12.1.28　绘制矩形

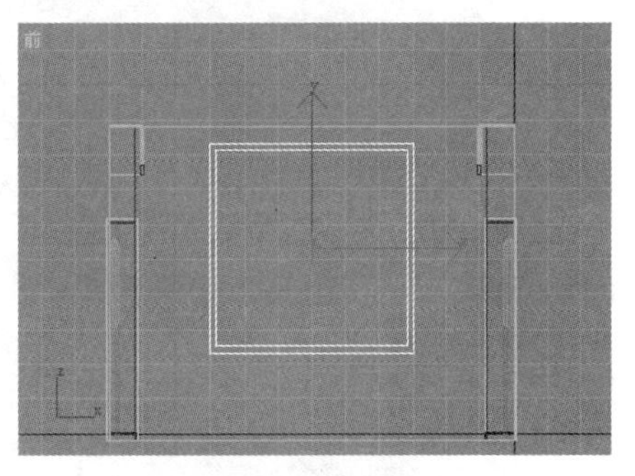

图 12.1.29　轮廓处理

（26）选择修改器列表下拉列表中的挤出命令，设置挤出的数量为 9，挤出窗框，然后调整其位置如图 12.1.30 所示。

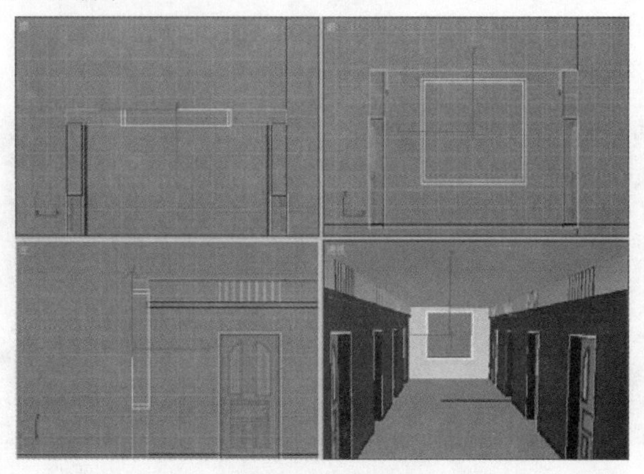

图 12.1.30　挤出窗框

（27）用同样的方法，可创建窗户的其他构件，如图 12.1.31 所示。

图 12.1.31　创建窗户其他构件

（28）单击几何体创建命令面板中的长方体按钮，在视图中创建一个长方体作为窗户的玻璃，并调整位置如图 12.1.32 所示。

图 12.1.32　创建玻璃

（29）单击几何体创建命令面板中的 长方体 按钮，在视图中创建 4 个长方体，并调整它们的位置如图 12.1.33 所示。

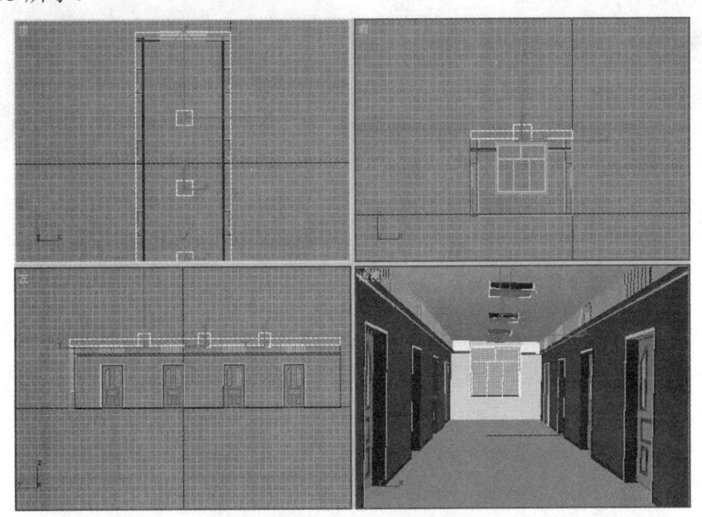

图 12.1.33　创建并调整长方体的位置

（30）在视图中创建 4 个长方体作为挂画，然后选择一个创建的小长方体，并将其转换为可编辑网格对象，然后将其和剩余的两个长方体连接成一个整体。

（31）选择 标准基本体 下拉列表中的 复合对象 选项，进入复合对象创建命令面板。单击 布尔 按钮，进入布尔运算属性面板，在 参数 卷展栏中的 操作 参数设置区中选中 差集(B-A) 单选按钮，然后单击 拾取布尔 卷展栏中的 拾取操作对象 B 按钮，在视图中拾取长方体，效果如图 12.1.34 所示。

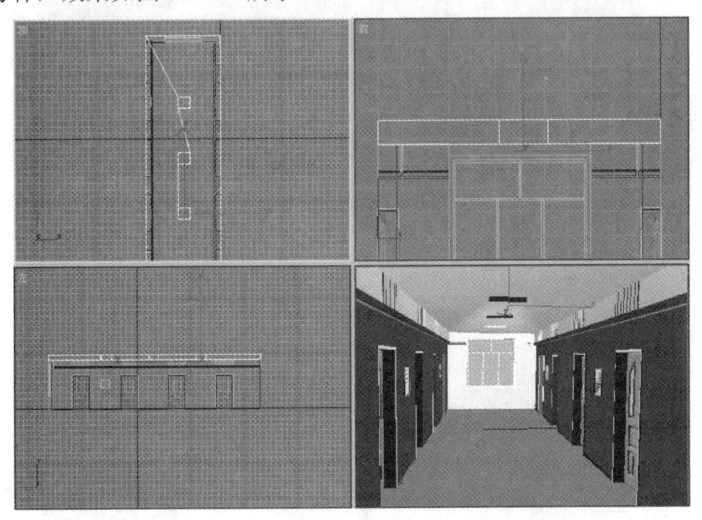

图 12.1.34　布尔运算效果

（32）单击“图形”按钮，进入图形创建命令面板。单击 矩形 按钮，在顶视图中创建一个矩形，并对其进行轮廓处理，效果如图 12.1.35 所示。

（33）选择 修改器列表 下拉列表中的 挤出 命令，设置挤出的数量为 11，然后调整其位置如图 12.1.36 所示。

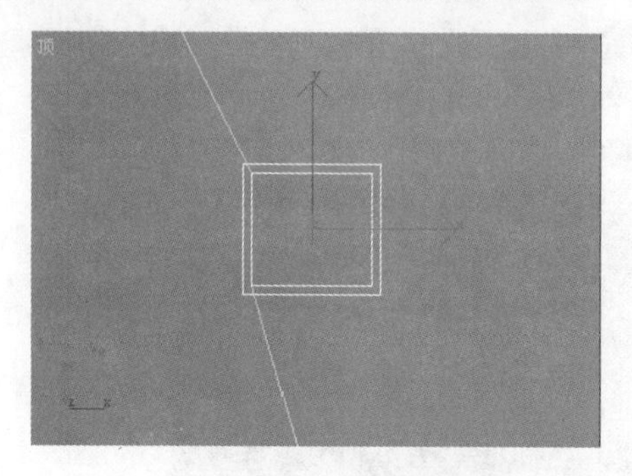

图 12.1.35　创建并编辑矩形

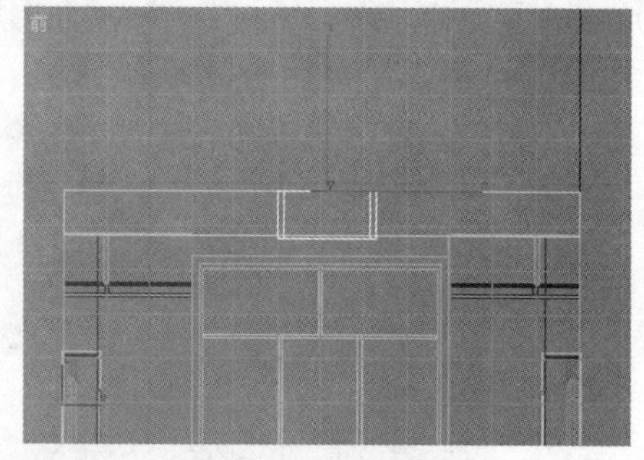

图 12.1.36　挤出效果

（34）单击“几何体”按钮，进入几何体创建命令面板，单击 长方体 按钮，在视图中创建几个长方体作为“灯片”，然后进行复制，效果如图 12.1.37 所示。

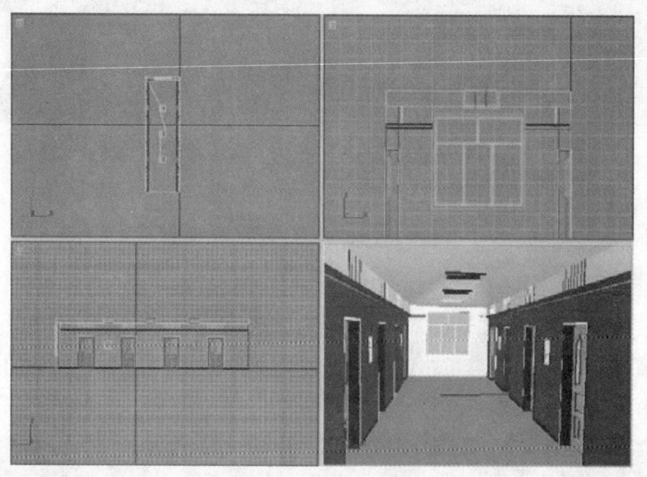

图 12.1.37　创建并复制对象

（35）单击 平面 按钮，在视图中创建一个平面作为地面，然后调整其位置如图 12.1.38 所示。

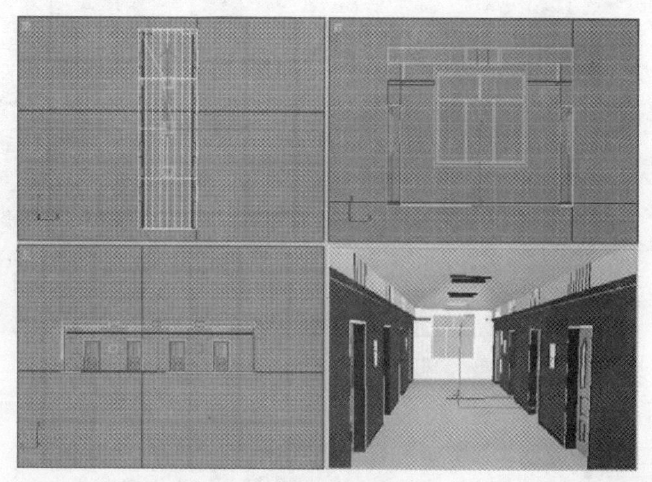

图 12.1.38　创建地面

（36）在视图中选择平面，然后单击鼠标右键，在弹出的快捷菜单中选择 转换为: →转换为可编辑网格 命令，将其转换为可编辑网格对象，然后单击 - 选择 卷展栏

中的“边”按钮，进入边子对象编辑状态，并对边进行编辑，效果如图 12.1.39 所示。

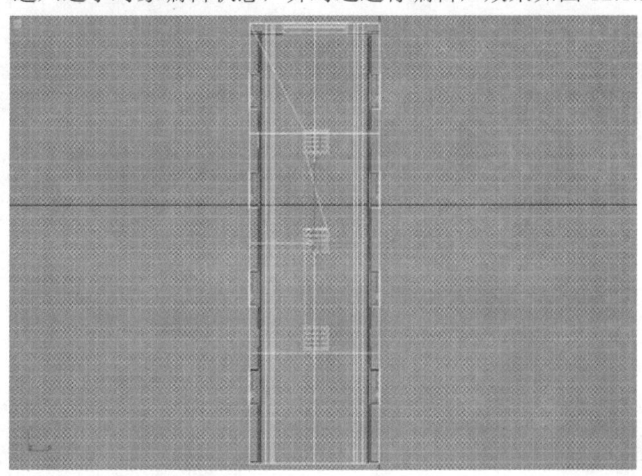

图 12.1.39　编辑边

（37）单击 选择 卷展栏中的“多边形”按钮，进入多边形子对象编辑状态，在视图中选择如图 12.1.40 所示的多边形面，然后将其材质 ID 号设置为 1，选择 编辑(E) → 反选(I) 命令反向选择多边形面，并将其材质 ID 号设置为 2，如图 12.1.41 所示。

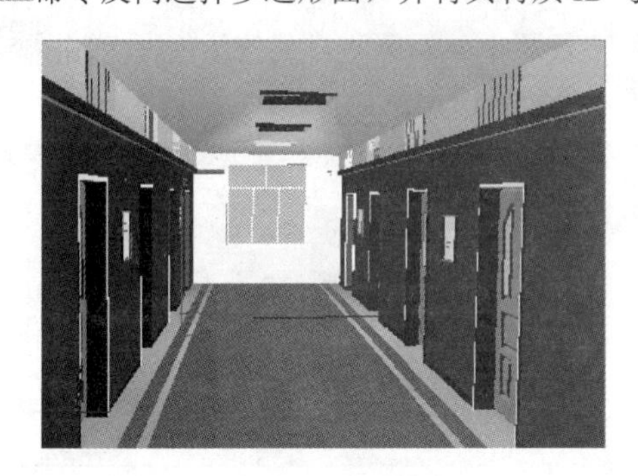

图 12.1.40　设置材质 ID 号为 1

图 12.1.41　设置材质 ID 号为 2

（38）单击工具栏中的“材质编辑器”按钮，弹出 材质编辑器 对话框。在其中选择一个材质样本球，然后在“明暗器基本参数”卷展栏中设置其明暗器类型为 Blinn 方式。单击“Blinn 基本参数”卷展栏中 漫反射: 选项后的按钮，弹出 材质/贴图浏览器 对话框，在其中选择 位图 选项，并将位图贴图设置为如图 12.1.42 所示的木纹贴图。

（39）设置高光级别为 45，光泽度为 35，如图 12.1.43 所示，然后将其指定给门和门框。

图 12.1.42　位图贴图

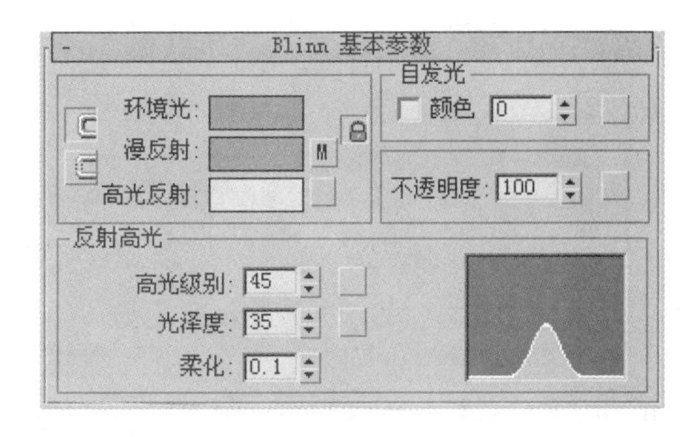

图 12.1.43　设置 Blinn 基本参数

（40）选择另一个样本球，单击“Blinn 基本参数”卷展栏中漫反射选项后的颜色块，弹出颜色选择器对话框，在其中设置颜色参数如图 12.1.44 所示。

（41）展开“贴图”卷展栏，在其中设置凹凸贴图数量为 2，贴图类型为细胞贴图，并设置细胞参数如图 12.1.45 所示，然后将其指定给整个墙体。

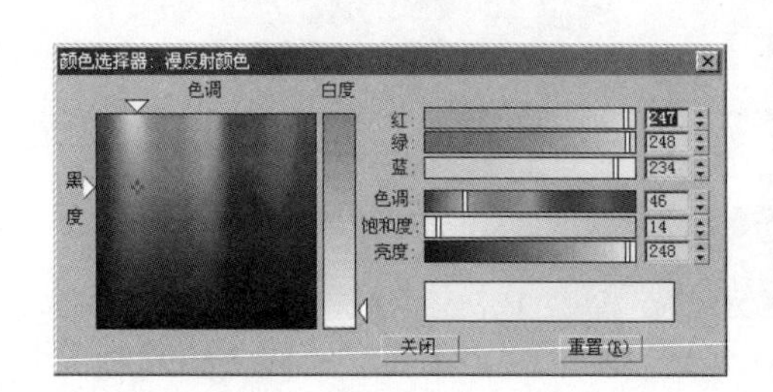

图 12.1.44 “颜色选择器”对话框

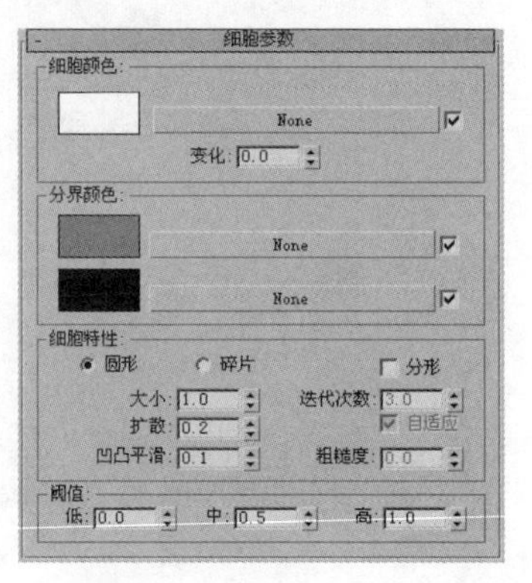

图 12.1.45 “细胞参数”卷展栏

（42）选择另一个样本球，单击“Blinn 基本参数”卷展栏中漫反射选项后的颜色块，弹出颜色选择器对话框，在其中设置颜色参数如图 12.1.46 所示，并将其指定给墙的压角线。

（43）选择另一个样本球，单击“Blinn 基本参数”卷展栏中漫反射选项后的颜色块，弹出颜色选择器对话框，在其中设置颜色参数如图 12.1.47 所示，并将其指定给切角长方体。

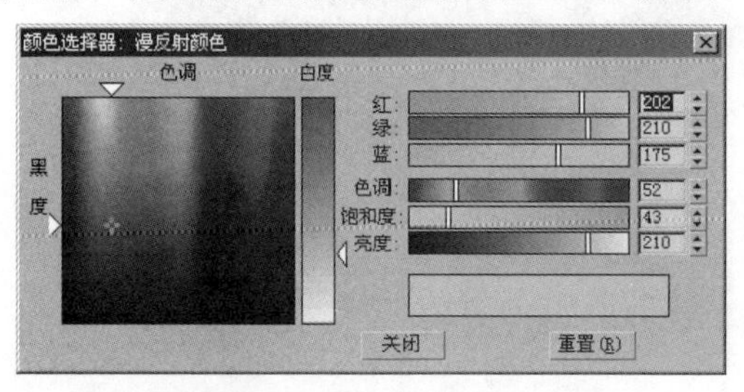

图 12.1.46 “颜色选择器”对话框

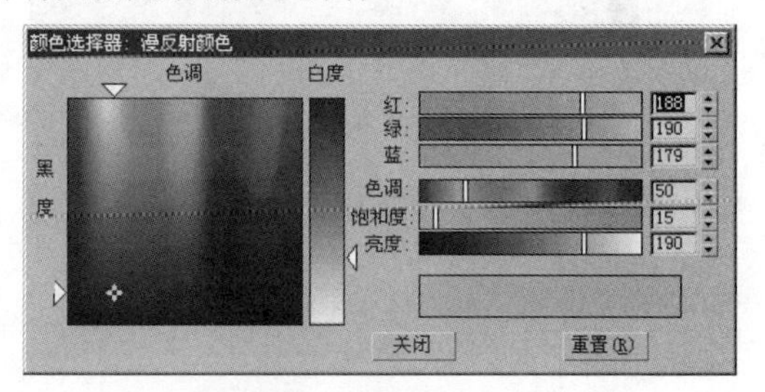

图 12.1.47 “颜色选择器”对话框

（44）选择另一个样本球，单击“Blinn 基本参数”卷展栏中漫反射选项后的按钮，弹出材质/贴图浏览器对话框，在其中选择位图选项，并将位图贴图设置为如图 12.1.48 所示的贴图，然后设置平铺次数如图 12.1.49 所示。

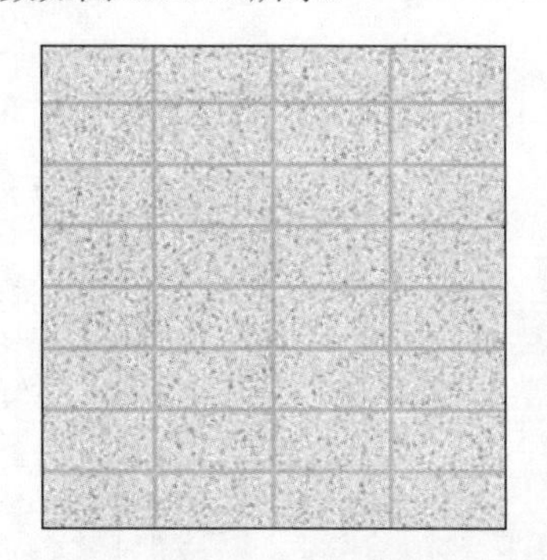

图 12.1.48 位图贴图

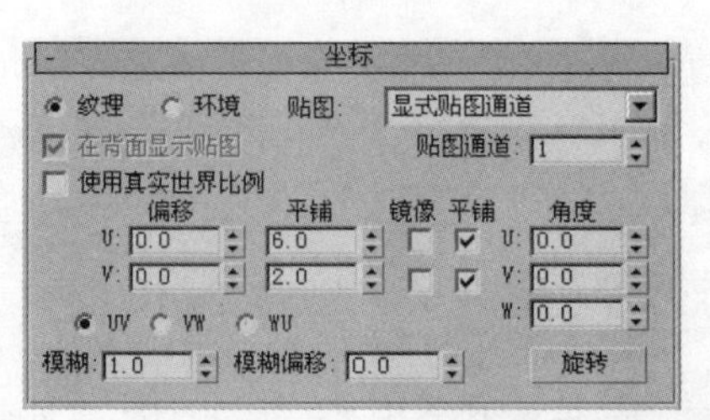

图 12.1.49 设置平铺次数

（45）展开“贴图”卷展栏，将漫反射贴图拖动至凹凸贴图后的 None 按钮上，以实例方式复制给凹凸贴图通道，并设置凹凸数量为 30。

（46）选择另一个样本球，单击“Blinn 基本参数”卷展栏中 漫反射 选项后的颜色块，弹出 颜色选择器 对话框，在其中设置颜色参数如图 12.1.50 所示，然后设置自发光值为 20，不透明度为 20，高光级别为 60，光泽度为 25，如图 12.1.51 所示，并将其指定给窗户的玻璃。

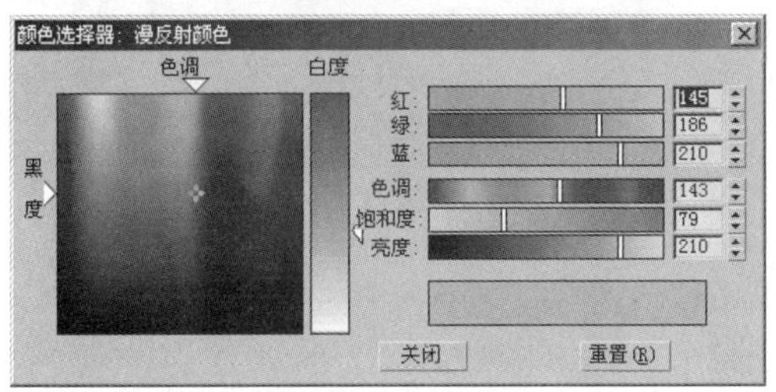

图 12.1.50　“颜色选择器”对话框

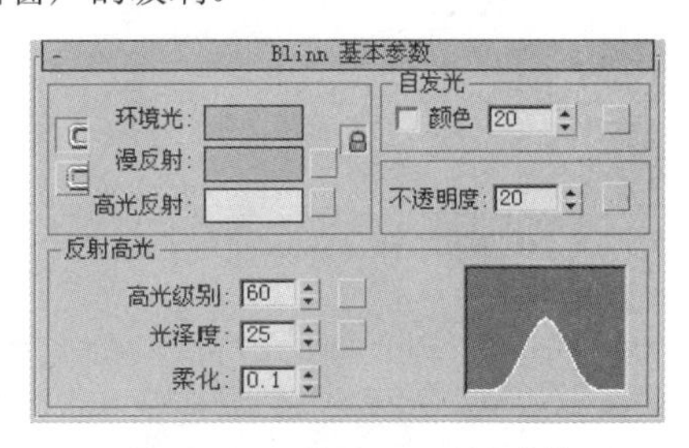

图 12.1.51　设置 Blinn 基本参数

（47）选择另一个样本球，单击“Blinn 基本参数”卷展栏中 漫反射 选项后的颜色块，弹出 颜色选择器 对话框，在其中设置颜色参数如图 12.1.52 所示，然后将其指定给窗框。

（48）选择另一个样本球，单击“Blinn 基本参数”卷展栏中 漫反射 选项后的颜色块，弹出 颜色选择器 对话框，在其中设置颜色参数如图 12.1.53 所示，然后将其指定给窗户的其他构件。

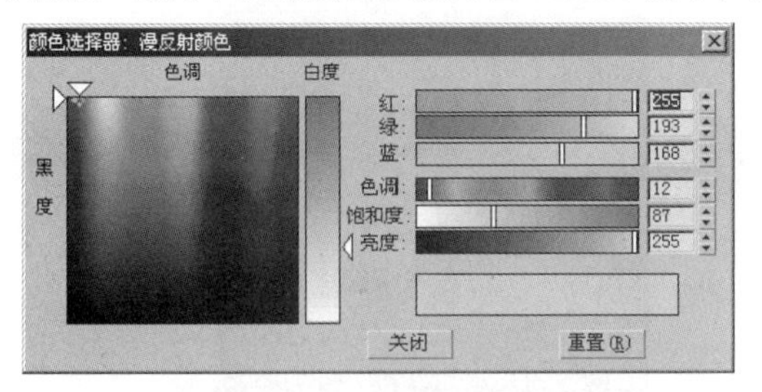

图 12.1.52　“颜色选择器”对话框

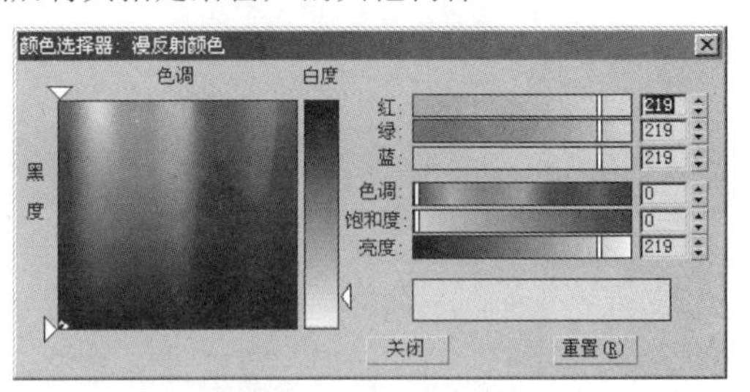

图 12.1.53　“颜色选择器”对话框

（49）选择另一个样本球，单击“Blinn 基本参数”卷展栏中 漫反射 选项后的颜色块，弹出 颜色选择器 对话框，在其中设置颜色参数如图 12.1.54 所示，然后设置自发光值为 50，高光级别为 42，光泽度为 22，如图 12.1.55 所示，并将其指定给灯片。

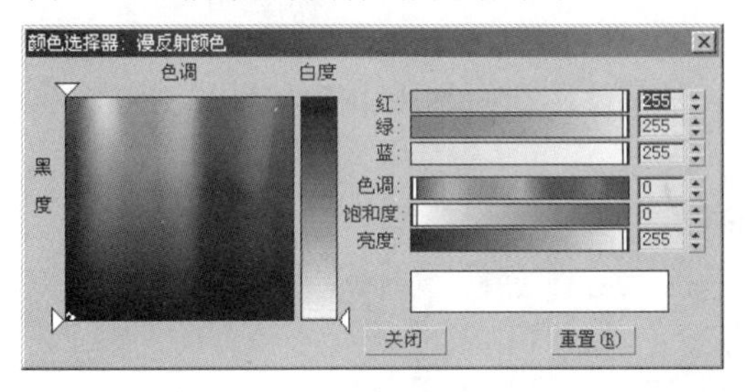

图 12.1.54　“颜色选择器”对话框

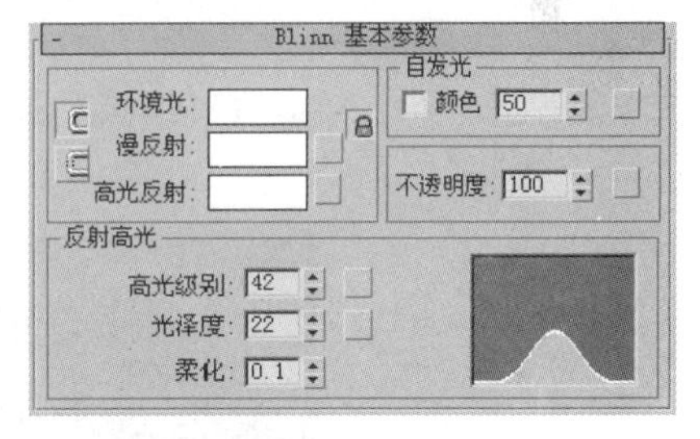

图 12.1.55　设置 Blinn 基本参数

（50）选择另一个样本球，单击 Standard 按钮，弹出 材质/贴图浏览器 对话框，在其中选择 多维/子对象 选项，单击 确定 按钮，弹出 替换材质 对话框，如图 12.1.56 所示，在其中采取默认设置，并单击 确定 按钮，进入“多维/子对象基本参数”卷展栏，如图 12.1.57 所示。

（51）单击 设置数量 按钮，弹出 设置材质数量 对话框，在其中设置材质数量为 2，然后单击 确定 按钮。

（52）单击材质 1 后的 Default （Standard） 按钮，进入标准材质参数设置面板，在其中设置高光级别为 50，光泽度为 38，单击 漫反射 选项后的 按钮，弹出 材质/贴图浏览器 对话框，在其中选择位图选项，并设置为如图 12.1.58 所示位图贴图，然后将反射贴图设置为光线跟踪，数量为 10。

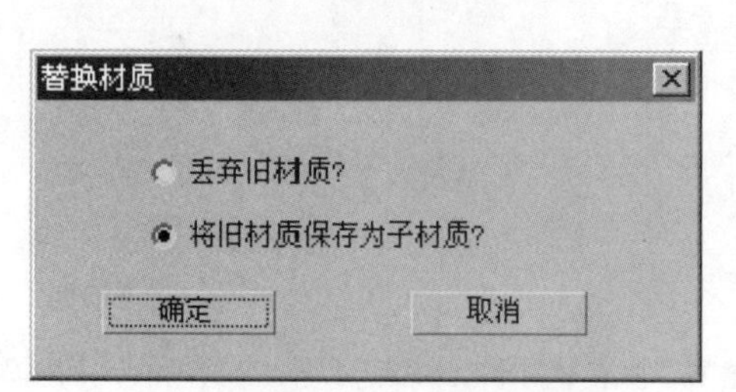

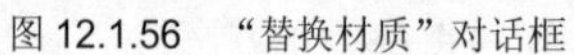
图 12.1.56 “替换材质”对话框

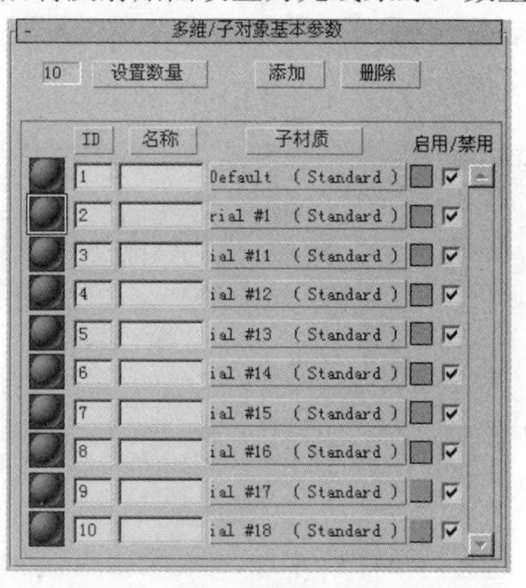

图 12.1.57 “多维/子对象基本参数”卷展栏

（53）返回“多维/子对象基本参数”卷展栏，将材质 1 复制给材质 2，并设置材质 2 的位图贴图如图 12.1.59 所示。

图 12.1.58 材质 1 位图贴图

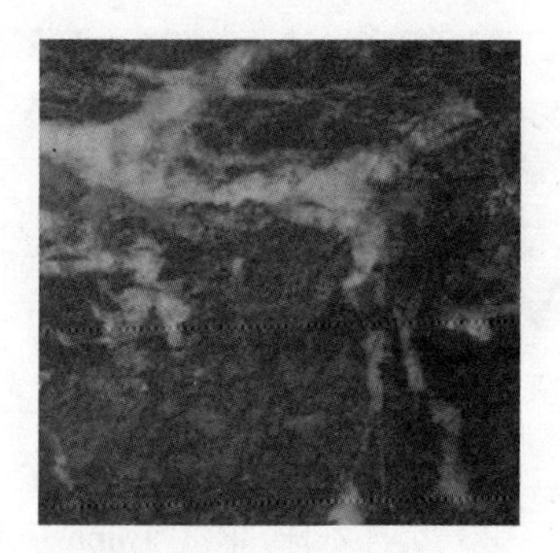

图 12.1.59 材质 2 位图贴图

（54）在视图中选择平面（地面），然后单击“将材质指定给选定对象”按钮，将材质指定给平面。

（55）选择另一个样本球，将其指定给挂画，然后设置其漫反射贴图为如图 12.1.60 所示的位图贴图。

图 12.1.60 位图贴图

（56）按快捷键 8，弹出环境和效果对话框，在其中将环境设置为位图贴图。

（57）单击“创建”按钮，进入创建命令面板。单击“摄影机”按钮，进入摄影机创建命令面板，单击 目标 按钮，在视图中创建一架目标摄影机，并将透视图转换为摄影机视图，效果如图 12.1.61 所示。

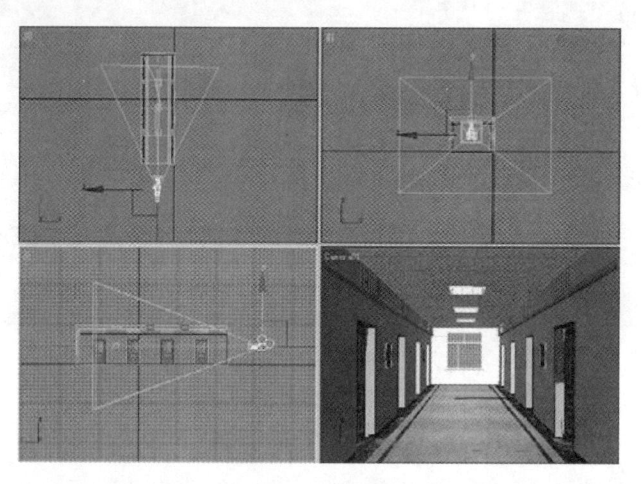

图 12.1.61　创建摄影机

（58）单击“灯光”按钮，进入灯光创建命令面板，单击 泛光灯 按钮，在视图中创建几盏泛光灯照明场景，并调整其位置如图 12.1.62 所示。

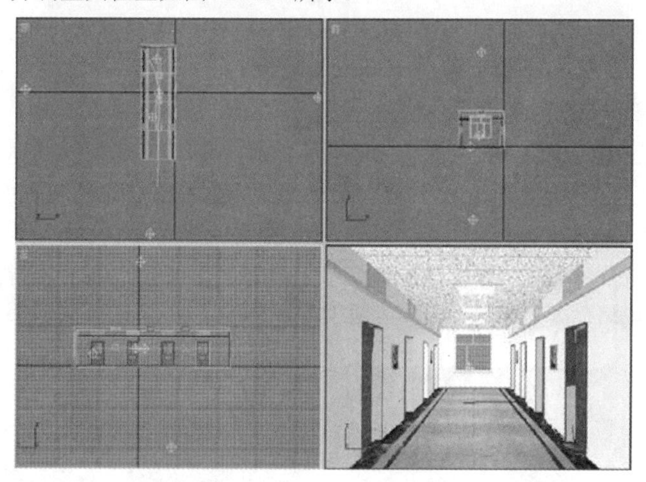

图 12.1.62　创建并调整泛光灯

（59）激活摄影机视图，然后单击工具栏中的“快速渲染”按钮进行渲染，在 Photoshop 中进一步处理后最终效果如图 12.1.1 所示。

综合实例 2　室外效果图设计

实例内容

本例将制作室外效果图，最终效果如图 12.2.1 所示。

图 12.2.1　室外效果图

设计思想

在制作的过程中将应用到二维图形、挤出等建模方法以及后期合成等知识。

操作步骤

（1）选择 文件(F) → 重置(R) 命令，重新设置系统。

（2）单击“创建”按钮，进入创建命令面板。单击“图形”按钮，进入图形创建命令面板，单击 矩形 按钮，在顶视图中创建一个矩形，并设置矩形的长度为 485，宽度为 330，如图 12.2.2 所示。

（3）单击“修改”按钮，进入修改命令面板，选择 修改器列表 下拉列表中的 编辑样条线 命令，并对矩形进行编辑，效果如图 12.2.3 所示。

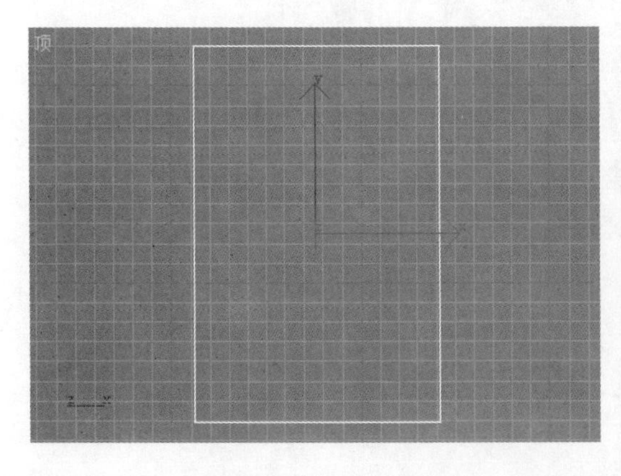

图 12.2.2　创建矩形

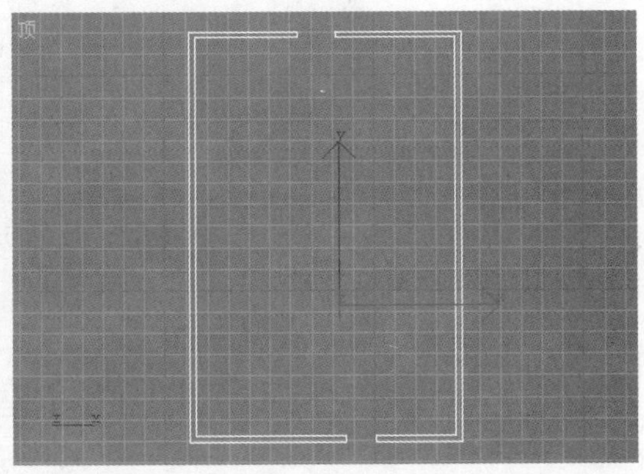

图 12.2.3　编辑矩形

（4）选择 修改器列表 下拉列表中的 挤出 命令，并设置挤出的数量为 12.7，效果如图 12.2.4 所示。

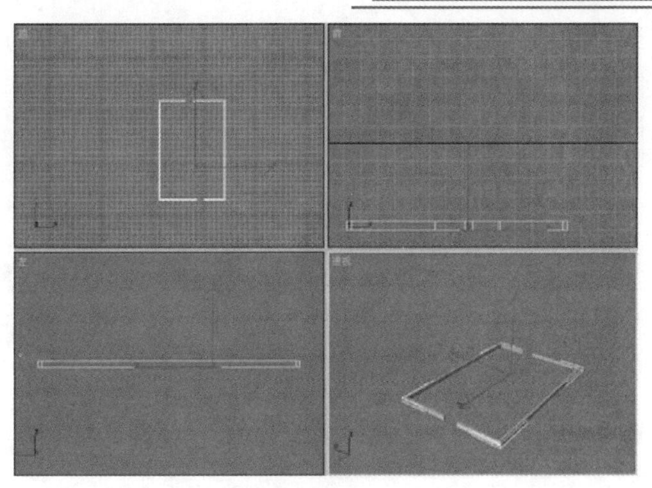

图 12.2.4　挤出效果

（5）单击图形创建命令面板中的 矩形 按钮，在顶视图中创建一个矩形，然后将其编辑成如图 12.2.5 所示的形状。

（6）选择 修改器列表 下拉列表中的 挤出 命令，设置挤出的数量为 5，效果如图 12.2.6 所示。

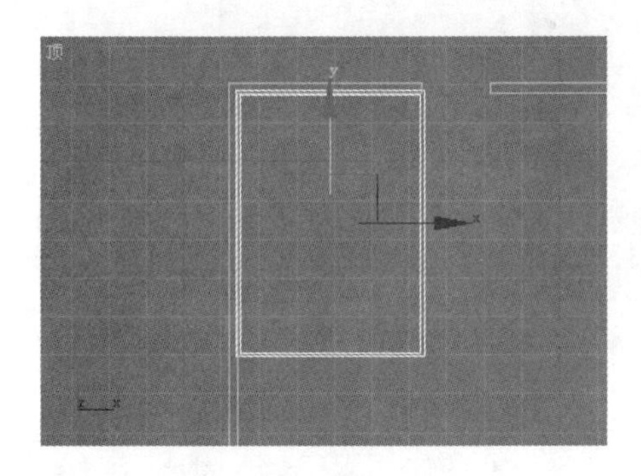

图 12.2.5　创建并编辑矩形

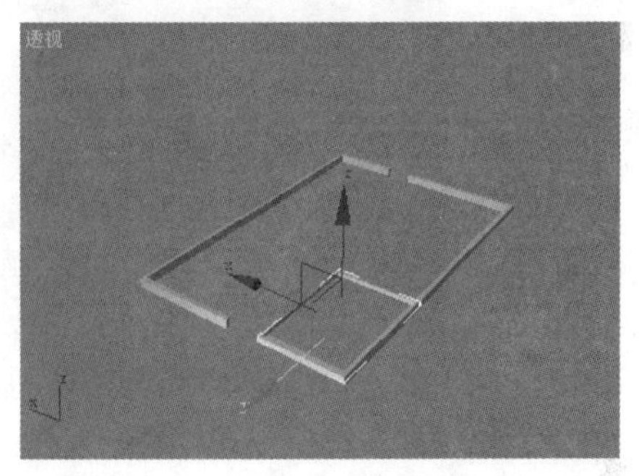

图 12.2.6　挤出效果

（7）用同样的方法可以创建其他矩形，并使用挤出命令挤出，效果如图 12.2.7 所示。

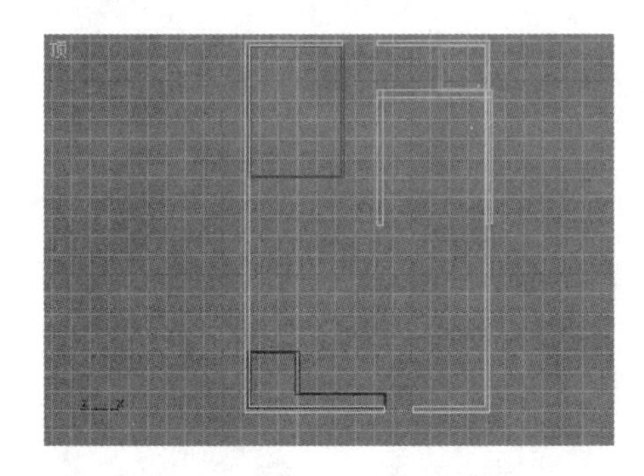

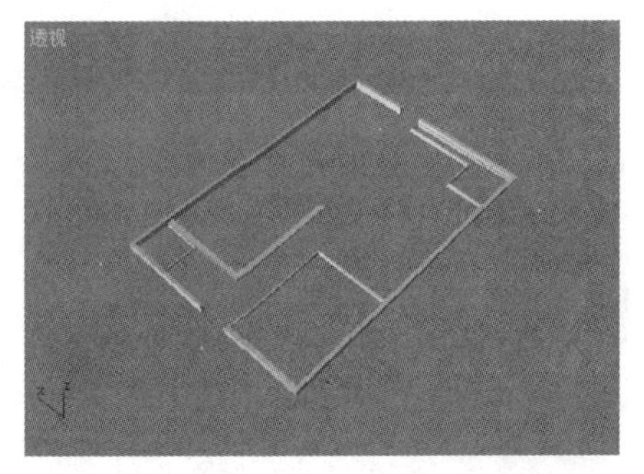

图 12.2.7　创建并挤出其他矩形

（8）单击图形创建命令面板中的 矩形 按钮，在顶视图中捕捉创建一个矩形，并对其进行编辑，然后使用 挤出 命令对其进行挤出，设置其挤出的数量为 3.8，效果如图 12.2.8 所示。

（9）使用上一步的操作方法创建其他挤出物体，效果如图 12.2.9 所示。

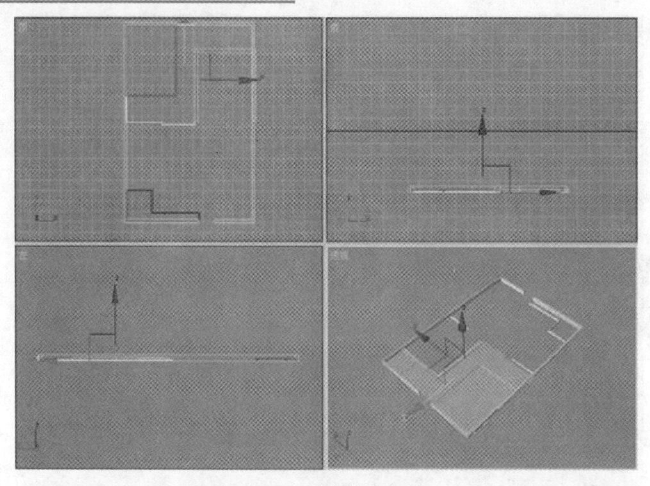

图 12.2.8　创建并挤出矩形

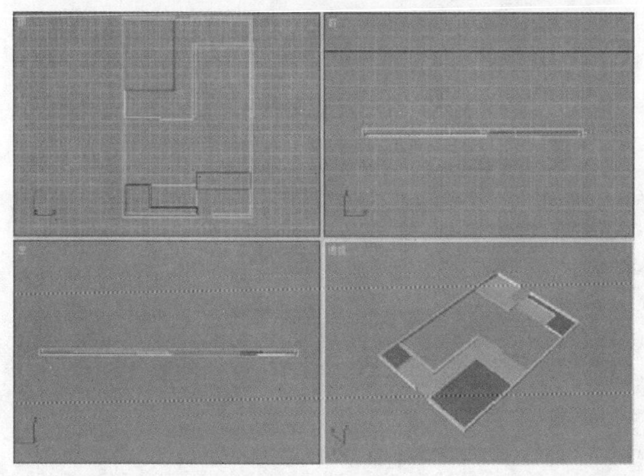

图 12.2.9　创建其他挤出物体

（10）单击“创建”按钮，进入创建命令面板。单击“图形”按钮，进入图形创建命令面板，单击 矩形 按钮，在前视图中创建一个矩形，并设置矩形的长度为 180，宽度为 156，如图 12.2.10 所示。

（11）将矩形转换为可编辑样条线，并将其编辑成如图 12.2.11 所示的形状。

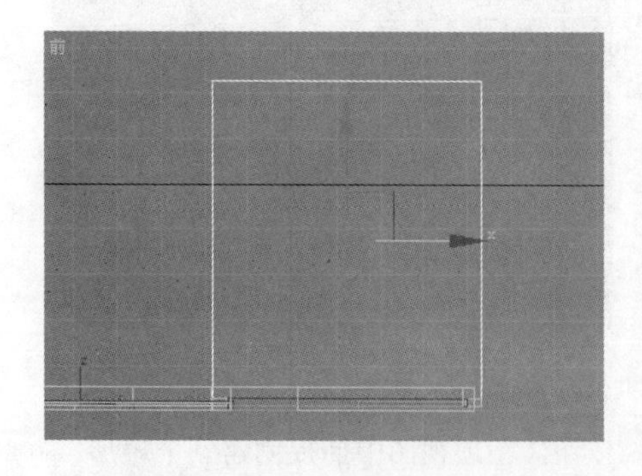

图 12.2.10　创建矩形

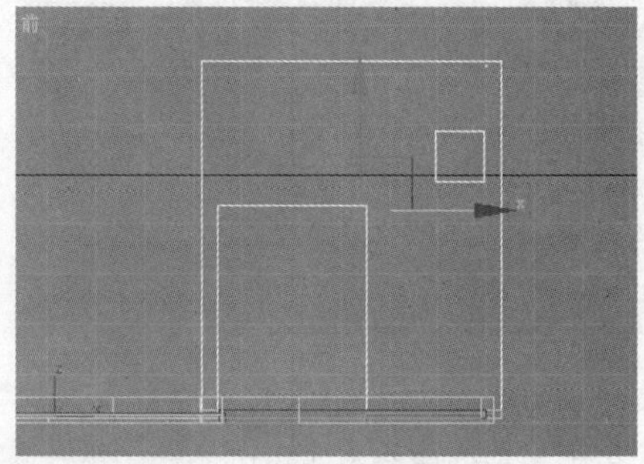

图 12.2.11　编辑矩形

（12）选择 修改器列表 下拉列表中的 挤出 命令，并设置挤出的数量为 9，效果如图 12.2.12 所示。

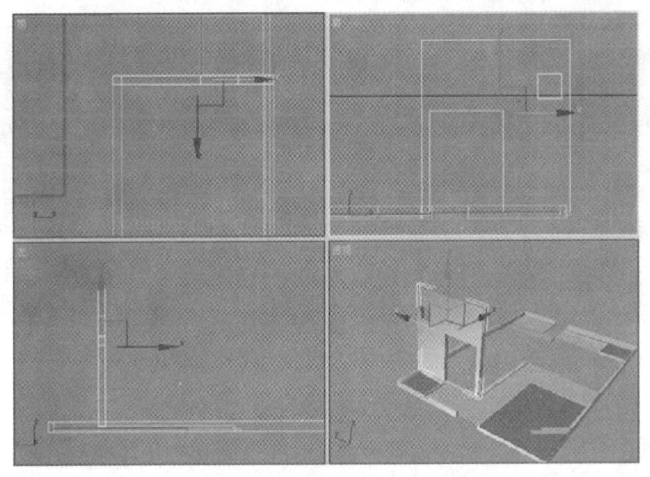

图 12.2.12　挤出效果

（13）单击 矩形 按钮，在前视图中捕捉创建一个矩形，然后将其编辑成如图 12.2.13 所示的形状，作为窗框。选择 修改器列表 下拉列表中的 挤出 命令，并设置挤出的数量为 1.5，效果如图 12.2.14 所示，然后在其中创建一个长方体薄片作为玻璃。

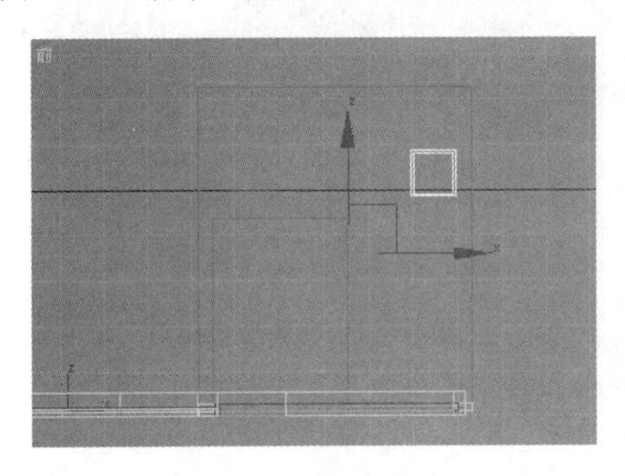

图 12.2.13　创建并编辑矩形

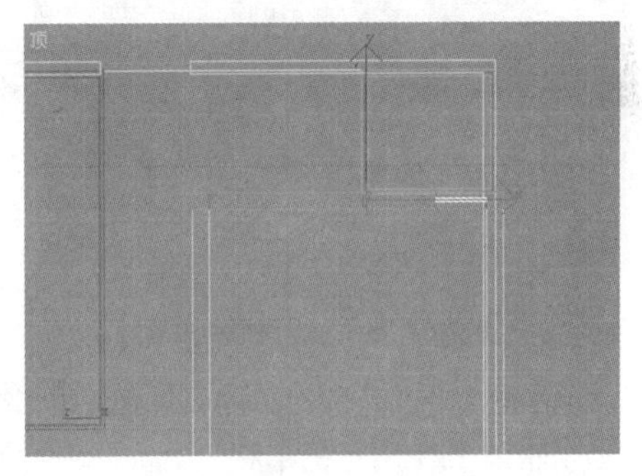

图 12.2.14　挤出窗框

（14）用同样的方法在前视图中创建如图 12.2.15 所示的图形，作为窗框，然后使用 挤出 命令将其挤出，并设置挤出的数量为 1.5，效果如图 12.2.16 所示。

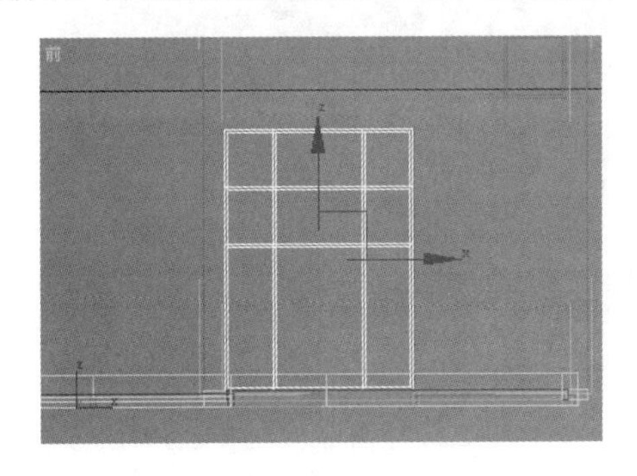

图 12.2.15　创建二维图形

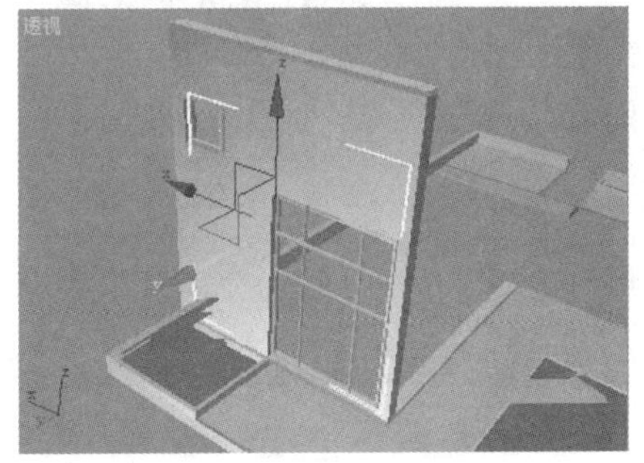

图 12.2.16　挤出另一个窗框

（15）单击 长方体 按钮，在前视图中捕捉窗框，绘制厚度为 0.1 的长方体，作为玻璃，效果如图 12.2.17 所示。

（16）单击 矩形 按钮，在左视图中捕捉创建一个矩形，对其进行编辑后，使用 修改器列表 下拉列表中的 挤出 命令将其挤出，并设置挤出的数量为 9，效果如图 12.2.18 所示。

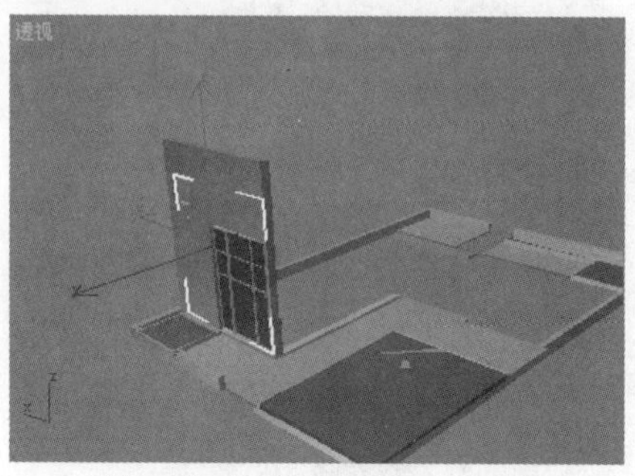

图 12.2.17　创建玻璃　　　　图 12.2.18　挤出效果

（17）用同样的方法继续创建窗框和玻璃，效果如图 12.2.19 所示。

（18）单击 管状体 按钮，在顶视图中创建一个管状体作为下水管，然后在修改命令面板中的 修改器列表 下拉列表中选择 编辑网格 命令，并将其编辑成如图 12.2.20 所示的形状。

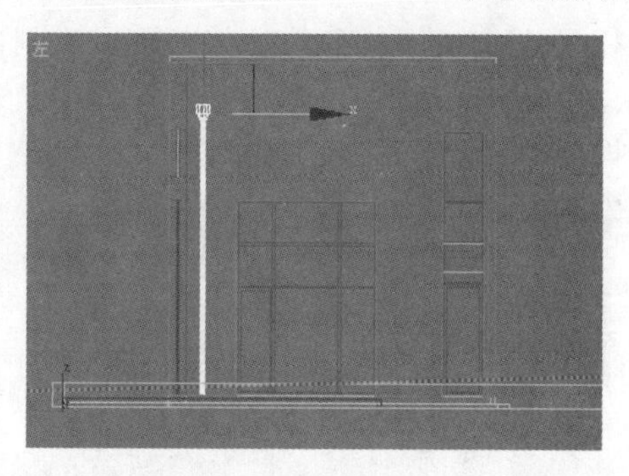

图 12.2.19　创建窗框和玻璃　　　　图 12.2.20　创建下水管

（19）将前面 3 步创建的对象隐藏，然后单击 矩形 按钮，在左视图中创建一个矩形，并将其编辑成如图 12.2.21 所示的形状。

（20）选择 修改器列表 下拉列表中的 挤出 命令，并设置挤出数量为 9，然后继续创建窗框、玻璃和下水管，效果如图 12.2.22 所示。

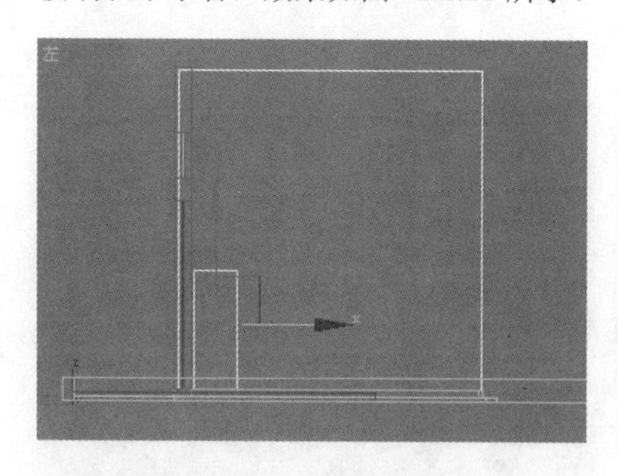

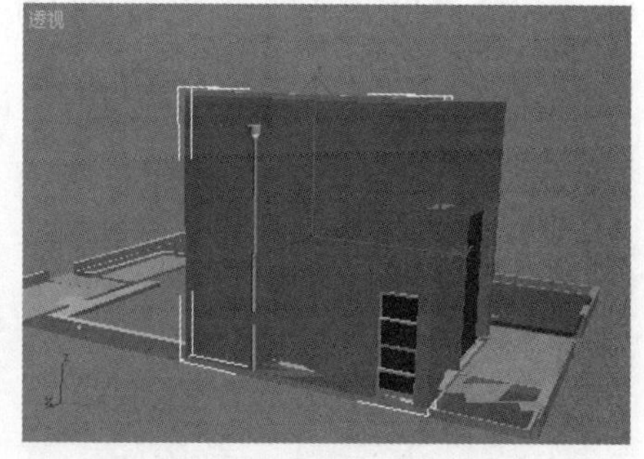

图 12.2.21　创建并编辑矩形　　　　图 12.2.22　挤出并创建其他物体

（21）单击“创建”按钮，进入创建命令面板。单击“图形”按钮，进入图形创建命令面板，单击 矩形 按钮，在前视图中创建一个矩形。

（22）单击“修改”按钮，进入修改命令面板，选择 修改器列表 下拉列表中的 编辑样条线 命令，并将矩形编辑成如图 12.2.23 所示的形状。

（23）选择 修改器列表 下拉列表中的 挤出 命令，并设置挤出数量为 9，然后对其位

置进行调整，效果如图 12.2.24 所示。

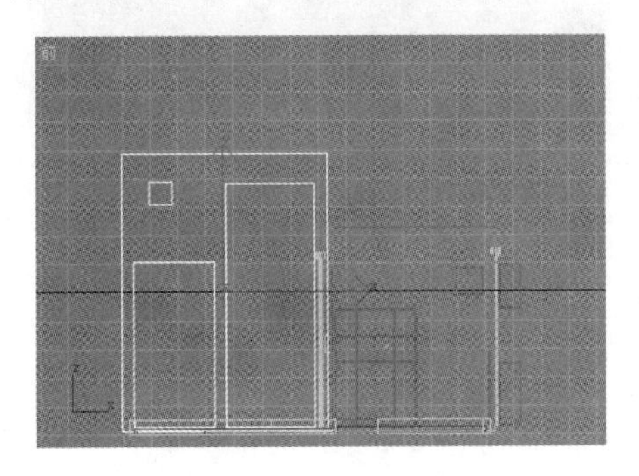

图 12.2.23　编辑矩形

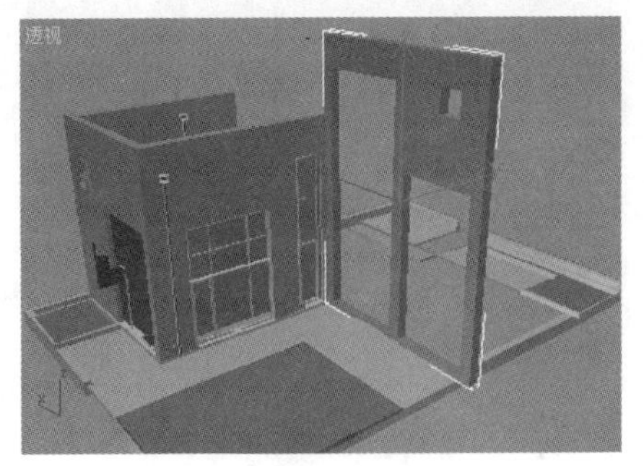

图 12.2.24　挤出效果

（24）单击 矩形 按钮，在前视图中捕捉创建一个矩形，然后对其进行轮廓处理，效果如图 12.2.25 所示。

（25）选择 修改器列表 下拉列表中的 挤出 命令，并设置挤出数量为 15，然后对其位置进行调整，效果如图 12.2.26 所示。

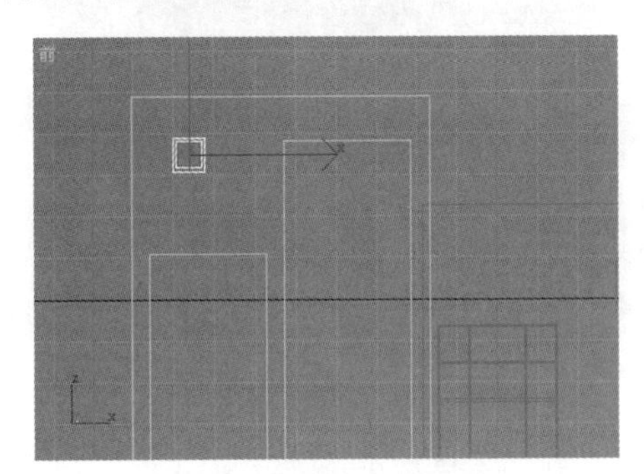

图 12.2.25　轮廓处理

图 12.2.26　挤出效果

（26）单击 矩形 按钮，在前视图中创建出如图 12.2.27 所示的矩形，然后选择 修改器列表 下拉列表中的 挤出 命令将其挤出，效果如图 12.2.28 所示。

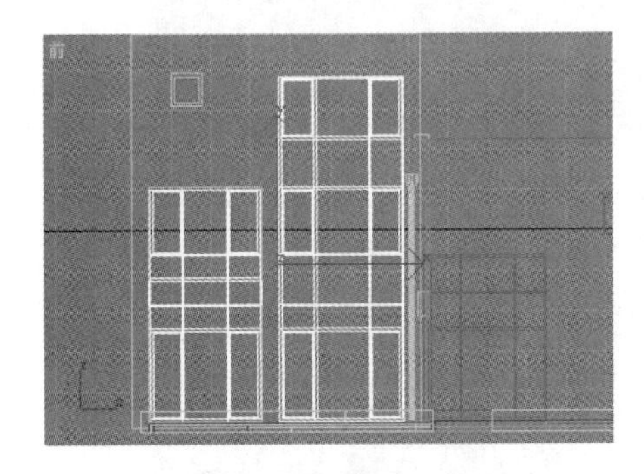

图 12.2.27　创建矩形

图 12.2.28　挤出效果

（27）单击“创建”按钮，进入创建命令面板。单击“几何体”按钮，进入几何体创建命令面板，单击 长方体 按钮，在视图中创建两个长方体作为玻璃，如图 12.2.29 所示。

（28）单击 矩形 按钮，在左视图中创建一个矩形，将其转换为可编辑样条线后，编辑成如图 12.2.30 所示的形状。

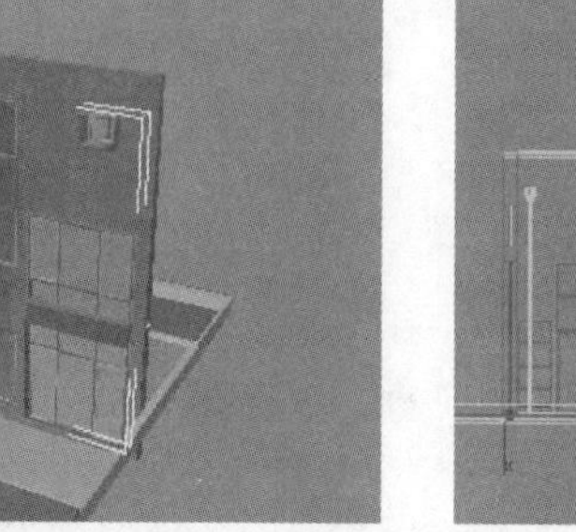

图 12.2.29　创建长方体　　　　图 12.2.30　创建并编辑矩形

（29）选择 修改器列表 下拉列表中的 挤出 命令，并设置挤出的数量为 9，效果如图 12.2.31 所示。

（30）用同样的方法可以创建窗框和玻璃，效果如图 12.2.32 所示。

图 12.2.31　挤出效果　　　　图 12.2.32　创建窗框和玻璃

（31）继续使用矩形和挤出命令创建护栏，效果如图 12.2.33 所示。

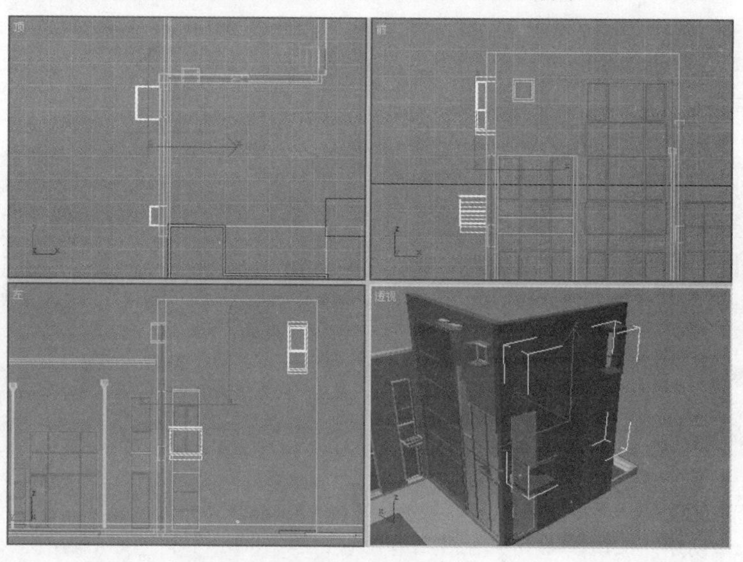

图 12.2.33　创建护栏

（32）用同样的方法，我们可以创建出其他面的墙体以及屋顶，然后对它们的位置进行调整，效果如图 12.2.34 所示。

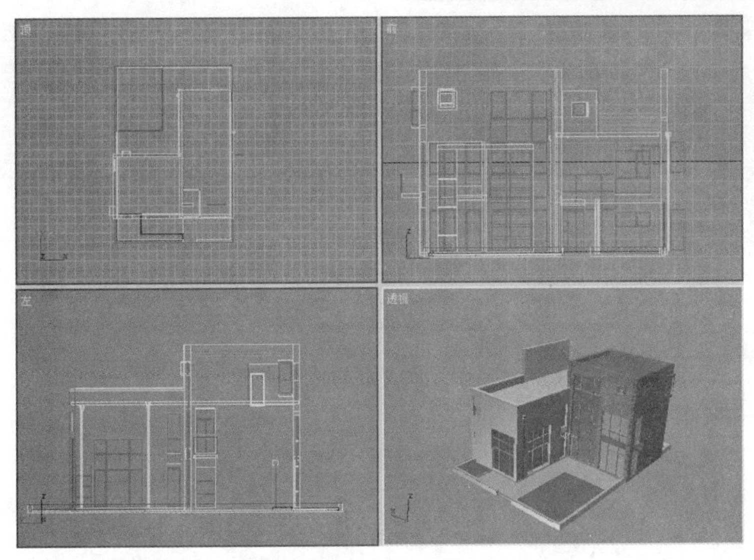

图 12.2.34　创建其他面和屋顶

（33）单击几何体创建命令面板中的 长方体 按钮，在视图中创建出如图 12.2.35 所示的连接柱。

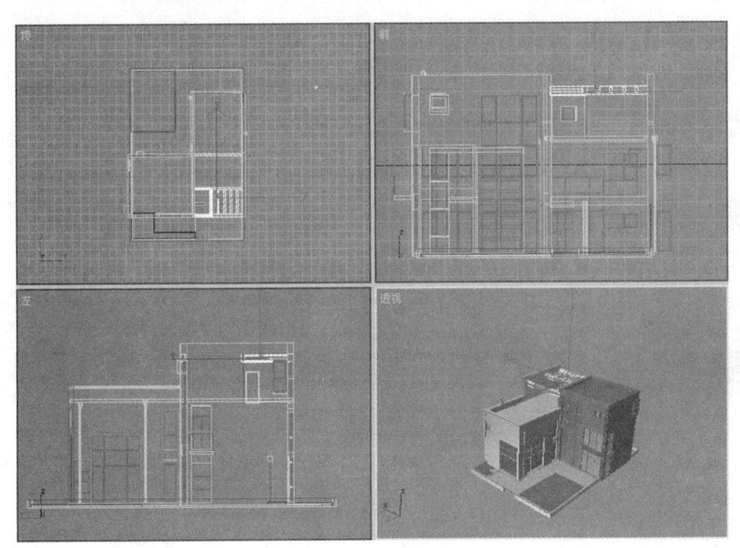

图 12.2.35　创建连接柱

提示：用户也可以使用矩形命令创建矩形，然后通过“挤出”命令生成实体。

（34）单击工具栏中的“材质编辑器”按钮，弹出 材质编辑器 对话框。在其中选择一个样本球，在“明暗器基本参数”卷展栏中设置明暗器类型为 Blinn 方式，在“Blinn 基本参数”卷展栏中单击 漫反射: 选项前的 C 按钮，解除它们之间的颜色锁定，然后单击 环境光: 选项后的颜色块，弹出 颜色选择器 对话框，在其中设置颜色参数如图 12.2.36 所示。单击 漫反射: 选项后的颜色块，弹出 颜色选择器 对话框，在其中设置颜色参数如图 12.2.37 所示，然后设置高光级别为 16，光泽度为 28，如图 12.2.38 所示。

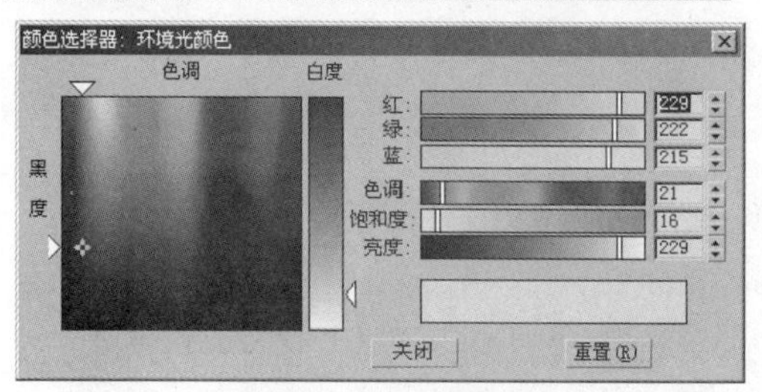

图 12.2.36　设置环境光颜色

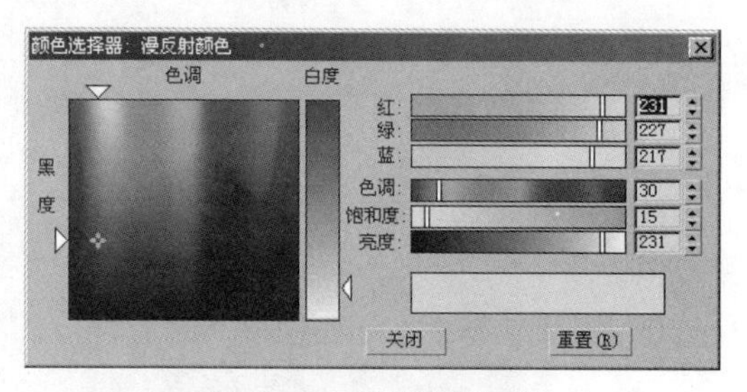

图 12.2.37　设置漫反射颜色

（35）展开“贴图”卷展栏，单击 凹凸 贴图通道后的 None 按钮，弹出 材质/贴图浏览器 对话框，在其中选择 噪波 贴图，设置噪波参数如图 12.2.39 所示，然后设置凹凸贴图的数量为 15，并将其指定给后部分墙体。

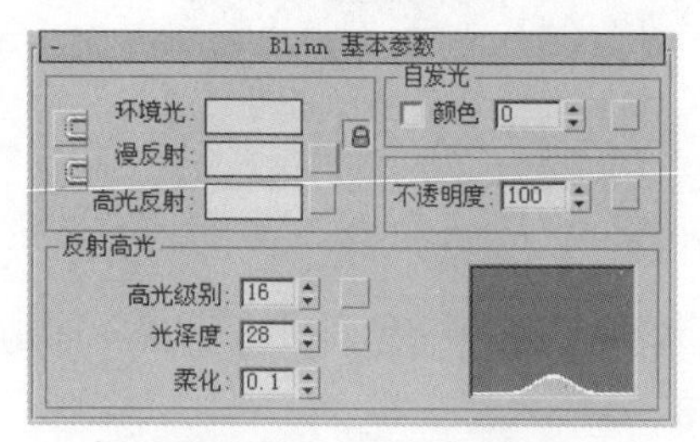

图 12.2.38　设置材质参数

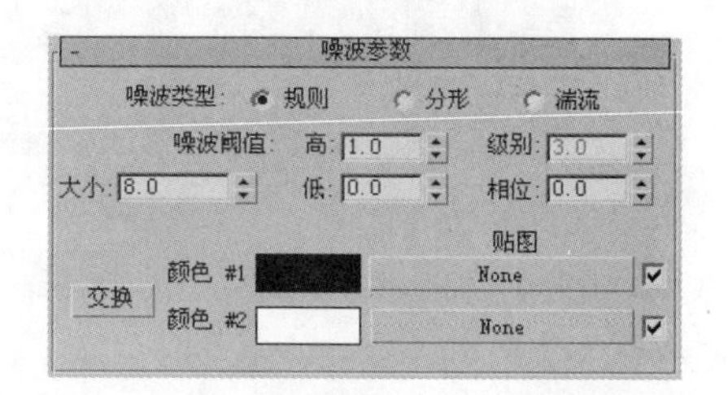

图 12.2.39　“噪波基本参数”卷展栏

（36）在“明暗器基本参数”卷展栏中设置明暗器类型为 Blinn 方式，在“Blinn 基本参数”卷展栏中单击 漫反射: 选项后的颜色块，弹出 颜色选择器 对话框，在其中设置颜色参数如图 12.2.40 所示，然后设置高光级别为 24，光泽度为 33，如图 12.2.41 所示，并将其指定给窗框。

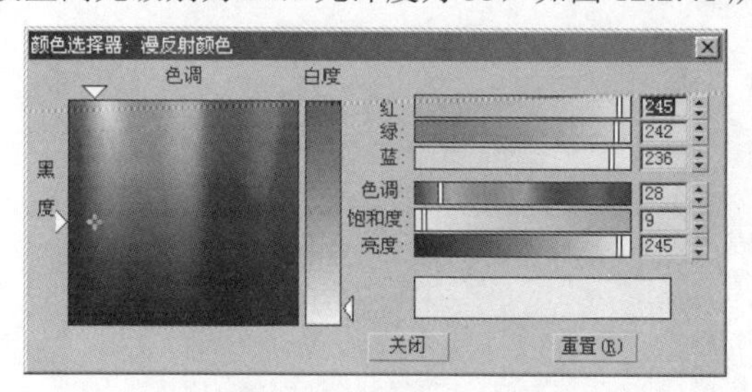

图 12.2.40　设置漫反射颜色

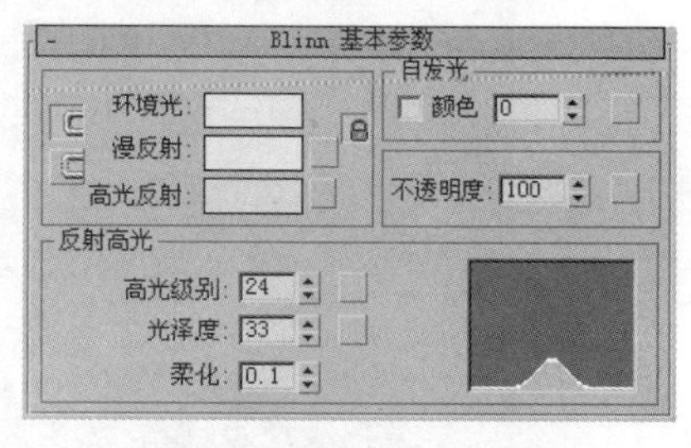

图 12.2.41　设置 Blinn 基本参数

（37）选择另一个样本球，在“Blinn 基本参数”卷展栏中单击 漫反射: 选项后的颜色块，弹出 颜色选择器 对话框，在其中设置颜色参数如图 12.2.42 所示，单击 漫反射: 选项后的 按钮，弹出 材质/贴图浏览器 对话框，在其中选择 位图 选项，并设置位图贴图为如图 12.2.43 所示的图片。

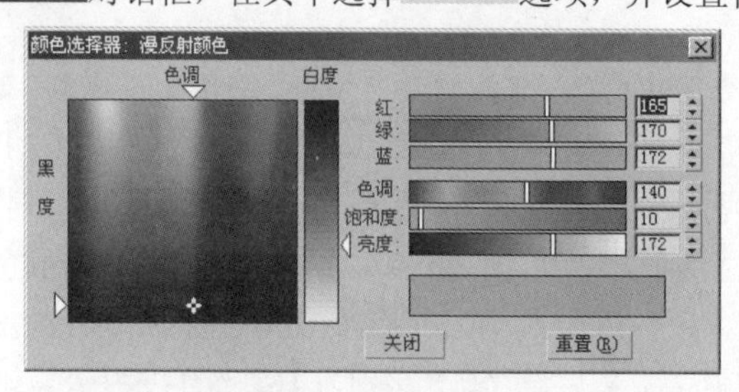

图 12.2.42　设置漫反射颜色

图 12.2.43　位图贴图

（38）返回“Blinn 基本参数”卷展栏，在其中设置高光级别为 84，光泽度为 25，不透明度为

80，如图 12.2.44 所示，然后展开“贴图”卷展栏，在其中设置反射贴图的数量为 20，贴图类型为光线跟踪，设置光线跟踪参数如图 12.2.45 所示，并将其指定给玻璃。

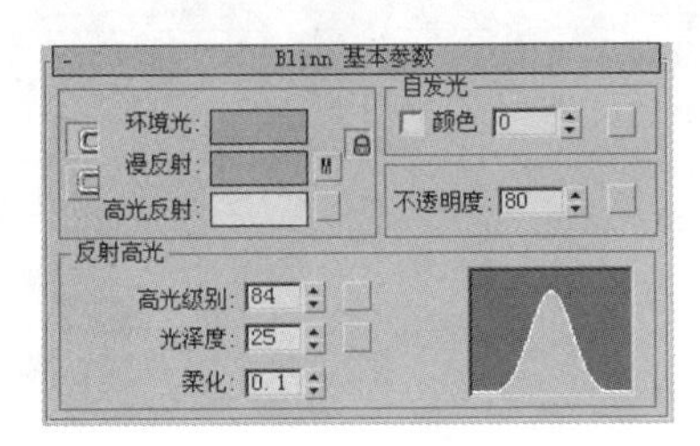

图 12.2.44　“Blinn 基本参数”卷展栏

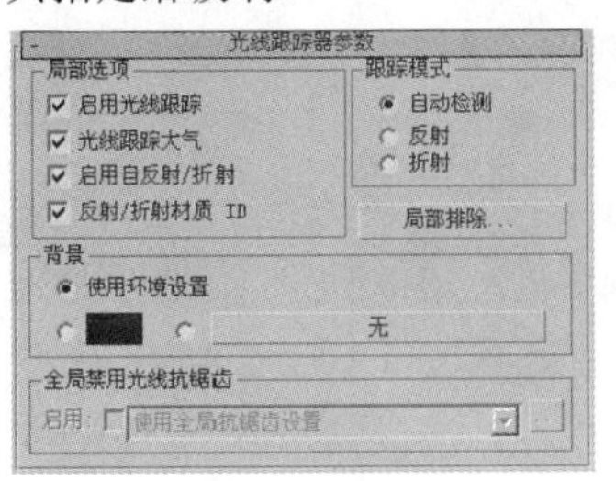

图 12.2.45　“光线跟踪器参数”卷展栏

（39）选择另一个样本球，在“Blinn 基本参数”卷展栏中单击漫反射:选项后的颜色块，弹出颜色选择器对话框，在其中设置颜色参数如图 12.2.46 所示，然后设置高光级别为 26，光泽度为 32，并将其指定给护栏，如图 12.2.47 所示。

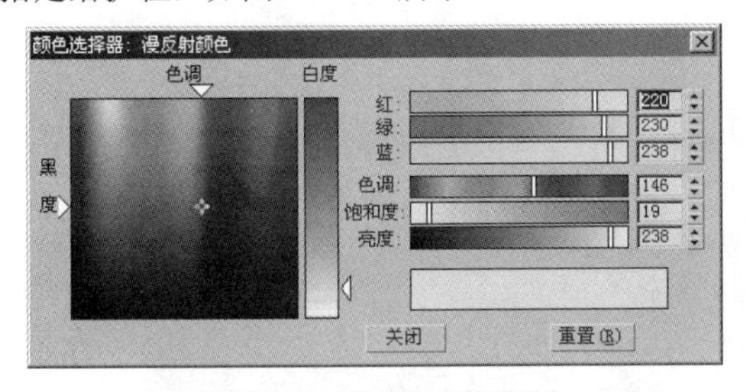

图 12.2.46　设置漫反射颜色

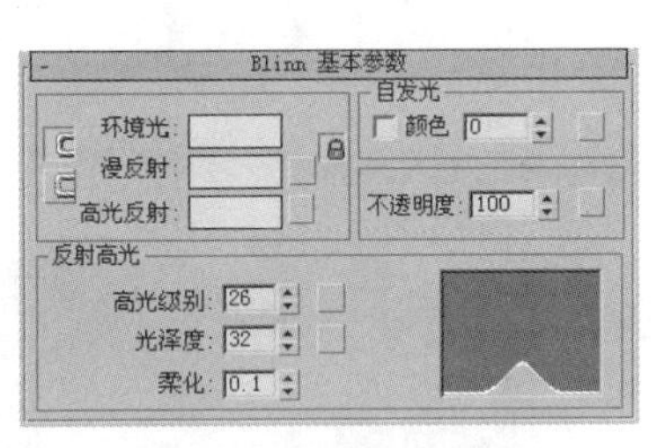

图 12.2.47　设置 Blinn 基本参数

（40）选择另一个样本球，单击 Standard 按钮，弹出材质/贴图浏览器对话框，在其中选择混合选项，并单击确定按钮，弹出替换材质对话框，如图 12.2.48 所示，采用默认参数，单击确定按钮，进入“混合基本参数”卷展栏，如图 12.2.49 所示。

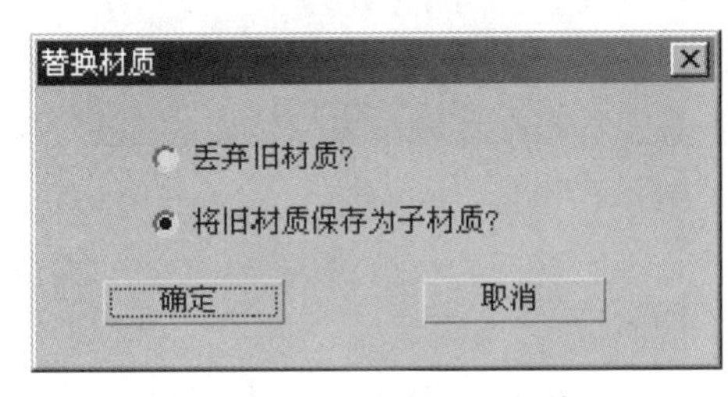

图 12.2.48　“替换材质”对话框

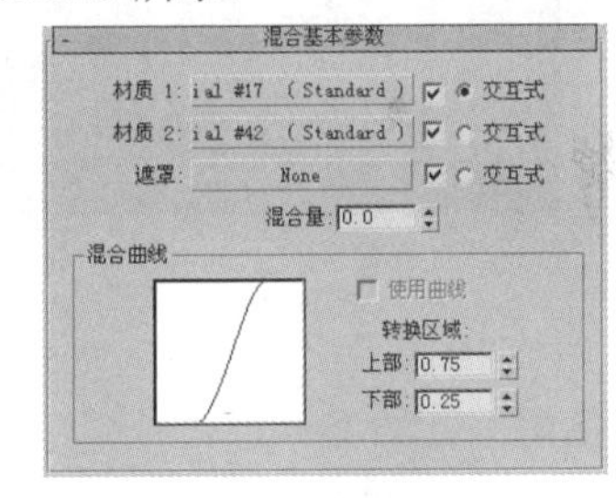

图 12.2.49　“混合基本参数”卷展栏

（41）单击材质 1:后的 ial #17 (Standard) 按钮，进入标准材质设置面板，在其中设置漫反射颜色参数如图 12.2.50 所示，设置高光级别为 73，光泽度为 15，然后展开“贴图”卷展栏，设置凹凸贴图的数量为－23，贴图类型为如图 12.2.51 所示的位图贴图。

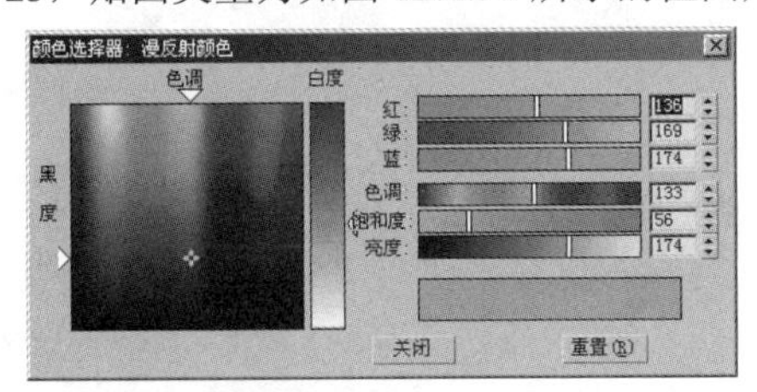

图 12.2.50　设置漫反射颜色参数

图 12.2.51　凹凸贴图

（42）单击 材质 2: 后的 ial #42 (Standard) 按钮，进入标准材质设置面板，在其中设置漫反射颜色参数如图 12.2.52 所示，设置高光级别为 5，光泽度为 25，如图 12.2.53 所示。

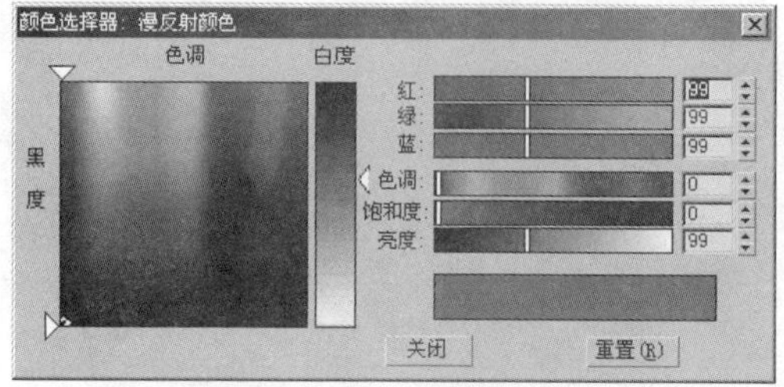

图 12.2.52 设置漫反射颜色参数

Blinn 基本参数
自发光
环境光:
颜色
漫反射:
高光反射:
不透明度: 100
反射高光
高光级别: 5
光泽度: 25
柔化: 0.1

图 12.2.53 设置材质 2 参数

（43）单击 遮罩 选项后的 None 按钮，弹出 材质/贴图浏览器 对话框，在其中选择 位图 选项，并设置位图贴图为如图 12.2.51 所示的图片，然后将材质指定给前部分墙体。

（44）在视图中选择整个楼体，然后将其复制成 4 个，并调整位置如图 12.2.54 所示。

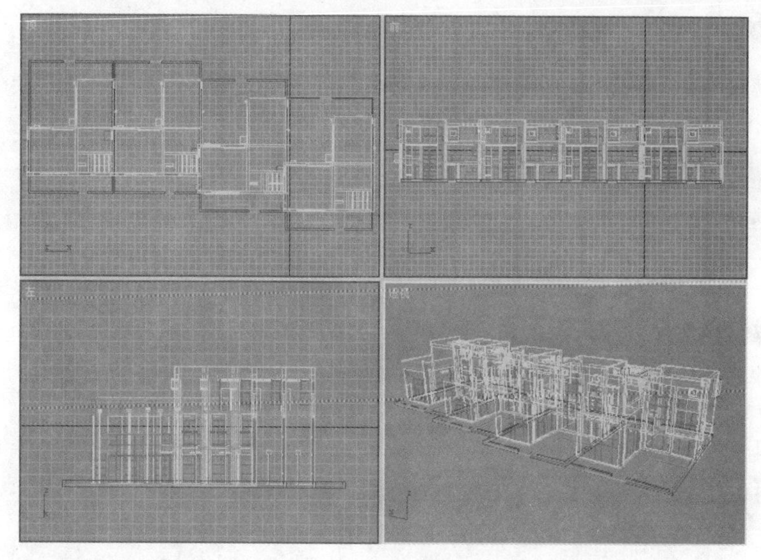

图 12.2.54 复制并调整位置

（45）单击“图形”按钮，进入图形创建命令面板。单击 矩形 按钮，在顶视图中创建并编辑矩形，如图 12.2.55 所示，然后将其挤出作为草地。

（46）再次单击 矩形 按钮，在顶视图中创建一个大的矩形，并将其挤出作为地面，如图 12.2.56 所示。

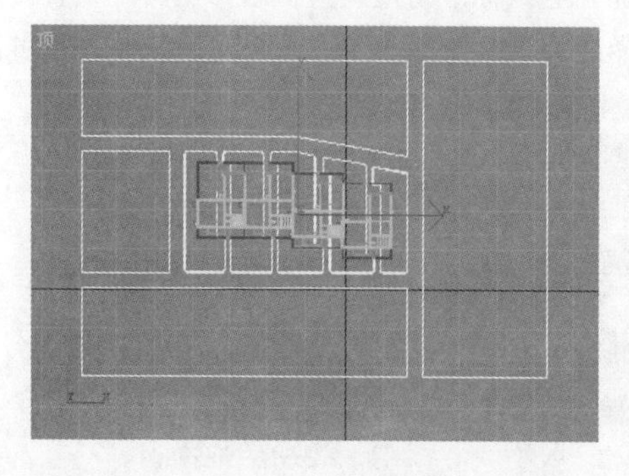

图 12.2.55 创建草地

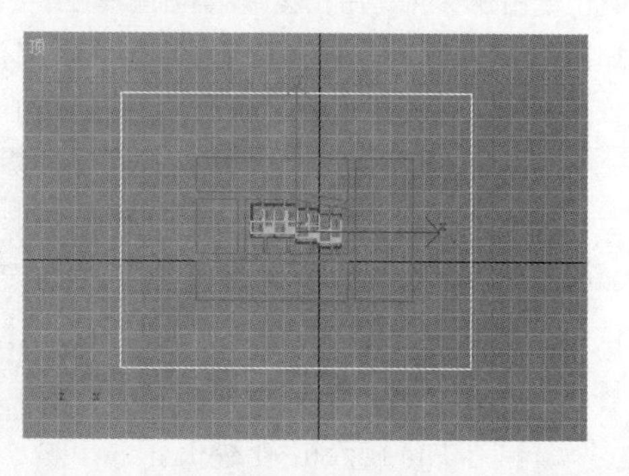

图 12.2.56 创建地面

（47）单击工具栏中的“材质编辑器”按钮，弹出材质编辑器对话框，在其中选择一个样本球，在“Blinn 基本参数”卷展栏中单击漫反射选项后的颜色块，弹出颜色选择器对话框，在其中设置颜色参数如图 12.2.57 所示，然后设置高光级别为 25，光泽度为 14，并将其指定给地面。

（48）选择另一个样本球，设置漫反射颜色如图 12.2.58 所示，然后设置高光级别为 10，光泽度为 20，设置漫反射贴图为位图贴图，并将其指定给草地。

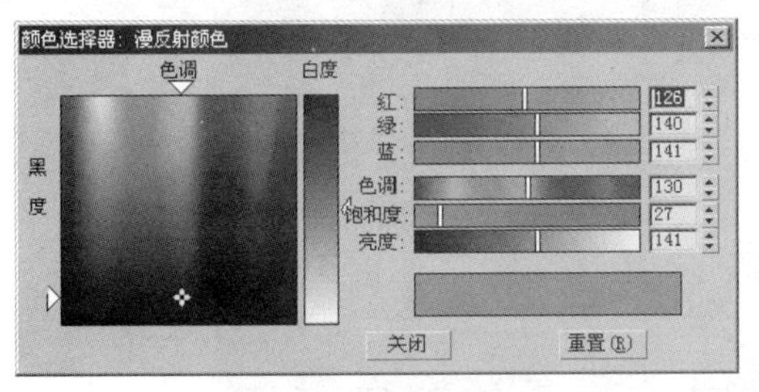

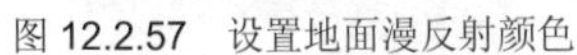

图 12.2.57 设置地面漫反射颜色

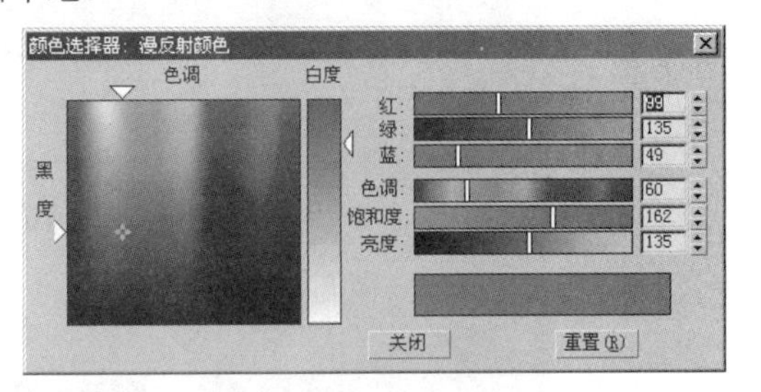

图 12.2.58 设置草地漫反射颜色

（49）激活透视图，然后单击工具栏中的“快速渲染”按钮，效果如图 12.2.59 所示。

图 12.2.59 渲染效果

（50）为了使效果更加逼真，接下来添加灯光和摄影机。单击“灯光”按钮，进入灯光创建命令面板，单击目标聚光灯按钮，在视图中创建一盏目标聚光灯作为主光源，并启用它的阴影进行设置，然后调整位置如图 12.2.60 所示。

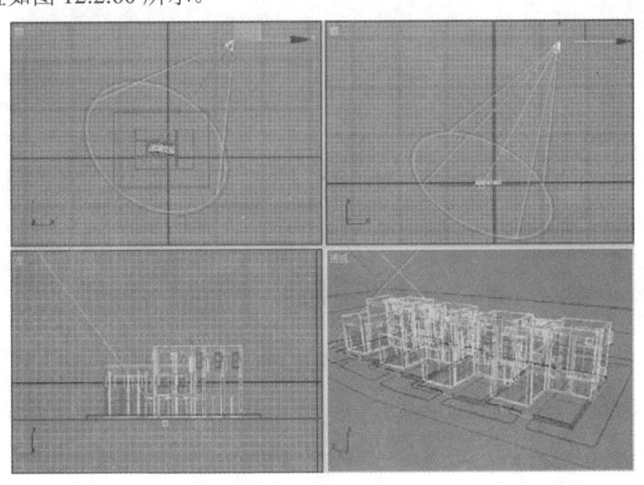

图 12.2.60 创建目标聚光灯

（51）单击泛光灯按钮，可以在视图中创建泛光灯作为辅助光源，照明场景。

（52）单击“摄影机”按钮，进入摄影机创建命令面板，单击目标按钮，在视图中创建一架目标摄影机，并将透视图转换为摄影机视图，效果如图 12.2.61 所示。

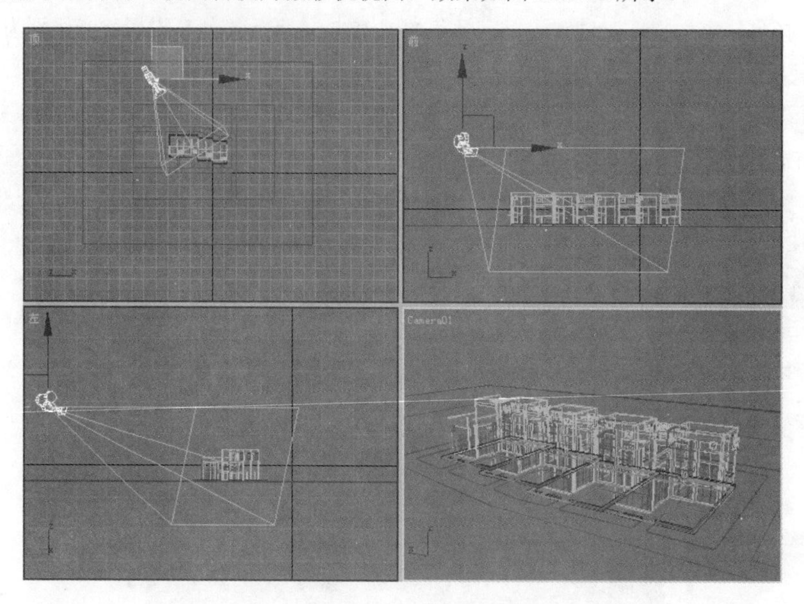

图 12.2.61　添加摄影机

（53）单击工具栏中的“渲染场景对话框”按钮，弹出渲染场景对话框，在其中的输出大小参数设置区中设置输出图像的宽度:为 800，高度:为 480，然后单击渲染输出参数设置区中的文件...按钮，弹出渲染输出文件对话框，在其中设置文件保存类型为 JPEG 格式，设置文件名称后，单击保存(S)按钮。

（54）单击渲染场景对话框中的渲染按钮渲染摄影机视图，效果如图 12.2.62 所示。

图 12.2.62　添加灯光和摄影机后的渲染效果

（55）使用 Photoshop 软件将输出的图像打开，然后在其中进行处理，并添加其他对象，如花圃、树木、人物等，最终效果如图 12.2.1 所示。

综合实例 3　动画演示设计

实例内容

本例将制作如图 12.3.1 所示的动画效果，

图 12.3.1　动画效果

设计思想

在制作的过程中将应用到二维图形建模方法、倒角、多维/子对象材质等命令。

操作步骤

（1）选择 文件(F) → 重置(R) 命令，重新设置系统。

（2）选择 视图(V) → 视口背景(B)... 命令，弹出 视口背景 对话框，如图 12.3.2 所示。在其中可以设置视口背景，单击 文件... 按钮，弹出 选择背景图像 对话框，如图 12.3.3 所示。

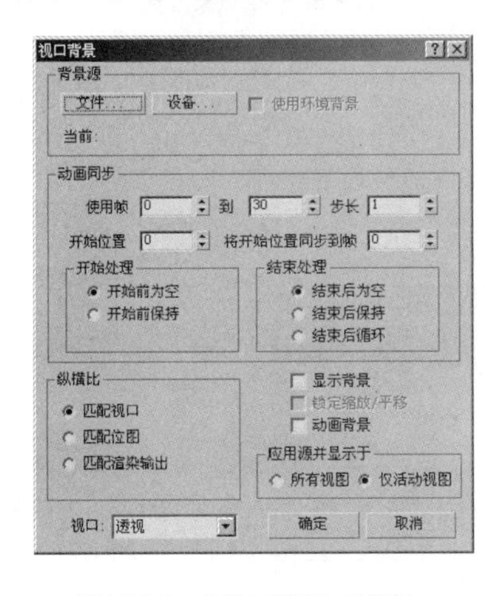

图 12.3.2　“视口背景”对话框

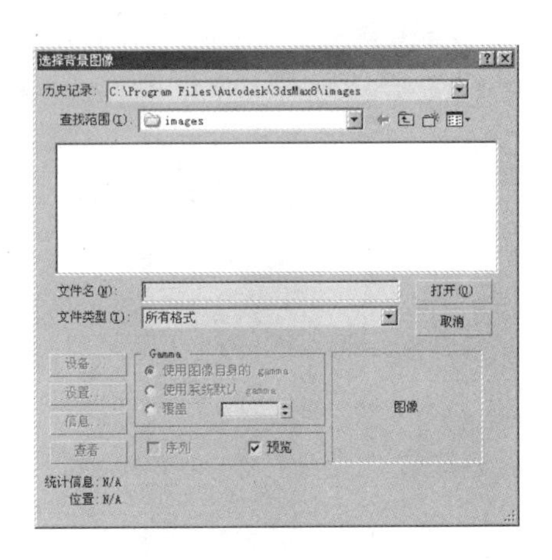

图 12.3.3　“选择背景图像”对话框

（3）在选择背景图像对话框中选择一个图像文件，然后选中纵横比参数设置区中的匹配位图单选按钮，在视口:下拉列表中选择前视图，然后单击确定按钮，效果如图 12.3.4 所示。

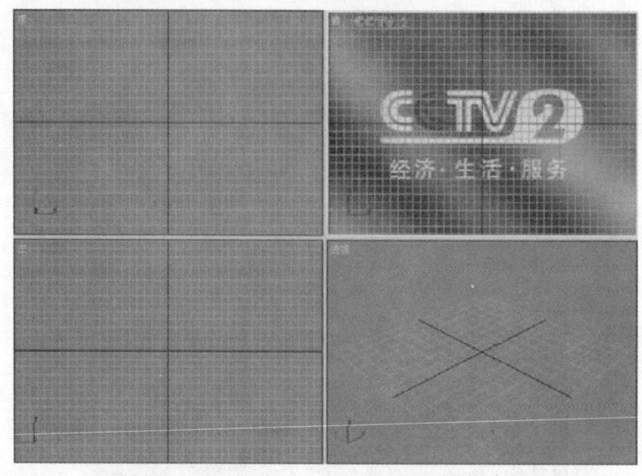

图 12.3.4　设置视口背景

（4）单击“创建”按钮，进入创建命令面板。单击“图形”按钮，进入图形创建命令面板，单击线按钮，在前视图中根据背景绘制曲线，如图 12.3.5 所示。

（5）在其中选择一条曲线，然后单击“修改”按钮，进入修改命令面板，单击“几何体”卷展栏中的附加按钮，并在视图中拾取其他曲线，将它们连接成一个图形，如图 12.3.6 所示。

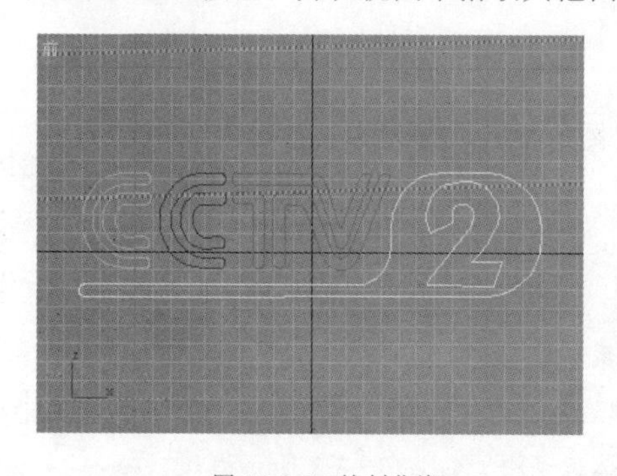

图 12.3.5　绘制曲线　　　　图 12.3.6　附加效果

（6）选择修改器列表下拉列表中的倒角命令，设置级别 1:的高度为 1，轮廓值为 1；级别 2:的高度为 8，轮廓值为 0；级别 3:的高度为 1，轮廓值为－1，如图 12.3.7 所示，倒角效果如图 12.3.8 所示。

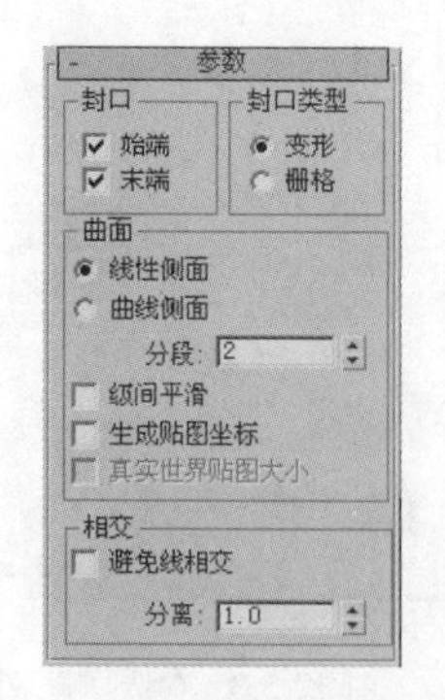

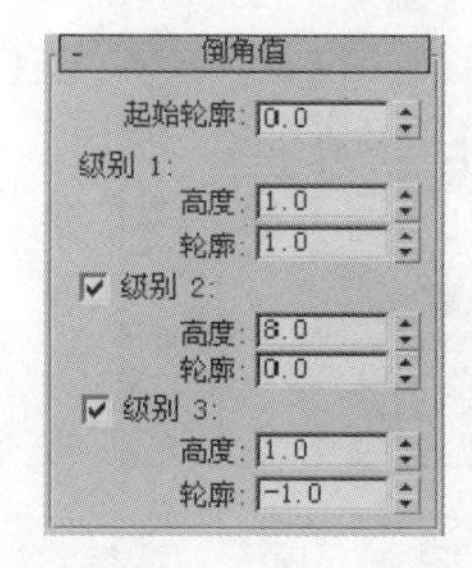

图 12.3.7　设置倒角参数

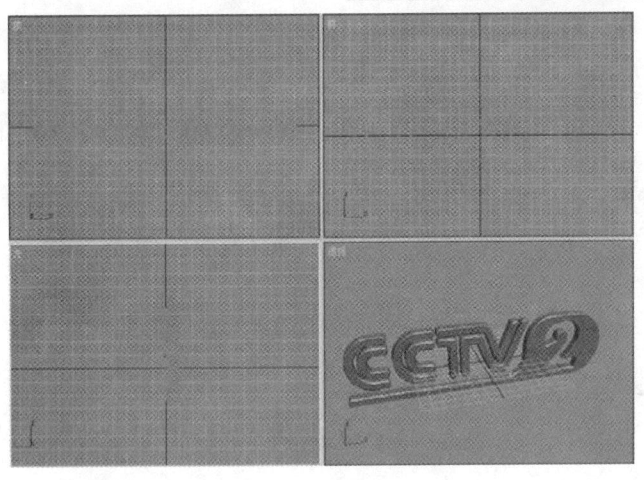

图 12.3.8　倒角效果

（7）在视图中选择倒角物体，单击鼠标右键，在弹出的如图 12.3.9 所示的快捷菜单中选择 转换为: ▶ → 转换为可编辑网格 命令，将其转换为可编辑网格对象。

（8）单击 - 选择 卷展栏中的“多边形”按钮，进入多边形子对象编辑状态，如图 12.3.10 所示。

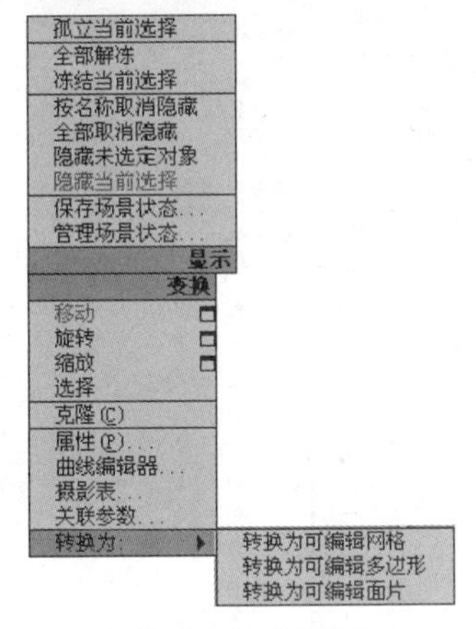

图 12.3.9　快捷菜单

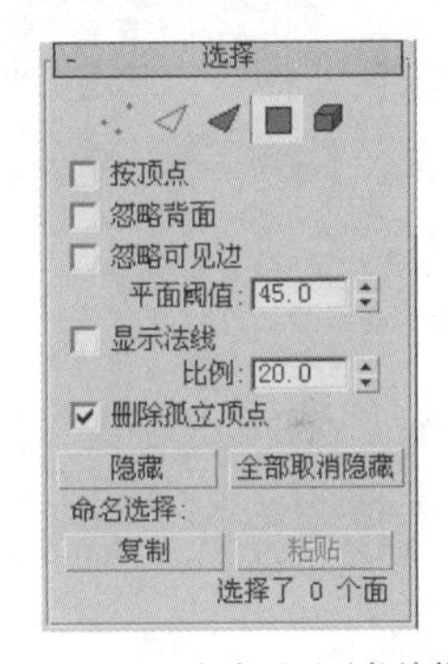

图 12.3.10　进入多边形子对象编辑状态

（9）在顶视图中选择如图 12.3.11 所示的多边形面，然后在 - 曲面属性 卷展栏中设置材质 ID 号为 1，如图 12.3.12 所示。

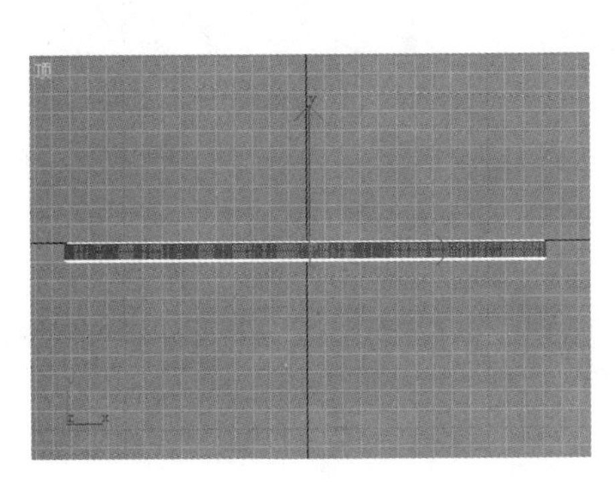

图 12.3.11　选择多边形面

图 12.3.12　设置材质 ID 号为 1

（10）选择 编辑(E) → 反选(I) 命令，反向选定多边形面，如图 12.3.13 所示，然后在“曲面属性”卷展栏中设置材质 ID 号为 2，如图 12.3.14 所示。

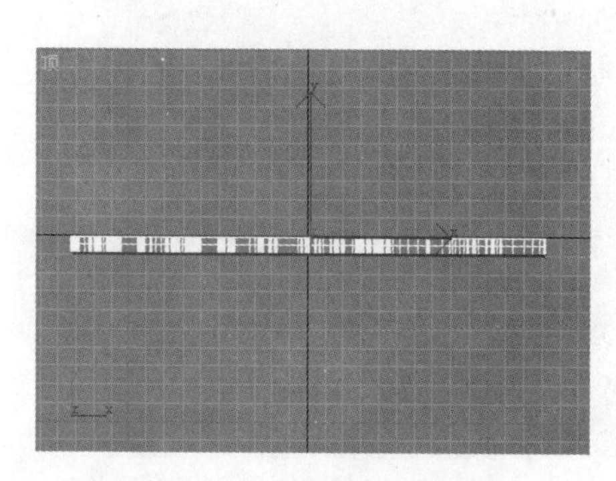

图 12.3.13　反向选定多边形面

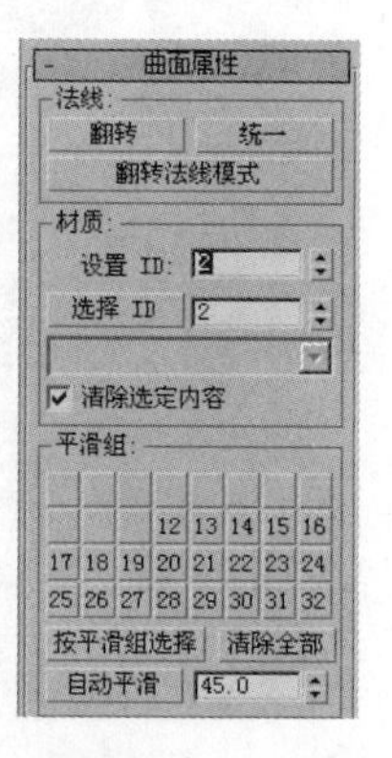

图 12.3.14　设置材质 ID 号为 2

（11）单击工具栏中的“材质编辑器”按钮，弹出 材质编辑器 对话框，如图 12.3.15 所示，在其中选择一个材质样本球，单击 Standard 按钮，弹出 材质/贴图浏览器 对话框，如图 12.3.16 所示。

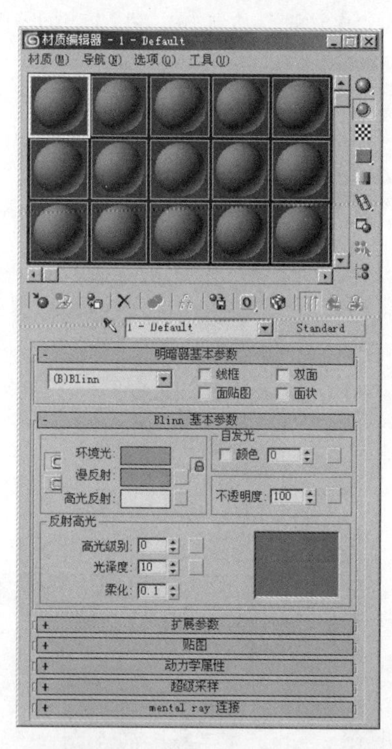

图 12.3.15　“材质编辑器”对话框

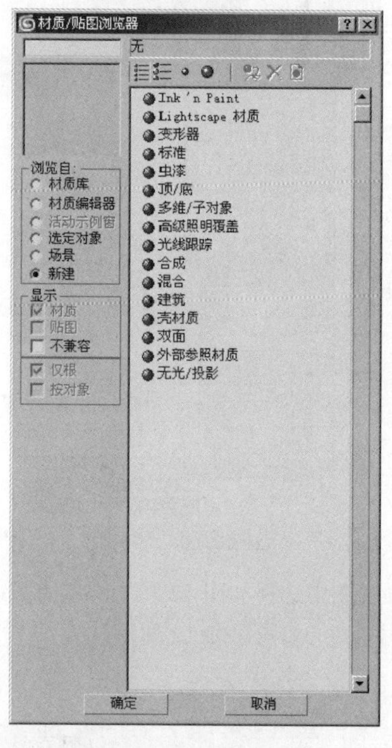

图 12.3.16　“材质/贴图浏览器”对话框

（12）在 材质/贴图浏览器 对话框中选择 多维/子对象 选项，单击 确定 按钮，弹出 替换材质 对话框，如图 12.3.17 所示，在其中选中 将旧材质保存为子材质? 单选按钮，然后单击 确定 按钮，进入 多维/子对象基本参数 卷展栏，如图 12.3.18 所示。

（13）单击 多维/子对象基本参数 卷展栏中的 设置数量 按钮，弹出 设置材质数量 对话框，在其中设置 材质数量: 为 2，然后单击 确定 按钮。

提示： 用户也可以单击 删除 按钮删除材质，直到剩下两个为止。

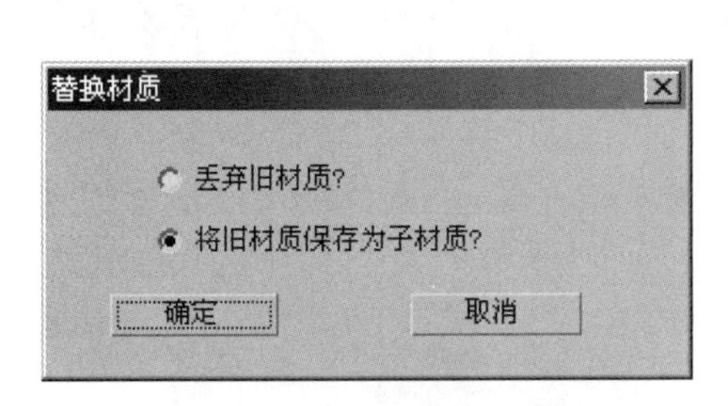

图 12.3.17 “替换材质”对话框

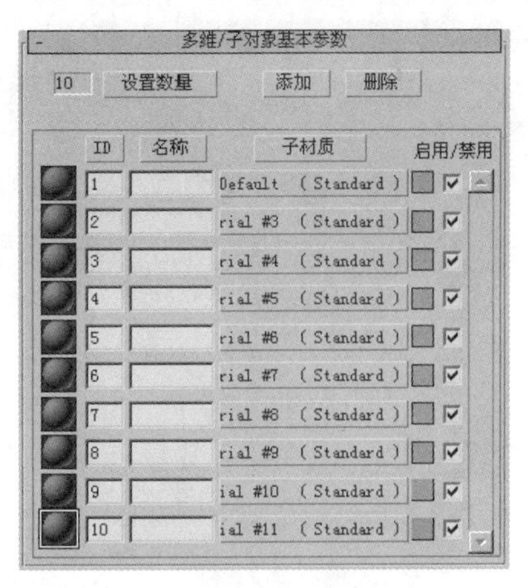

图 12.3.18 “多维/子对象基本参数”卷展栏

（14）单击材质 1 后的Default (Standard)按钮，进入标准材质参数设置面板，在“明暗器基本参数”卷展栏中设置明暗器类型为金属方式；在“金属基本参数”卷展栏中单击漫反射:选项后的颜色块，弹出颜色选择器对话框，设置颜色参数如图 12.3.19 所示。

（15）选中自发光参数设置区中的☑颜色复选框，然后单击其后的颜色块，弹出颜色选择器对话框，在其中设置自发光颜色参数如图 12.3.20 所示。

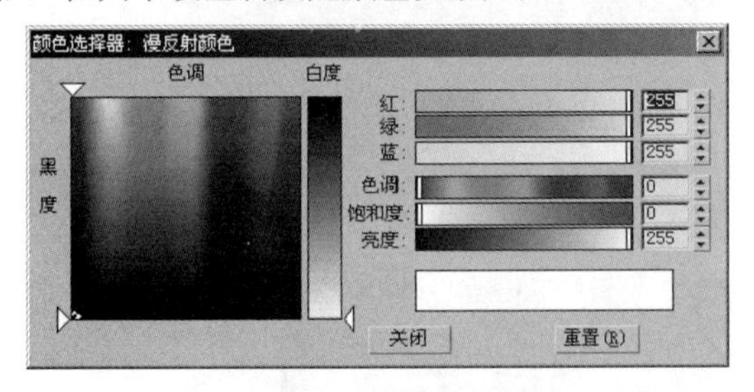

图 12.3.19 设置漫反射颜色

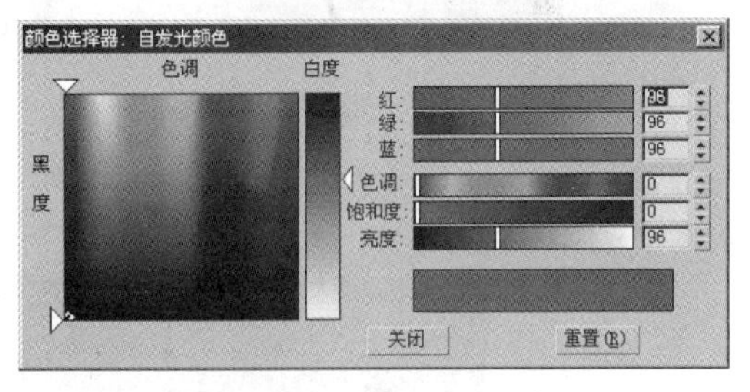

图 12.3.20 设置自发光颜色

（16）在“金属基本参数”卷展栏中设置高光级别:为 72，光泽度:为 71，如图 12.3.21 所示，打开“扩展参数”卷展栏，设置参数如图 12.3.22 所示。

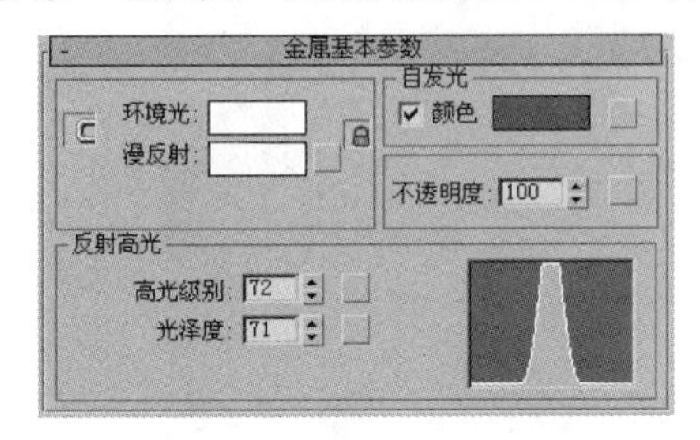

图 12.3.21 “金属基本参数”卷展栏

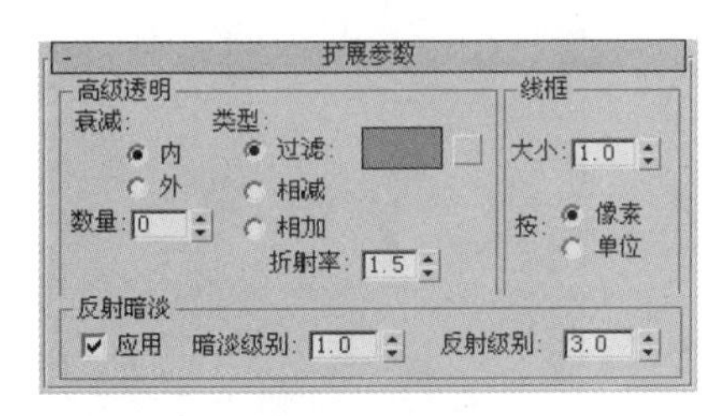

图 12.3.22 “扩展参数”卷展栏

（17）单击“转到父对象”按钮，返回“多维/子对象基本参数”卷展栏，单击材质 2 后的rial #3 (Standard)按钮，进入标准材质参数设置面板。

（18）在“明暗器基本参数”卷展栏中设置明暗器类型为金属方式，在“金属基本参数”卷展栏中单击漫反射:选项后的颜色块，弹出颜色选择器对话框，设置颜色参数如图 12.3.23 所示。

（19）设置高光级别:为 69，光泽度:为 71，如图 12.3.24 所示。

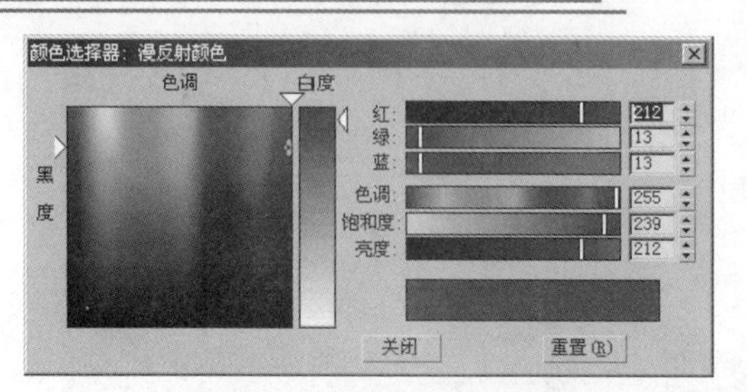

图 12.3.23 “颜色选择器”对话框

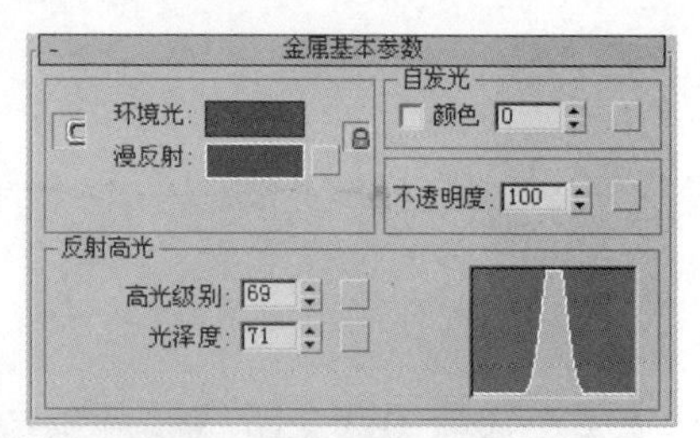

图 12.3.24 “金属基本参数”卷展栏

（20）展开“贴图”卷展栏，单击折射选项后的 None 按钮，弹出材质/贴图浏览器对话框。在其中选择位图选项，并设置为如图 12.3.25 所示的贴图，然后在“贴图”卷展栏中设置折射数量为 30，如图 12.3.26 所示。

图 12.3.25 位图贴图

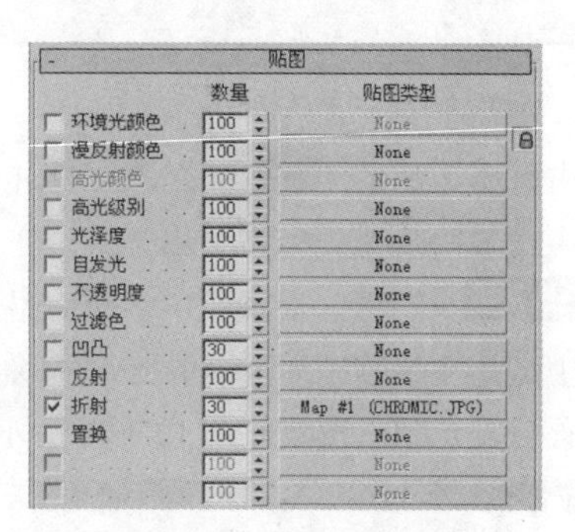

图 12.3.26 设置反射数量

（21）在视图中选择倒角物体，单击材质编辑器工具栏中的“将材质指定给选定对象”按钮，将材质指定给选定对象，如图 12.3.27 所示。

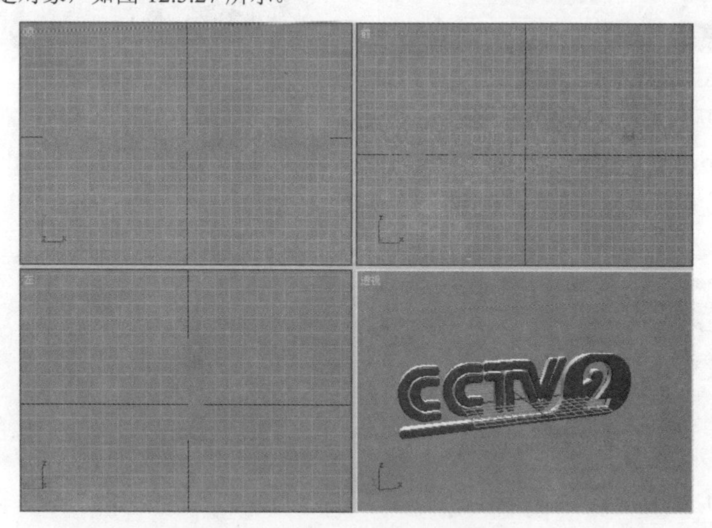

图 12.3.27 指定材质效果

（22）选择渲染(R) → 环境(E)... 命令，弹出环境和效果对话框，单击背景参数设置区中环境贴图选项下方的 None 按钮，弹出材质/贴图浏览器对话框，在其中选择灰泥选项，然后单击确定按钮。

（23）用鼠标将灰泥材质拖曳至材质编辑器对话框中的一个空白样本球，弹出实例(副本)贴图对话框，如图 12.3.28 所示。

（24）在对话框中选中 实例 单选按钮，单击 确定 按钮，然后在材质编辑器中设置灰泥材质的参数如图 12.3.29 所示。

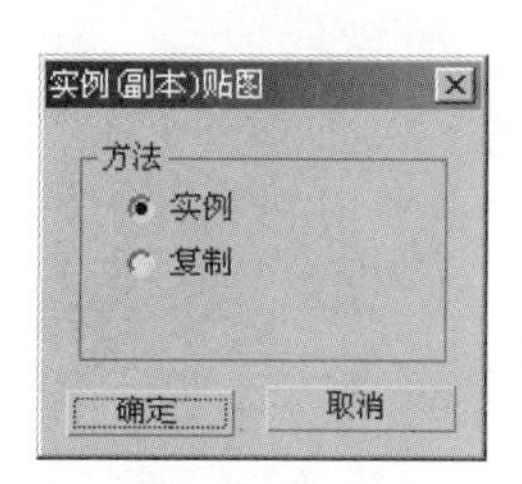

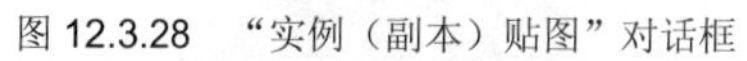
图 12.3.28　“实例（副本）贴图”对话框

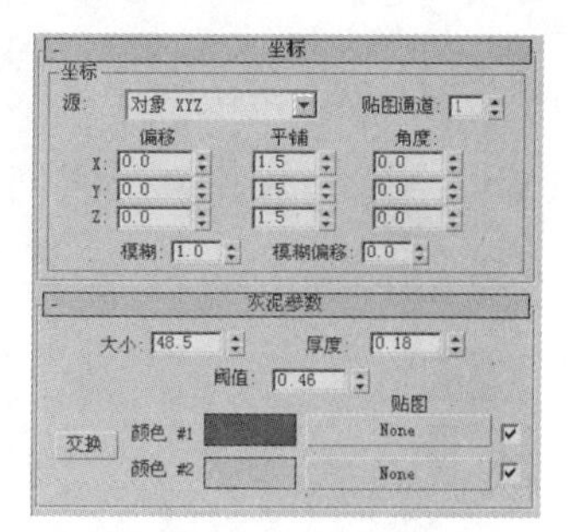

图 12.3.29　设置灰泥参数

（25）单击“创建”按钮，进入创建命令面板。单击“灯光”按钮，进入灯光创建命令面板，单击 泛光灯 按钮，在视图中创建 4 盏泛光灯，并调整它们的位置如图 12.3.30 所示。

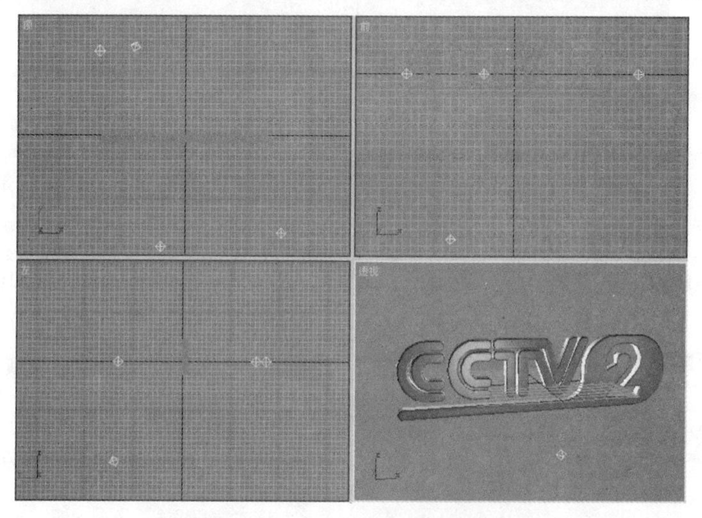

图 12.3.30　创建并调整灯光的位置

（26）单击“摄影机”按钮，进入摄影机创建命令面板，单击 目标 按钮，在视图中创建一架目标摄影机，并将透视图转换为摄影机视图，如图 12.3.31 所示。

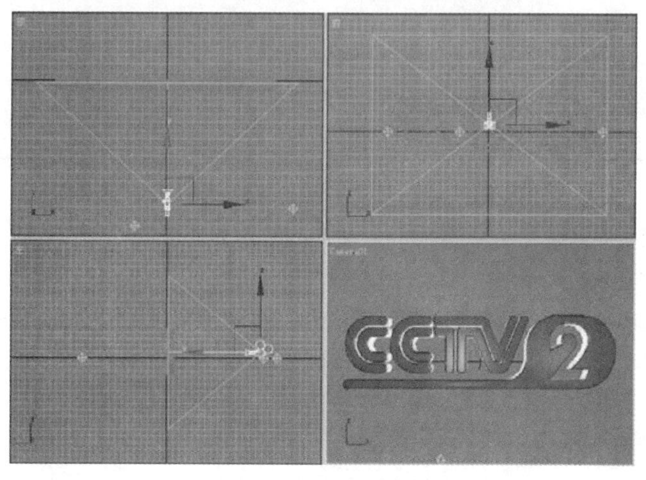

图 12.3.31　创建并调整摄影机的位置

（27）单击“辅助对象”按钮，进入辅助对象创建命令面板。单击虚拟对象按钮，在视图中创建两个虚拟对象，并将它们分别与摄影机目标和摄影机对齐，如图 12.3.32 所示。

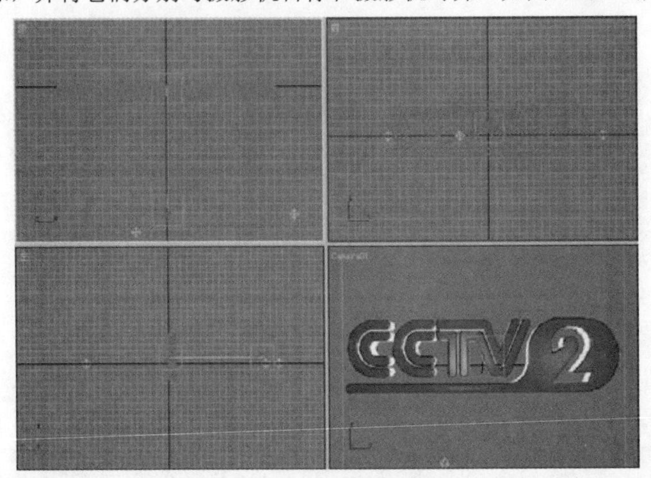

图 12.3.32　创建虚拟对象

（28）单击工具栏中的“选择并链接”按钮，将摄影机和与之对齐的虚拟对象链接在一起，然后将链接后的虚拟对象和另一个虚拟对象链接在一起。

（29）单击工具栏中的“按名称选择”按钮，弹出选择对象对话框，在其中可以查看链接对象之间的父子关系，如图 12.3.33 所示。

（30）单击动画控制区中的“时间配置”按钮，弹出时间配置对话框，在其中设置动画的长度为 50 帧，如图 12.3.34 所示。

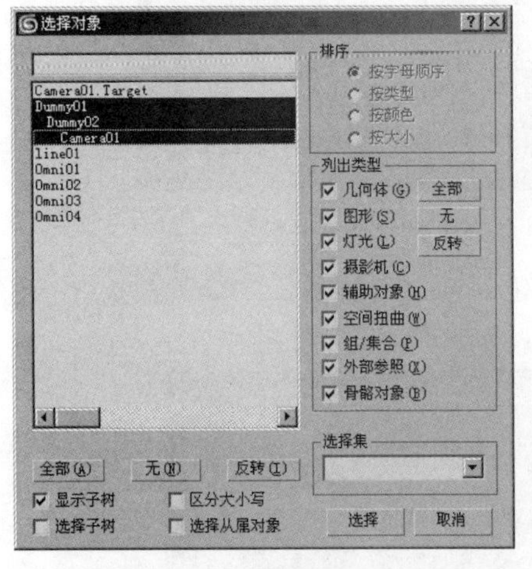

图 12.3.33　“选择对象”对话框

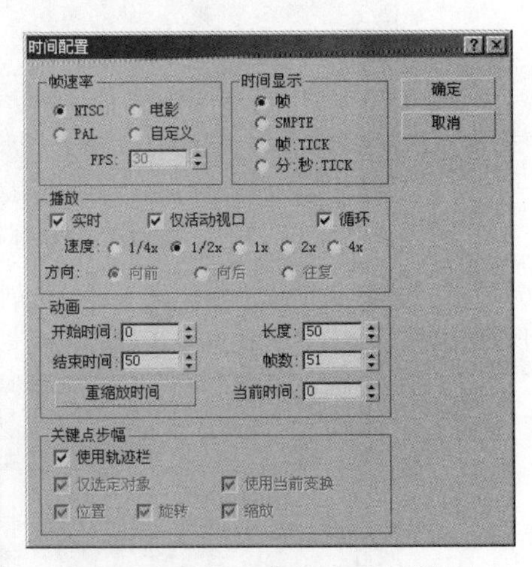

图 12.3.34　“时间配置”对话框

（31）单击动画控制区中的自动关键点按钮，将时间滑块移动至第一帧，然后使用“选择并旋转”工具对虚拟对象进行旋转，如图 12.3.35 所示。

（32）拖动时间滑块至第 50 帧，并使用“选择并旋转”工具对虚拟对象进行旋转，效果如图 12.3.36 所示，然后再次单击自动关键点按钮，退出动画录制状态。

（33）单击工具栏中的“渲染场景对话框”按钮，弹出渲染场景对话框，在其中的时间输出参数设置区中选中活动时间段单选按钮，在输出大小参数设置区中设置输出图像的宽度为 640，高度为 480。

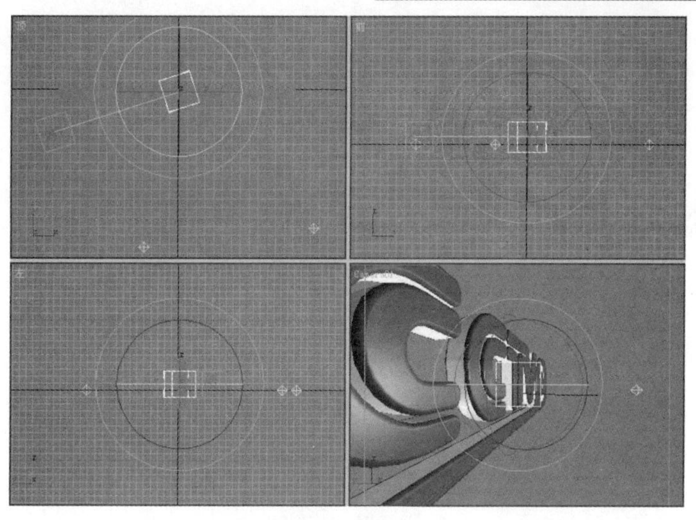

图 12.3.35　第一帧处对象位置

（34）单击渲染输出参数设置区中的文件...按钮，弹出渲染输出文件对话框，在其中设置文件保存类型为 AVI 格式。设置文件名称后，单击保存(S)按钮，弹出AVI 文件压缩设置对话框，单击确定按钮，采用默认设置。单击渲染按钮渲染场景，效果如图 12.3.1 所示。

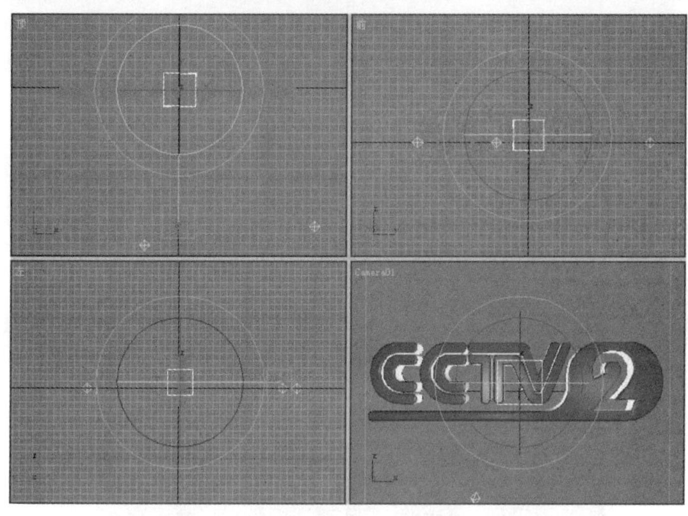

图 12.3.36　第 50 帧处对象位置

第13章　上机实验

本章通过上机实验培养读者的实际操作能力，以达到巩固并检验前面所学知识的目的。

知识要点

- DNA 链
- 柜子
- 木桶
- 插线板
- 制作材质
- 添加灯光和摄影机
- 礼花效果
- 设置渲染环境

实验1　DNA　链

1. 实验内容

制作如图13.1.1所示的DNA链效果。

图13.1.1　DNA链效果

2. 实验目的

掌握球体和圆柱体等的创建命令以及阵列命令的使用方法。

3. 操作步骤

（1）单击几何体创建命令面板中的 球体 按钮，在顶视图中创建一个 半径: 为10的球体，并将其沿X轴复制一个，如图13.1.2所示。

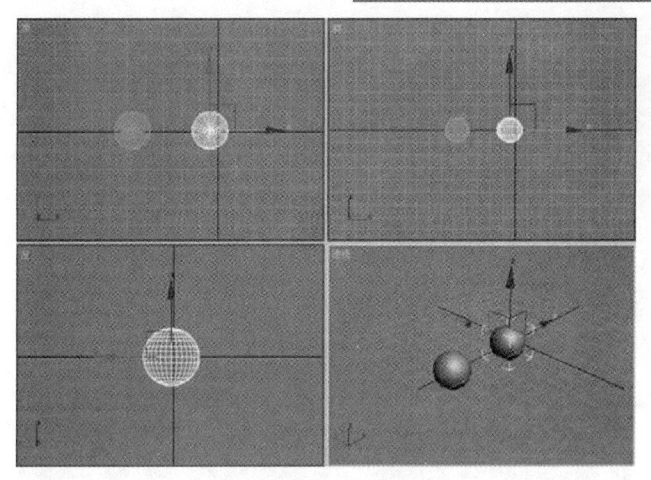

图 13.1.2　创建球体

（2）单击 圆柱体 按钮，在左视图中创建一个 半径: 为 4， 高度: 为 50 的圆柱体，如图 13.1.3 所示。

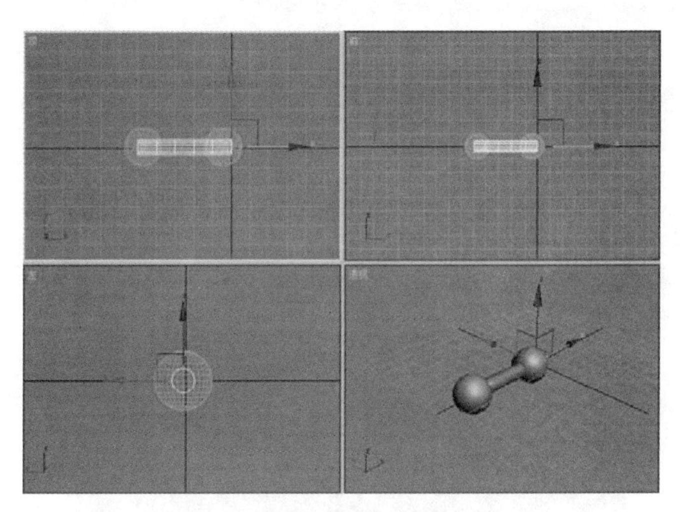

图 13.1.3　创建圆柱体

（3）选中所有物体，选择 组(G) → 成组(G) 命令，将它们成组。

（4）选择 工具(T) → 阵列(A)... 命令，弹出 阵列 对话框，设置其参数如图 13.1.4 所示。

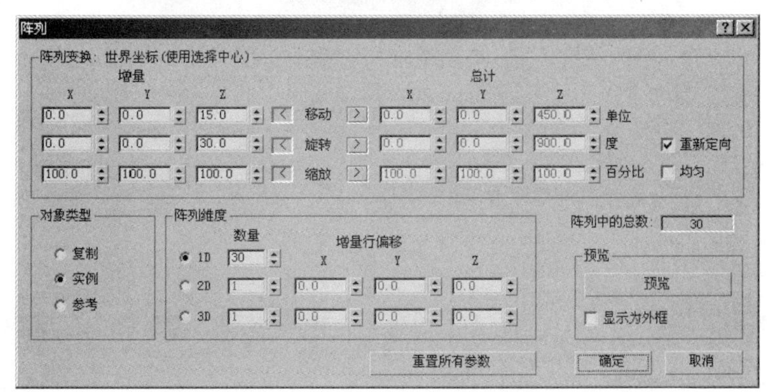

图 13.1.4　“阵列”对话框

（5）单击确定按钮，效果如图 13.1.5 所示。

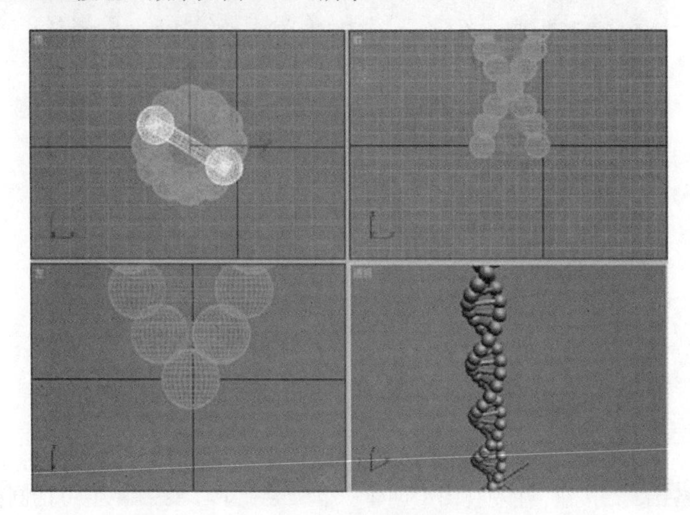

图 13.1.5 阵列效果

实验 2 柜 子

1．实验内容

制作如图 13.2.1 所示的柜子效果。

图 13.2.1 柜子效果

2．实验目的

掌握标准几何体和扩展几何体的创建方法。

3．操作步骤

（1）单击长方体按钮，在顶视图中创建一个长度为 50，宽度为 60，高度为 50 的长方体，如图 13.2.2 所示。

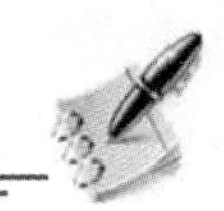

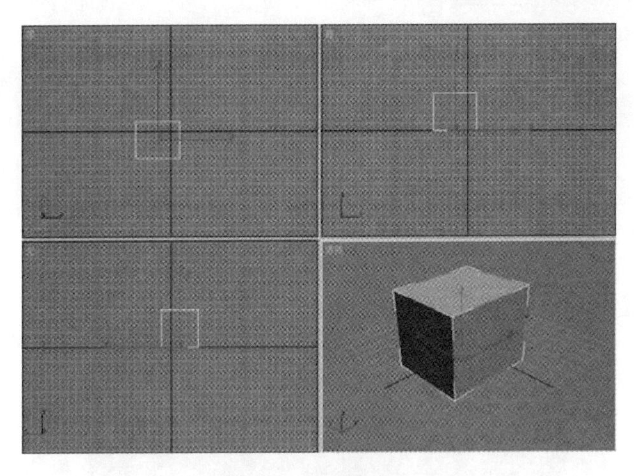

图 13.2.2　创建长方体

（2）选择 标准基本体 下拉列表中的 扩展基本体 选项，进入扩展几何体创建命令面板，单击 切角长方体 按钮，在视图中创建 3 个切角长方体，如图 13.2.3 所示。

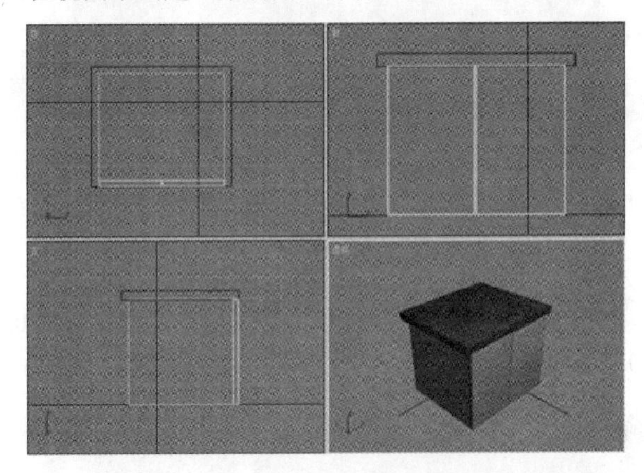

图 13.2.3　创建切角长方体

（3）单击 线 按钮，在顶视图中创建一条曲线，然后使用 车削 命令将其转换为实体，并复制一个，效果如图 13.2.4 所示。

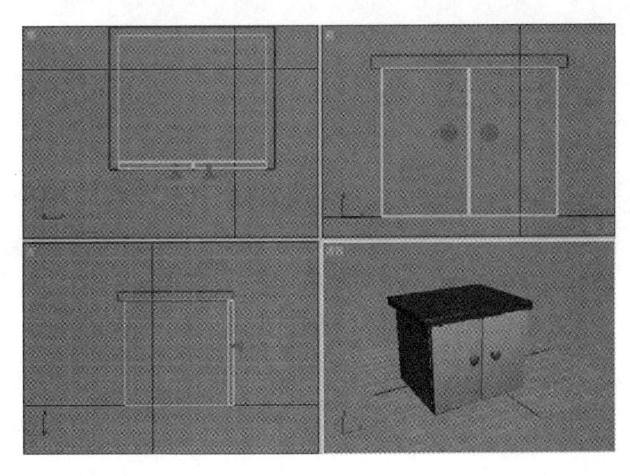

图 13.2.4　车削效果

实验 3　木　　桶

1．实验内容

制作如图 13.3.1 所示的木桶效果。

图 13.3.1　木桶效果

2．实验目的

掌握二维修改命令和三维修改命令的使用方法。

3．操作步骤

（1）单击 长方体 按钮，在顶视图中创建一个长方体，设置它的长度分段数为 5，宽度分段数为 4，高度分段数为 20，如图 13.3.2 所示。

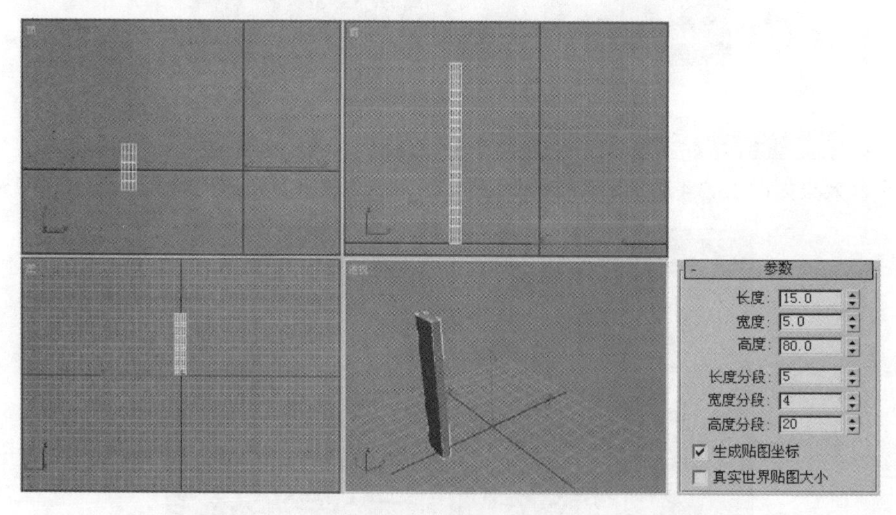

图 13.3.2　创建长方体

（2）单击“修改”按钮，进入修改命令面板，选择 修改器列表 下拉列表中的 弯曲 命令，在 弯曲 参数设置区中将弯曲的角度设置为 18，对弯曲中心进行调整，然后对 Y 轴进行弯曲，效果如图 13.3.3 所示。

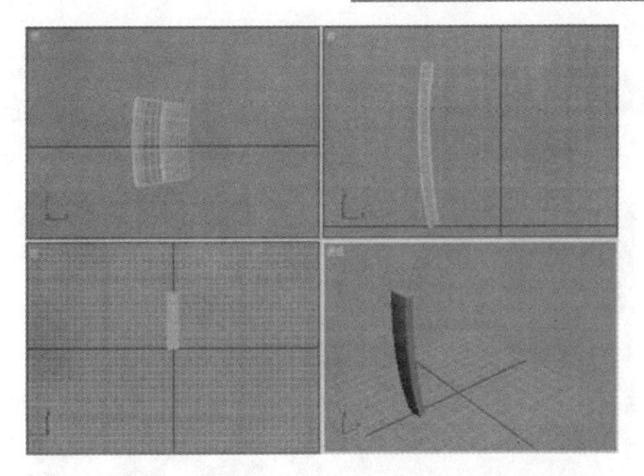

图 13.3.3　弯曲效果

（3）将长方体进行阵列复制，然后对其进行调整，如图 13.3.4 所示。

（4）在左视图中创建一条曲线，然后使用 倒角 命令将其转换为实体，效果如图 13.3.5 所示。

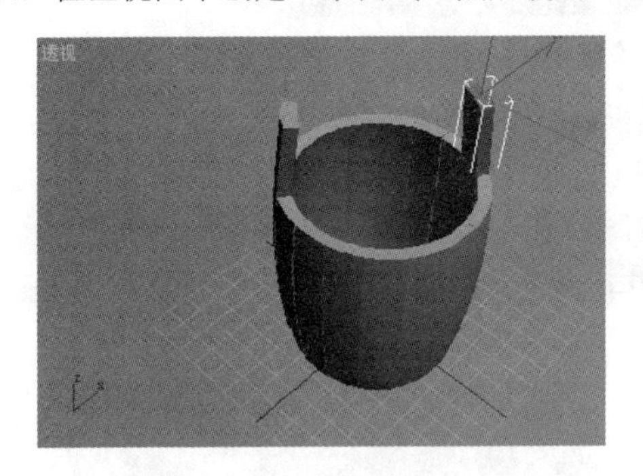

图 13.3.4　阵列并调整长方体

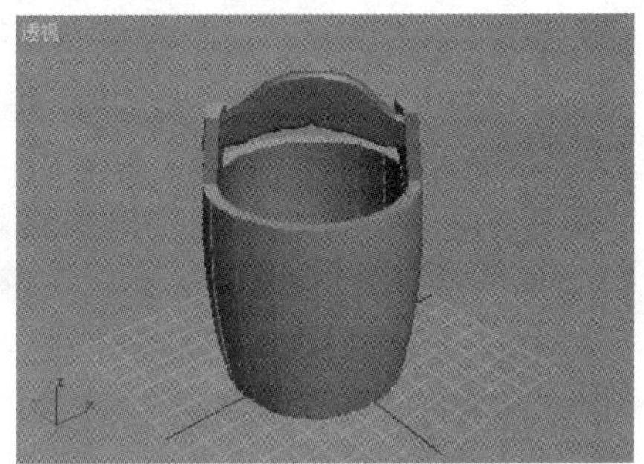

图 13.3.5　倒角效果

实验 4　插　线　板

1. 实验内容

制作如图 13.4.1 所示的插线板效果。

图 13.4.1　插线板效果

2. 实验目的

掌握挤出修改命令和布尔运算建模的使用方法。

3．操作步骤

（1）单击切角长方体按钮，在顶视图中创建一个切角长方体，并在前视图中将其沿 Y 轴复制一个，如图 13.4.2 所示。

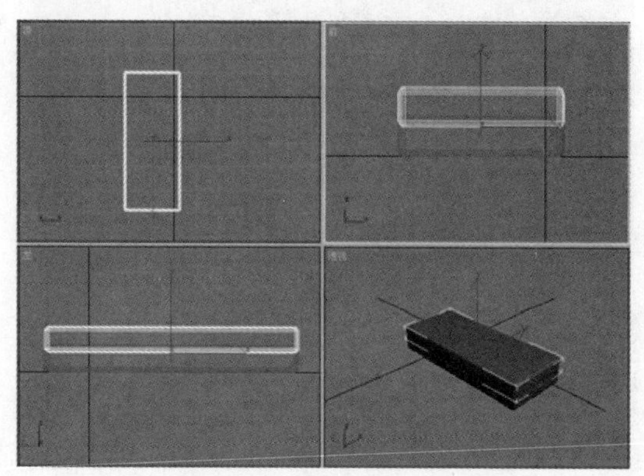

图 13.4.2　创建并复制切角长方体

（2）单击“创建”按钮，进入创建命令面板。单击“图形”按钮，进入图形创建命令面板，单击矩形按钮，在顶视图中创建一个矩形。

（3）将矩形转换为可编辑样条线，并将其编辑成如图 13.4.3 所示的形状。

（4）选择修改器列表下拉列表中的挤出命令，将图形挤出一定的高度，效果如图 13.4.4 所示。

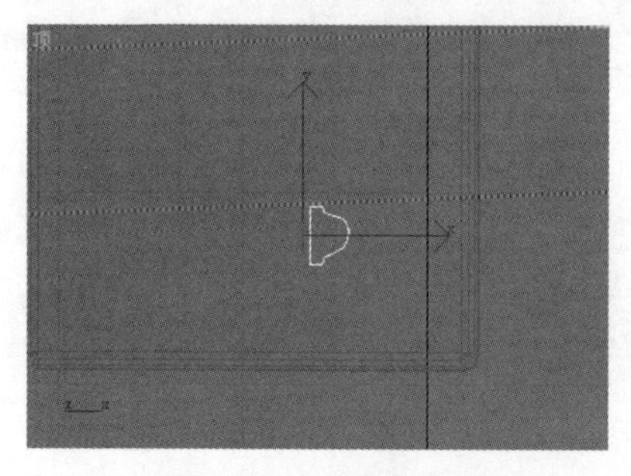

图 13.4.3　编辑矩形

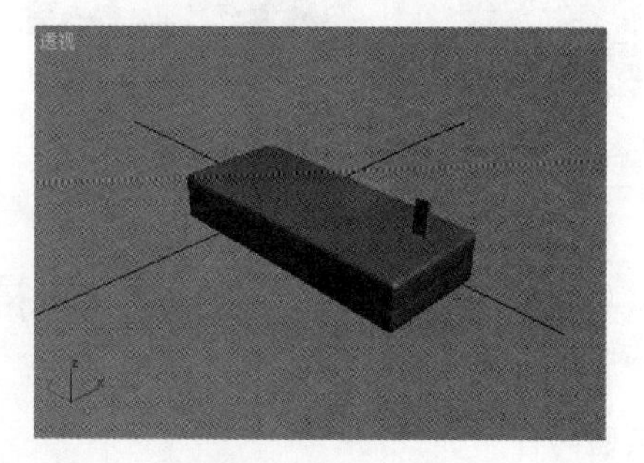

图 13.4.4　挤出效果

（5）在视图中创建一个长方体，并将其和挤出物体进行复制，效果如图 13.4.5 所示。

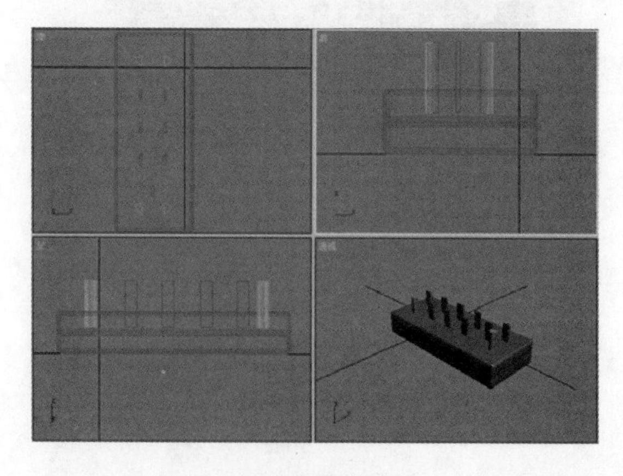

图 13.4.5　复制对象

（6）选择 标准基本体 下拉列表中的 复合对象 选项，进入复合对象创建命令面板，单击 布尔 按钮，进行布尔运算，效果如图 13.4.6 所示。

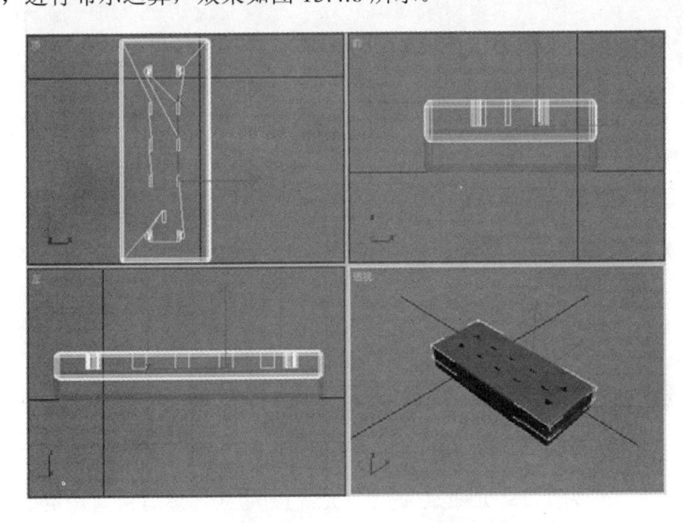

图 13.4.6　布尔运算效果

实验 5　制 作 材 质

1．实验内容

为场景制作材质，效果如图 13.5.1 所示。

图 13.5.1　制作材质效果

2．实验目的

掌握材质和贴图的使用方法。

3．操作步骤

（1）打开如图 13.5.2 所示的柜子场景。

（2）在材质编辑器中选择一个材质球，单击 漫反射: 参数设置区后的 按钮，在弹出的 材质/贴图浏览器 对话框中选择 位图 选项，并为其指定一张木纹图片。

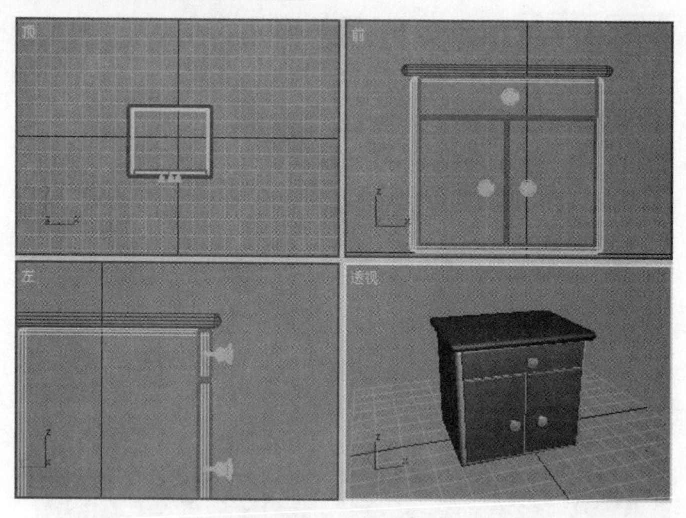

图 13.5.2　打开柜子场景

（3）设置它的平铺次数为 1，高光级别为 70，光泽度为 50，然后将其指定给除把手以外的所有切角长方体。

（4）用同样的方法可以为把手也制作一个木纹材质。

实验 6　添加灯光和摄影机

1．实验内容

为场景添加灯光和摄影机，效果如图 13.6.1 所示。

图 13.6.1　添加灯光和摄影机效果

2．实验目的

掌握灯光和摄影机的使用方法。

3．操作步骤

（1）打开如图 13.6.2 所示的柜子场景。

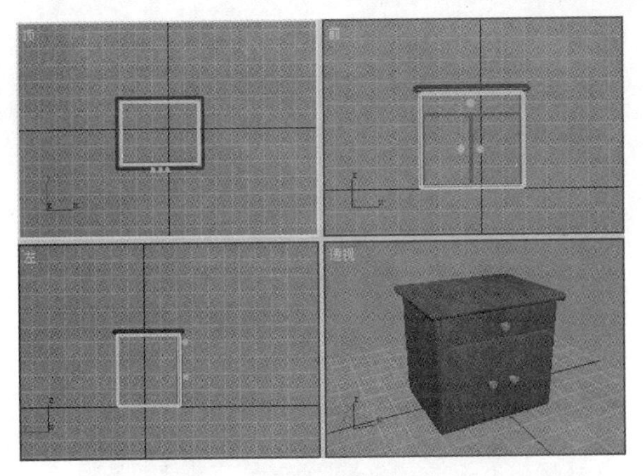

图 13.6.2　打开场景

（2）单击“灯光”按钮，进入灯光创建命令面板。单击 泛光灯 按钮，在视图中创建两盏泛光灯，位置如图 13.6.3 所示，然后启用泛光灯的光线跟踪阴影，并设置阴影颜色为灰色。

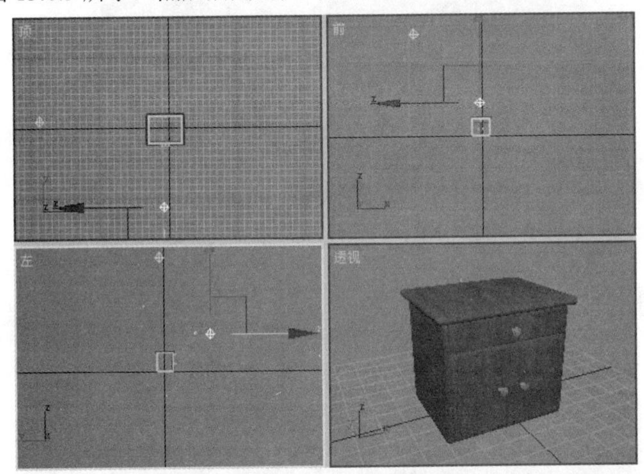

图 13.6.3　调整泛光灯位置

（3）单击“摄影机”按钮，进入摄影机创建命令面板，单击 目标 按钮，在视图中创建一架目标摄影机，并将透视图转换为摄影机视图，如图 13.6.4 所示。

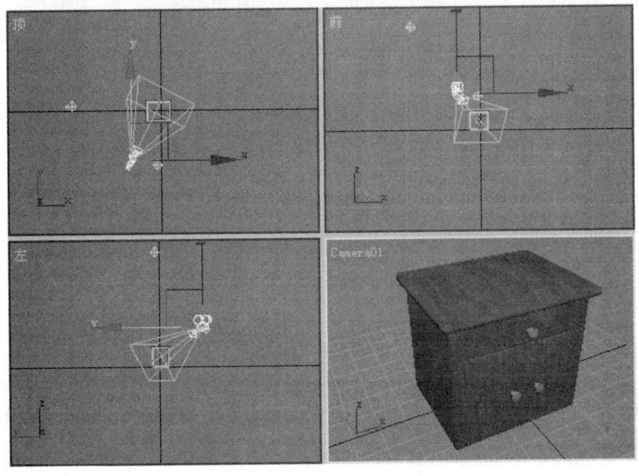

图 13.6.4　创建并调整摄影机位置

实验7 礼花效果

1．实验内容

制作礼花效果，如图13.7.1所示。

图13.7.1 礼花效果

2．实验目的

掌握粒子系统的创建使用方法和参数设置方法。

3．操作步骤

（1）单击“创建”按钮，进入创建命令面板。单击“几何体”按钮，进入几何体创建命令面板，选择标准基本体下拉列表中的粒子系统选项，单击超级喷射按钮，在视图中创建一个发射器图标，如图13.7.2所示。

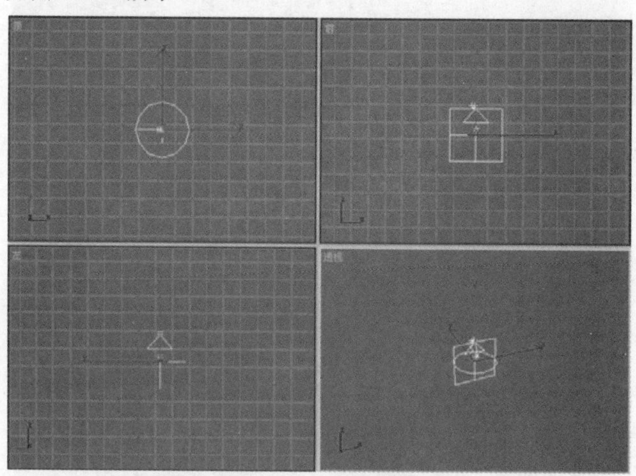

图13.7.2 创建发射器图标

（2）单击“修改”按钮，进入修改命令面板，在- 基本参数卷展栏中设置扩散:值为10，粒子数百分比:为50；在- 粒子生成卷展栏中设置粒子运动的速度:为20，粒子大小为2，变化:为5%；在- 粒子类型卷展栏中选中粒子类型参数设置区中的标准粒子单选按钮，然后选中标准粒子参数设置区中的面单选按钮，如图13.7.3所示。

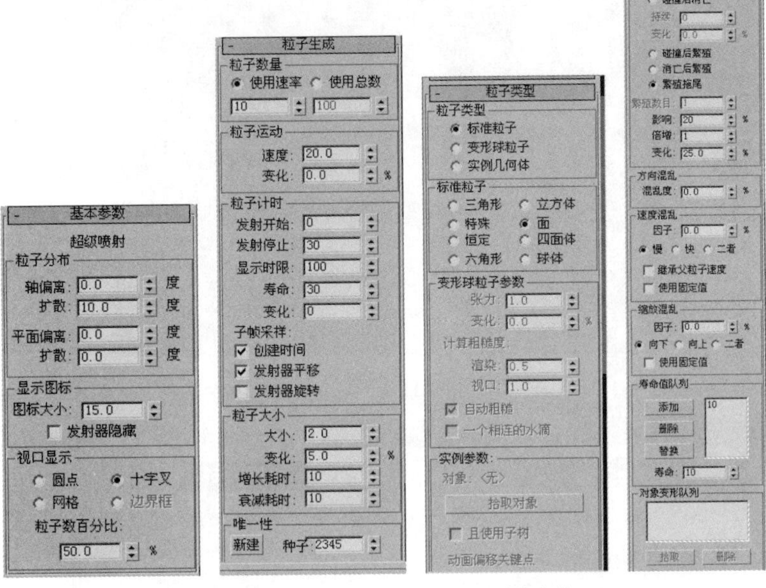

图 13.7.3　设置“超级喷射”粒子系统参数

（3）将粒子系统复制几个，设置渲染环境后，进行渲染，即可得到礼花效果。

实验 8　设置渲染环境

1．实验内容

设置渲染环境效果，如图 13.8.1 所示。

图 13.8.1　设置渲染环境效果

2．实验目的

掌握环境贴图和背景颜色的设置方法。

3．操作步骤

（1）启动 3DS MAX 8.0 应用程序。

（2）打开如图 13.8.2 所示的城墙场景。

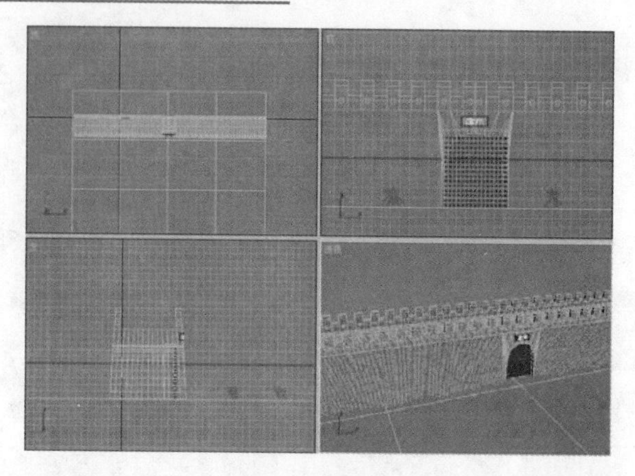

图 13.8.2　打开场景

（3）选择 渲染(R) → 环境(E)... 命令，弹出 环境和效果 对话框，如图 13.8.3 所示，然后单击 环境贴图: 参数设置区中的 无 按钮，弹出 材质/贴图浏览器 对话框，如图 13.8.4 所示。

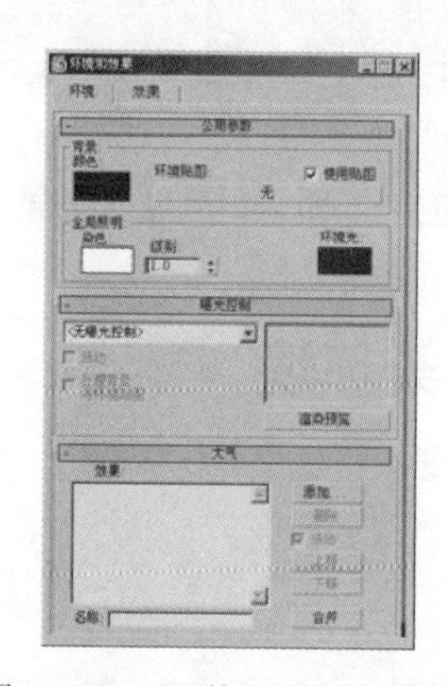

图 13.8.3　“环境和效果”对话框

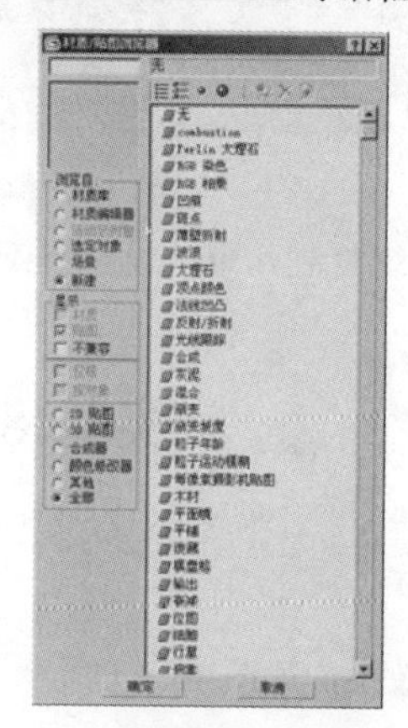

图 13.8.4　“材质/贴图浏览器”对话框

（4）在其中选择 位图 选项，然后单击 确定 按钮，弹出 选择位图图像文件 对话框，如图 13.8.5 所示，在其中选择一张图片作为渲染环境。

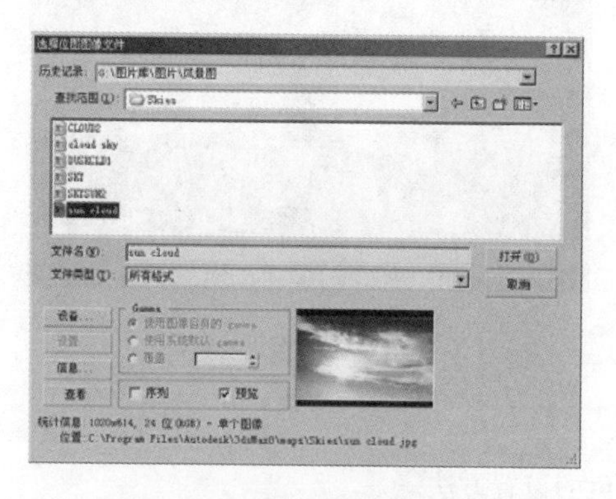

图 13.8.5　“选择位图图像文件”对话框

（5）关闭 环境和效果 对话框，然后渲染透视图即可得到如图 13.8.1 所示的效果。

（6）同样，用户也可以对渲染的背景颜色进行设置。